世界常用农药质谱/核磁谱图集

Mass Spectrometry/ Nuclear Magnetic Resonance Spectra Collection of World Commonly Used Pesticides

世界常用农药色谱-质谱图集

气相色谱-四极杆-静电场轨道阱质谱图集

Chromatography–Mass Spectrometry Collection of World Commonly Used Pesticides:
Collection of Gas Chromatography Coupled with
Quadrupole Orbitrap Mass Spectrometry

GC-Q-Orbitrap/MS

庞国芳　等著

Editor-in-chief　　Guo-fang Pang

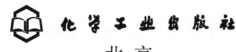

·北京·

"世界常用农药质谱/核磁谱图集"由4卷构成，书中所有技术内容均为作者及其研究团队原创性研究成果，技术参数和图谱参数均与国际接轨，代表国际水平。图集涉及农药种类多，且为世界常用，参考价值高。

本图集为"世界常用农药质谱/核磁谱图集"其中一卷，具体包括662种农药及化学污染物的中英文名称、CAS登录号、理化参数（分子式、分子量、结构式）、色谱质谱参数（保留时间、离子化模式）、总离子流图和一级质谱图。

本书可供科研单位、质检机构、高等院校等各类从事农药化学污染物质谱分析技术研究与应用的专业技术人员参考使用。

图书在版编目（CIP）数据

世界常用农药色谱-质谱图集.气相色谱-四极杆-静电场轨道阱质谱图集/庞国芳等著.—北京：化学工业出版社，2020.3

（世界常用农药质谱/核磁谱图集）

ISBN 978-7-122-36116-5

Ⅰ.①世… Ⅱ.①庞… Ⅲ.①农药-色谱-质谱-图集 Ⅳ.① TQ450.1-64

中国版本图书馆CIP数据核字（2020）第015287号

责任编辑：成荣霞　　　　　　　　　　　文字编辑：向　东　张瑞霞
责任校对：张雨彤　　　　　　　　　　　装帧设计：王晓宇

出版发行：化学工业出版社（北京市东城区青年湖南街13号　邮政编码100011）
印　　装：北京虎彩文化传播有限公司
880mm×1230mm　1/16　印张 45$^{1}/_{2}$　字数1395千字　2020年7月北京第1版第1次印刷

购书咨询：010-64518888　　　　　　　　售后服务：010-64518899
网　　址：http://www.cip.com.cn
凡购买本书，如有缺损质量问题，本社销售中心负责调换。

定　价：498.00元　　　　　　　　　　　　　　　　　　　　　版权所有　违者必究

世界常用农药质谱/核磁谱图集
编写人员（研究者）名单

世界常用农药色谱－质谱图集：液相色谱－四极杆－静电场轨道阱质谱图集

庞国芳　范春林　陈辉　金铃和　常巧英

世界常用农药色谱－质谱图集：气相色谱－四极杆－静电场轨道阱质谱图集

庞国芳　范春林　吴兴强　常巧英

世界常用农药色谱－质谱图集：气相色谱－四极杆－飞行时间二级质谱图集

庞国芳　范春林　李建勋　李晓颖　常巧英　胡雪艳　李岩

世界常用农药核磁谱图集

庞国芳　张磊　张紫娟　聂娟伟　金冬　方冰　李建勋　范春林

Contributors/Researchers for *Mass Spectrometry/ Nuclear Magnetic Resonance Spectra Collection of World Commonly Used Pesticides*

Chromatography-Mass Spectrometry Collection of World Commonly Used Pesticides: Collection of Liquid Chromatography Coupled with Quadrupole Orbitrap Mass Spectrometry

Guo-fang Pang, Chun-lin Fan, Hui Chen, Ling-he Jin, Qiao-ying Chang

Chromatography-Mass Spectrometry Collection of World Commonly Used Pesticides: Collection of Gas Chromatography Coupled with Quadrupole Orbitrap Mass Spectrometry

Guo-fang Pang, Chun-lin Fan, Xing-qiang Wu, Qiao-ying Chang

Chromatography-Mass Spectrometry Collection of World Commonly Used Pesticides: Collection of Tandem Mass Spectra for Gas Chromatography Coupled with Quadrupole Time-of-flight Mass Spectrometry

Guo-fang Pang, Chun-lin Fan, Jian-xun Li, Xiao-ying Li, Qiao-ying Chang, Xue-yan Hu, Yan Li

Nuclear Magnetic Resonance Spectra Collection of World Commonly Used Pesticides

Guo-fang Pang, Lei Zhang, Zi-juan Zhang, Juan-wei Nie, Dong Jin, Bing Fang, Jian-xun Li, Chun-lin Fan

序　　　PREFACE

农药化学污染物残留问题已成为国际共同关注的食品安全重大问题之一。世界各国已实施从农田到餐桌的农药等化学污染物的监测监控调查，其中欧盟、美国和日本均建立了较完善的法律法规和监管体系，制定了农产品中农药最大残留限量（MRLs），在严格控制农药使用的同时，不断加强和重视食品中有害残留物质的监控和检测技术的研发，并形成了非常完善的监控调查体系。相比之下，尽管我国有关部门都有不同的残留监控计划，但还没有形成一套严格的法律法规和全国"一盘棋"的监控体系，各部门仅有的残留数据资源在食品安全监管中发挥的作用也十分有限。同时，我国于2017年6月实施的国家标准《食品安全国家标准　食品中农药最大残留限量》（GB 2763—2016），仅规定了食品中433种农药的4140项最大残留限量，与欧盟、日本等国家和地区间的限量标准要求存在很大的差距，这对我国农药残留分析技术的研发与农药残留限量标准的制定均提出了挑战。

解决上述问题，最大关键点在于研发高通量农药多残留侦测技术。庞国芳院士团队经过10年的深入研究，在建立GC-Q-TOF/MS 485种和LC-Q-TOF/MS 525种农药精确质谱库的基础上，研究开发了非靶向、高通量GC-Q-TOF/MS和LC-Q-TOF/MS联用农药残留检测技术，适用于1200种农药残留检测。目前，该团队依托"食品中农药化学污染物高通量侦测技术研究与示范"（2012BAD29B01）和"水果和蔬菜中农药化学污染物残留水平调查及数据库建设"（2015FY111200）等项目，于2012～2015年在全国31个省（自治区、直辖市）的284个县区638个采样点，采集了22278多批水果和蔬菜样品，采用这些技术对其中的农药及化学污染物进行了侦测。基于海量农药残留侦测结果，庞国芳院士团队创新性地将高分辨质谱与互联网和地理信息系统有机融合在一起，亮点如下：①研发高分辨质谱＋互联网＋数据科学三元融合技术，实现了农药残留检测报告生成自动化，一本图文并茂的农药残留侦测报告可在30min内自动生成，大大提高了侦测报告的精准度，其制作效率是传统分析方法无可比拟的，这为农药残留数据分析提供了有效工具；②研发高分辨质谱＋互联网＋地理信息系统（GIS）三元融合技术，实现了农药残留风险溯源视频化，构建了面向"全国-省-市（区）"多尺度的开放式专题地图表达框架，既便于现有数据的汇聚，也实现了未来数据的动态添加和实时更新。

这些创新成果的取得与庞国芳院士团队在前期采用6类色谱-质谱技术评价了世界常用1200多种农药化学污染物在不同条件下的质谱特征，采集数万幅质谱图著写的《世界常用农药色谱-质谱图集》（五卷）是密不可分的。这五卷图谱的出版填补了国内相关研究的空白，在国内外相关领域引起了强烈反响。近两年，庞国芳科研团队又重点评价了农药化学污染物气相色谱-四极杆-飞行时间二级质谱特征和液相/气相色谱-四极杆-静电场轨道阱质谱特征，采集三种仪器的高分辨质谱图，形成了《世界常用农药色谱-质谱图集》新三卷。这同样是一项色谱-质谱分析理论基础研究，是庞国芳科研团队新的原创性研究成果。他们站在了国际农药残留分析的前沿，解决了国家的需要，奠定了农药残留高通量检测的理论基础，在学术上具有创新性，在实践中具有很高的应用价值。

随着这三卷图集的出版，庞国芳院士团队的农药残留高通量侦测技术也日臻成熟，这必将有力地促进我国农药残留监控体系的构建和完善。同时也为落实《中华人民共和国国民经济和社会发展第十三个五年规划纲要》中提出的"强化农药和兽药残留超标治理（第十八章第四节）""实施化肥农药使用量零增长行动（第十八章第五节）"和"提高监督检查频次和抽检监测覆盖面，实行全产业链可追溯管理（第六十章第八节）"提供重要技术支撑。

（中国工程院院士）

前言 | FOREWORD

食品中农药及化学污染物残留问题是引发食品安全事件的重要因素，是世界各国及国际组织共同关注的食品安全重大问题之一。目前，世界上常用的农药种类超过1000种，而且不断地有新的农药被研发和应用，农药残留在对人类身体健康和生存环境造成潜在危害的同时，也给农药残留检测技术提出了越来越高的要求和新的挑战。

农药残留检测技术是保障食品安全方面至关重要的研究内容。近几十年来，世界各国科学家致力于食品中农药残留检测技术研究。应用相对较广的是气相色谱-质谱和液相色谱-质谱，测定的农药范围在几十种到上百种。一直以来，这两种技术在对目标农药及化学污染物准确定性和定量测定方面发挥着非常重要的作用。然而，不得不承认的是这些技术也具有一定的局限性：①在检测之前，需要对每个待测化合物的采集参数进行优化；②由于扫描速度和驻留时间等仪器参数的原因，限制了这些技术一次测定的农药种类，通常不超过200种；③只能目标性地检测方法列表中的化合物，而无法检测目标外的化合物；④对于单次运行检测的多种农药残留结果而言，数据处理过程相对较为复杂、耗时。目前，世界各国对食品农产品中农药等农用化学品残留限量方面提出了越来越严格的要求，涵盖的农药化学品种类越来越多，最大允许残留量越来越低。例如，欧盟、日本和美国分别制定了169068项（481种农药）、44340项（765种农药）、13055项（395种农药）农药残留限量标准。面对如此种类繁多、性质各异的农药，以及各种复杂的样品基质，应用低分辨质谱开展目标化合物的常规检测已经不能满足实际需求。

笔者团队经过10年的深入研究，在建立GC-Q-TOF/MS 485种和LC-Q-TOF/MS 525种农药精确质谱库的基础上，研究开发了非靶向、高通量GC-Q-TOF/MS和LC-Q-TOF/MS联用农药残留检测技术，适用于1200种残留农药检测。这使得农药残留检测效率得到了飞跃性的提高，为获得准确可靠的海量农药残留检测结果奠定了基础。在这项研究的前期，采用6类色谱-质谱技术评价了世界常用1200多种农药化学污染物在不同条件下的质谱特征，采集数万幅质谱图著写了《世界常用农药色谱-质谱图集》（五卷）。在此基础上，近两年笔者团队又重点评价了农药化学污染物的气相色谱-四极杆-飞行时间二级质谱特征和液相/气相色谱-四极杆-静电场轨道阱质谱特征，采集三种仪器的高分辨质谱图，形成了《世界常用农药色谱-质谱图集》新三卷。这是笔者科研团队近十几年来开展农药残留色谱-质谱联用技术方法学研究的又一重要成果。目前，应用上述三种技术评价了1200多种农药化学污染物各自的质谱特征，采集了相应的质谱图，并建立了相应的数据库，从而研究开发了640多种目标农药化学污染物（其中包括209种PCBs）GC-Q-TOF/MS高通量侦测方法和570多种农药化学污染物LC/GC-Q-Orbitrap/MS高通量侦测方法，一次统一制备样品，三种方法合计可以同时侦测水果、蔬菜中1200多种农药化学污染物，达到了目前国际同类研究的领先水平。

笔者科研团队认为，这种建立在色谱-质谱高分辨精确质量数据库基础上的1200多种农药高通量筛查侦测方法是一项有重大创新的技术，也是一项可广泛应用于农药残留普查、监控、侦测的技术，它将大大提升农药残留监控能力和食品安全监管水平。这项技术的研究成功，《世界常用农药色谱-质谱图集》功不可没。因此，借"世界常用农药质谱/核磁谱图集"出版之际，对参与本书编写的团队其他研究人员，表示衷心感谢！

色谱－质谱条件

一、色谱条件

① 色谱柱：TG-5SILMS，30m×0.25mm (i.d.)×0.25μm。

② 气相色谱升温程序：40℃保持1min，以30℃/min升温至130℃，以5℃/min升温至250℃，以10℃/min升温至300℃，保持7min。

③ 载气：氦气，纯度≥99.999%。

④ 流速：1.2mL/min。

⑤ 进样口类型：PTV。

⑥ 进样量：1μL。

⑦ 进样方式：程序升温进样，不分流时间1.5min。

⑧ PTV升温程序：75℃保持0.05min，以7℃/s升温至280℃，保持1min，以14.5℃/s升温至330℃，保持1min。

二、质谱条件

① 离子源：EI源。

② 电子能量：70eV。

③ 离子源温度：230℃。

④ 质谱端传输线温度：280℃。

⑤ 溶剂延迟时间：4min。

⑥ 质量扫描范围（m/z）：50～600。

⑦ 分辨率：60000 FHWM（m/z 200）。

⑧ 扫描方式：全扫描。

目录 | CONTENTS

A
page-1

acenaphthene（威杀灵）/ 2
acetochlor（乙草胺）/ 3
acibenzolar-S-methyl（阿拉酸式-S-甲基）/ 4
aclonifen（苯草醚）/ 5
acrinathrin（氟丙菊酯）/ 6
akton（硫虫畏）/ 7
alachlor（甲草胺）/ 8
alanycarb（棉铃威）/ 9
aldimorph（4-十二烷基-2,6-二甲基吗啉）/ 10
aldrin（艾氏剂）/ 11
allethrin（烯丙菊酯）/ 12
allidochlor（二丙烯草胺）/ 13
ametryn（莠灭净）/ 14
aminocarb（灭害威）/ 15
amisulbrom（吲唑磺菌胺）/ 16
amitraz（双甲脒）/ 17
ancymidol（环丙嘧啶醇）/ 18
anilofos（莎稗磷）/ 19
anthracene D10（蒽-D10）/ 20
anthraquinone（蒽醌）/ 21
aramite（杀螨特）/ 22
aspon（丙硫特普）/ 23
atraton（阿特拉通）/ 24
atrazine（阿特拉津）/ 25
atrazine-desethyl（脱乙基阿特拉津）/ 26
atrazine-desisopropyl（脱异丙基莠去津）/ 27
azaconazole（氧环唑）/ 28
azinphos-ethyl（益棉磷）/ 29
azinphos-methyl（保棉磷）/ 30
aziprotryne（叠氮津）/ 31
azoxystrobin（嘧菌酯）/ 32

B
page-33

barban（燕麦灵）/ 34
beflubutamid（氟丁酰草胺）/ 35
benalaxyl（苯霜灵）/ 36
benazolin-ethyl（草除灵）/ 37
bendiocarb（噁虫威）/ 38
benfluralin（乙丁氟灵）/ 39
benfuracarb（丙硫克百威）/ 40
benfuresate（呋草黄）/ 41
benodanil（麦锈灵）/ 42
benoxacor（解草嗪）/ 43
benzovindiflupyr（苯并烯氟菌唑）/ 44
benzoximate（苯螨特）/ 45
benzoylprop-ethyl（新燕灵）/ 46
bifenazate（联苯肼酯）/ 47
bifenox（治草醚）/ 48
bifenthrin（联苯菊酯）/ 49
binapacryl（乐杀螨）/ 50
bioresmethrin（生物苄呋菊酯）/ 51
biphenyl（联苯）/ 52
bitertanol（联苯三唑醇）/ 53
bixafen（联苯吡菌胺）/ 54
boscalid（啶酰菌胺）/ 55
bromacil（除草定）/ 56
bromfenvinfos（溴芬松）/ 57
bromfenvinfos-methyl（甲基溴芬松）/ 58
4-bromo-3,5-dimethylphenyl-N-methylcarbamate（4-溴-3,5-二甲苯基-N-甲基氨基甲酸酯）/ 59
bromobutide（溴丁酰草胺）/ 60
bromocyclen（溴西克林）/ 61
bromophos-ethyl（乙基溴硫磷）/ 62
bromophos-methyl（溴硫磷）/ 63

bromopropylate（溴螨酯）/ 64
bromoxynil octanoate（辛酰溴苯腈）/ 65
bromuconazole（糠菌唑）/ 66
bupirimate（乙嘧酚磺酸酯）/ 67
buprofezin（噻嗪酮）/ 68
butachlor（丁草胺）/ 69
butafenacil（氟丙嘧草酯）/ 70
butamifos（抑草磷）/ 71
butralin（仲丁灵）/ 72
buturon（炔草隆）/ 73
butylate（丁草特）/ 74

C

cadusafos（硫线磷）/ 76
cafenstrole（唑草胺）/ 77
captafol（敌菌丹）/ 78
captan（克菌丹）/ 79
carbaryl（甲萘威）/ 80
carbofuran（克百威）/ 81
carbofuran-3-hydroxy（3-羟基克百威）/ 82
carbophenothion（三硫磷）/ 83
carbosulfan（丁硫克百威）/ 84
carboxin（萎锈灵）/ 85
carfentrazone-ethyl（唑酮酯）/ 86
chinomethionate（灭螨猛）/ 87
chlorbenside（氯杀螨）/ 88
chlorbenside sulfone（氯杀螨砜）/ 89
chlorbromuron（氯溴隆）/ 90
chlorbufam（氯炔灵）/ 91
chlordane（氯丹）/ 92
cis-chlordane（顺式氯丹）/ 93
trans-chlordane（反式氯丹）/ 94
chlordimeform（杀虫脒）/ 95
chlorethoxyfos（氯氧磷）/ 96
chlorfenapyr（虫螨腈）/ 97
chlorfenethol（杀螨醇）/ 98
chlorfenprop-methyl（燕麦酯）/ 99
chlorfenson（杀螨酯）/ 100
chlorfenvinphos（毒虫畏）/ 101
chlorfluazuron（氟啶脲）/ 102
chlorflurenol-methyl ester（整形素）/ 103
chloridazon（氯草敏）/ 104
chlormephos（氯甲磷）/ 105
3-chloro-4-methylaniline（3-氯对甲苯胺）/ 106
chlorobenzilate（乙酯杀螨醇）/ 107
chloroneb（地茂散）/ 108
4-chloronitrobenzene（4-硝基氯苯）/ 109
4-chlorophenoxyacetic acid methyl ester（4-氯苯氧基乙酸甲酯）/ 110
chloropropylate（丙酯杀螨醇）/ 111
chlorothalonil（百菌清）/ 112
chlorotoluron（绿麦隆）/ 113
chlorpropham（氯苯胺灵）/ 114
chlorpyrifos（毒死蜱）/ 115
chlorpyrifos-methyl（甲基毒死蜱）/ 116
chlorpyrifos-oxon（氧毒死蜱）/ 117
chlorsulfuron（氯磺隆）/ 118
chlorthal-dimethyl（氯酞酸二甲酯）/ 119
chlorthiamid（草克乐）/ 120
chlorthion（氯硫磷）/ 121
chlorthiophos（虫螨磷）/ 122
chlozoliante（乙菌利）/ 123
cinidon-ethyl（吲哚酮草酯）/ 124
clodinafop（炔草酸）/ 125
clodinafop-propargyl（炔草酯）/ 126
clomazone（异噁草松）/ 127
clopyralid methyl ester（异噁草松甲酯）/ 128
clordecone（十氯酮）/ 129
coumaphos（蝇毒磷）/ 130
coumaphos-oxon（蝇毒磷-氧磷）/ 131
crimidine（鼠立死）/ 132
crotoxyphos（巴毒磷）/ 133
crufomate（育畜磷）/ 134
cyanazine（氰草津）/ 135
cyanofenphos（苯腈磷）/ 136
cyanophos（杀螟腈）/ 137
cycloate（环草敌）/ 138
cycloprothrin（乙氰菊酯）/ 139
cycluron（环莠隆）/ 140
cyenopyrafen（腈吡螨酯）/ 141
cyflufenamid（环氟菌胺）/ 142
cyfluthrin（氟氯氰菊酯）/ 143
cyhalofop-butyl（氰氟草酯）/ 144

cyhalothrin（氯氟氰菊酯）/ 145
cymiazole（螨蜱胺）/ 146
cypermethrin（氯氰菊酯）/ 147
cyphenothrin（苯氰菊酯）/ 148
cyprazine（环丙津）/ 149
cyproconazole（环丙唑醇）/ 150
cyprodinil（嘧菌环胺）/ 151
cyprofuram（酯菌胺）/ 152
cyromazine（灭蝇胺）/ 153

D

2,4-D-1-butyl ester（2,4-滴丁酯）/ 155
2,4-D-2-ethylhexyl ester（2,4-滴异辛酯）/ 156
dazomet（棉隆）/ 157
2,4-DB-methyl ester［4-(2,4-二氯苯氧基）丁酸甲酯］/ 158
o,p'-DDD（o,p'-滴滴滴）/ 159
p,p'-DDD（p,p'-滴滴滴）/ 160
o,p'-DDE（o,p'-滴滴伊）/ 161
p,p'-DDE（p,p'-滴滴伊）/ 162
o,p'-DDT（o,p'-滴滴涕）/ 163
p,p'-DDT（p,p'-滴滴涕）/ 164
deltamethrin（溴氰菊酯）/ 165
demeton-O（O-内吸磷）/ 166
demeton-S（S-内吸磷）/ 167
demeton-S-methyl（甲基内吸磷）/ 168
desethylterbuthylazine（去乙基特丁津）/ 169
desmetryn（敌草净）/ 170
dialifos（氯亚胺硫磷）/ 171
diallate（燕麦敌）/ 172
diazinon（二嗪农）/ 173
4,4'-dibromobenzophenone（4,4-二溴二苯甲酮）/ 174
dibutyl succinate（驱虫特）/ 175
dicapthon（异氯磷）/ 176
dichlobenil（敌草腈）/ 177
dichlofenthion（除线磷）/ 178
dichlofluanid（抑菌灵）/ 179
dichlormid（二氯丙烯胺）/ 180
3,5-dichloroaniline（3,5-二氯苯胺）/ 181
2,6-dichlorobenzamide（2,6-二氯苯甲酰胺）/ 182
o-dichlorobenzene（邻二氯苯）/ 183
4,4'-dichlorobenzophenone（4,4-二氯二苯甲酮）/ 184
dichlorprop-methyl（二氯丙酸甲酯）/ 185
dichlorvos（敌敌畏）/ 186
diclobutrazol（苄氯三唑醇）/ 187
diclocymet（双氯氰菌胺）/ 188
diclofop-methyl（禾草灵）/ 189
dicloran（氯硝胺）/ 190
dicofol（三氯杀螨醇）/ 191
2,4'-dicofol（2,4'-三氯杀螨醇）/ 192
dicrotophos（百治磷）/ 193
dieldrin（狄氏剂）/ 194
diethatyl-ethyl（乙酰甲草胺）/ 195
diethofencarb（乙霉威）/ 196
diethyltoluamide（避蚊胺）/ 197
difenoconazole（苯醚甲环唑）/ 198
difenoxuron（枯莠隆）/ 199
diflufenican（吡氟酰草胺）/ 200
diflufenzopyr（氟吡草腙）/ 201
dimepiperate（哌草丹）/ 202
dimethachlor（二甲草胺）/ 203
dimethametryn（异戊乙净）/ 204
dimethenamid（二甲吩草胺）/ 205
dimethipin（噻节因）/ 206
dimethoate（乐果）/ 207
dimethomorph（烯酰吗啉）/ 208
dimethyl phthalate（避蚊酯）/ 209
1,4-dimethylnaphthalene（1,4-二甲基萘）/ 210
dimethylvinphos（甲基毒虫畏）/ 211
dimetilan（敌蝇威）/ 212
diniconazole（烯唑醇）/ 213
dinitramine（氨氟灵）/ 214
dinobuton（敌螨通）/ 215
dinoseb（地乐酚）/ 216
dinoterb（草消酚）/ 217
diofenolan（二苯丙醚）/ 218
dioxabenzofos（蔬果磷）/ 219
dioxacarb（二氧威）/ 220
dioxathion（敌噁磷）/ 221
diphenamid（双苯酰草胺）/ 222
diphenylamine（二苯胺）/ 223
dipropetryn（异丙净）/ 224

dipropyl isocinchomeronate（吡啶酸双丙酯）/ 225
disulfoton（乙拌磷）/ 226
disulfoton sulfone（乙拌磷砜）/ 227
disulfoton sulfoxide（砜拌磷）/ 228
ditalimfos（灭菌磷）/ 229
dithiopyr（氟硫草定）/ 230
dodemorph（十二环吗啉）/ 231
drazoxolon（肼菌酮）/ 232

E

edifenphos（敌瘟磷）/ 234
α-endosulfan（α-硫丹）/ 235
β-endosulfan（β-硫丹）/ 236
endosulfan-sulfate（硫丹硫酸酯）/ 237
endrin（异狄氏剂）/ 238
endrin-aldehyde（异狄氏剂醛）/ 239
endrin-ketone（异狄氏剂酮）/ 240
enestroburin（烯肟菌酯）/ 241
EPN（苯硫膦）/ 242
epoxiconazole（氟环唑）/ 243
EPTC（扑草灭）/ 244
erbon（抑草蓬）/ 245
esprocarb（禾草畏）/ 246
etaconazole（乙环唑）/ 247
ethalfluralin（丁烯氟灵）/ 248
ethiofencarb（乙硫苯威）/ 249
ethiolate（硫草敌）/ 250
ethion（乙硫磷）/ 251
ethofumesate（乙氧呋草黄）/ 252
ethoprophos（灭线磷）/ 253
ethoxyquin（乙氧喹啉）/ 254
ethychlozate（吲熟酯）/ 255
etofenprox（醚菊酯）/ 256
etoxazole（乙螨唑）/ 257
etridiazole（土菌灵）/ 258
etrimfos（乙嘧硫磷）/ 259
eugenol（丁香酚）/ 260

F

famphur（伐灭磷）/ 262
fenamidone（咪唑菌酮）/ 263
fenamiphos（苯线磷）/ 264
fenarimol（氯苯嘧啶醇）/ 265
fenazaflor（抗螨唑）/ 266
fenazaquin（喹螨醚）/ 267
fenbuconazole（腈苯唑）/ 268
fenchlorphos（皮蝇磷）/ 269
fenchlorphos-oxon（杀螟硫磷）/ 270
fenfuram（甲呋酰胺）/ 271
fenhexamid（环酰菌胺）/ 272
fenitrothion（杀螟硫磷）/ 273
fenobucarb（仲丁威）/ 274
fenoprop（2,4,5-涕丙酸）/ 275
fenoprop methyl ester（2,4,5-涕丙酸甲酯）/ 276
fenothiocarb（苯硫威）/ 277
fenoxaprop-ethyl（噁唑禾草灵）/ 278
fenoxasulfone（苯磺噁唑酸）/ 279
fenoxycarb（苯氧威）/ 280
fenpiclonil（拌种咯）/ 281
fenpropathrin（甲氰菊酯）/ 282
fenpropidin（苯锈啶）/ 283
fenpropimorph（丁苯吗啉）/ 284
fenson（除螨酯）/ 285
fensulfothion（丰索磷）/ 286
fensulfothion-oxon（氧丰索磷）/ 287
fensulfothion-sulfone（丰索磷砜）/ 288
fenthion（倍硫磷）/ 289
fenthion-oxon（氧倍硫磷）/ 290
fenthion-sulfone（倍硫磷砜）/ 291
fenthion-sulfoxide（倍硫磷亚砜）/ 292
fentin-hydroxide（三苯基氢氧化锡）/ 293
fenuron（非草隆）/ 294
fenvalerate（氰戊菊酯）/ 295
ferimzone（嘧菌腙）/ 296
fipronil（氟虫腈）/ 297
fipronil desulfinyl（氟甲腈）/ 298
fipronil-sulfide（氟虫腈亚砜）/ 299
fipronil-sulfone（氟虫腈砜）/ 300
flamprop-isopropyl（麦草氟异丙酯）/ 301
flamprop-methyl（麦草氟甲酯）/ 302
fluacrypyrim（嘧螨酯）/ 303

fluazifop-butyl（吡氟禾草灵）/ 304
fluazinam（氟啶胺）/ 305
flubenzimine（嘧唑螨）/ 306
fluchloralin（氟硝草）/ 307
flucythrinate（氟氰戊菊酯）/ 308
fludioxonil（咯菌腈）/ 309
fluensulfone（氟噻虫砜）/ 310
flufenacet（氟噻草胺）/ 311
flufenzine（氟螨嗪）/ 312
flufiprole（丁虫腈）/ 313
flumetralin（氟节胺）/ 314
flumioxazin（丙炔氟草胺）/ 315
fluopyram（氟吡菌酰胺）/ 316
fluorodifen（消草醚）/ 317
fluoroglycofen-ethyl（乙羧氟草醚）/ 318
fluoroimide（氟氯菌核利）/ 319
fluotrimazole（三氟苯唑）/ 320
fluridone（氟啶酮）/ 321
flurochloridone（氟咯草酮）/ 322
fluroxypyr（氯氟吡氧乙酸）/ 323
fluroxypyr-mepthyl（氯氟吡氧乙酸异辛酯）/ 324
flurprimidol（呋嘧醇）/ 325
flusilazole（氟硅唑）/ 326
flutolanil（氟酰胺）/ 327
flutriafol（粉唑醇）/ 328
τ-fluvalinate（氟胺氰菊酯）/ 329
fluxapyroxad（氟唑菌酰胺）/ 330
folpet（灭菌丹）/ 331
fonofos（地虫硫磷）/ 332
formothion（安果）/ 333
fosthiazate（噻唑磷）/ 334
fuberidazole（麦穗灵）/ 335
furalaxyl（呋霜灵）/ 336
furametpyr（福拉比）/ 337
furathiocarb（呋线威）/ 338
furilazole（解草噁唑）/ 339
furmecyclox（拌种胺）/ 340

G page-341

griseofulvin（灰黄霉素）/ 342

H page-343

halfenprox（苄螨醚）/ 344
haloxyfop-2-ethoxyethyl（氟吡乙禾灵）/ 345
haloxyfop-methyl（氟吡甲禾灵）/ 346
α-HCH（α-六六六）/ 347
β-HCH（β-六六六）/ 348
δ-HCH（δ-六六六）/ 349
ε-HCH（ε-六六六）/ 350
heptachlor（七氯）/ 351
heptachlor-exo-epoxide（环氧七氯）/ 352
heptenophos（庚烯磷）/ 353
hexachlorobenzene（六氯苯）/ 354
hexaconazole（己唑醇）/ 355
hexaflumuron（氟铃脲）/ 356
hexazinone（环嗪酮）/ 357
t-butyl-4-hydroxyanisole（叔丁基-4-羟基苯甲醚）/ 358
8-hydroxyquinoline（8-羟基喹啉）/ 359

I page-360

imazalil（抑霉唑）/ 361
imazamethabenz-methyl（咪草酸）/ 362
imiprothrin（炔咪菊酯）/ 363
indanofan（茚草酮）/ 364
indaziflam（三嗪茚草胺）/ 365
indoxacarb（茚虫威）/ 366
iodofenphos（碘硫磷）/ 367
ipconazole（种菌唑）/ 368
ipfencarbazone（三唑酰草胺）/ 369
iprobenfos（异稻瘟净）/ 370
iprodione（异菌脲）/ 371
iprovalicarb（丙森锌）/ 372
isazofos（氯唑磷）/ 373
isobenzan（碳氯灵）/ 374

tri-isobutyl phosphate（三异丁基磷酸盐）/ 375
isocarbamid（丁咪酰胺）/ 376
isocarbophos（水胺硫磷）/ 377
isodrin（异艾氏剂）/ 378
isoeugenol（异丁香酚）/ 379
isofenphos（异柳磷）/ 380
isofenphos-methyl（甲基异柳磷）/ 381
isofenphos-oxon（氧异柳磷）/ 382
isomethiozin（丁嗪草酮）/ 383

isoprocarb（异丙威）/ 384
isopropalin（异丙乐灵）/ 385
isoprothiolane（稻瘟灵）/ 386
isoproturon（异丙隆）/ 387
isopyrazam（吡唑萘菌胺）/ 388
isoxadifen-ethyl（双苯噁唑酸）/ 389
isoxaflutole（异噁氟草）/ 390
isoxathion（噁唑磷）/ 391

K page-392

kadethrin（噻嗯菊酯）/ 393
kinoprene（烯虫炔酯）/ 394

kresoxim-methyl（醚菌酯）/ 395

L page-396

lactofen（乳氟禾草灵）/ 397
lenacil（环草啶）/ 398
leptophos（溴苯磷）/ 399

lindane（林丹）/ 400
linuron（利谷隆）/ 401
lufenuron（虱螨脲）/ 402

M page-403

malaoxon（马拉氧磷）/ 404
malathion（马拉硫磷）/ 405
matrine（苦参碱）/ 406
MCPA butoxyethyl ester（2-甲-4-氯丁氧乙基酯）/ 407
MCPA 2-ethylhexyl ester（2-甲-4-氯-2-乙基己基酯）/ 408
MCPA-isooctyl（2-甲-4-氯异辛酯）/ 409
mecarbam（灭蚜磷）/ 410
mecoprop methyl ester（2-甲基-4-氯丙酸甲酯）/ 411
mefenacet（苯噻酰草胺）/ 412
mefenpyr-diethyl（吡唑解草酯）/ 413
mefluidide（氟磺酰草胺）/ 414
mepanipyrim（嘧菌胺）/ 415
mephosfolan（地胺磷）/ 416
mepronil（灭锈胺）/ 417
merphos（脱叶亚磷）/ 418
metalaxyl（甲霜灵）/ 419
metamitron（苯嗪草酮）/ 420
metazachlor（吡唑草胺）/ 421
metconazole（叶菌唑）/ 422

methabenzthiazuron（甲基苯噻隆）/ 423
methacrifos（虫螨畏）/ 424
methamidophos（甲胺磷）/ 425
methfuroxam（呋菌胺）/ 426
methidathion（杀扑磷）/ 427
methiocarb（甲硫威）/ 428
methiocarb-sulfoxide（甲硫威亚砜）/ 429
methoprene（烯虫丙酯）/ 430
methoprotryne（盖草津）/ 431
methothrin（甲醚菊酯）/ 432
methoxychlor（甲氧滴滴涕）/ 433
metobromuron（溴谷隆）/ 434
metofluthrin（甲氧苄氟菊酯）/ 435
metolachlor（异丙甲草胺）/ 436
metolcarb（速灭威）/ 437
metribuzin（嗪草酮）/ 438
mevinphos（速灭磷）/ 439
mexacarbate（兹克威）/ 440
mgk 264（增效胺）/ 441
mirex（灭蚁灵）/ 442
molinate（禾草敌）/ 443
monalide（庚酰草胺）/ 444

monolinuron（绿谷隆）/ 445
monuron（灭草隆）/ 446
musk ambrette（葵子麝香）/ 447
musk ketone（酮麝香）/ 448
musk moskene（麝香）/ 449
musk tibetene（西藏麝香）/ 450
musk xylene（二甲苯麝香）/ 451
myclobutanil（腈菌唑）/ 452

N
page-453

naled（二溴磷）/ 454
1-naphthaleneacetic acid methyl ester（1-萘乙酸甲酯）/ 455
1-naphthyl acetamide（萘乙酰胺）/ 456
napropamide（敌草胺）/ 457
nicotine（烟碱）/ 458
nitralin（甲磺乐灵）/ 459
nitrapyrin（2-氯-6-三氯甲基吡啶）/ 460
nitrofen（2,4-二氯-4'-硝基二苯醚）/ 461
nitrothal-isopropyl（酞菌酯）/ 462
trans-nonachlor（反式九氯）/ 463
norflurazon（氟草敏）/ 464
noruron（草完隆）/ 465
noviflumuron（多氟脲）/ 466
nuarimol（氟苯嘧啶醇）/ 467

O
page-468

octachlorostyrene（八氯苯乙烯）/ 469
octhilinone（辛噻酮）/ 470
ofurace（呋酰胺）/ 471
orbencarb（坪草丹）/ 472
orysastrobin（肟醚菌胺）/ 473
oxabetrinil（解草腈）/ 474
oxadiazon（噁草酮）/ 475
oxadixyl（噁霜灵）/ 476
oxycarboxin（氧化萎锈灵）/ 477
oxychlordane（氧化氯丹）/ 478
oxyfluorfen（乙氧氟草醚）/ 479

P
page-480

paclobutrazol（多效唑）/ 481
paraoxon-ethyl（对氧磷）/ 482
paraoxon-methyl（甲基对氧磷）/ 483
parathion（对硫磷）/ 484
parathion-methyl（甲基对硫磷）/ 485
pebulate（克草敌）/ 486
penconazole（戊菌唑）/ 487
pendimethalin（胺硝草）/ 488
pentachloroaniline（五氯苯胺）/ 489
pentachloroanisole（五氯苯甲醚）/ 490
pentachlorobenzene（五氯苯）/ 491
pentachlorocyanobenzene（五氯苯甲腈）/ 492
pentachlorophenol（五氯酚）/ 493
pentanochlor（甲氯酰草胺）/ 494
penthiopyrad（吡噻菌胺）/ 495
pentoxazone（环戊噁草酮）/ 496
cis-Permethrin（顺式氯菊酯）/ 497
permethrin（氯菊酯）/ 498
trans-permethrin（反式氯菊酯）/ 499
perthane（乙滴涕）/ 500
pethoxamid（烯草胺）/ 501
phenamacril（氰烯菌酯）/ 502
phenanthrene（菲）/ 503
phenothrin（苯醚菊酯）/ 504
phenthoate（稻丰散）/ 505
2-phenyl phenol（邻苯基苯酚）/ 506
3-phenyl phenol（3-苯基苯酚）/ 507
phorate（甲拌磷）/ 508
phorate oxon sulfone（氧甲拌磷砜）/ 509
phorate sulfone（甲拌磷砜）/ 510
phorate sulfoxide（甲拌磷亚砜）/ 511
phorate-oxon（氧甲拌磷）/ 512
phosalone（伏杀硫磷）/ 513
phosfolan（硫环磷）/ 514
phosmet（亚胺硫磷）/ 515
phosphamidon（磷胺）/ 516

phthalate acid dibutyl ester（邻苯二甲酸二丁酯）/517
phthalic acid benzyl butyl ester（邻苯二甲酸丁苄酯）/518
phthalic acid bis-2-ethylhexyl ester［邻苯二甲酸二（2-乙基己）酯］/519
phthalic acid dicyclohexyl ester（邻苯二甲酸二环己酯）/520
4,5,6,7-tetrachloro-phthalide（四氯苯酞）/521
phthalimide（邻苯二甲酰亚胺）/522
picolinafen（氟吡酰草胺）/523
picoxystrobin（啶氧菌酯）/524
piperalin（哌丙灵）/525
piperonyl butoxide（增效醚）/526
piperophos（哌草磷）/527
pirimicarb（抗蚜威）/528
pirimicarb-desmethyl（脱甲基抗蚜威）/529
pirimiphos-ethyl（乙基嘧啶磷）/530
pirimiphos-methyl（甲基嘧啶磷）/531
pirimiphos-methyl-N-desethyl（甲基嘧啶磷-N-去乙基）/532
plifenate（三氯杀虫酯）/533
prallethrin（炔丙菊酯）/534
pretilachlor（丙草胺）/535
probenazole（烯丙苯噻唑）/536
prochloraz（咪鲜胺）/537
procyazine（环丙腈津）/538
procymidone（腐霉利）/539
prodiamine（氨基丙氟灵）/540
profenofos（丙溴磷）/541
profluralin（环丙氟）/542
profoxydim（环苯草酮）/543
prohydrojasmon（茉莉酮）/544
promecarb（猛杀威）/545
prometon（扑灭通）/546
prometryne（扑草净）/547
propachlor（毒草胺）/548
propamocarb（霜霉威）/549
propanil（敌稗）/550
propaphos（丙虫磷）/551
propargite（炔螨特）/552
propazine（扑灭津）/553
propetamphos（异丙氧磷）/554
propham（苯胺灵）/555
propiconazole（丙环唑）/556
propisochlor（异丙草胺）/557
propoxur（残杀威）/558
propylene thiourea（丙烯硫脲）/559
propyzamide（炔苯酰草胺）/560
prosulfocarb（苄草丹）/561
prothioconazole-desthio（脱硫丙硫菌唑）/562
prothiofos（丙硫磷）/563
pyracarbolid（吡喃灵）/564
pyraclostrobin（百克敏）/565
pyrazophos（吡菌磷）/566
pyrethrin Ⅰ（除虫菊素Ⅰ）/567
pyrethrin Ⅱ（除虫菊素Ⅱ）/568
pyributicarb（稗草丹）/569
pyridaben（哒螨灵）/570
pyridalyl（三氟甲吡醚）/571
pyridaphenthion（哒嗪硫磷）/572
pyrifenox（啶斑肟）/573
pyriftalid（环酯草醚）/574
pyrimethanil（嘧霉胺）/575
pyriproxyfen（吡丙醚）/576
pyroquilon（乐喹酮）/577

Q
page-578

quinalphos（喹硫磷）/579
quinoclamine（灭藻醌）/580
quinoxyfen（苯氧喹啉）/581
quintozene（五氯硝基苯）/582
quizalofop-ethyl（喹禾灵）/583

R
page-584

rabenzazole（吡咪唑）/585
resmethrin（苄呋菊酯）/586

S

S 421（八氯二丙醚）/ 588
schradan（八甲磷）/ 589
sebuthylazine（另丁津）/ 590
sebuthylazine-desethyl（去乙基另丁津）/ 591
secbumeton（密草通）/ 592
sedaxane（氟唑环菌胺）/ 593
semiamitraz（单甲脒）/ 594
siduron（环草隆）/ 595
silafluofen（白蚁灵）/ 596
silthiofam（硅噻菌胺）/ 597
simazine（西玛津）/ 598
simeconazole（硅氟唑）/ 599
simeton（西玛通）/ 600
simetryn（西草净）/ 601
spirodiclofen（螺螨酯）/ 602
spiromesifen（螺甲螨酯）/ 603
spirotetramat-mono-hydroxy（螺虫乙酯－单－羟基）/ 604
spiroxamine（螺环菌胺）/ 605
sulfallate（菜草畏）/ 606
sulfotep（治螟磷）/ 607
sulprofos（硫丙磷）/ 608

T

TCMTB（2-苯并噻唑）/ 610
tebuconazole（戊唑醇）/ 611
tebufenpyrad（吡螨胺）/ 612
tebupirimfos（丁基嘧啶磷）/ 613
tebutam（牧草胺）/ 614
tebuthiuron（丁噻隆）/ 615
tecnazene（四氯硝基苯）/ 616
teflubenzuron（氟苯脲）/ 617
tefluthrin（七氟菊酯）/ 618
temephos（双硫磷）/ 619
tepraloxydim（吡喃草酮）/ 620
terbacil（特草定）/ 621
terbucarb（特草灵）/ 622
terbufos（特丁硫磷）/ 623
terbufos-oxon（氧特丁硫磷）/ 624
terbufos-sulfone（特丁硫磷砜）/ 625
terbumeton（特丁通）/ 626
terbuthylazine（特丁津）/ 627
terbutryne（特丁净）/ 628
2,3,4,5-tetrachloroaniline（2,3,4,5-四氯苯胺）/ 629
2,3,5,6-tetrachloroaniline（2,3,5,6-四氯苯胺）/ 630
2,3,4,5-tetrachloroanisole（2,3,4,5-四氯甲氧基苯）/ 631
tetrachlorvinphos（杀虫畏）/ 632
tetraconazole（氟醚唑）/ 633
tetradifon（三氯杀螨砜）/ 634
cis-1,2,3,6-tetrahydrophthalimide（1,2,3,6-四氢邻苯二甲酰亚胺）/ 635
tetramethrin（胺菊酯）/ 636
tetrasul（杀螨好）/ 637
thenylchlor（噻吩草胺）/ 638
thiabendazole（噻菌灵）/ 639
thiazafluron（噻氟隆）/ 640
thiazopyr（噻唑烟酸）/ 641
thiobencarb（杀草丹）/ 642
thiocyclam（杀虫环）/ 643
thiofanox（久效威）/ 644
thiometon（甲基乙拌磷）/ 645
thionazin（虫线磷）/ 646
tiocarbazil（仲草丹）/ 647
tolclofos-methyl（甲基立枯磷）/ 648
tolfenpyrad（唑虫酰胺）/ 649
tolylfluanid（对甲抑菌灵）/ 650
tralkoxydim（三甲苯草酮）/ 651
transfluthrin（四氟苯菊酯）/ 652
triadimefon（三唑酮）/ 653
triadimenol（三唑醇）/ 654
triallate（野麦畏）/ 655
triamiphos（威菌磷）/ 656
triapenthenol（抑芽唑）/ 657
triazophos（三唑磷）/ 658
tribufos（脱叶磷）/ 659
tributyl phosphate（三正丁基磷酸盐）/ 660
2,4',5-trichlorobiphenyl（2,4',5-三氯联苯醚）/ 661
trichloronat（壤虫磷）/ 662
2,4,6-trichlorophenol（2,4,6-三氯苯酚）/ 663

triclopyr（绿草定）/ 664
tricyclazole（三环唑）/ 665
tridiphane（灭草环）/ 666
trietazine（草达津）/ 667
trifenmorph（杀螺吗啉）/ 668
trifloxystrobin（肟菌酯）/ 669
triflumizole（氟菌唑）/ 670
trifluralin（氟乐灵）/ 671
2,3,5-trimethacarb（2,3,5-混杀威）/ 672
3,4,5-trimethacarb（3,4,5-三甲威）/ 673
trinexapac-ethyl（抗倒酯）/ 674
triphenyl phosphate（磷酸三苯酯）/ 675
triticonazole（灭菌唑）/ 676

U page-677

uniconazole（烯效唑）/ 678

V page-679

vernolate（灭草猛）/ 680
vinclozolin（乙烯菌核利）/ 681

X page-682

XMC（3,5-xylyl methylcarbamate）（灭除威）/ 683

Z page-684

zoxamide（苯酰菌胺）/ 685

参考文献 page-686

索引 page-688

化合物中文名称索引 / 689
分子式索引 / 695
CAS 登录号索引 / 701

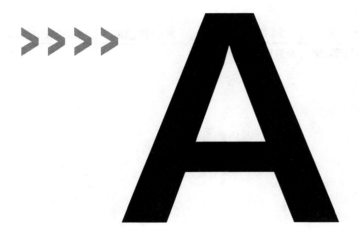

acenaphthene（威杀灵）

基本信息

CAS 登录号	83-32-9	分子量	154.07825	离子化模式	电子轰击电离（EI）
分子式	$C_{12}H_{10}$	保留时间	9.91min		

总离子流色谱图

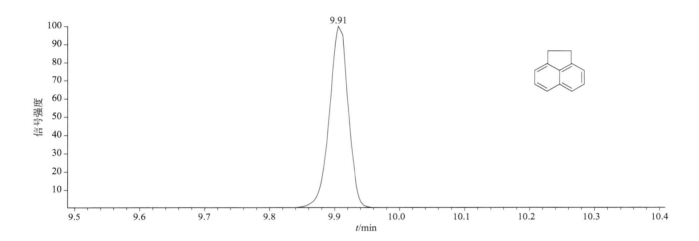

质谱图

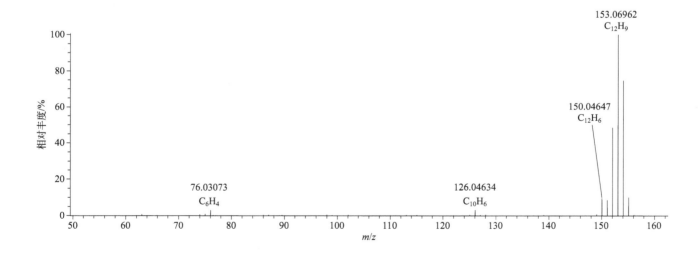

acetochlor（乙草胺）

基本信息

CAS 登录号	34256-82-1	分子量	269.11826	离子化模式	电子轰击电离（EI）
分子式	$C_{14}H_{20}ClNO_2$	保留时间	16.90min		

总离子流色谱图

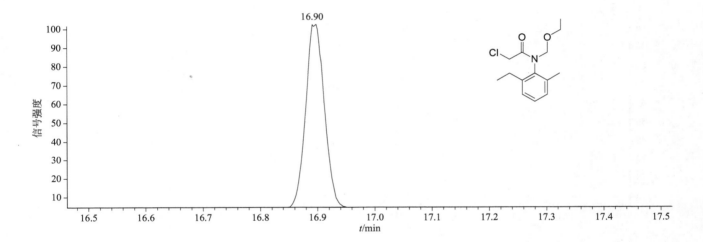

质谱图

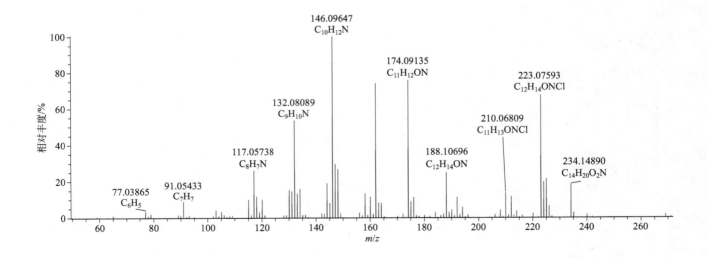

acibenzolar-S-methyl（阿拉酸式-S-甲基）

基本信息

CAS 登录号	135158-54-2	分子量	209.99216	离子化模式	电子轰击电离（EI）
分子式	$C_8H_6N_2OS_2$	保留时间	17.37min		

总离子流色谱图

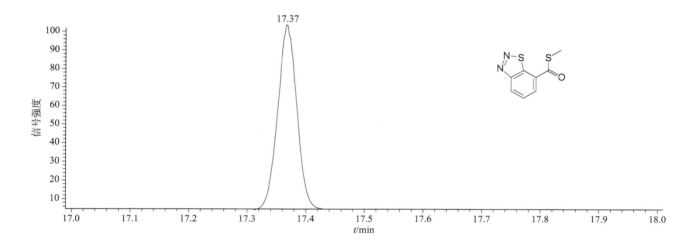

质谱图

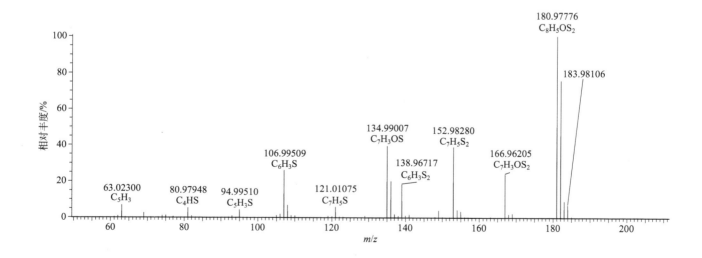

aclonifen（苯草醚）

基本信息

CAS 登录号	74070-46-5	分子量	264.03017	离子化模式	电子轰击电离（EI）
分子式	$C_{12}H_9ClN_2O_3$	保留时间	23.99min		

总离子流色谱图

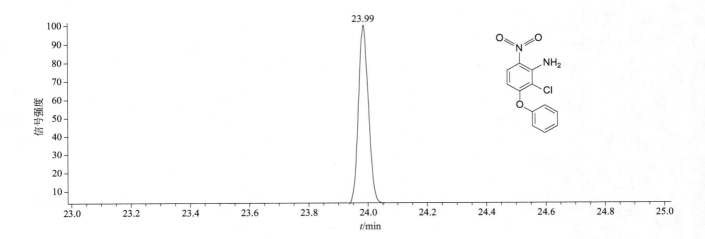

质谱图

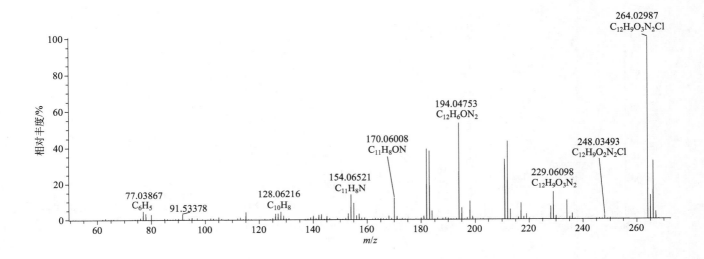

acrinathrin（氟丙菊酯）

基本信息

CAS 登录号	101007-06-1	分子量	541.13239	离子化模式	电子轰击电离（EI）
分子式	$C_{26}H_{21}F_6NO_5$	保留时间	29.01min		

总离子流色谱图

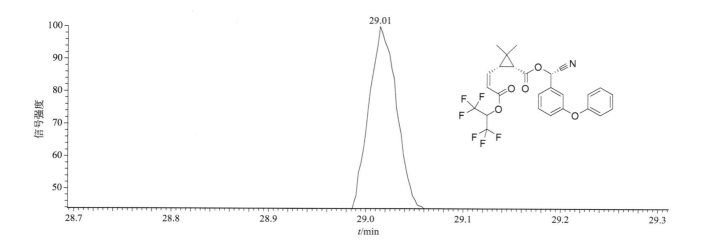

质谱图

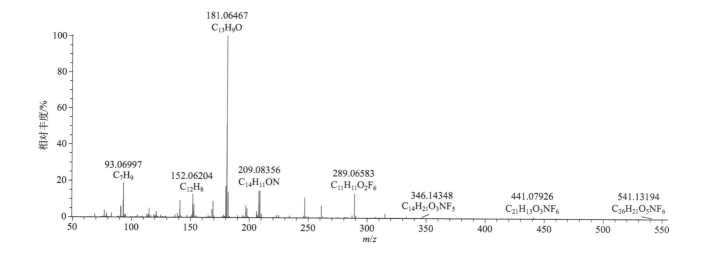

akton（硫虫畏）

基本信息

CAS 登录号	1757-18-2	分子量	373.94669	离子化模式	电子轰击电离（EI）
分子式	$C_{12}H_{14}Cl_3O_3PS$	保留时间	21.20min		

总离子流色谱图

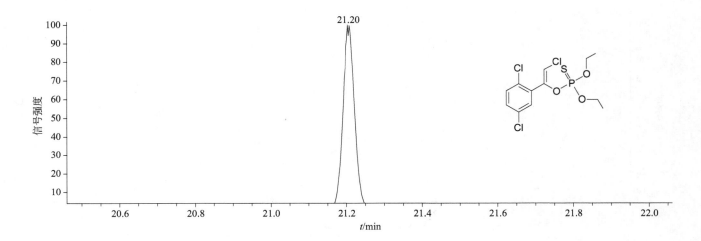

质谱图

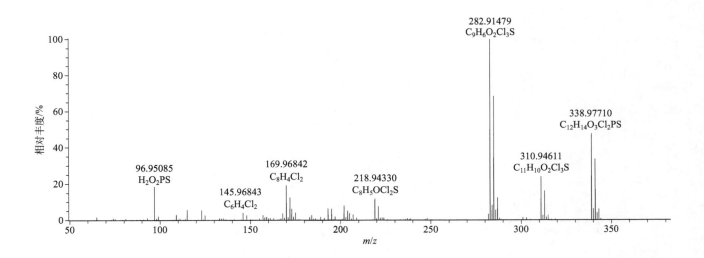

alachlor（甲草胺）

基本信息

CAS 登录号	15972-60-8	**分子量**	269.11826	**离子化模式**	电子轰击电离（EI）
分子式	$C_{14}H_{20}ClNO_2$	**保留时间**	17.19min		

总离子流色谱图

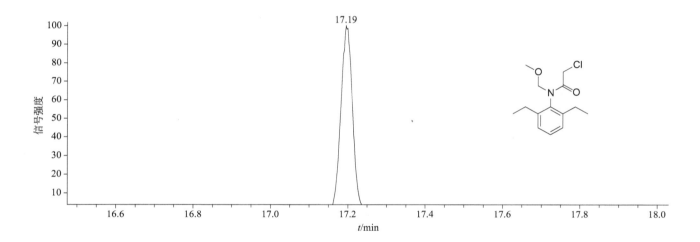

质谱图

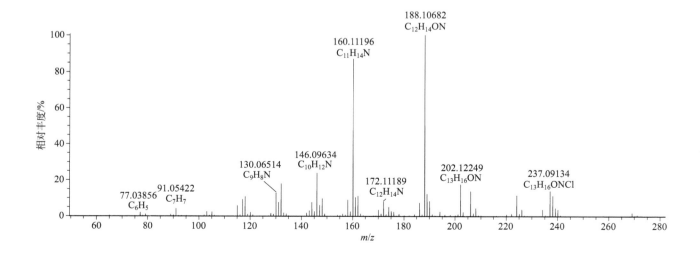

alanycarb（棉铃威）

基本信息

CAS 登录号	83130-01-2	分子量	399.12865	离子化模式	电子轰击电离（EI）
分子式	C$_{17}$H$_{25}$N$_3$O$_4$S$_2$	保留时间	11.88min		

总离子流色谱图

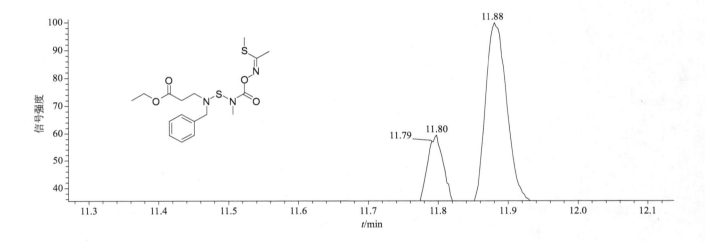

质谱图

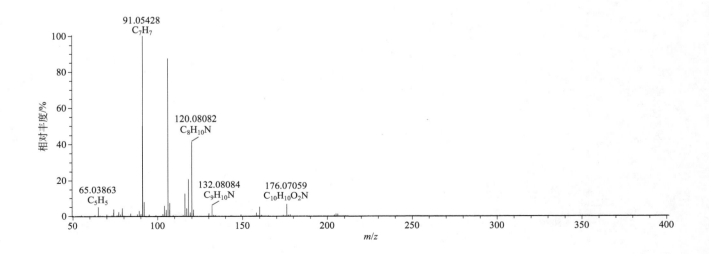

aldimorph（4-十二烷基-2,6-二甲基吗啉）

基本信息

CAS 登录号	91315-15-0	分子量	283.28752	离子化模式	电子轰击电离（EI）
分子式	$C_{18}H_{37}NO$	保留时间	18.13min		

总离子流色谱图

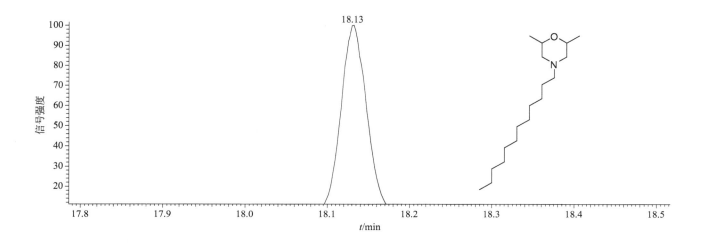

质谱图

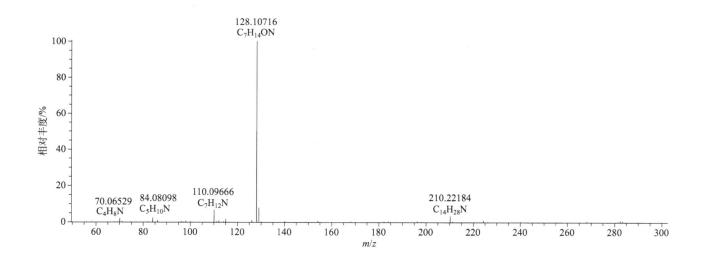

aldrin（艾氏剂）

基本信息

CAS 登录号	309-00-2	分子量	361.87572	离子化模式	电子轰击电离（EI）
分子式	$C_{12}H_8Cl_6$	保留时间	18.69min		

总离子流色谱图

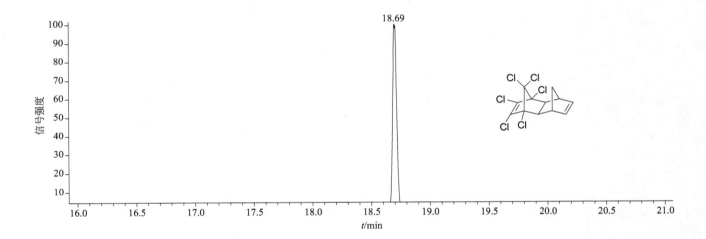

质谱图

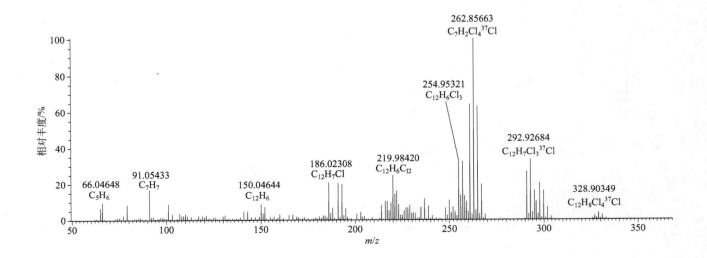

allethrin（烯丙菊酯）

基本信息

CAS 登录号	584-79-2	分子量	302.18819	离子化模式	电子轰击电离（EI）
分子式	$C_{19}H_{26}O_3$	保留时间	20.59min		

总离子流色谱图

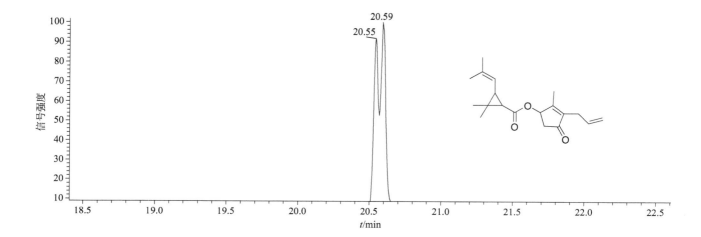

质谱图

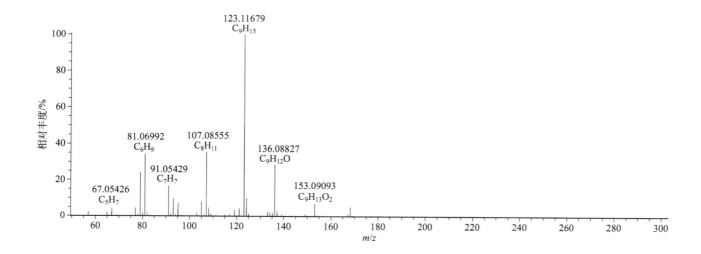

allidochlor（二丙烯草胺）

基本信息

CAS 登录号	93-71-0	分子量	173.06074	离子化模式	电子轰击电离（EI）
分子式	$C_8H_{12}ClNO$	保留时间	6.86min		

总离子流色谱图

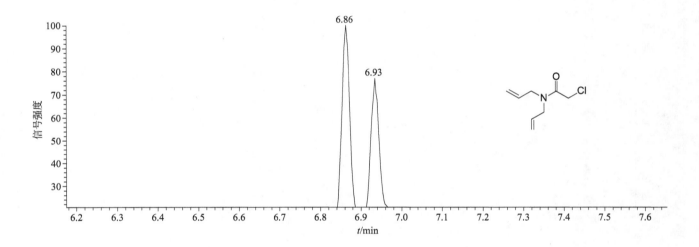

质谱图

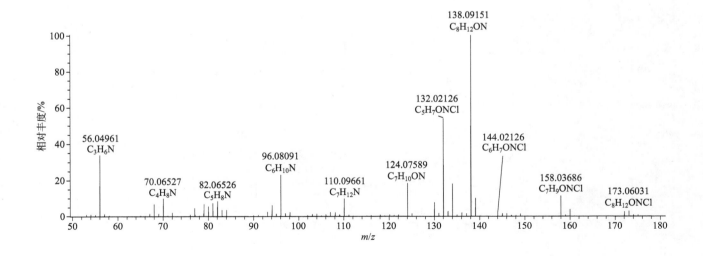

ametryn（莠灭净）

基本信息

CAS 登录号	834-12-8	分子量	227.12047	离子化模式	电子轰击电离（EI）
分子式	$C_9H_{17}N_5S$	保留时间	17.52min		

总离子流色谱图

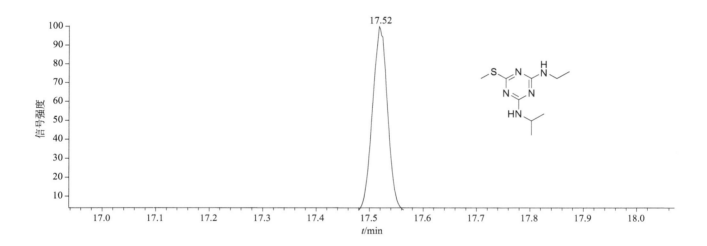

质谱图

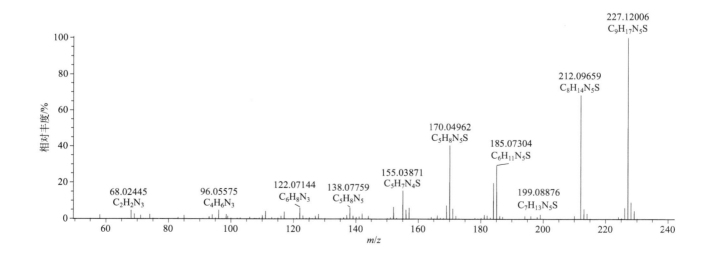

aminocarb(灭害威)

基本信息

CAS 登录号	2032-59-9	分子量	208.12118	离子化模式	电子轰击电离(EI)
分子式	$C_{11}H_{16}N_2O_2$	保留时间	14.77min		

总离子流色谱图

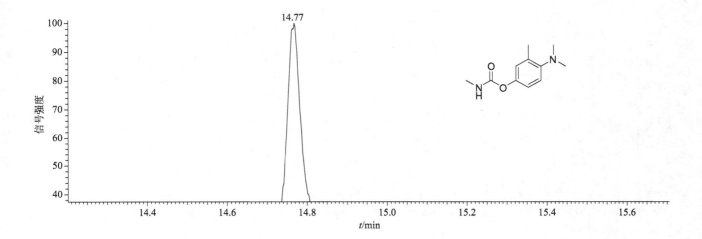

质谱图

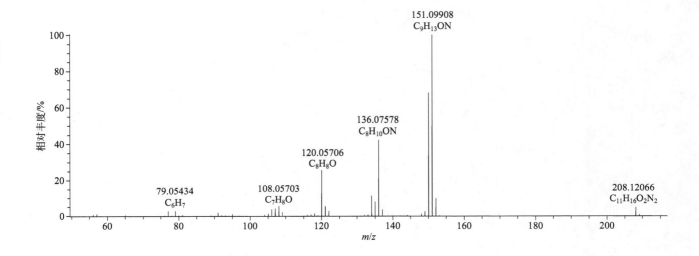

amisulbrom（吲唑磺菌胺）

基本信息

CAS 登录号	348635-87-0	分子量	464.95764	离子化模式	电子轰击电离（EI）
分子式	$C_{13}H_{13}BrFN_5O_4S_2$	保留时间	30.80min		

总离子流色谱图

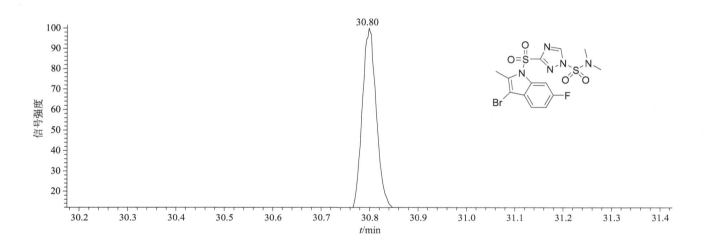

质谱图

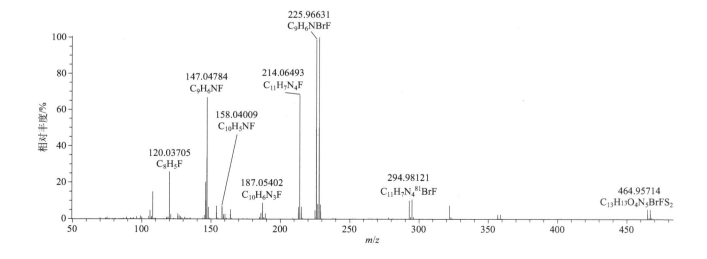

amitraz（双甲脒）

基本信息

CAS 登录号	33089-61-1	分子量	293.18920	离子化模式	电子轰击电离（EI）
分子式	$C_{19}H_{23}N_3$	保留时间	28.88min		

总离子流色谱图

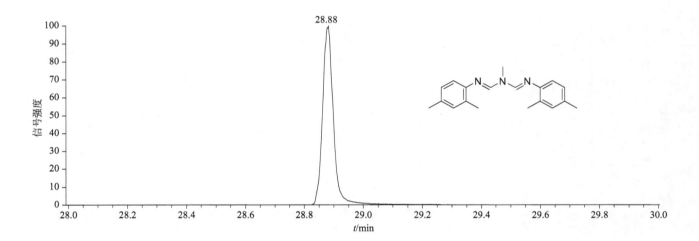

质谱图

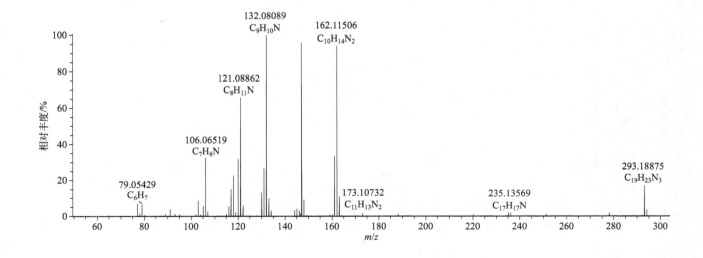

ancymidol（环丙嘧啶醇）

基本信息

CAS 登录号	12771-68-5	分子量	256.12118	离子化模式	电子轰击电离（EI）
分子式	$C_{15}H_{16}N_2O_2$	保留时间	23.34min		

总离子流色谱图

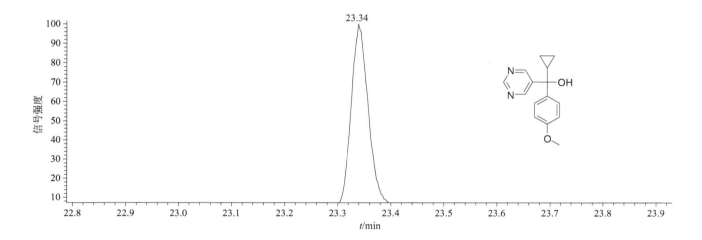

质谱图

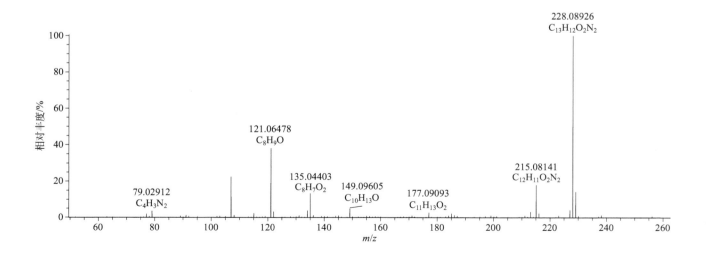

anilofos(莎稗磷)

基本信息

CAS 登录号	64249-01-0	分子量	367.02325	离子化模式	电子轰击电离（EI）
分子式	$C_{13}H_{19}ClNO_3PS_2$	保留时间	27.64min		

总离子流色谱图

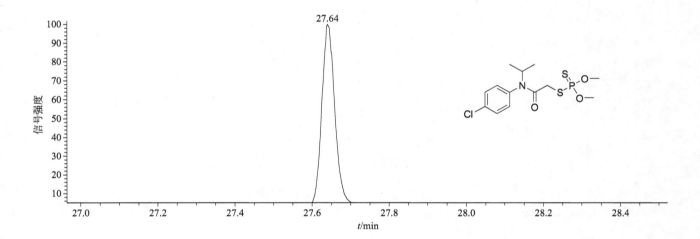

质谱图

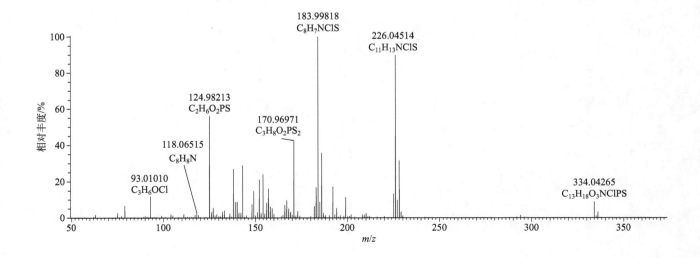

anthracene D10（蒽-D10）

基本信息

CAS 登录号	1719-06-8	分子量	188.14102	离子化模式	电子轰击电离（EI）
分子式	$C_{14}D_{10}$	保留时间	15.39min		

总离子流色谱图

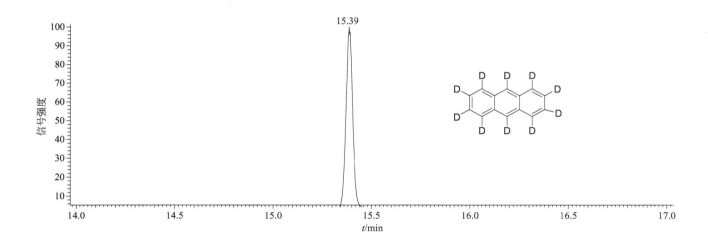

质谱图

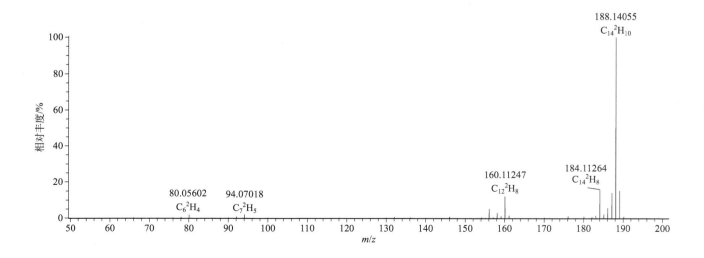

anthraquinone（蒽醌）

基本信息

CAS 登录号	84-65-1	分子量	208.05243
分子式	$C_{14}H_8O_2$	保留时间	18.73min

离子化模式	电子轰击电离（EI）

总离子流色谱图

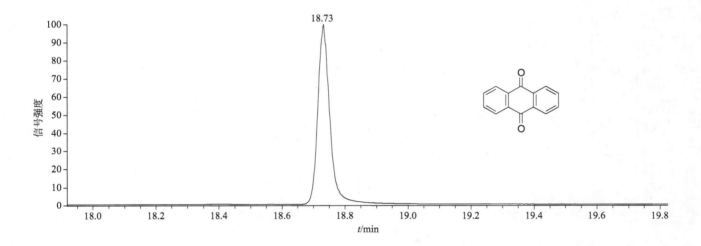

质谱图

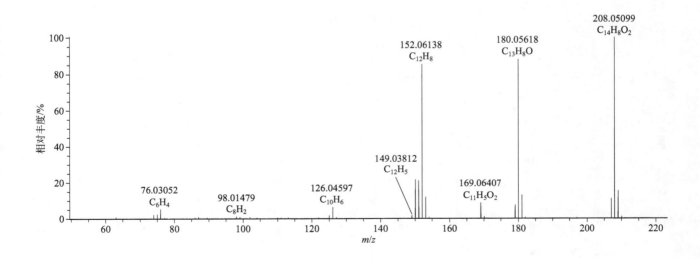

aramite（杀螨特）

基本信息

CAS 登录号	140-57-8	分子量	334.10056	离子化模式	电子轰击电离（EI）
分子式	$C_{15}H_{23}ClO_4S$	保留时间	22.83min		

总离子流色谱图

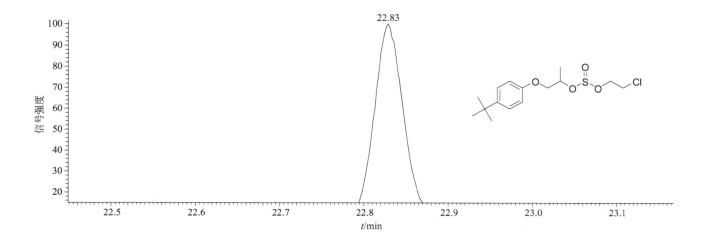

质谱图

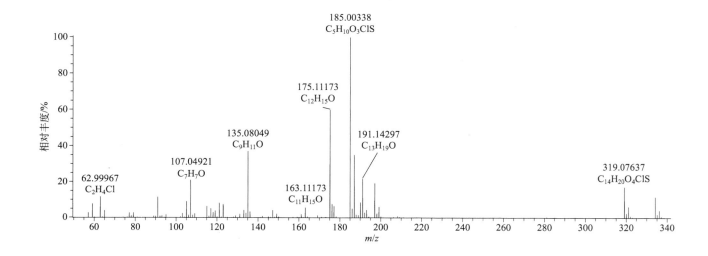

aspon(丙硫特普)

基本信息

CAS 登录号	3244-90-4	分子量	378.08534	离子化模式	电子轰击电离(EI)
分子式	$C_{12}H_{28}O_5P_2S_2$	保留时间	18.59min		

总离子流色谱图

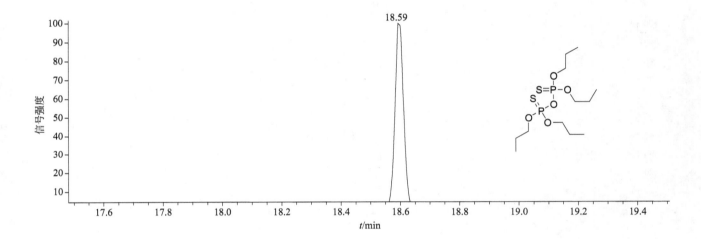

质谱图

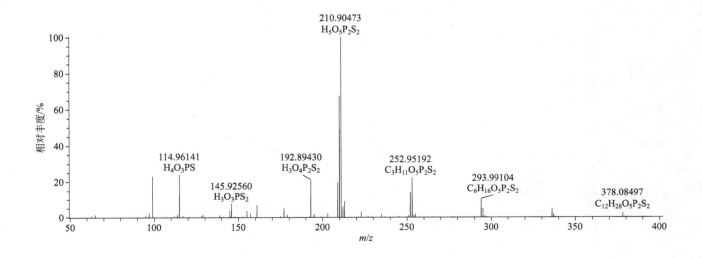

atraton（阿特拉通）

基本信息

CAS 登录号	1610-17-9	分子量	211.14331	离子化模式	电子轰击电离（EI）
分子式	$C_9H_{17}N_5O$	保留时间	14.09min		

总离子流色谱图

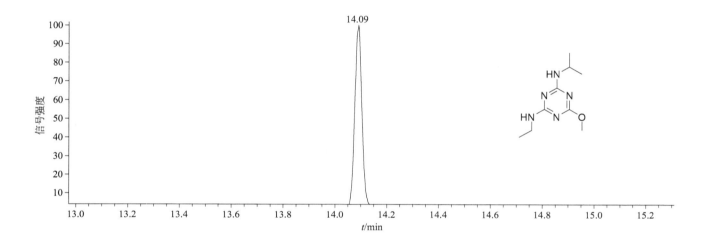

质谱图

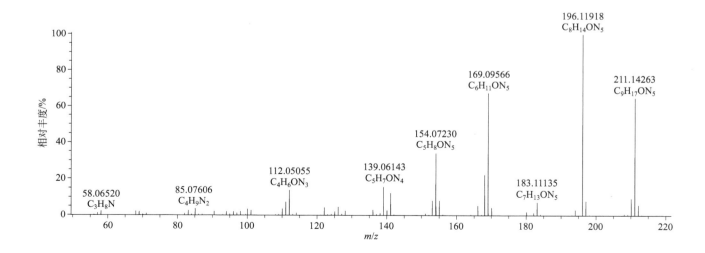

atrazine(阿特拉津)

基本信息

CAS 登录号	1912-24-9	分子量	215.09377	离子化模式	电子轰击电离(EI)
分子式	$C_8H_{14}ClN_5$	保留时间	14.48min		

总离子流色谱图

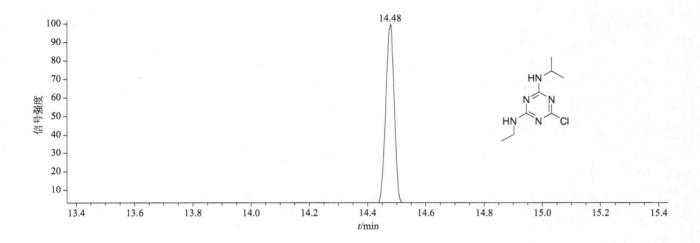

质谱图

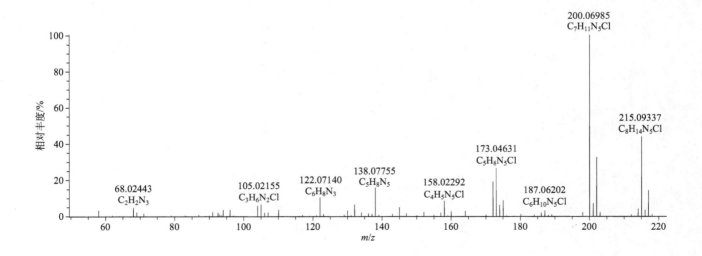

atrazine-desethyl（脱乙基阿特拉津）

基本信息

CAS 登录号	6190-65-4	分子量	187.06247	离子化模式	电子轰击电离（EI）
分子式	$C_6H_{10}ClN_5$	保留时间	12.69min		

总离子流色谱图

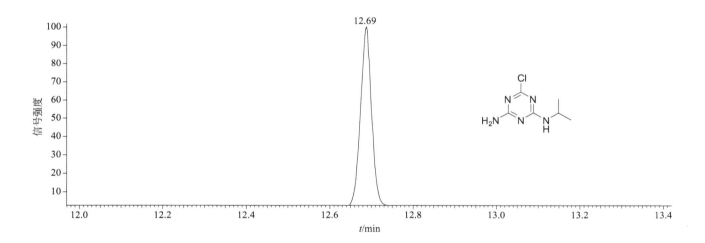

质谱图

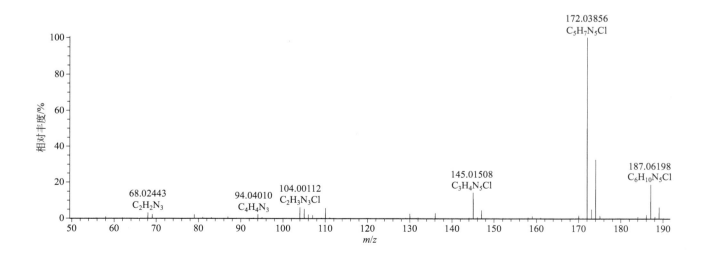

atrazine-desisopropyl（脱异丙基莠去津）

基本信息

CAS 登录号	1007-28-9	分子量	173.04682	离子化模式	电子轰击电离（EI）
分子式	$C_5H_8ClN_5$	保留时间	12.49min		

总离子流色谱图

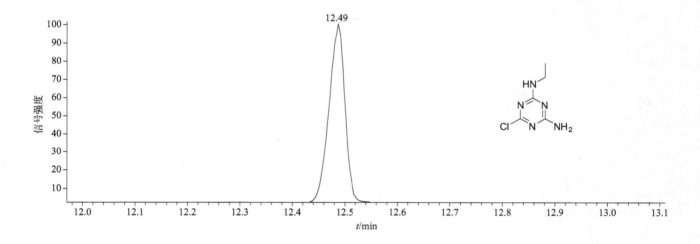

质谱图

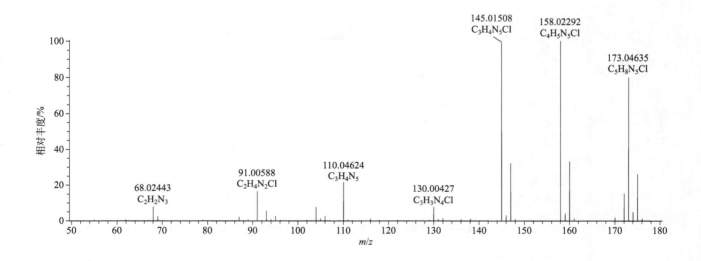

azaconazole（氧环唑）

基本信息

CAS 登录号	60207-31-0	分子量	299.02283	离子化模式	电子轰击电离（EI）
分子式	$C_{12}H_{11}Cl_2N_3O_2$	保留时间	22.75min		

总离子流色谱图

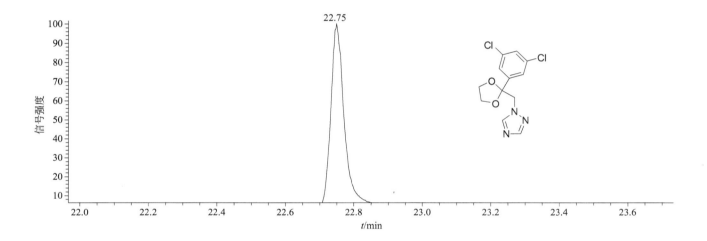

质谱图

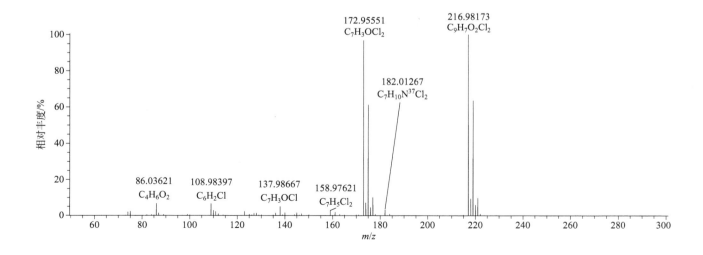

azinphos-ethyl(益棉磷)

基本信息

CAS 登录号	2642-71-9	分子量	345.03707	离子化模式	电子轰击电离(EI)
分子式	$C_{12}H_{16}N_3O_3PS_2$	保留时间	29.39min		

总离子流色谱图

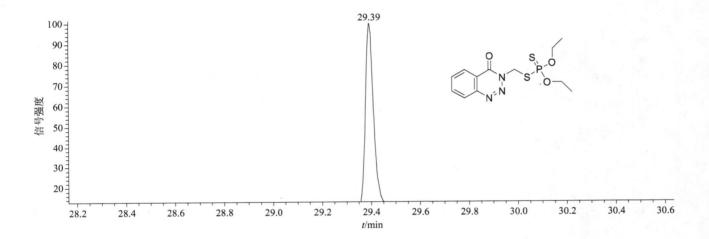

质谱图

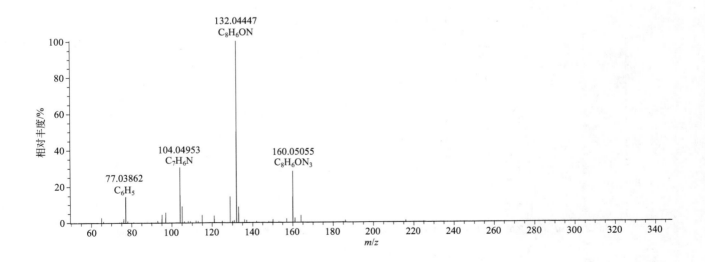

azinphos-methyl（保棉磷）

基本信息

CAS 登录号	86-50-0	分子量	317.00577	离子化模式	电子轰击电离（EI）
分子式	$C_{10}H_{12}N_3O_3PS_2$	保留时间	28.29min		

总离子流色谱图

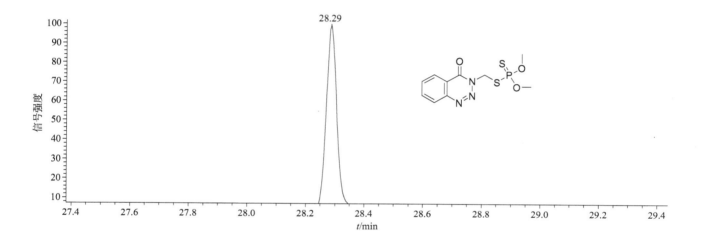

质谱图

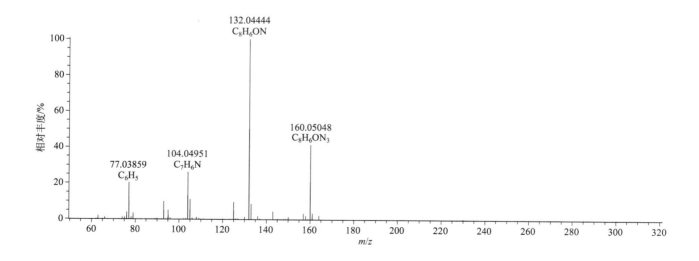

aziprotryne(叠氮津)

基本信息

CAS 登录号	4658-28-0	分子量	225.07966	离子化模式	电子轰击电离（EI）
分子式	$C_7H_{11}N_7S$	保留时间	15.58min		

总离子流色谱图

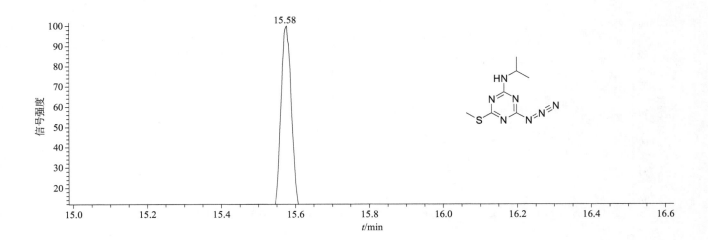

质谱图

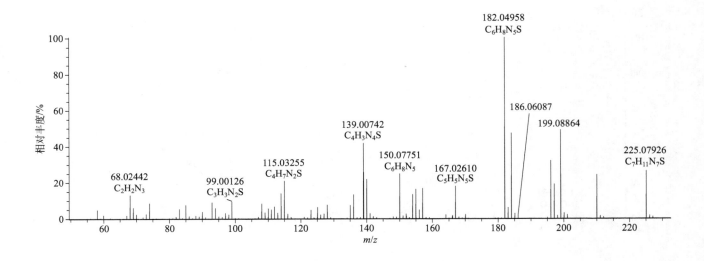

azoxystrobin（嘧菌酯）

基本信息

CAS 登录号	131860-33-8	分子量	403.11682	离子化模式	电子轰击电离（EI）
分子式	$C_{22}H_{17}N_3O_5$	保留时间	33.78min		

总离子流色谱图

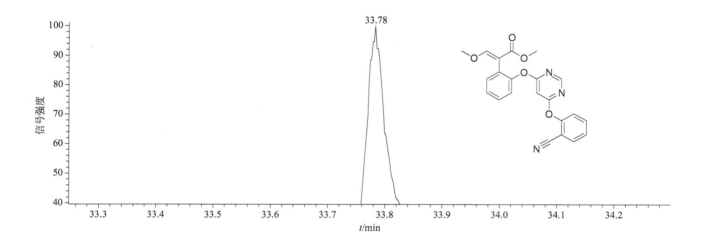

质谱图

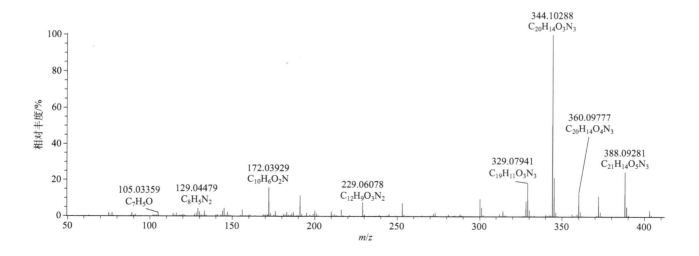

>>>>> **B**

barban（燕麦灵）

基本信息

CAS 登录号	101-27-9	**分子量**	257.00103	**离子化模式**	电子轰击电离（EI）
分子式	$C_{11}H_9Cl_2NO_2$	**保留时间**	22.53min		

总离子流色谱图

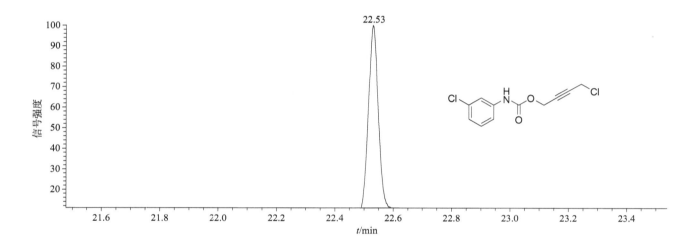

质谱图

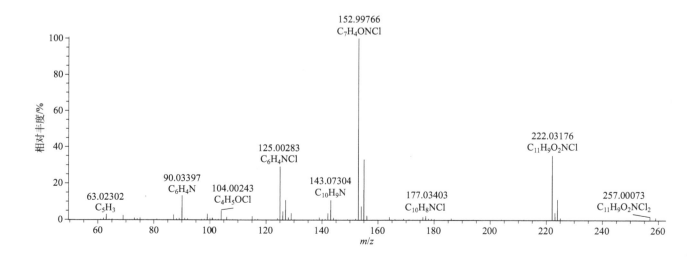

beflubutamid（氟丁酰草胺）

基本信息

CAS 登录号	113614-08-7	分子量	355.11954	离子化模式	电子轰击电离（EI）
分子式	$C_{18}H_{17}F_4NO_2$	保留时间	20.63min		

总离子流色谱图

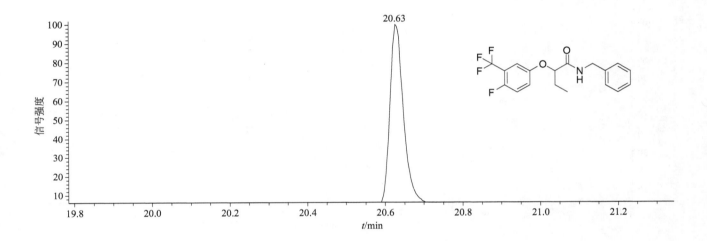

质谱图

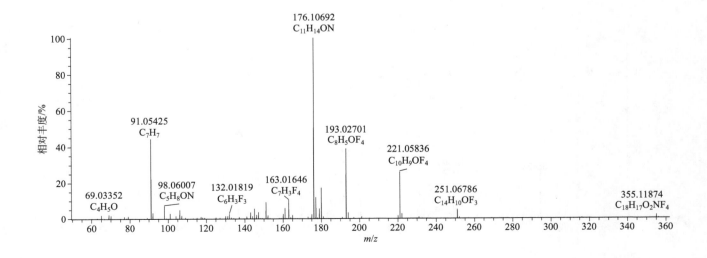

benalaxyl（苯霜灵）

基本信息

CAS 登录号	71626-11-4	分子量	325.16779	离子化模式	电子轰击电离（EI）
分子式	$C_{20}H_{23}NO_3$	保留时间	24.77min		

总离子流色谱图

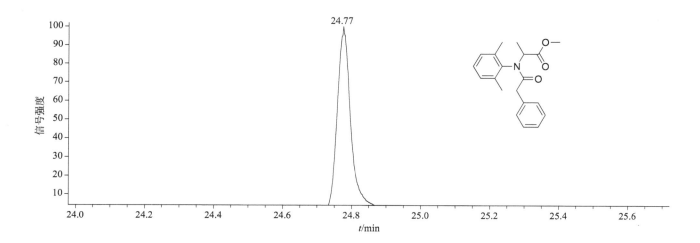

质谱图

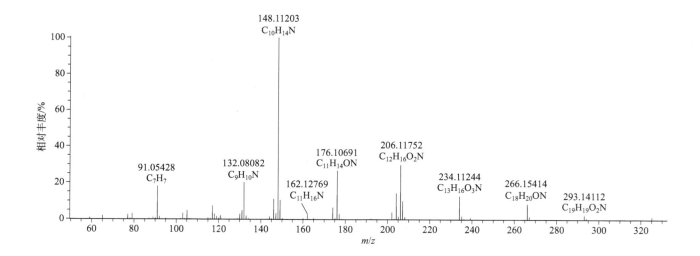

benazolin-ethyl（草除灵）

基本信息

CAS 登录号	25059-80-7	分子量	271.00699	离子化模式	电子轰击电离（EI）
分子式	$C_{11}H_{10}ClNO_3S$	保留时间	20.10min		

总离子流色谱图

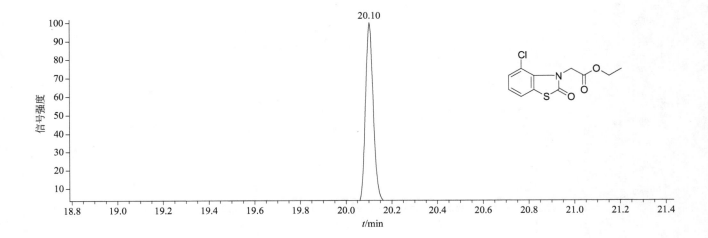

质谱图

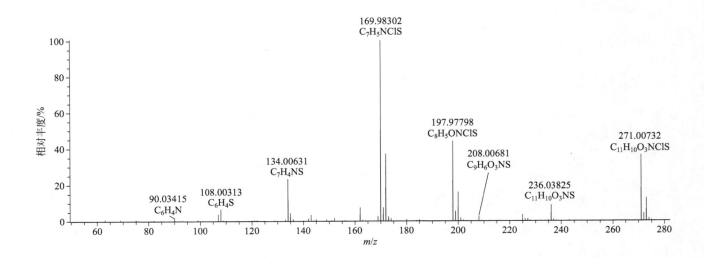

bendiocarb（噁虫威）

基本信息

CAS 登录号	22781-23-3	分子量	223.08446	离子化模式	电子轰击电离（EI）
分子式	$C_{11}H_{13}NO_4$	保留时间	12.98min		

总离子流色谱图

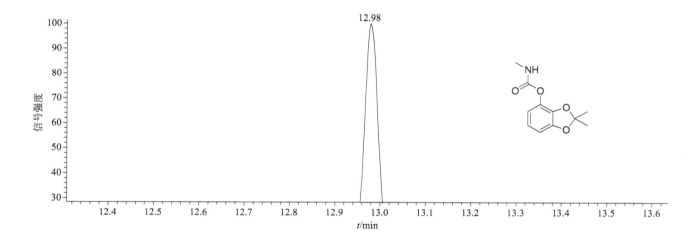

质谱图

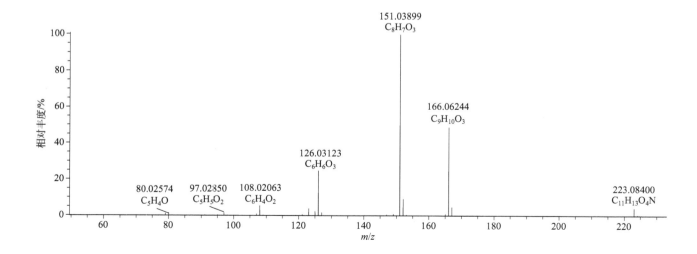

benfluralin（乙丁氟灵）

基本信息

CAS 登录号	1861-40-1	分子量	335.10929	离子化模式	电子轰击电离（EI）
分子式	$C_{13}H_{16}F_3N_3O_4$	保留时间	13.02min		

总离子流色谱图

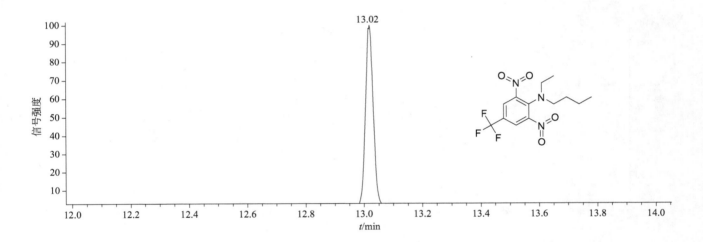

质谱图

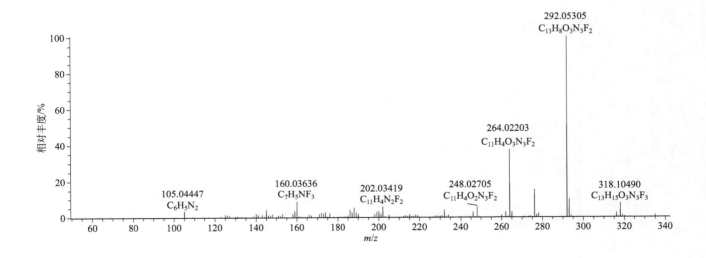

benfuracarb(丙硫克百威)

基本信息

CAS 登录号	82560-54-1	分子量	410.18754	离子化模式	电子轰击电离(EI)
分子式	$C_{20}H_{30}N_2O_5S$	保留时间	29.35min		

总离子流色谱图

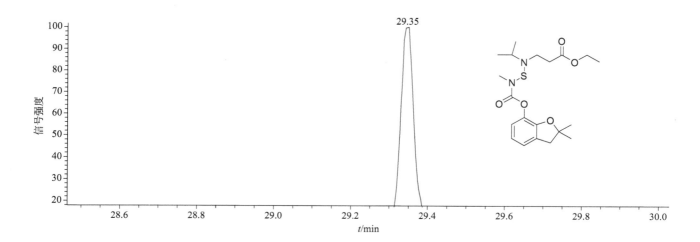

质谱图

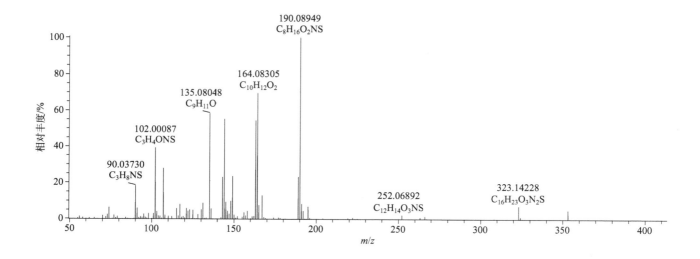

benfuresate（呋草黄）

基本信息

CAS 登录号	68505-69-1	分子量	256.07693	离子化模式	电子轰击电离（EI）
分子式	$C_{12}H_{16}O_4S$	保留时间	16.63min		

总离子流色谱图

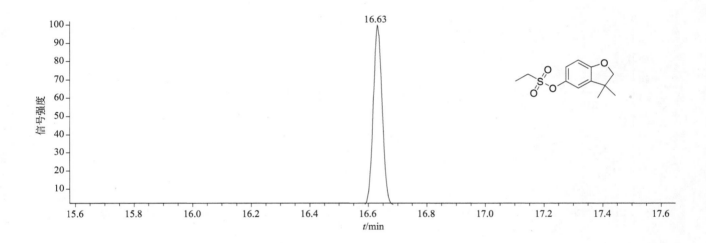

质谱图

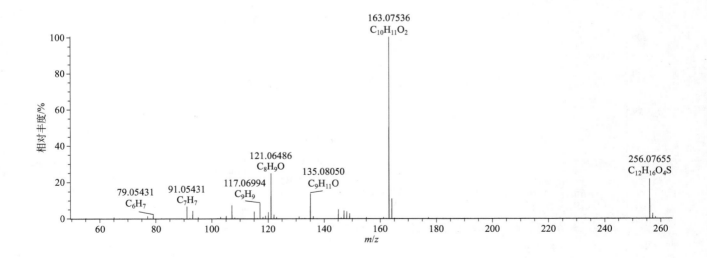

benodanil（麦锈灵）

基本信息

CAS 登录号	15310-01-7	分子量	322.98071	离子化模式	电子轰击电离（EI）
分子式	$C_{13}H_{10}INO$	保留时间	24.18min		

总离子流色谱图

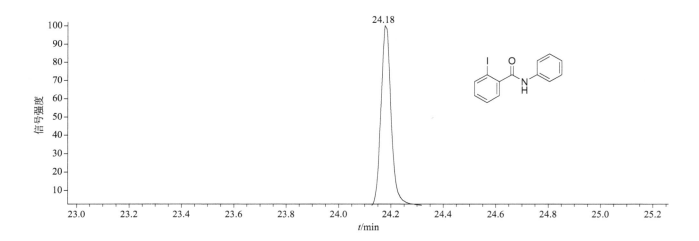

质谱图

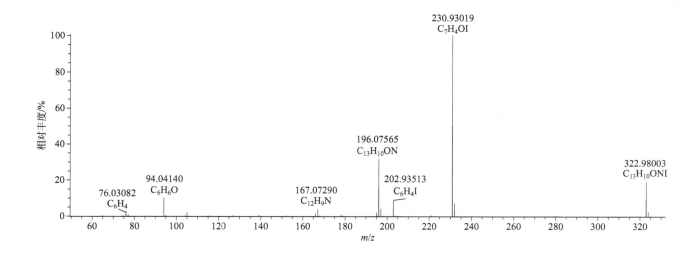

benoxacor（解草嗪）

基本信息

CAS 登录号	98730-04-2	**分子量**	259.01668	**离子化模式**	电子轰击电离（EI）
分子式	$C_{11}H_{11}Cl_2NO_2$	**保留时间**	16.23min		

总离子流色谱图

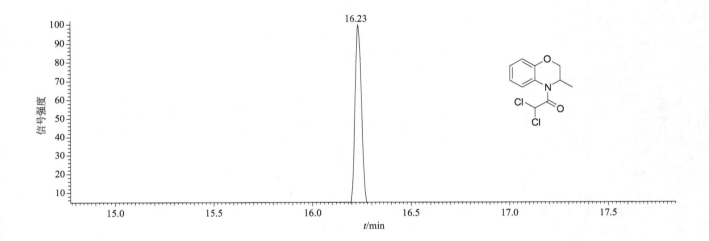

质谱图

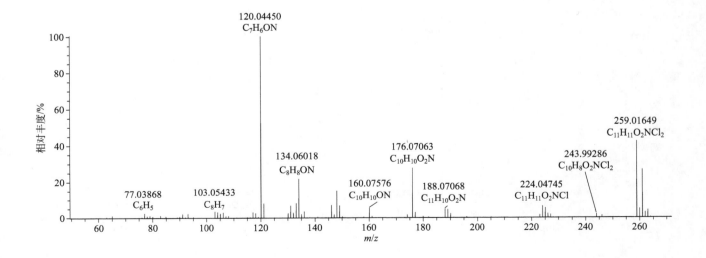

benzovindiflupyr（苯并烯氟菌唑）

基本信息

CAS 登录号	1072957-71-1	分子量	397.05548	离子化模式	电子轰击电离（EI）
分子式	$C_{18}H_{15}Cl_2F_2N_3O$	保留时间	32.32min		

总离子流色谱图

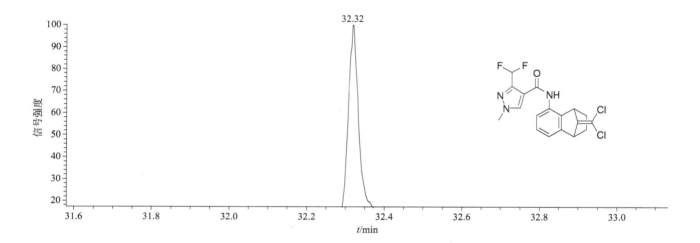

质谱图

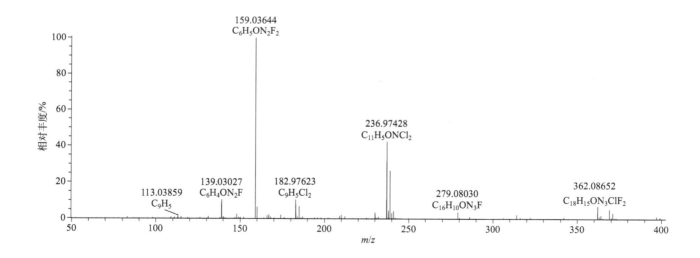

benzoximate（苯螨特）

基本信息

CAS 登录号	29104-30-1	分子量	363.08735	离子化模式	电子轰击电离（EI）
分子式	$C_{18}H_{18}ClNO_5$	保留时间	27.38min		

总离子流色谱图

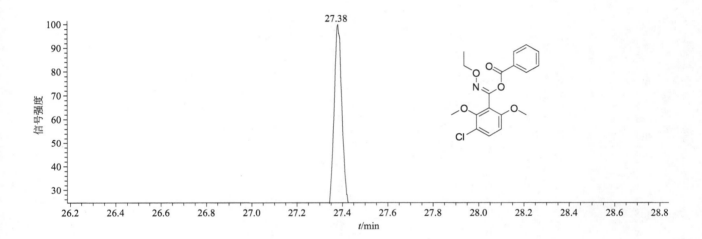

质谱图

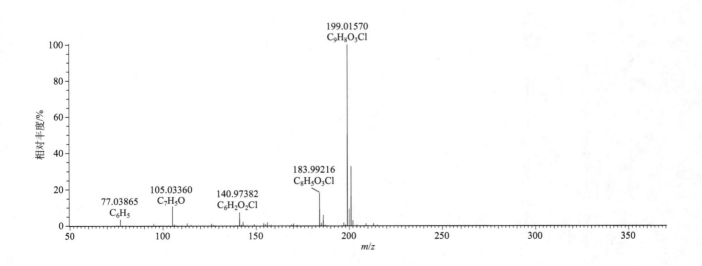

benzoylprop-ethyl（新燕灵）

基本信息

CAS 登录号	22212-55-1	分子量	365.05855	离子化模式	电子轰击电离（EI）
分子式	$C_{18}H_{17}Cl_2NO_3$	保留时间	26.50min		

总离子流色谱图

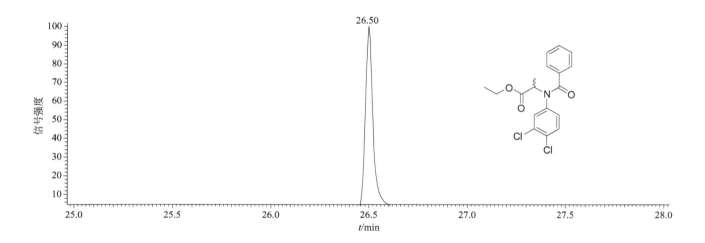

质谱图

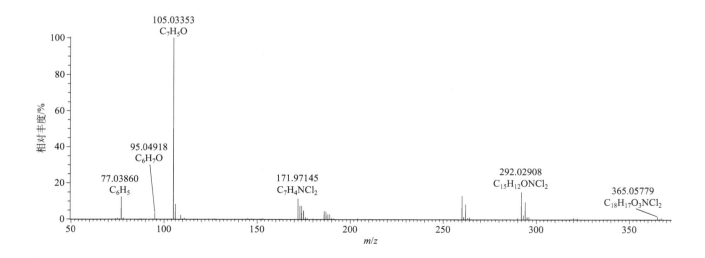

bifenazate(联苯肼酯)

基本信息

CAS 登录号	149877-41-8	分子量	300.14739	离子化模式	电子轰击电离（EI）
分子式	$C_{17}H_{20}N_2O_3$	保留时间	27.30min		

总离子流色谱图

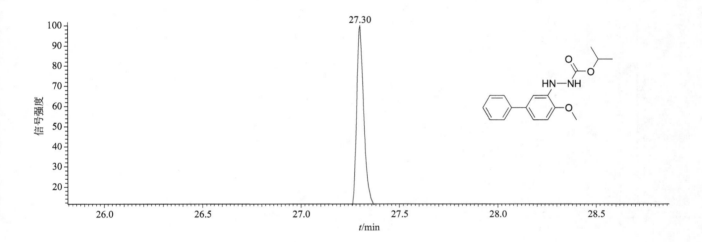

质谱图

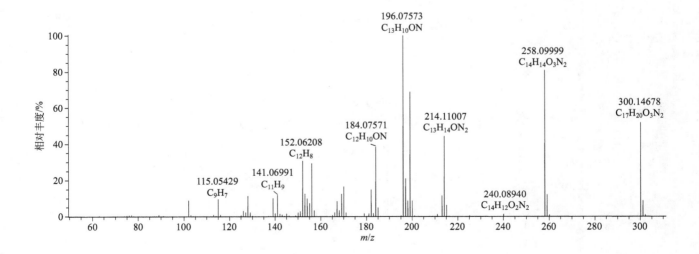

bifenox（治草醚）

基本信息

CAS 登录号	42576-02-3	分子量	340.98578	离子化模式	电子轰击电离（EI）
分子式	$C_{14}H_9Cl_2NO_5$	保留时间	27.68min		

总离子流色谱图

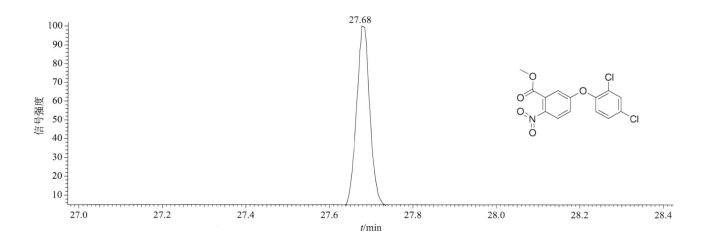

质谱图

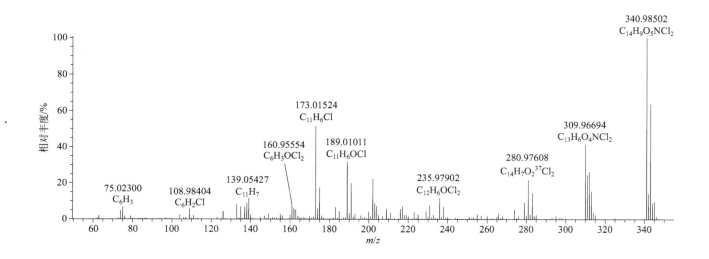

bifenthrin(联苯菊酯)

基本信息

CAS 登录号	82657-04-3	分子量	422.12604	离子化模式	电子轰击电离(EI)
分子式	$C_{23}H_{22}ClF_3O_2$	保留时间	27.17min		

总离子流色谱图

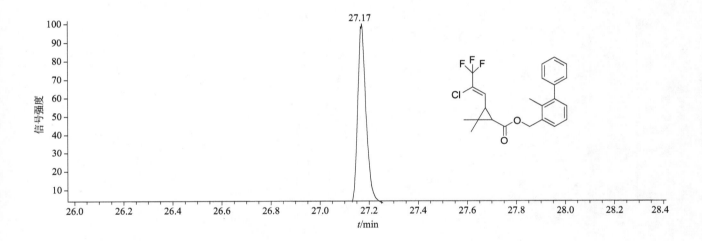

质谱图

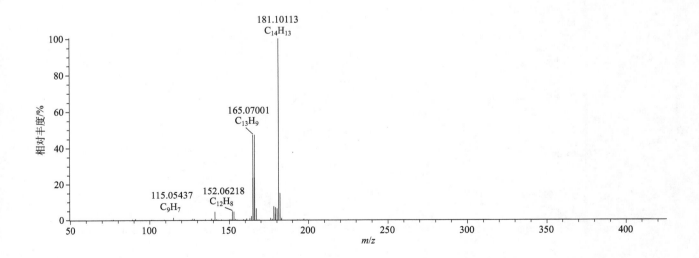

binapacryl（乐杀螨）

基本信息

CAS 登录号	485-31-4	分子量	322.11649	离子化模式	电子轰击电离（EI）
分子式	$C_{15}H_{18}N_2O_6$	保留时间	23.06min		

总离子流色谱图

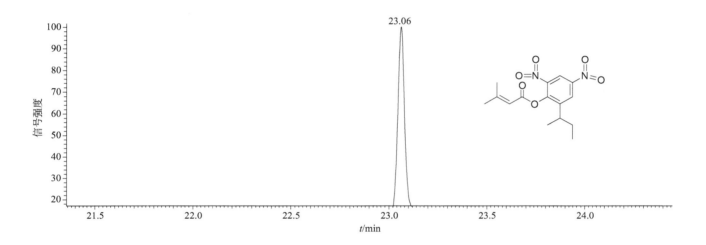

质谱图

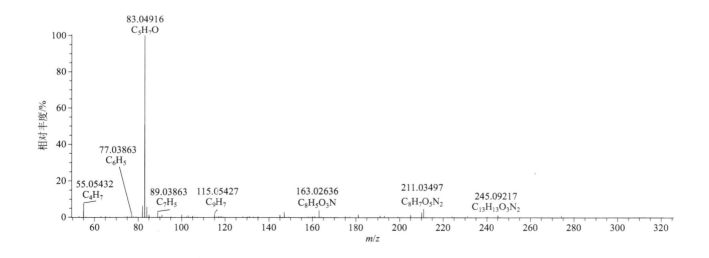

bioresmethrin（生物苄呋菊酯）

基本信息

CAS 登录号	28434-01-7	分子量	338.18819	离子化模式	电子轰击电离（EI）
分子式	$C_{22}H_{26}O_3$	保留时间	26.33min		

总离子流色谱图

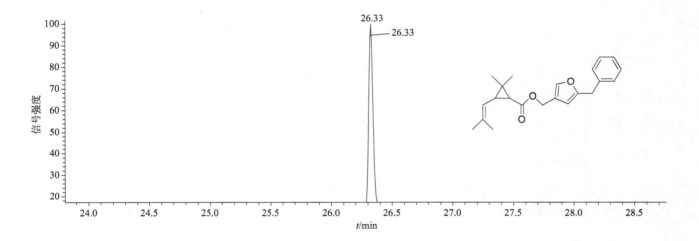

质谱图

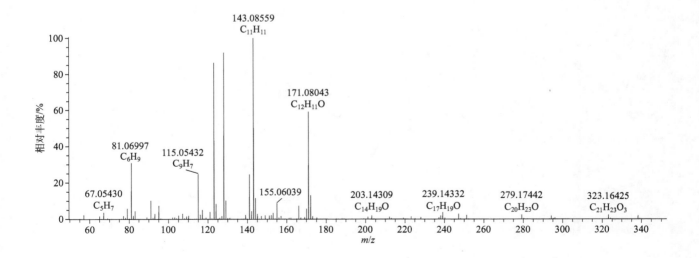

biphenyl（联苯）

基本信息

CAS 登录号	92-52-4	分子量	154.07825	离子化模式	电子轰击电离（EI）
分子式	$C_{12}H_{10}$	保留时间	8.23min		

总离子流色谱图

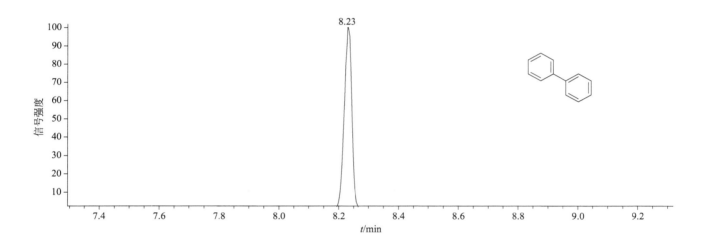

质谱图

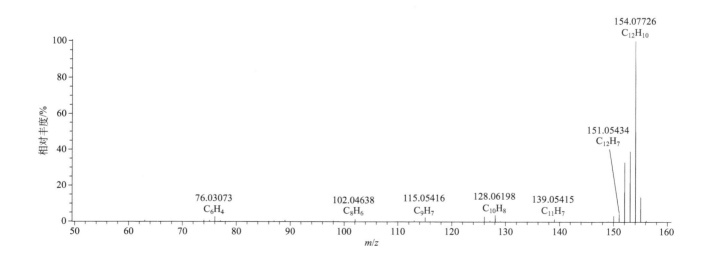

bitertanol（联苯三唑醇）

基本信息

CAS 登录号	55179-31-2	分子量	337.17903	离子化模式	电子轰击电离（EI）
分子式	$C_{20}H_{23}N_3O_2$	保留时间	30.11min		

总离子流色谱图

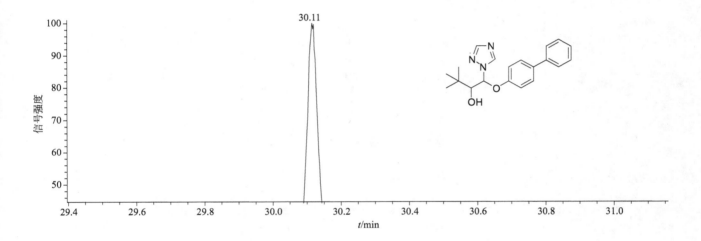

质谱图

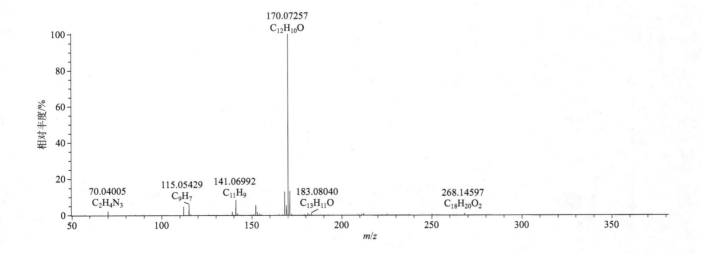

bixafen（联苯吡菌胺）

基本信息

CAS 登录号	581809-46-3	分子量	413.03040	离子化模式	电子轰击电离（EI）
分子式	$C_{18}H_{12}Cl_2F_3N_3O$	保留时间	31.98min		

总离子流色谱图

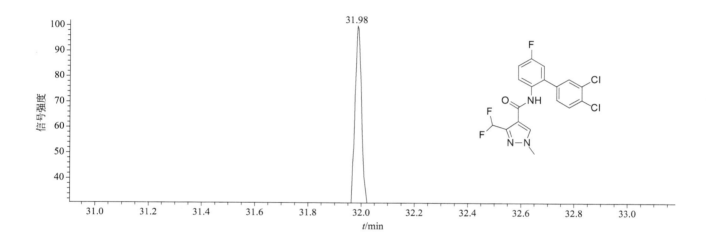

质谱图

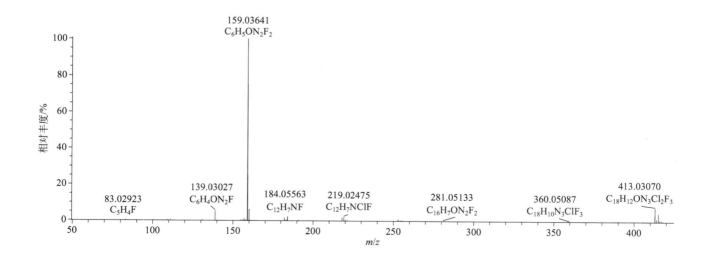

boscalid（啶酰菌胺）

基本信息

CAS 登录号	188425-85-6	分子量	342.03267	离子化模式	电子轰击电离（EI）
分子式	$C_{18}H_{12}Cl_2N_2O$	保留时间	31.49min		

总离子流色谱图

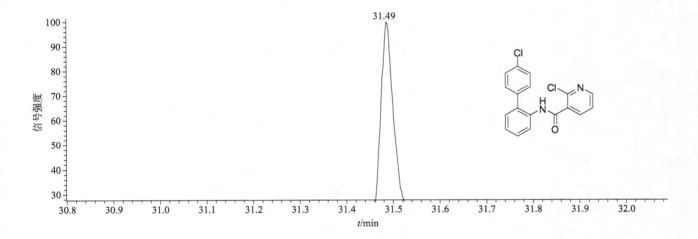

质谱图

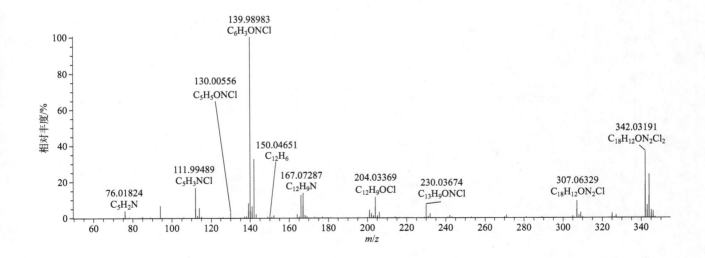

bromacil（除草定）

基本信息

CAS 登录号	314-40-9	分子量	260.01604	离子化模式	电子轰击电离（EI）
分子式	$C_9H_{13}BrN_2O_2$	保留时间	18.14min		

总离子流色谱图

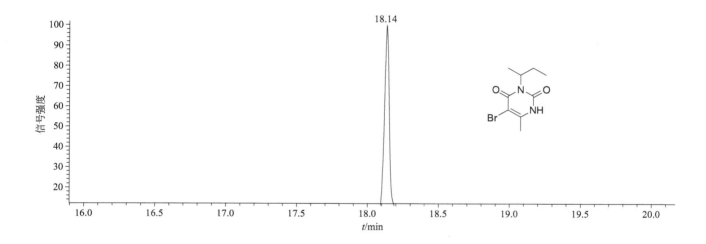

质谱图

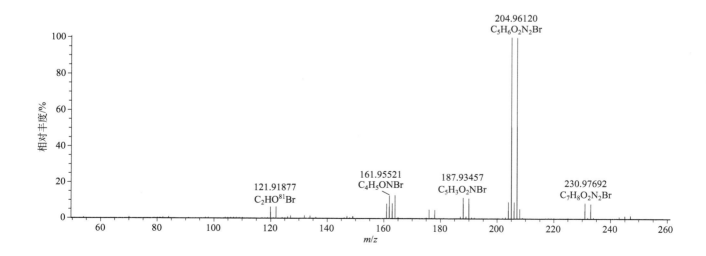

bromfenvinfos（溴芬松）

基本信息

CAS 登录号	33399-00-7	分子量	401.91901	离子化模式	电子轰击电离（EI）
分子式	$C_{12}H_{14}BrCl_2O_4P$	保留时间	21.78min		

总离子流色谱图

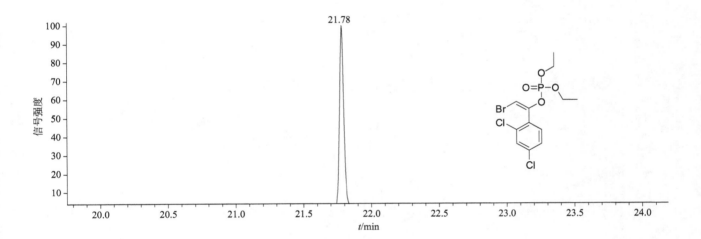

质谱图

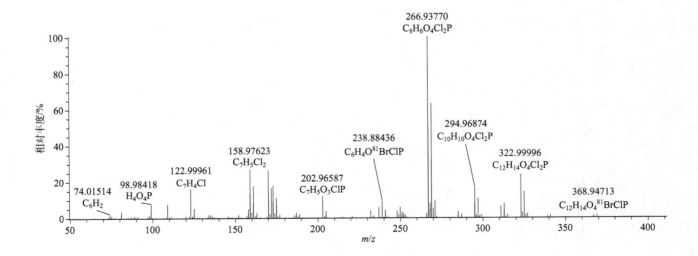

bromfenvinfos-methyl（甲基溴芬松）

基本信息

CAS 登录号	13104-21-7	分子量	373.88771	离子化模式	电子轰击电离（EI）
分子式	$C_{10}H_{10}BrCl_2O_4P$	保留时间	20.31min		

总离子流色谱图

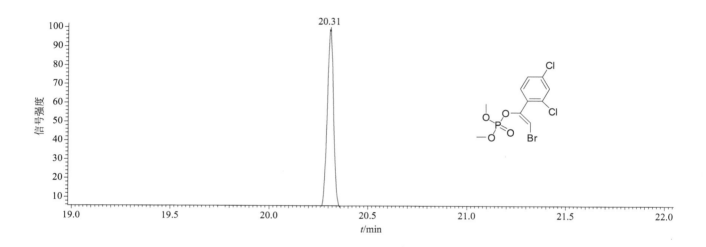

质谱图

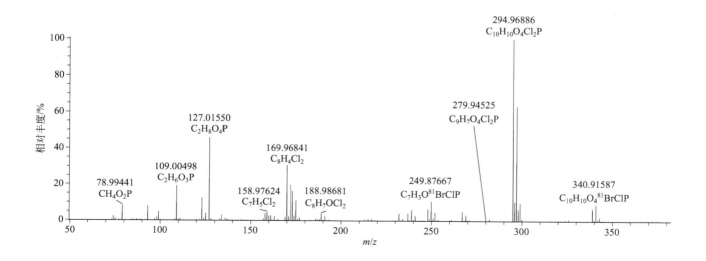

4-bromo-3,5-dimethylphenyl-*N*-methylcarbamate（4-溴-3,5-二甲苯基-*N*-甲基氨基甲酸酯）

基本信息

CAS 登录号	672-99-1	分子量	257.00514	离子化模式	电子轰击电离（EI）
分子式	$C_{10}H_{12}BrNO_2$	保留时间	9.57min		

总离子流色谱图

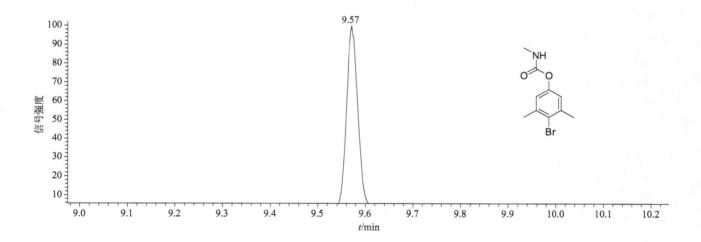

质谱图

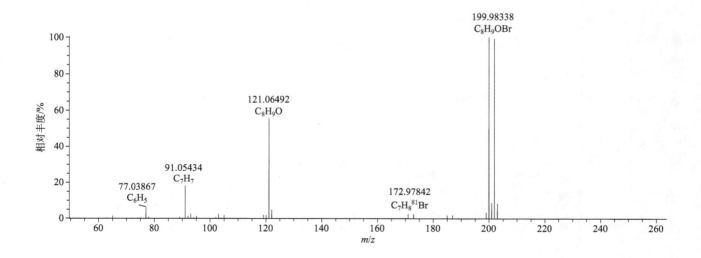

bromobutide（溴丁酰草胺）

基本信息

CAS 登录号	74712-19-9	分子量	311.08848	离子化模式	电子轰击电离（EI）
分子式	$C_{15}H_{22}BrNO$	保留时间	16.87min		

总离子流色谱图

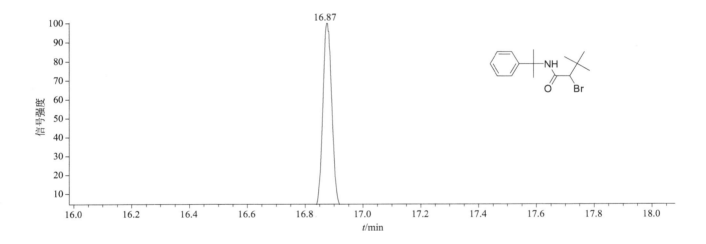

质谱图

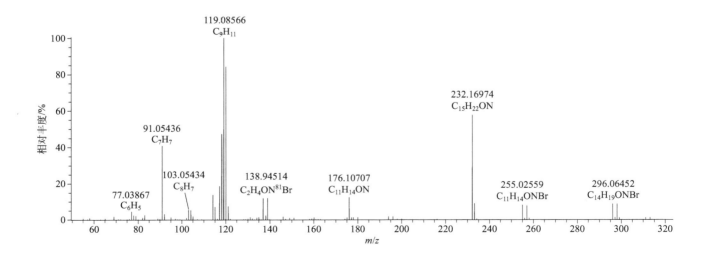

bromocyclen(溴西克林)

基本信息

CAS 登录号	1715-40-8	分子量	389.77058	离子化模式	电子轰击电离(EI)
分子式	C₈H₅BrCl₆	保留时间	16.17min		

总离子流色谱图

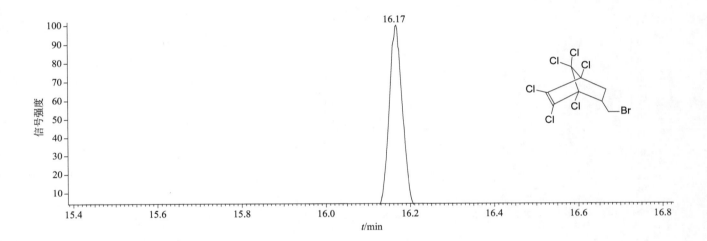

质谱图

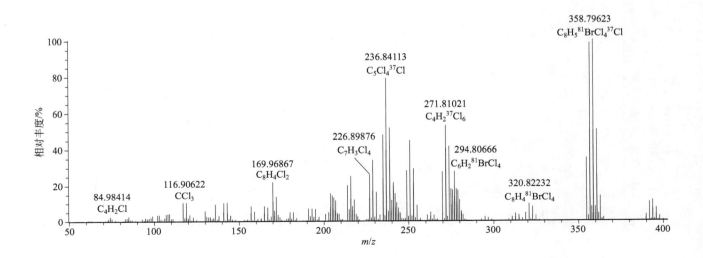

bromophos-ethyl（乙基溴硫磷）

基本信息

CAS 登录号	4824-78-6	分子量	391.88052	离子化模式	电子轰击电离（EI）
分子式	$C_{10}H_{12}BrCl_2O_3PS$	保留时间	21.08min		

总离子流色谱图

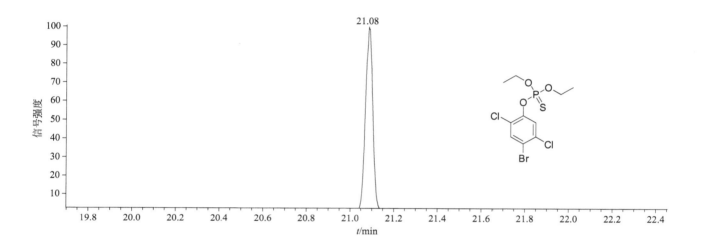

质谱图

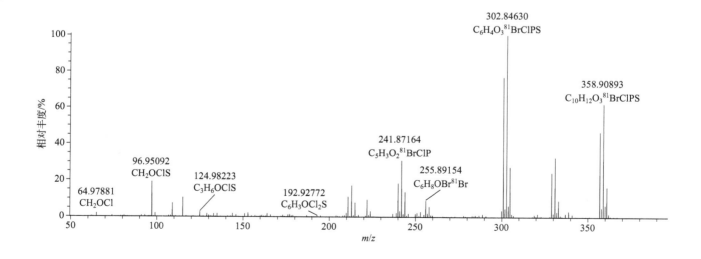

bromophos-methyl(溴硫磷)

基本信息

CAS 登录号	2104-96-3	分子量	363.84922	离子化模式	电子轰击电离(EI)
分子式	$C_8H_8BrCl_2O_3PS$	保留时间	19.48min		

总离子流色谱图

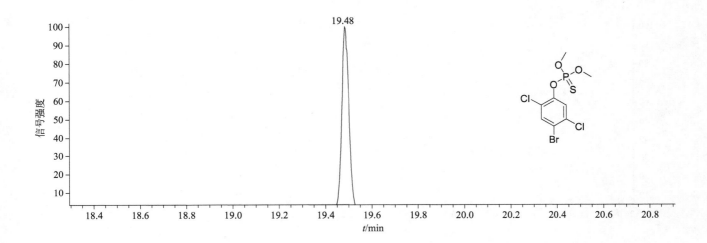

质谱图

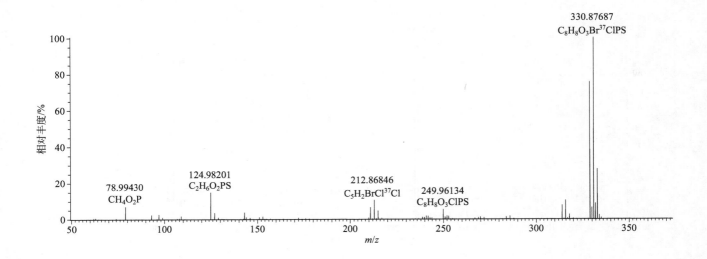

bromopropylate（溴螨酯）

基本信息

CAS 登录号	18181-80-1	**分子量**	425.94662	**离子化模式**	电子轰击电离（EI）
分子式	$C_{17}H_{16}Br_2O_3$	**保留时间**	27.12min		

总离子流色谱图

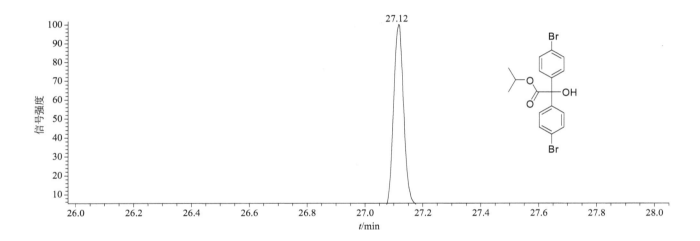

质谱图

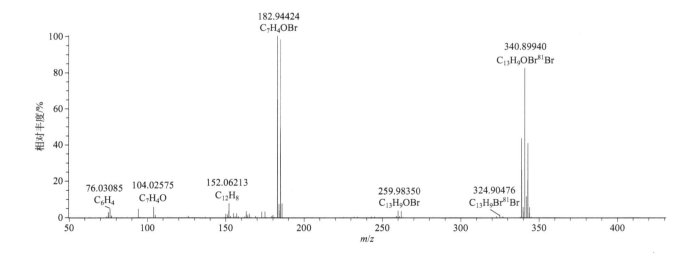

bromoxynil octanoate（辛酰溴苯腈）

基本信息

CAS 登录号	1689-99-2	分子量	400.9626	离子化模式	电子轰击电离（EI）
分子式	$C_{15}H_{17}Br_2NO_2$	保留时间	24.97min		

总离子流色谱图

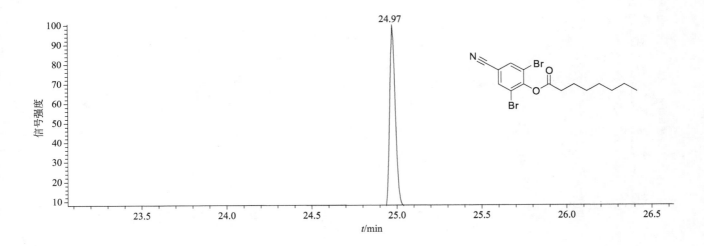

质谱图

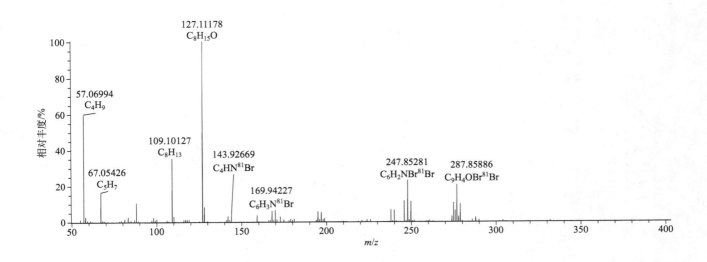

bromuconazole（糠菌唑）

基本信息

CAS 登录号	116255-48-2	**分子量**	374.95408	**离子化模式**	电子轰击电离（EI）
分子式	$C_{13}H_{12}BrCl_2N_3O$	**保留时间**	27.66min		

总离子流色谱图

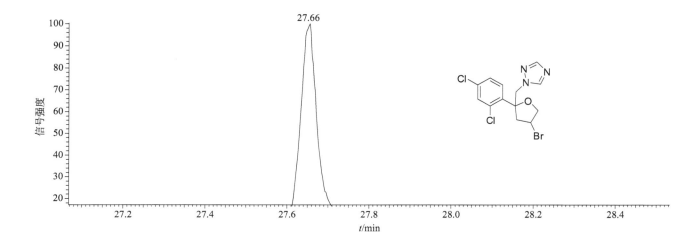

质谱图

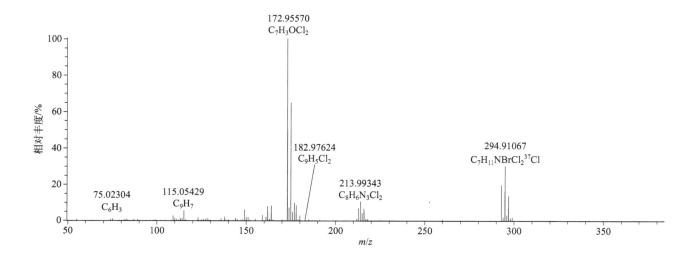

bupirimate（乙嘧酚磺酸酯）

基本信息

CAS 登录号	41483-43-6	分子量	316.15691	离子化模式	电子轰击电离（EI）
分子式	$C_{13}H_{24}N_4O_3S$	保留时间	22.73min		

总离子流色谱图

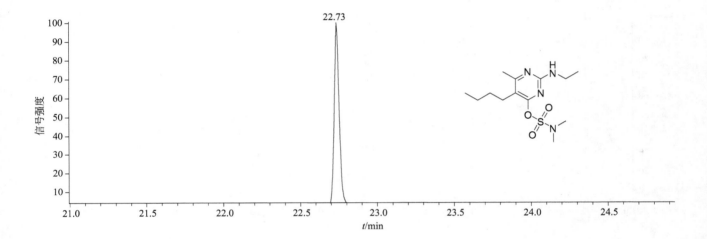

质谱图

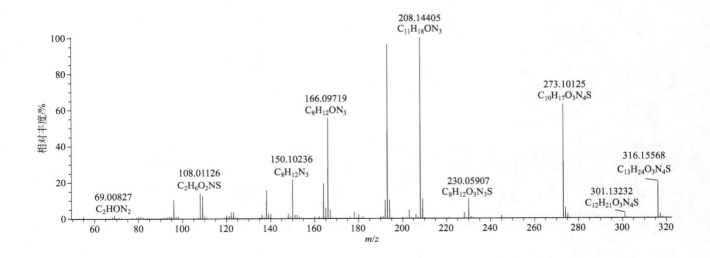

buprofezin（噻嗪酮）

基本信息

CAS 登录号	69327-76-0	分子量	305.15618	离子化模式	电子轰击电离（EI）
分子式	$C_{16}H_{23}N_3OS$	保留时间	22.71min		

总离子流色谱图

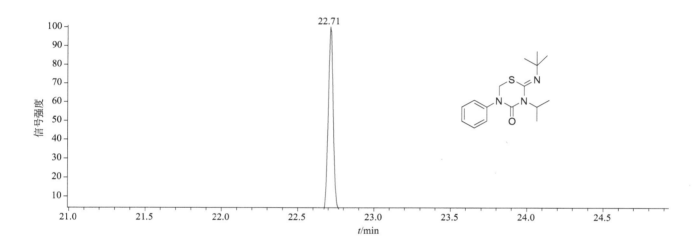

质谱图

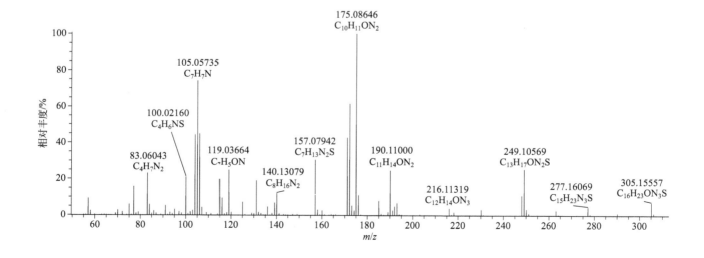

butachlor(丁草胺)

基本信息

CAS 登录号	23184-66-9	**分子量**	311.16521	**离子化模式**	电子轰击电离(EI)
分子式	C₁₇H₂₆ClNO₂	**保留时间**	21.43min		

总离子流色谱图

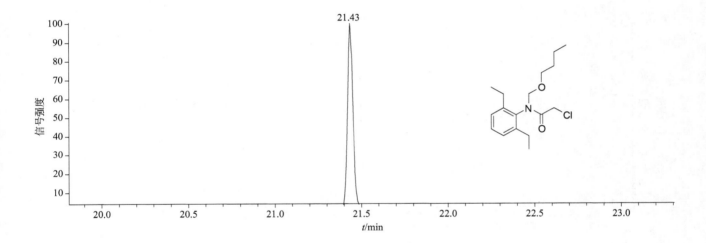

质谱图

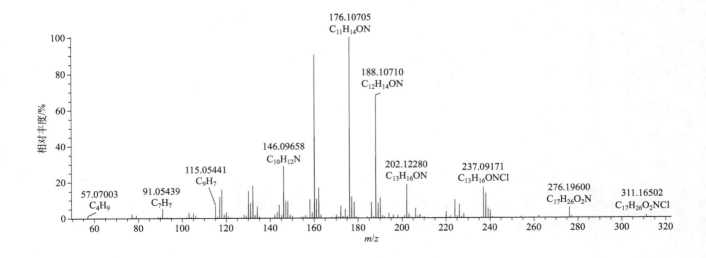

butafenacil（氟丙嘧草酯）

基本信息

CAS 登录号	134605-64-4	分子量	474.08055	离子化模式	电子轰击电离（EI）
分子式	$C_{20}H_{18}ClF_3N_2O_6$	保留时间	30.76min		

总离子流色谱图

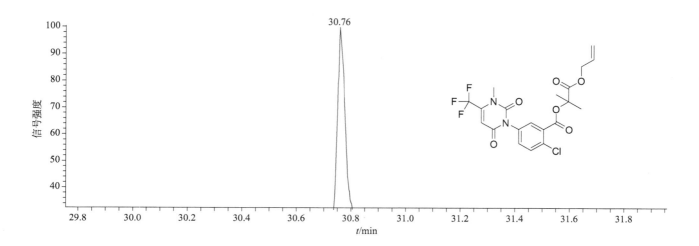

质谱图

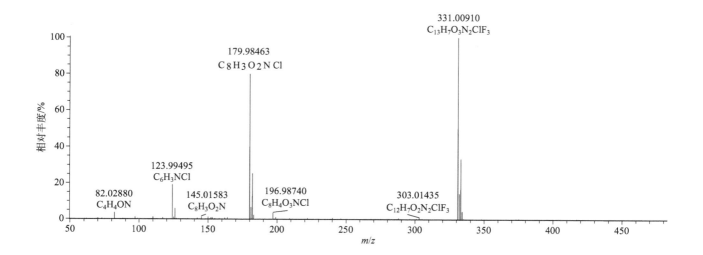

butamifos（抑草磷）

基本信息

CAS 登录号	36335-67-8	分子量	332.09596	离子化模式	电子轰击电离（EI）
分子式	$C_{13}H_{21}N_2O_4PS$	保留时间	21.67min		

总离子流色谱图

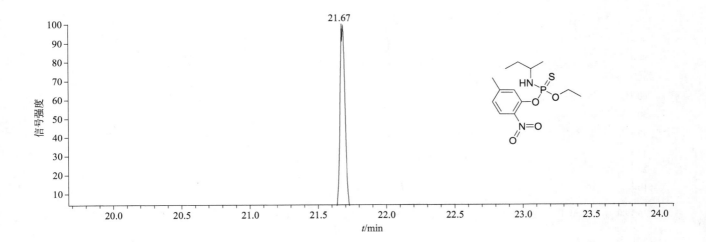

质谱图

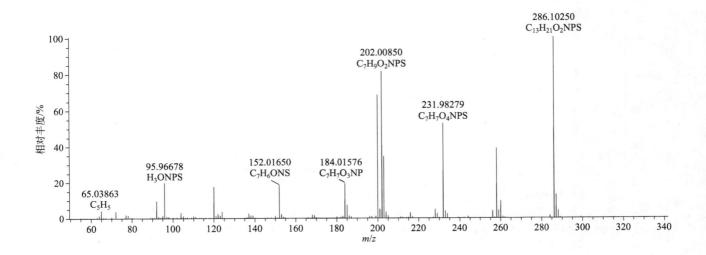

butralin(仲丁灵)

基本信息

CAS 登录号	33629-47-9	分子量	295.15321	离子化模式	电子轰击电离(EI)
分子式	$C_{14}H_{21}N_3O_4$	保留时间	19.42min		

总离子流色谱图

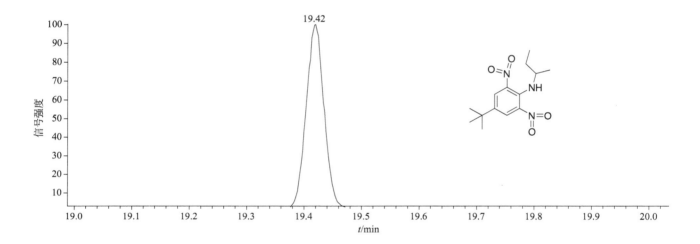

质谱图

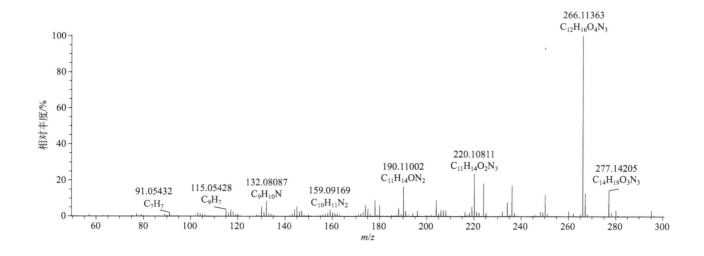

buturon(炔草隆)

基本信息

CAS 登录号	3766-60-7	分子量	236.07164	离子化模式	电子轰击电离(EI)
分子式	$C_{12}H_{13}ClN_2O$	保留时间	19.23min		

总离子流色谱图

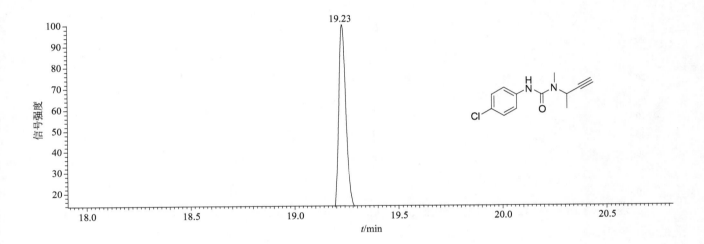

质谱图

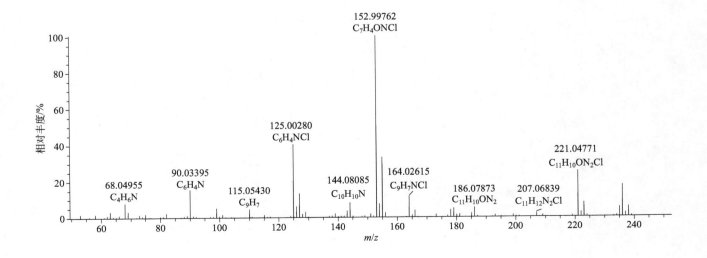

butylate（丁草特）

基本信息

CAS 登录号	2008-41-5	分子量	217.15004	离子化模式	电子轰击电离（EI）
分子式	$C_{11}H_{23}NOS$	保留时间	8.78min		

总离子流色谱图

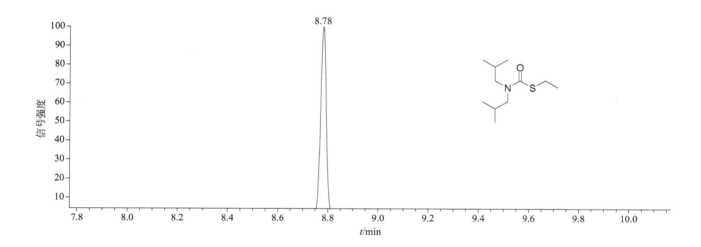

质谱图

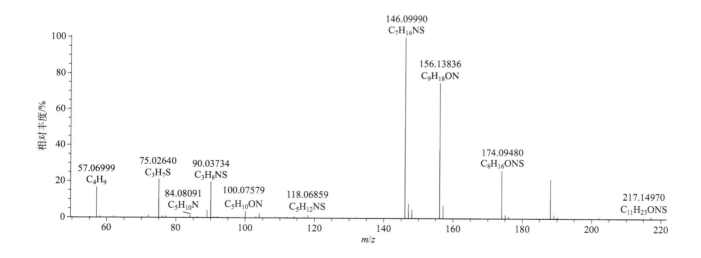

 # C

cadusafos（硫线磷）

基本信息

CAS 登录号	95465-99-9	**分子量**	270.08771	**离子化模式**	电子轰击电离（EI）
分子式	$C_{10}H_{23}O_2PS_2$	**保留时间**	13.27min		

总离子流色谱图

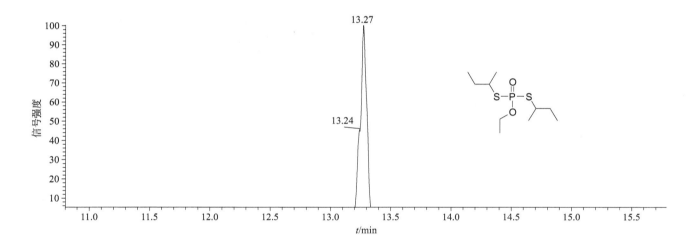

质谱图

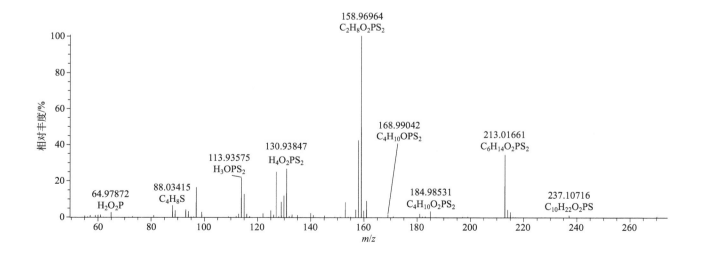

cafenstrole（唑草胺）

基本信息

CAS 登录号	125306-83-4	分子量	350.14126	离子化模式	电子轰击电离（EI）
分子式	$C_{16}H_{22}N_4O_3S$	保留时间	30.85min		

总离子流色谱图

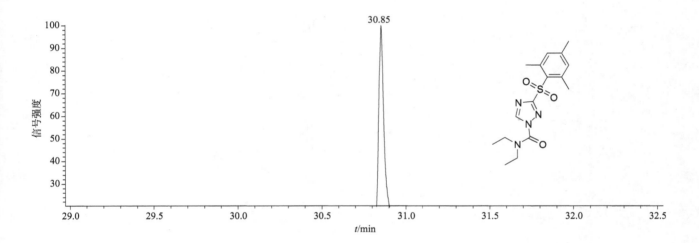

质谱图

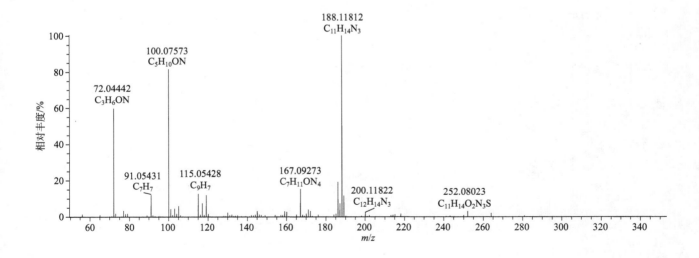

captafol（敌菌丹）

基本信息

CAS 登录号	2425-06-1	分子量	346.91081	离子化模式	电子轰击电离（EI）
分子式	$C_{10}H_9Cl_4NO_2S$	保留时间	25.99min		

总离子流色谱图

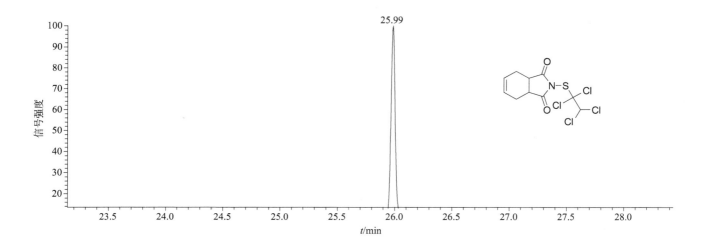

质谱图

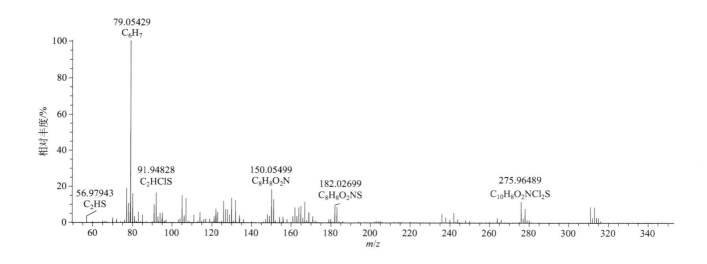

captan（克菌丹）

基本信息

CAS 登录号	133-06-2	分子量	298.93413	离子化模式	电子轰击电离（EI）
分子式	$C_9H_8Cl_3NO_2S$	保留时间	20.46min		

总离子流色谱图

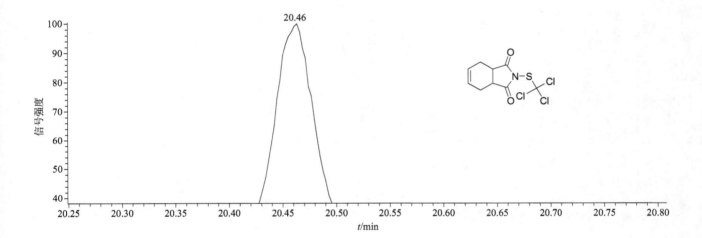

质谱图

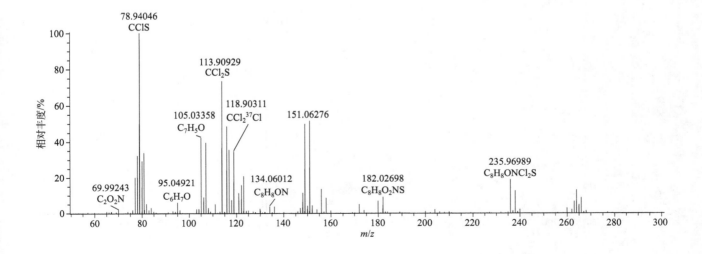

carbaryl（甲萘威）

基本信息

CAS 登录号	63-25-2	分子量	201.07898	离子化模式	电子轰击电离（EI）
分子式	$C_{12}H_{11}NO_2$	保留时间	17.30min		

总离子流色谱图

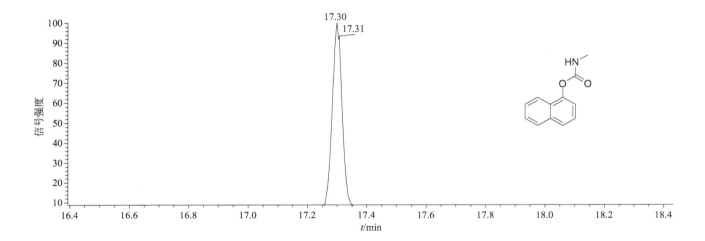

质谱图

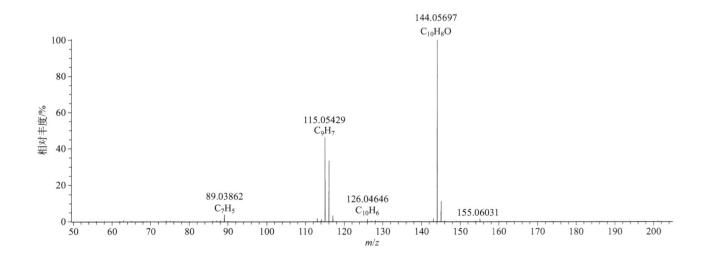

carbofuran（克百威）

基本信息

CAS 登录号	1563-66-2	分子量	221.10519	离子化模式	电子轰击电离（EI）
分子式	$C_{12}H_{15}NO_3$	保留时间	14.25min		

总离子流色谱图

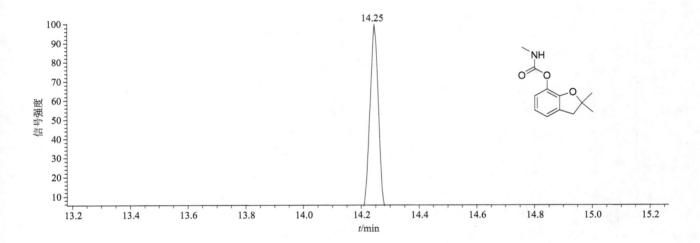

质谱图

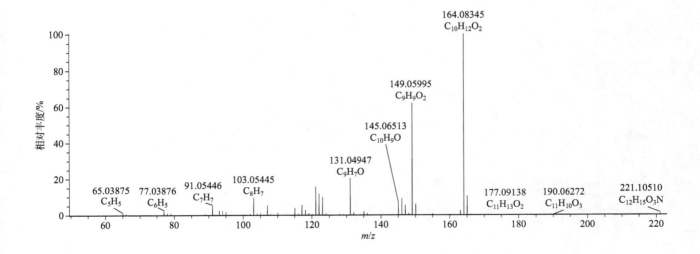

carbofuran-3-hydroxy（3-羟基克百威）

基本信息

CAS 登录号	16655-82-6	分子量	237.10011	离子化模式	电子轰击电离（EI）
分子式	C$_{12}$H$_{15}$NO$_4$	保留时间	17.08min		

总离子流色谱图

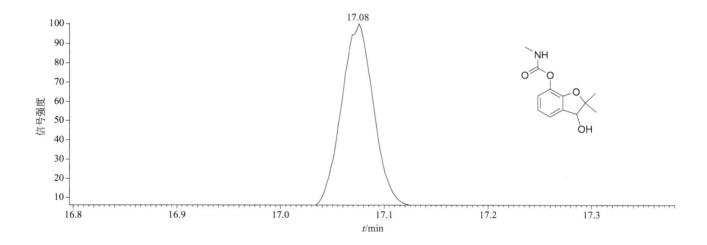

质谱图

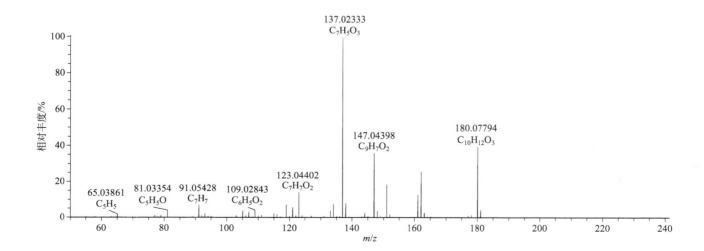

carbophenothion（三硫磷）

基本信息

CAS 登录号	786-19-6	分子量	341.97386	离子化模式	电子轰击电离（EI）
分子式	$C_{11}H_{16}ClO_2PS_3$	保留时间	24.86min		

总离子流色谱图

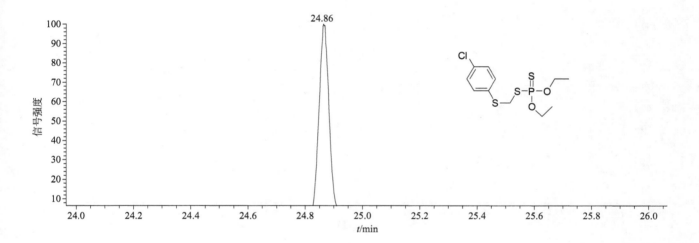

质谱图

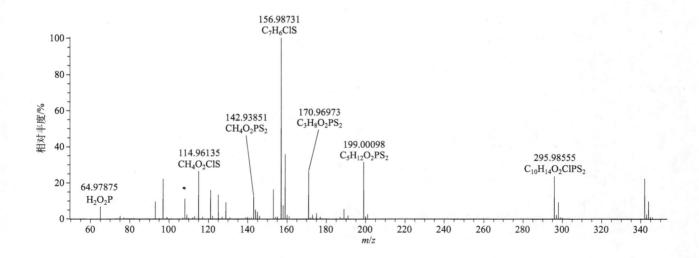

carbosulfan(丁硫克百威)

基本信息

CAS 登录号	55285-14-8	分子量	380.21336	离子化模式	电子轰击电离(EI)
分子式	$C_{20}H_{32}N_2O_3S$	保留时间	26.80min		

总离子流色谱图

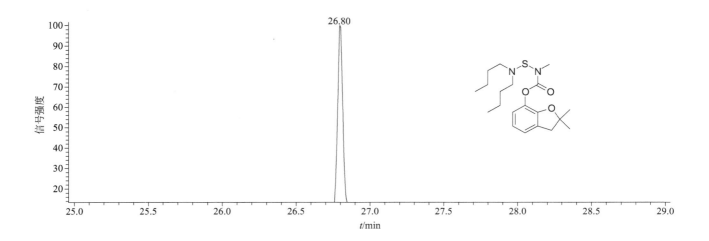

质谱图

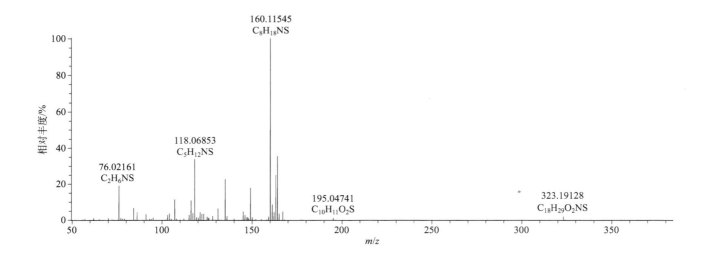

carboxin(萎锈灵)

基本信息

CAS 登录号	5234-68-4	分子量	235.0667	离子化模式	电子轰击电离(EI)
分子式	C₁₂H₁₃NO₂S	保留时间	22.68min		

总离子流色谱图

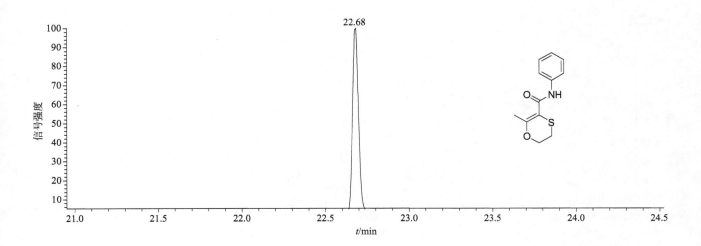

质谱图

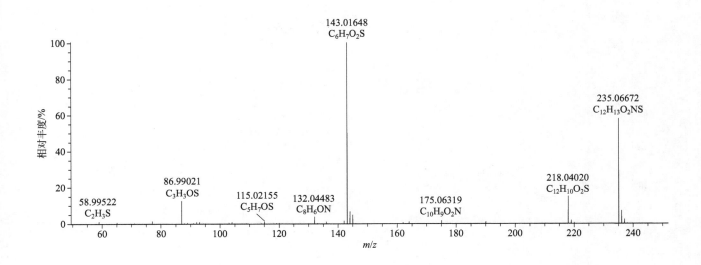

carfentrazone-ethyl（唑酮酯）

基本信息

CAS 登录号	128639-02-1	分子量	411.03643	离子化模式	电子轰击电离（EI）
分子式	$C_{15}H_{14}Cl_2F_3N_3O_3$	保留时间	24.85min		

总离子流色谱图

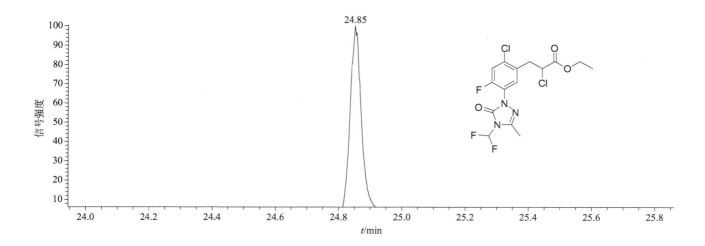

质谱图

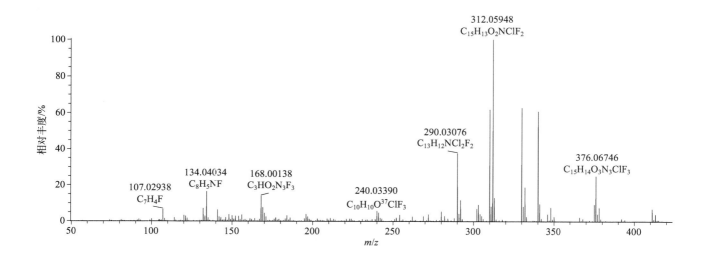

chinomethionate（灭螨猛）

基本信息

CAS 登录号	2439-01-2	分子量	233.99216	离子化模式	电子轰击电离（EI）
分子式	$C_{10}H_6N_2OS_2$	保留时间	21.02min		

总离子流色谱图

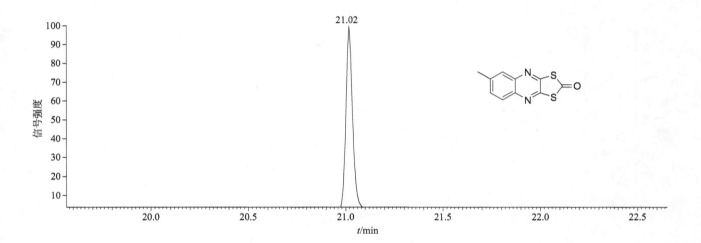

质谱图

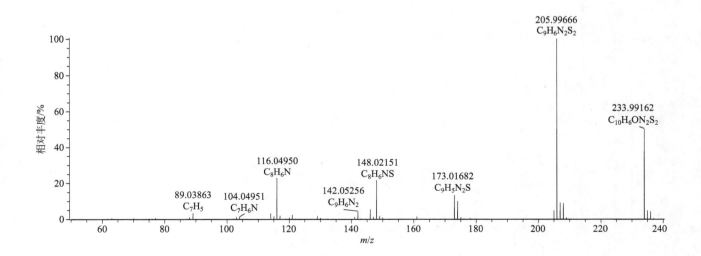

chlorbenside（氯杀螨）

基本信息

CAS 登录号	103-17-3	**分子量**	267.98803	**离子化模式**	电子轰击电离（EI）
分子式	$C_{13}H_{10}Cl_2S$	**保留时间**	21.00min		

总离子流色谱图

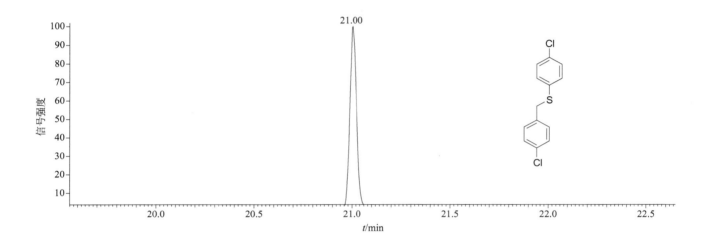

质谱图

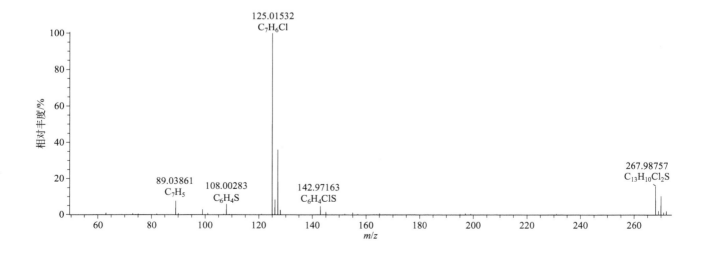

chlorbenside sulfone（氯杀螨砜）

基本信息

CAS 登录号	7082-99-7	分子量	299.97786	离子化模式	电子轰击电离（EI）
分子式	$C_{13}H_{10}Cl_2O_2S$	保留时间	24.72min		

总离子流色谱图

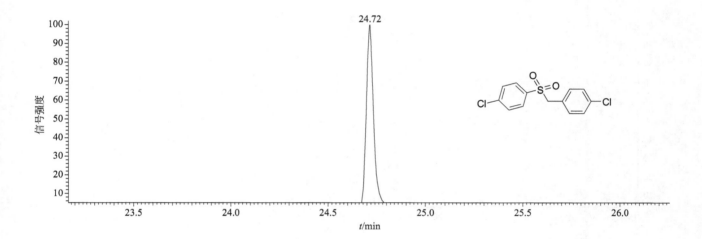

质谱图

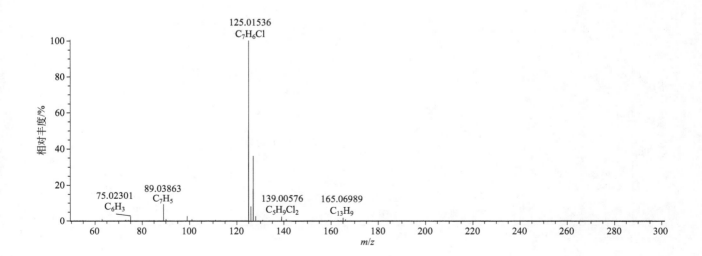

chlorbromuron（氯溴隆）

基本信息

CAS 登录号	13360-45-7	分子量	291.96142	离子化模式	电子轰击电离（EI）
分子式	$C_9H_{10}BrClN_2O_2$	保留时间	20.22min		

总离子流色谱图

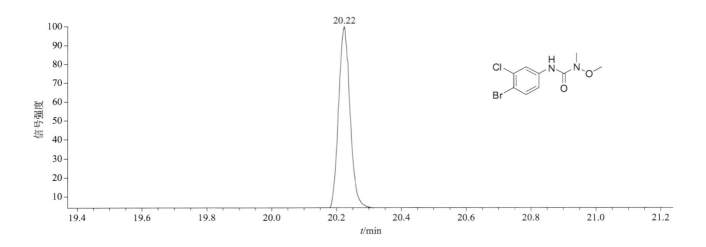

质谱图

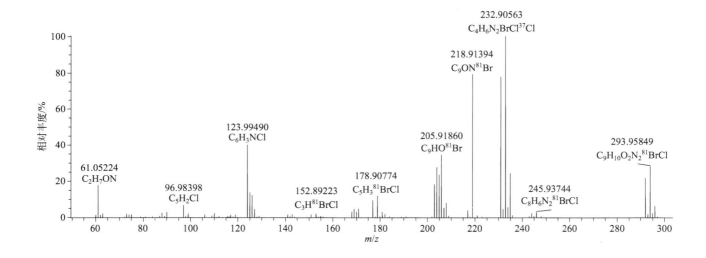

chlorbufam（氯炔灵）

基本信息

CAS 登录号	1967-16-4	分子量	223.04001	离子化模式	电子轰击电离（EI）
分子式	$C_{11}H_{10}ClNO_2$	保留时间	14.52min		

总离子流色谱图

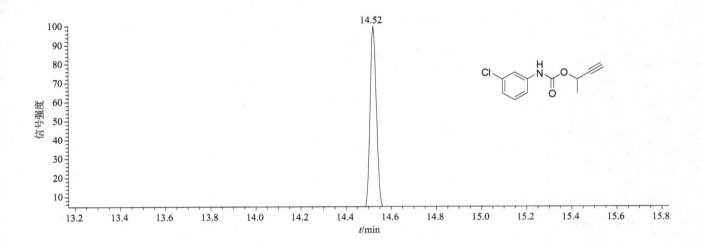

质谱图

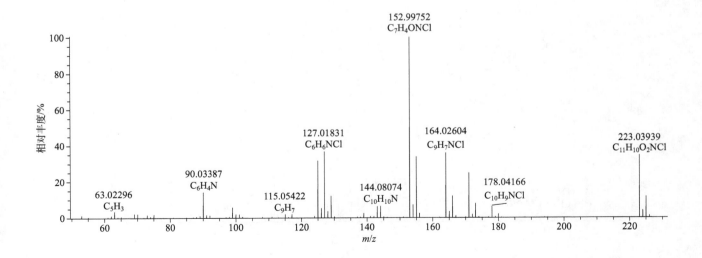

chlordane（氯丹）

基本信息

CAS 登录号	57-74-9	**分子量**	405.79777	**离子化模式**	电子轰击电离（EI）
分子式	$C_{10}H_6Cl_8$	**保留时间**	21.02min		

总离子流色谱图

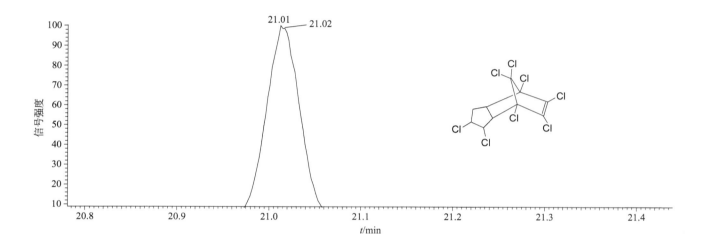

质谱图

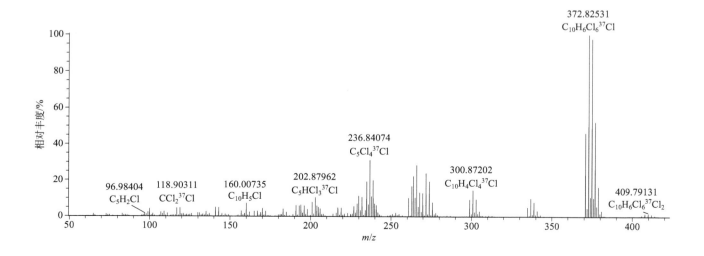

cis-chlordane（顺式氯丹）

基本信息

CAS 登录号	5103-71-9	分子量	405.79777	离子化模式	电子轰击电离（EI）
分子式	$C_{10}H_6Cl_8$	保留时间	21.50min		

总离子流色谱图

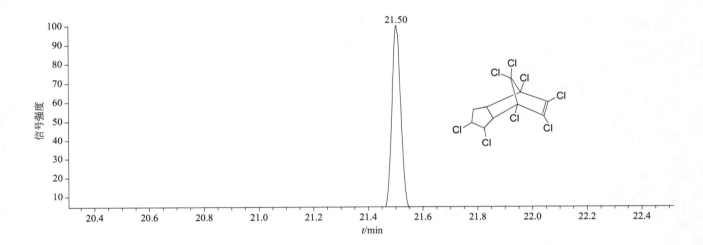

质谱图

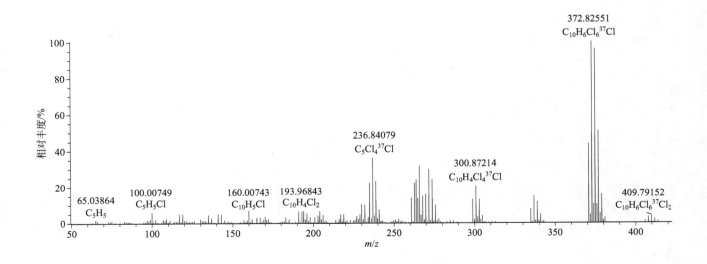

trans-chlordane(反式氯丹)

基本信息

CAS 登录号	5103-74-2	分子量	405.79777	离子化模式	电子轰击电离(EI)
分子式	$C_{10}H_6Cl_8$	保留时间	21.04min		

总离子流色谱图

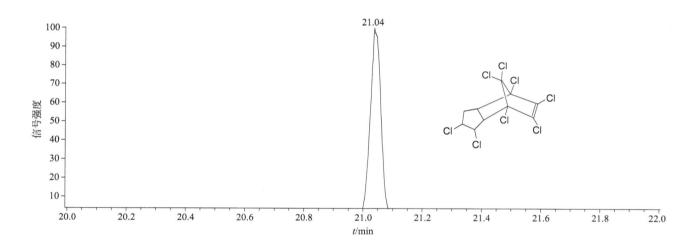

质谱图

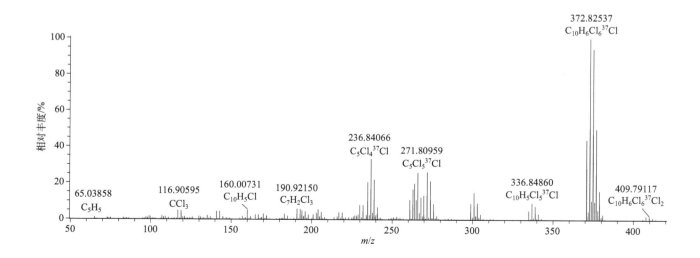

chlordimeform（杀虫脒）

基本信息

CAS 登录号	6164-98-3	分子量	196.07673	离子化模式	电子轰击电离（EI）
分子式	$C_{10}H_{13}ClN_2$	保留时间	12.73min		

总离子流色谱图

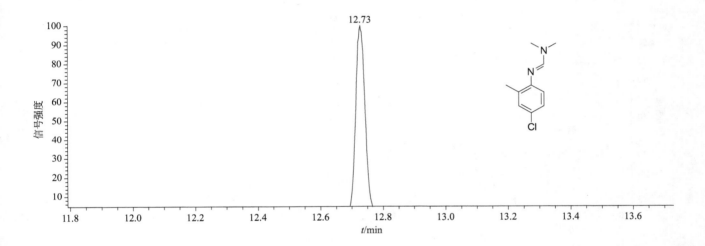

质谱图

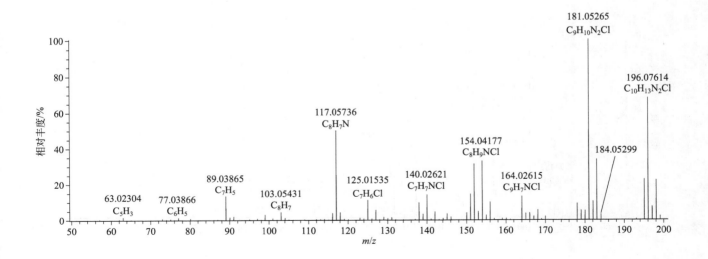

chlorethoxyfos（氯氧磷）

基本信息

CAS 登录号	54593-83-8	分子量	333.89206	离子化模式	电子轰击电离（EI）
分子式	$C_6H_{11}Cl_4O_3PS$	保留时间	12.00min		

总离子流色谱图

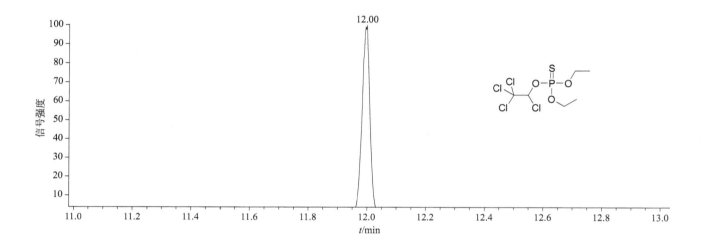

质谱图

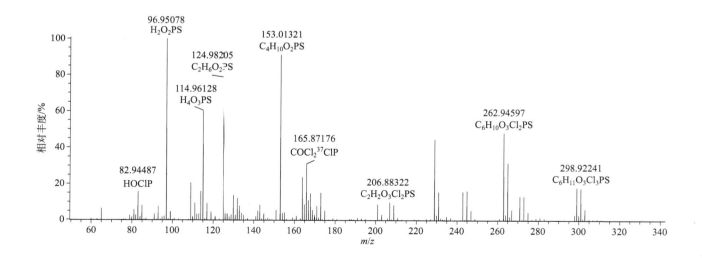

chlorfenapyr (虫螨腈)

基本信息

CAS 登录号	122453-73-0	分子量	405.96954	离子化模式	电子轰击电离（EI）
分子式	$C_{15}H_{11}BrClF_3N_2O$	保留时间	23.05min		

总离子流色谱图

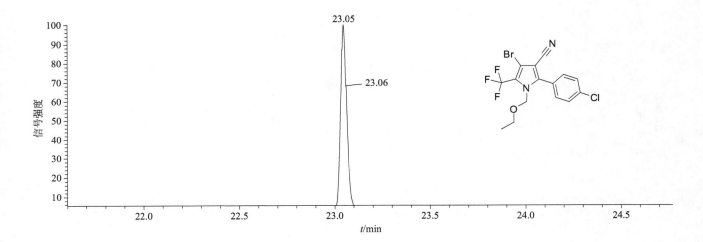

质谱图

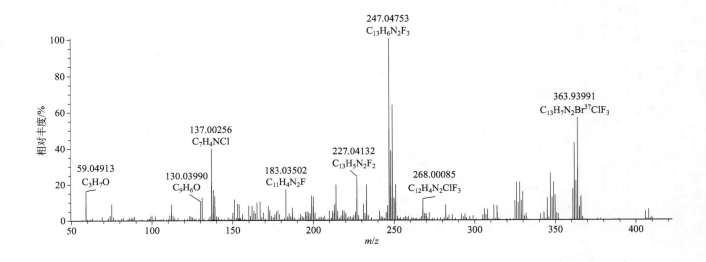

chlorfenethol（杀螨醇）

基本信息

CAS 登录号	80-06-8	分子量	266.02652	离子化模式	电子轰击电离（EI）
分子式	$C_{14}H_{12}Cl_2O$	保留时间	20.41min		

总离子流色谱图

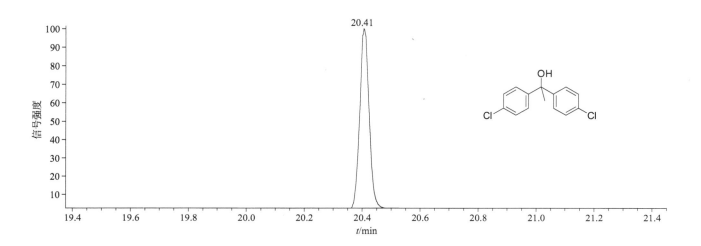

质谱图

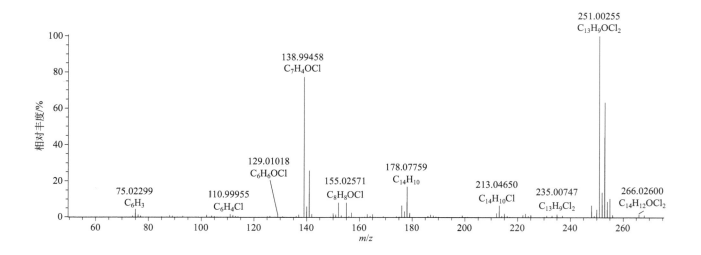

chlorfenprop-methyl（燕麦酯）

基本信息

CAS 登录号	14437-17-3	分子量	232.00579	离子化模式	电子轰击电离（EI）
分子式	$C_{10}H_{10}Cl_2O_2$	保留时间	11.56min		

总离子流色谱图

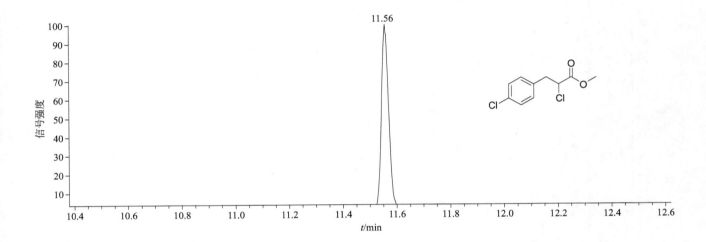

质谱图

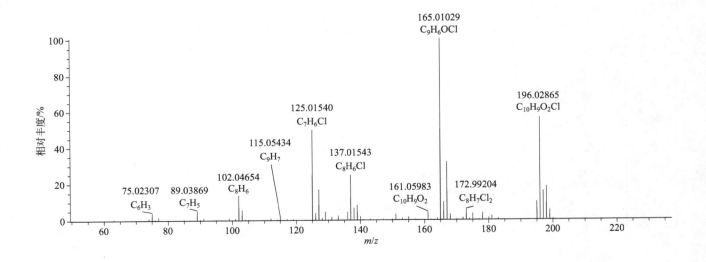

chlorfenson（杀螨酯）

基本信息

CAS 登录号	80-33-1	分子量	301.95712	离子化模式	电子轰击电离（EI）
分子式	$C_{12}H_8Cl_2O_3S$	保留时间	21.91min		

总离子流色谱图

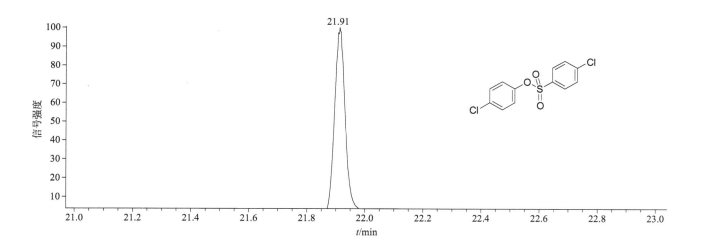

质谱图

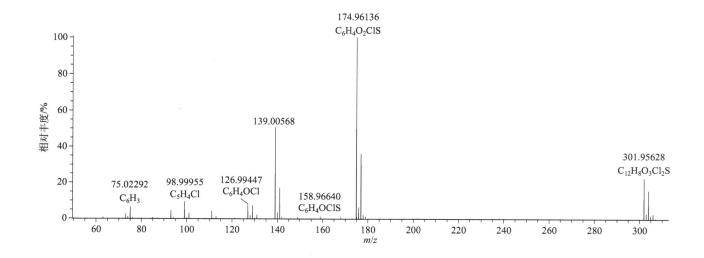

chlorfenvinphos(毒虫畏)

基本信息

CAS 登录号	470-90-6	分子量	357.96953	离子化模式	电子轰击电离(EI)
分子式	$C_{12}H_{14}Cl_3O_4P$	保留时间	20.34min		

总离子流色谱图

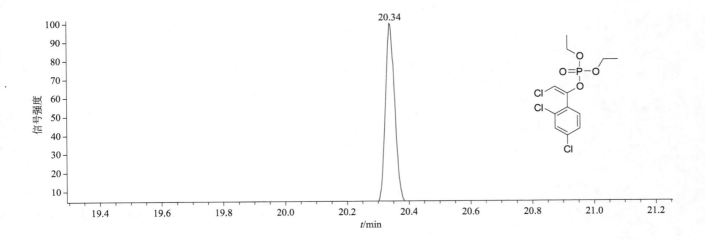

质谱图

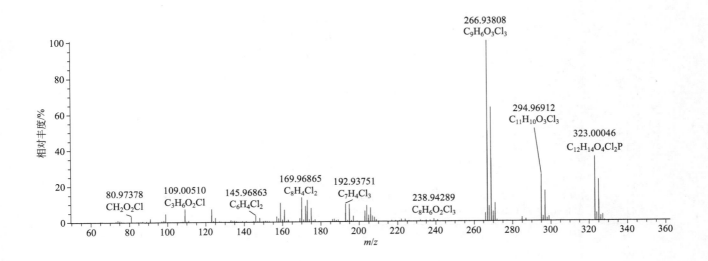

chlorfluazuron（氟啶脲）

基本信息

CAS 登录号	71422-67-8	分子量	538.96297
分子式	$C_{20}H_9Cl_3F_5N_3O_3$	保留时间	18.63min

离子化模式：电子轰击电离（EI）

总离子流色谱图

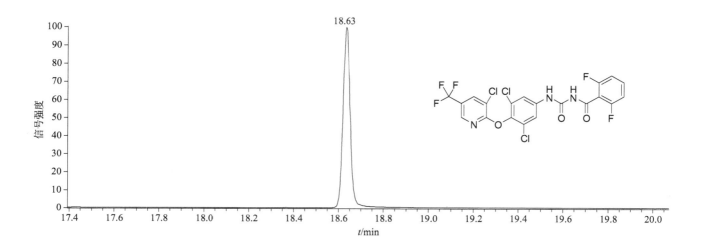

质谱图

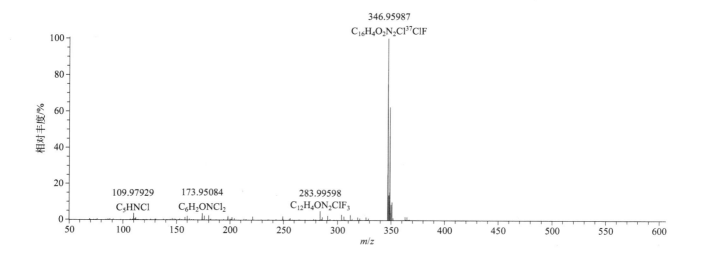

chlorflurenol-methyl ester（整形素）

基本信息

CAS 登录号	2536-31-4	分子量	274.03967	离子化模式	电子轰击电离（EI）
分子式	$C_{15}H_{11}ClO_3$	保留时间	20.81min		

总离子流色谱图

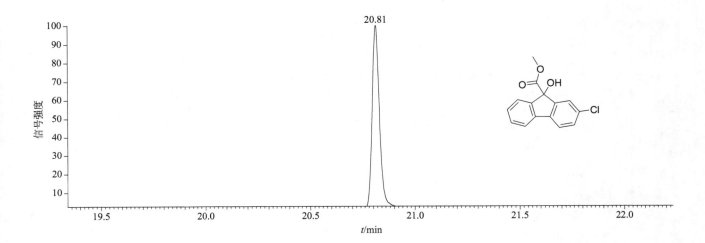

质谱图

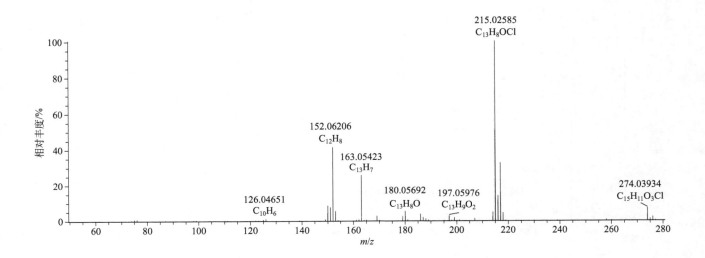

chloridazon（氯草敏）

基本信息

CAS 登录号	1698-60-8	分子量	221.03559	离子化模式	电子轰击电离（EI）
分子式	$C_{10}H_8ClN_3O$	保留时间	25.18min		

总离子流色谱图

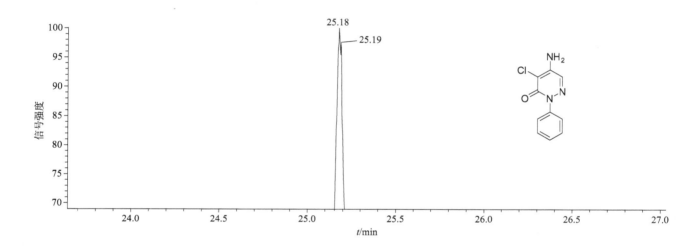

质谱图

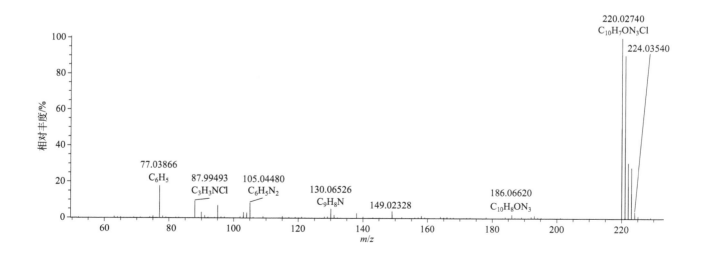

chlormephos(氯甲磷)

基本信息

CAS 登录号	24934-91-6	分子量	233.97049	离子化模式	电子轰击电离(EI)
分子式	$C_5H_{12}ClO_2PS_2$	保留时间	8.92min		

总离子流色谱图

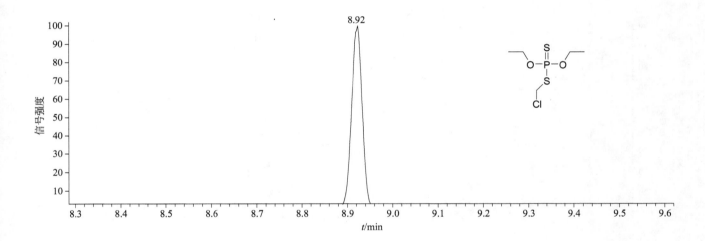

质谱图

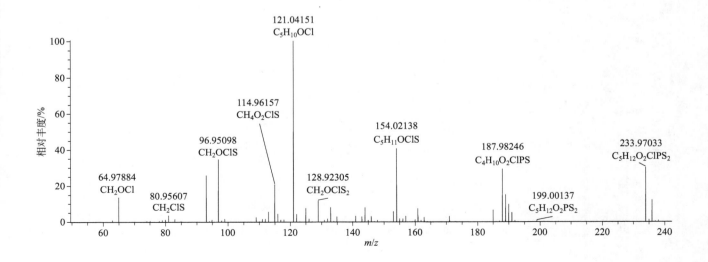

3-chloro-4-methylaniline(3-氯对甲苯胺)

基本信息

CAS 登录号	95-74-9	**分子量**	141.03453	**离子化模式**	电子轰击电离(EI)
分子式	C₇H₈ClN	**保留时间**	7.05min		

总离子流色谱图

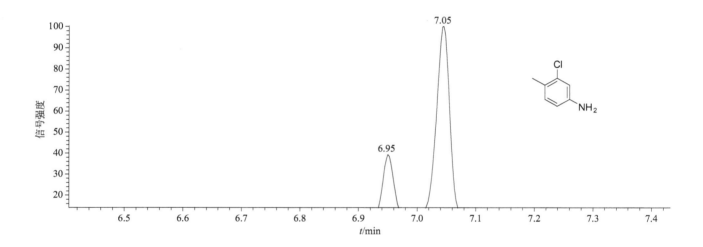

质谱图

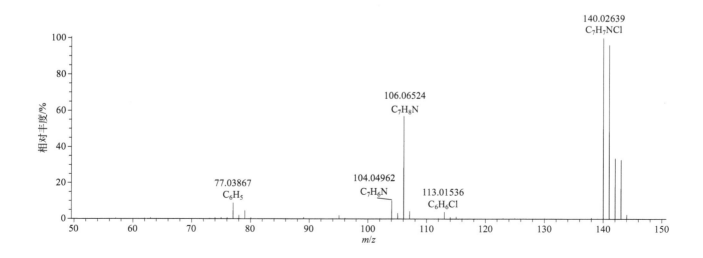

chlorobenzilate（乙酯杀螨醇）

基本信息

CAS 登录号	510-15-6	分子量	324.03200	离子化模式	电子轰击电离（EI）
分子式	$C_{16}H_{14}Cl_2O_3$	保留时间	23.60min		

总离子流色谱图

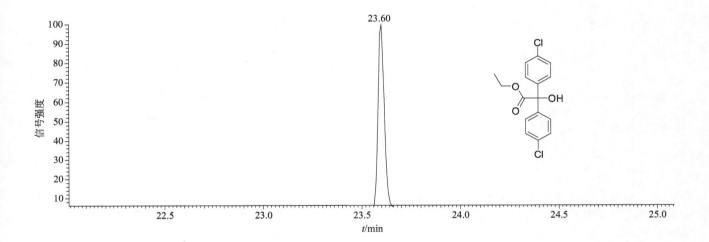

质谱图

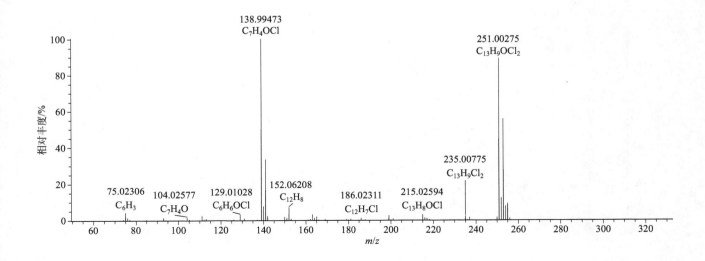

chloroneb（地茂散）

基本信息

CAS 登录号	2675-77-6	分子量	205.99014	离子化模式	电子轰击电离（EI）
分子式	$C_8H_8Cl_2O_2$	保留时间	10.02min		

总离子流色谱图

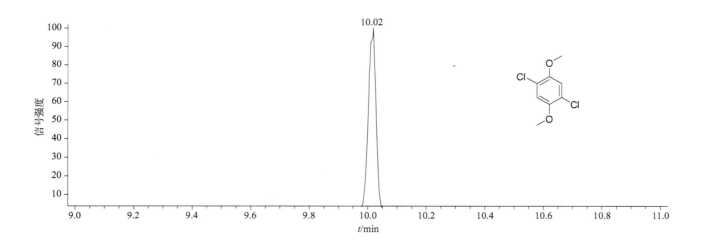

质谱图

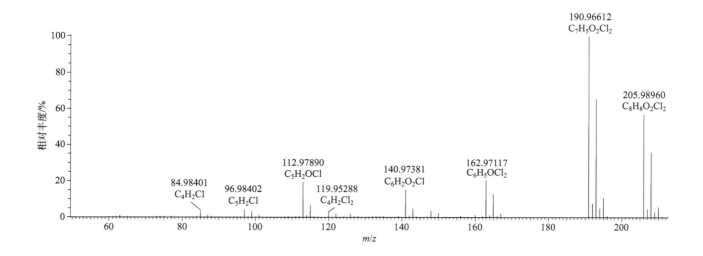

4-chloronitrobenzene（4-硝基氯苯）

基本信息

CAS 登录号	100-00-5	分子量	156.99306	离子化模式	电子轰击电离（EI）
分子式	$C_6H_4ClNO_2$	保留时间	6.49min		

总离子流色谱图

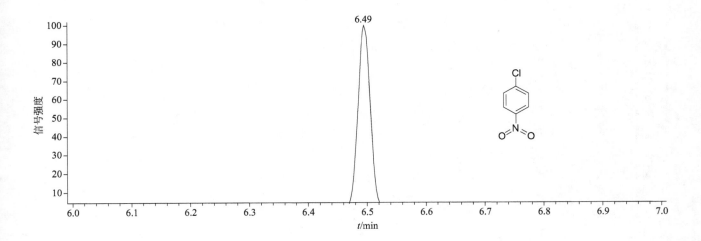

质谱图

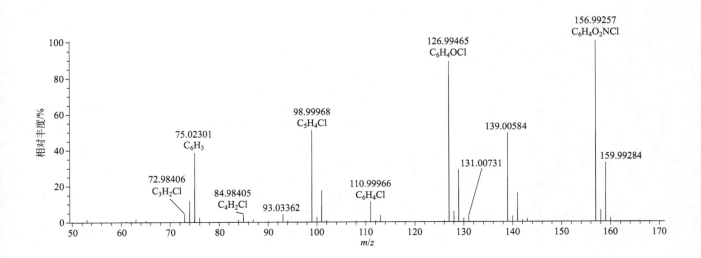

4-chlorophenoxyacetic acid methyl ester
（4-氯苯氧基乙酸甲酯）

基本信息

CAS 登录号	4841-22-9	分子量	200.02402	离子化模式	电子轰击电离（EI）
分子式	$C_9H_9ClO_3$	保留时间	9.74min		

总离子流色谱图

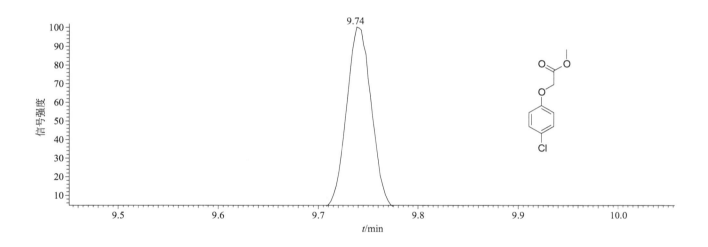

质谱图

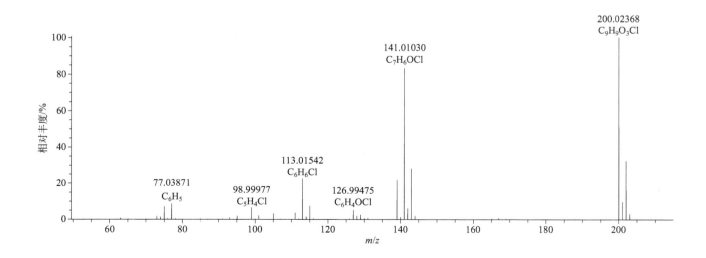

chloropropylate（丙酯杀螨醇）

基本信息

CAS 登录号	5836-10-2	**分子量**	338.04765	**离子化模式**	电子轰击电离（EI）
分子式	$C_{17}H_{16}Cl_2O_3$	**保留时间**	23.59min		

总离子流色谱图

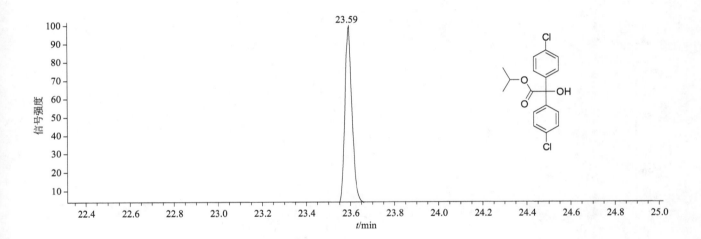

质谱图

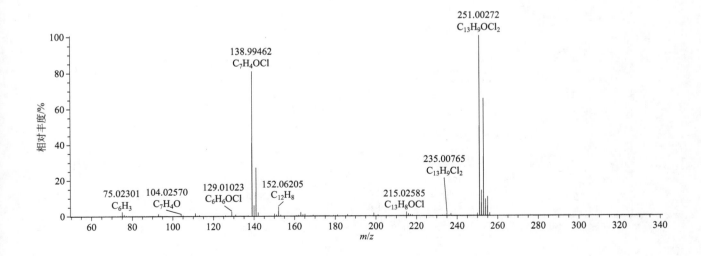

chlorothalonil（百菌清）

基本信息

CAS 登录号	1897-45-6	**分子量**	263.88156	**离子化模式**	电子轰击电离（EI）
分子式	$C_8Cl_4N_2$	**保留时间**	15.32min		

总离子流色谱图

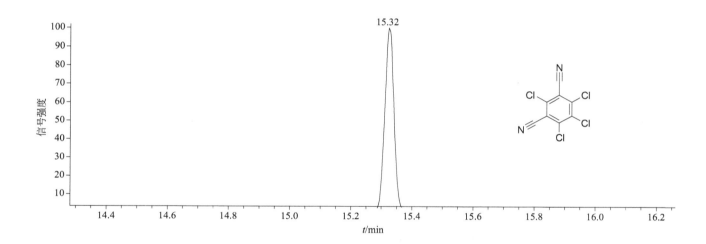

质谱图

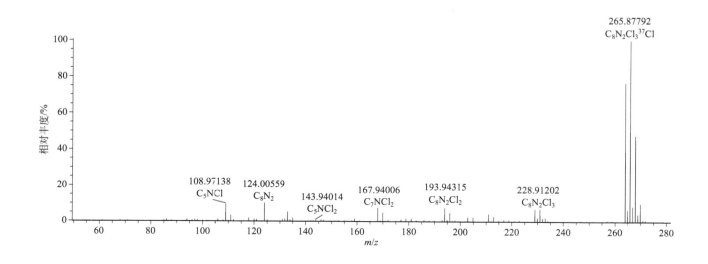

chlorotoluron（绿麦隆）

基本信息

CAS 登录号	15545-48-9	分子量	212.07164	离子化模式	电子轰击电离（EI）
分子式	$C_{10}H_{13}ClN_2O$	保留时间	18.38min		

总离子流色谱图

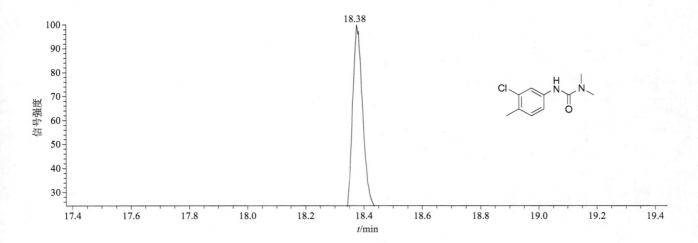

质谱图

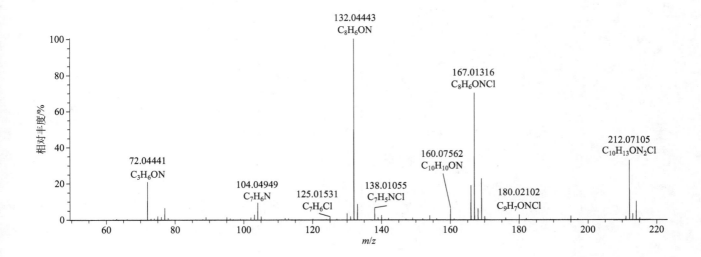

chlorpropham（氯苯胺灵）

基本信息

CAS 登录号	101-21-3	分子量	213.05566	离子化模式	电子轰击电离（EI）
分子式	$C_{10}H_{12}ClNO_2$	保留时间	12.73min		

总离子流色谱图

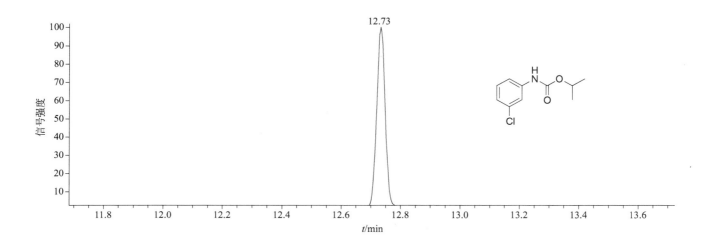

质谱图

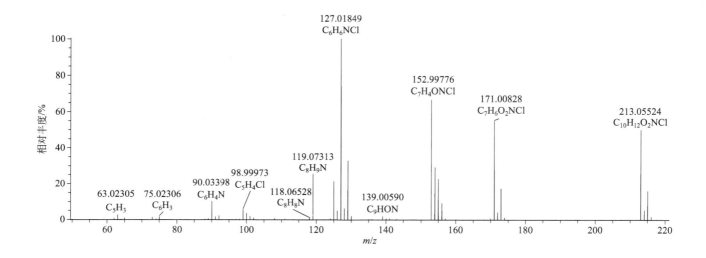

chlorpyrifos（毒死蜱）

基本信息

CAS 登录号	2921-88-2	分子量	348.92629	离子化模式	电子轰击电离（EI）
分子式	$C_9H_{11}Cl_3NO_3PS$	保留时间	18.72min		

总离子流色谱图

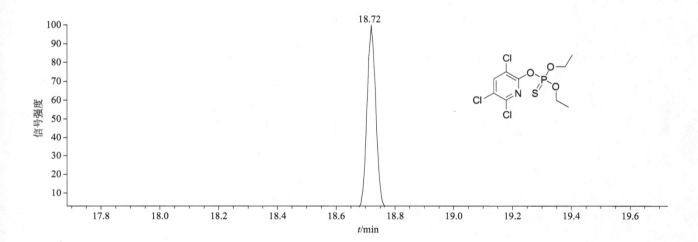

质谱图

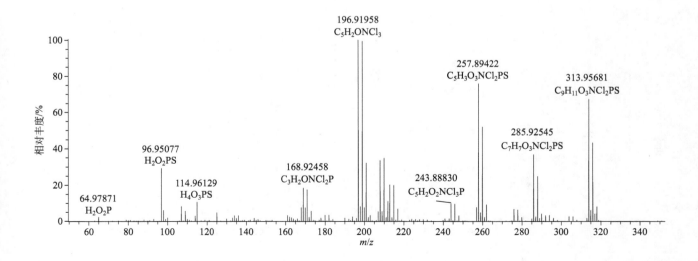

chlorpyrifos-methyl（甲基毒死蜱）

基本信息

CAS 登录号	5598-13-0	分子量	320.89498	离子化模式	电子轰击电离（EI）
分子式	$C_7H_7Cl_3NO_3PS$	保留时间	16.92min		

总离子流色谱图

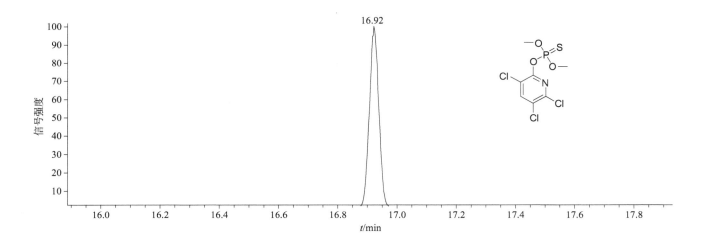

质谱图

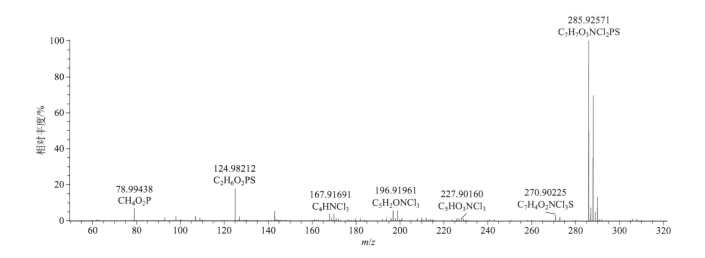

chlorpyrifos-oxon（氧毒死蜱）

基本信息

CAS 登录号	5598-15-2	分子量	332.94913	离子化模式	电子轰击电离（EI）
分子式	$C_9H_{11}Cl_3NO_4P$	保留时间	18.48min		

总离子流色谱图

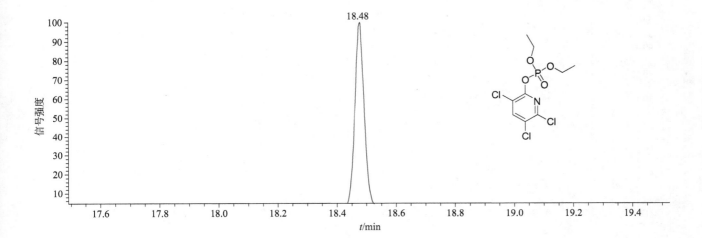

质谱图

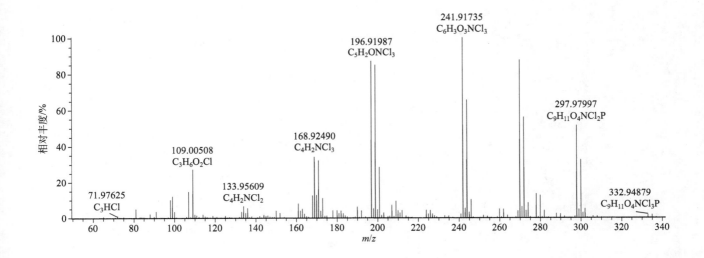

chlorsulfuron（氯磺隆）

基本信息

CAS 登录号	64902-72-3	分子量	357.02985	离子化模式	电子轰击电离（EI）
分子式	$C_{12}H_{12}ClN_5O_4S$	保留时间	6.90min		

总离子流色谱图

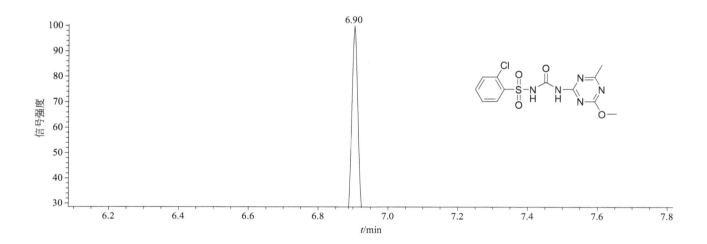

质谱图

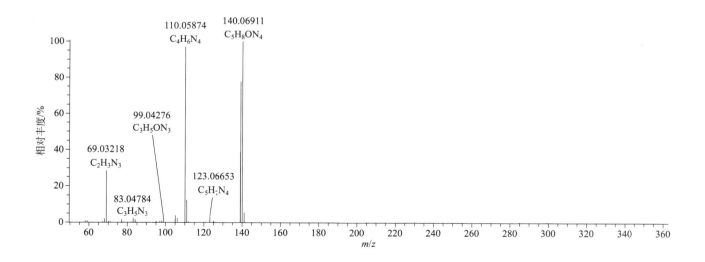

chlorthal-dimethyl（氯酞酸二甲酯）

基本信息

CAS 登录号	1861-32-1	分子量	329.90202	离子化模式	电子轰击电离（EI）
分子式	$C_{10}H_6Cl_4O_4$	保留时间	18.83min		

总离子流色谱图

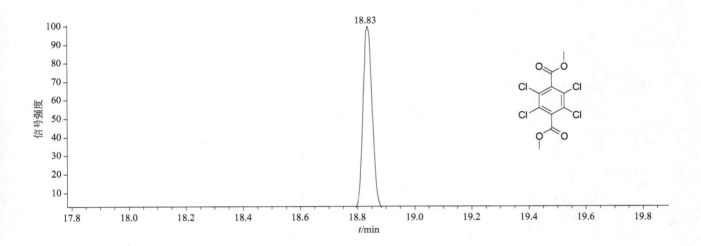

质谱图

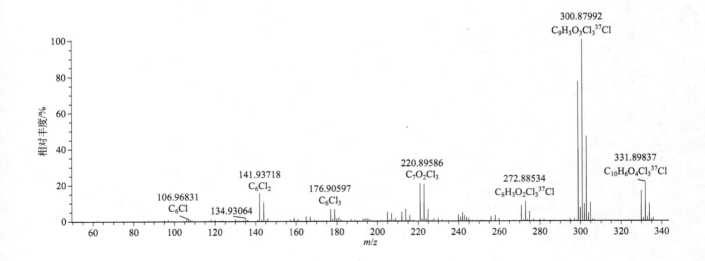

chlorthiamid（草克乐）

基本信息

CAS 登录号	1918-13-4	分子量	204.95198	离子化模式	电子轰击电离（EI）
分子式	$C_7H_5Cl_2NS$	保留时间	16.63min		

总离子流色谱图

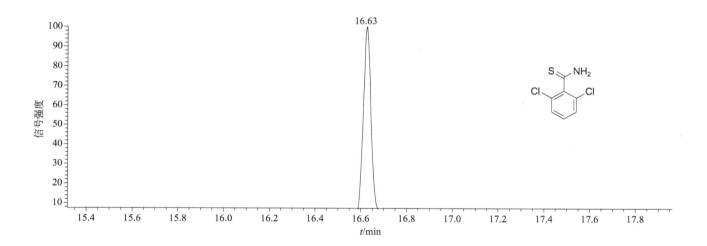

质谱图

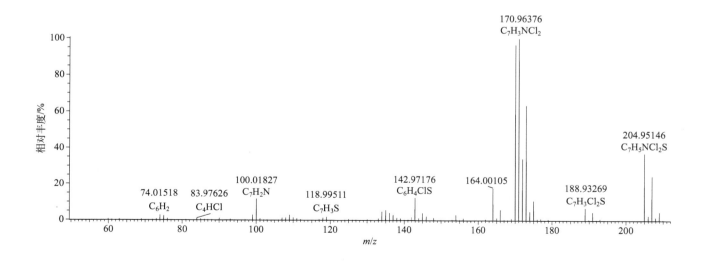

chlorthion（氯硫磷）

基本信息

CAS 登录号	500-28-7	分子量	296.96276	离子化模式	电子轰击电离（EI）
分子式	$C_8H_9ClNO_5PS$	保留时间	19.23min		

总离子流色谱图

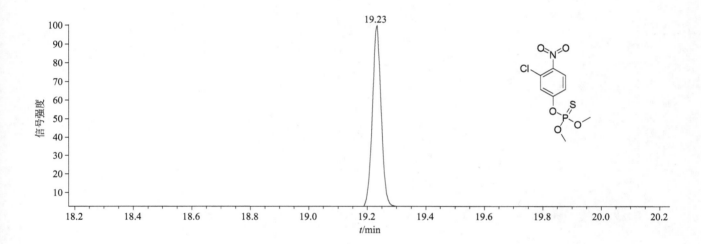

质谱图

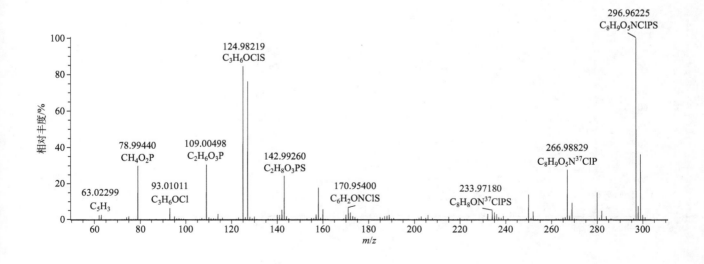

chlorthiophos（虫螨磷）

基本信息

CAS 登录号	60238-56-4	**分子量**	359.95773	**离子化模式**	电子轰击电离（EI）
分子式	$C_{11}H_{15}Cl_2O_3PS_2$	**保留时间**	24.10min		

总离子流色谱图

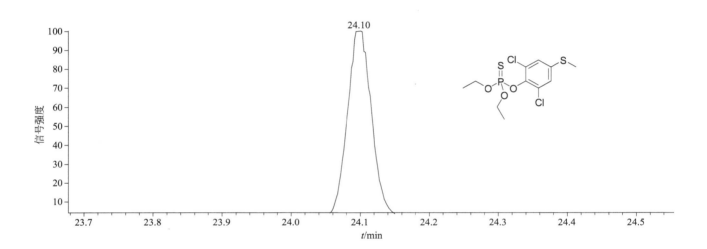

质谱图

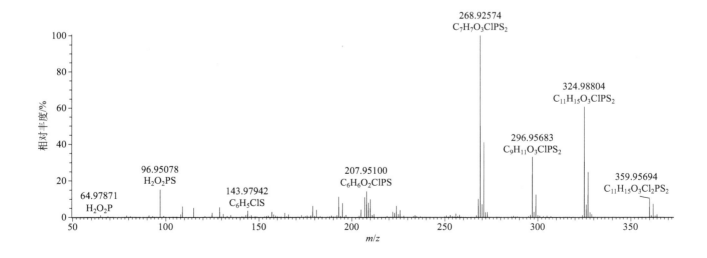

chlozoliante（乙菌利）

基本信息

CAS 登录号	84332-86-5	分子量	331.00143	离子化模式	电子轰击电离（EI）
分子式	$C_{13}H_{11}Cl_2NO_5$	保留时间	20.21min		

总离子流色谱图

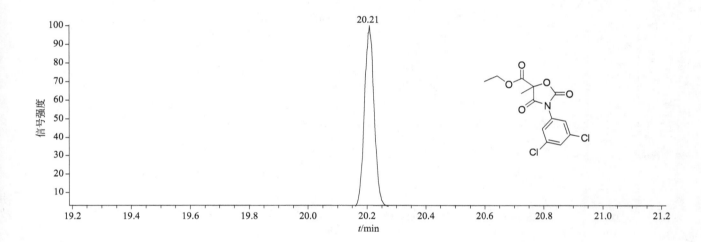

质谱图

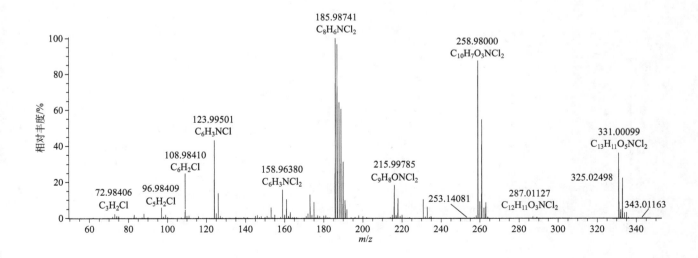

cinidon-ethyl（吲哚酮草酯）

基本信息

CAS 登录号	142891-20-1	分子量	393.05346	离子化模式	电子轰击电离（EI）
分子式	$C_{19}H_{17}Cl_2NO_4$	保留时间	34.95min		

总离子流色谱图

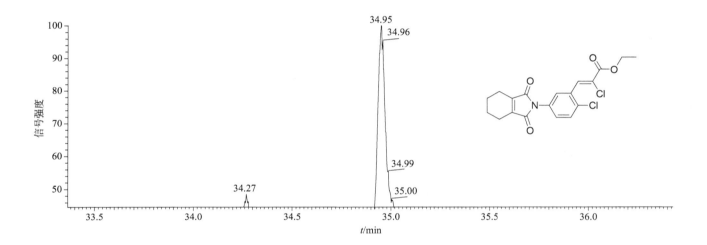

质谱图

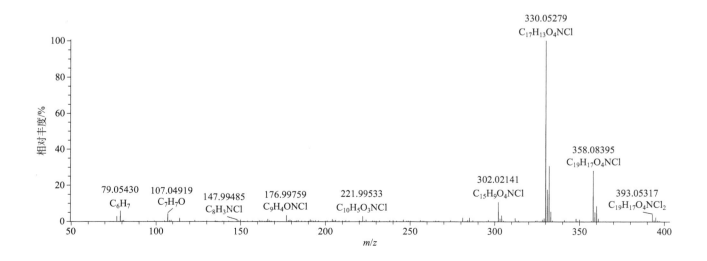

clodinafop（炔草酸）

基本信息

CAS 登录号	114420-56-3	分子量	311.03606	离子化模式	电子轰击电离（EI）
分子式	$C_{14}H_{11}ClFNO_4$	保留时间	22.83min		

总离子流色谱图

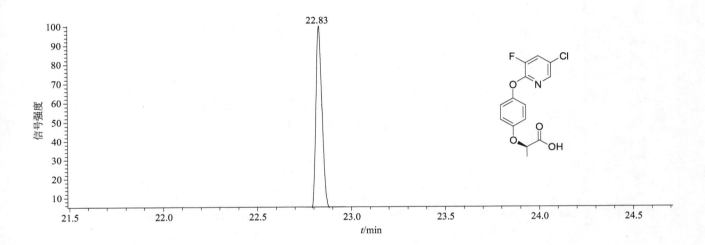

质谱图

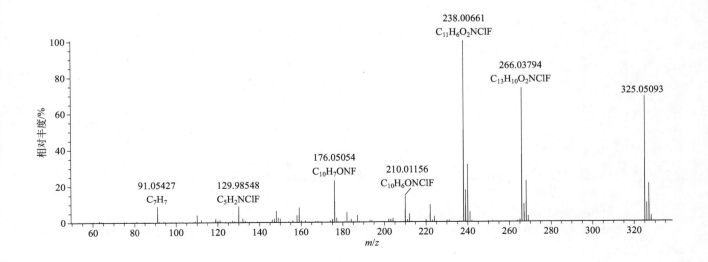

clodinafop-propargyl（炔草酯）

基本信息

CAS 登录号	105512-06-9	分子量	349.05171	离子化模式	电子轰击电离（EI）
分子式	$C_{17}H_{13}ClFNO_4$	保留时间	25.39min		

总离子流色谱图

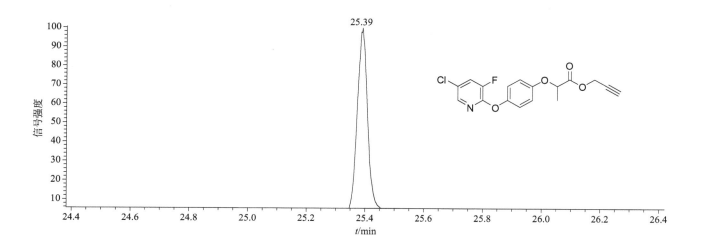

质谱图

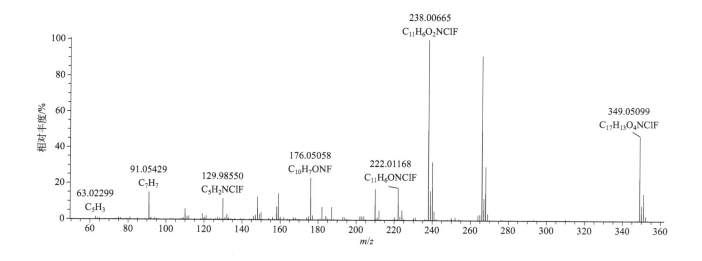

clomazone(异噁草松)

基本信息

CAS 登录号	81777-89-1	分子量	239.07131	离子化模式	电子轰击电离(EI)
分子式	$C_{12}H_{14}ClNO_2$	保留时间	14.58min		

总离子流色谱图

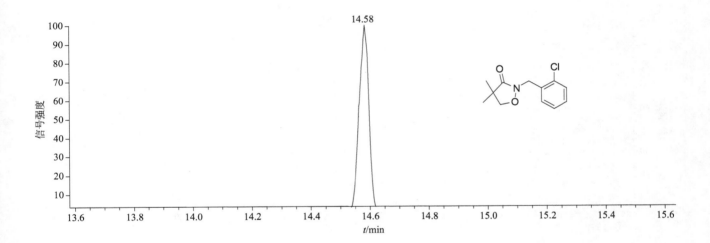

质谱图

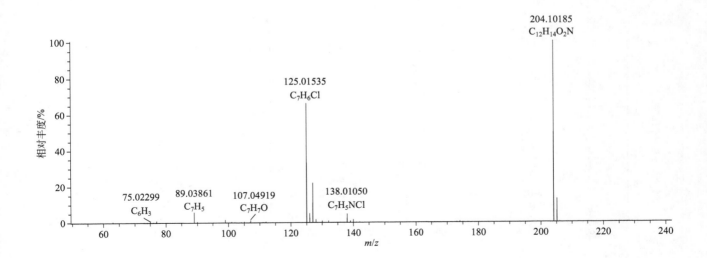

clopyralid methyl ester（异噁草松甲酯）

基本信息

CAS 登录号	1532-24-7	分子量	204.96973	离子化模式	电子轰击电离（EI）
分子式	$C_7H_5Cl_2NO_2$	保留时间	9.09min		

总离子流色谱图

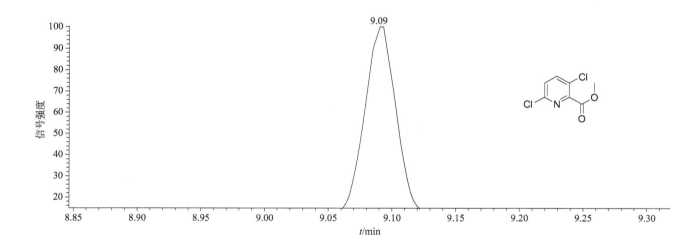

质谱图

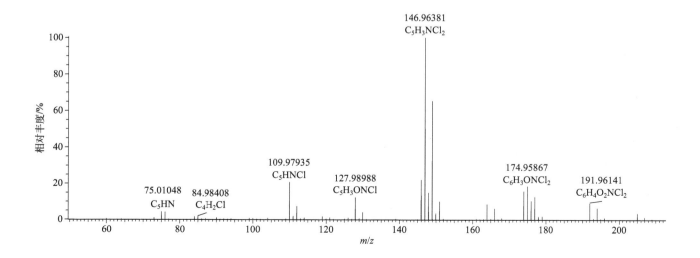

clordecone（十氯酮）

基本信息

CAS 登录号	143-50-0	分子量	485.68344	离子化模式	电子轰击电离（EI）
分子式	$C_{10}Cl_{10}O$	保留时间	24.54min		

总离子流色谱图

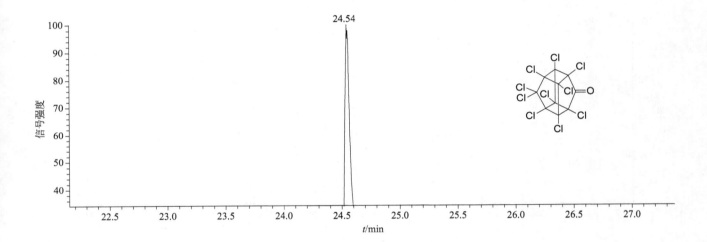

质谱图

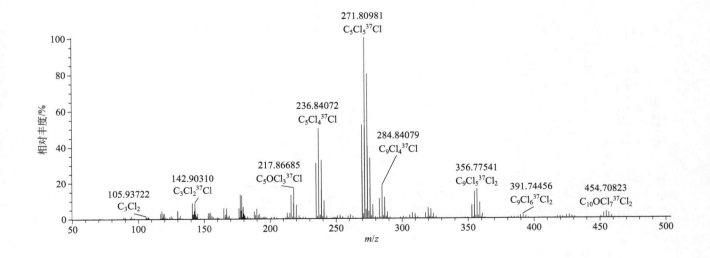

coumaphos（蝇毒磷）

基本信息

CAS 登录号	56-72-4	**分子量**	362.01446	**离子化模式**	电子轰击电离（EI）
分子式	$C_{14}H_{16}ClO_5PS$	**保留时间**	30.36min		

总离子流色谱图

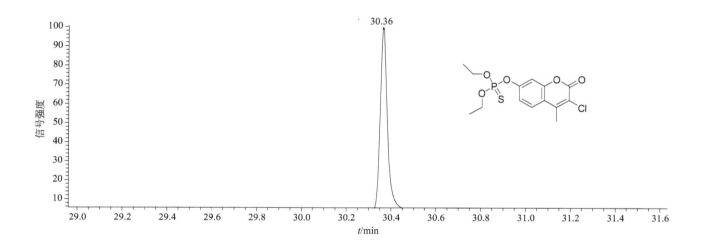

质谱图

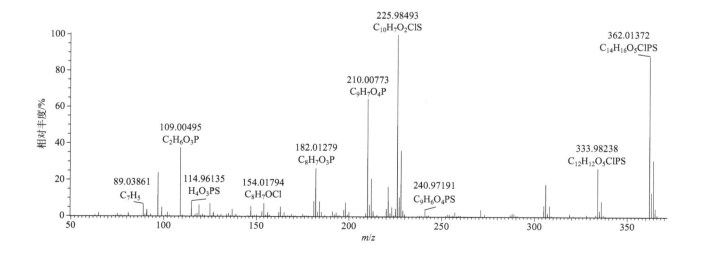

coumaphos-oxon（蝇毒磷-氧磷）

基本信息

CAS 登录号	321-54-0	分子量	346.0373	离子化模式	电子轰击电离（EI）
分子式	$C_{14}H_{16}ClO_6P$	保留时间	29.49min		

总离子流色谱图

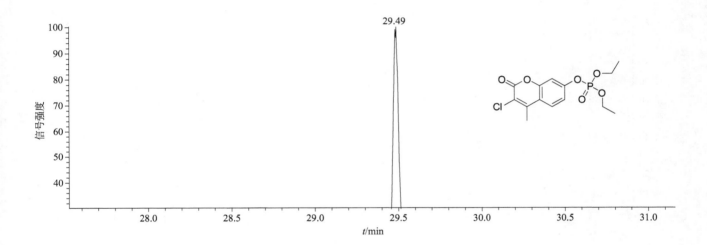

质谱图

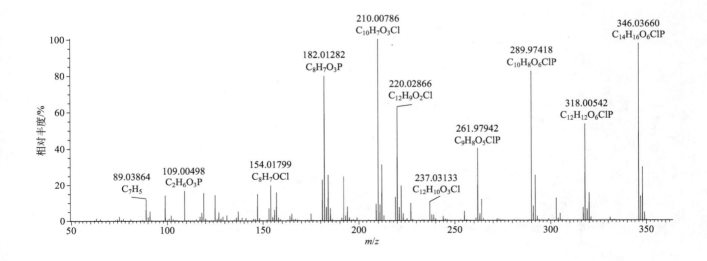

crimidine（鼠立死）

基本信息

CAS 登录号	535-89-7	分子量	171.05633	离子化模式	电子轰击电离（EI）
分子式	$C_7H_{10}ClN_3$	保留时间	10.09min		

总离子流色谱图

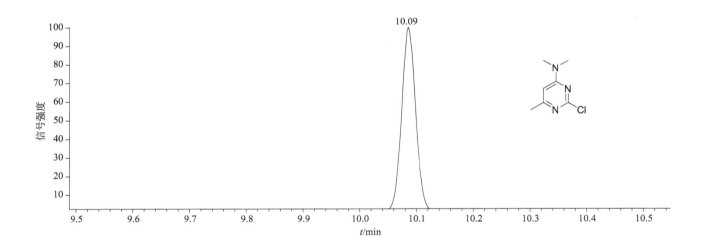

质谱图

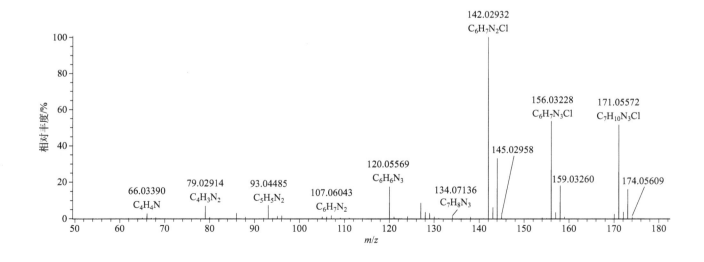

crotoxyphos（巴毒磷）

基本信息

CAS 登录号	7700-17-6	分子量	314.09193	离子化模式	电子轰击电离（EI）
分子式	$C_{14}H_{19}O_6P$	保留时间	20.82min		

总离子流色谱图

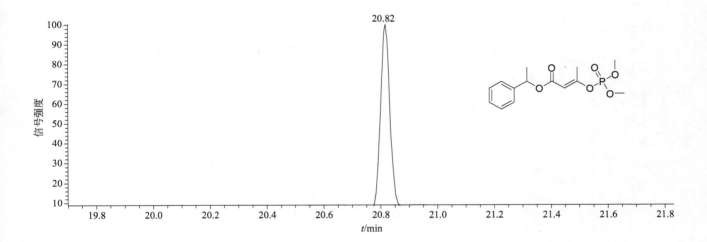

质谱图

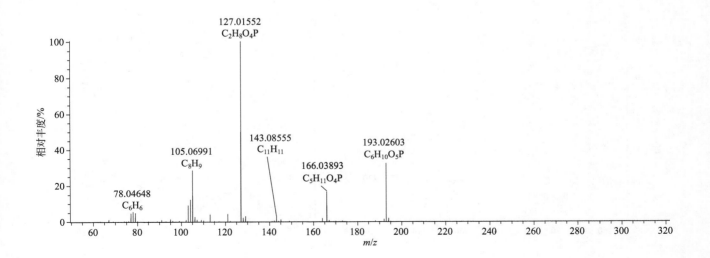

crufomate（育畜磷）

基本信息

CAS 登录号	299-86-5	**分子量**	291.07911	**离子化模式**	电子轰击电离（EI）
分子式	$C_{12}H_{19}ClNO_3P$	**保留时间**	19.35min		

总离子流色谱图

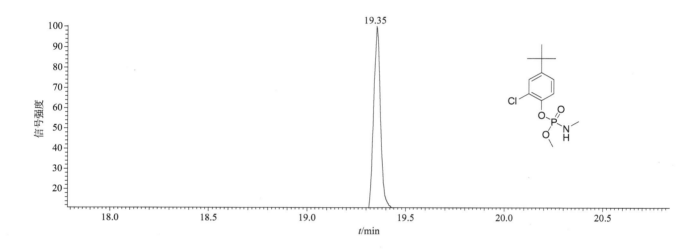

质谱图

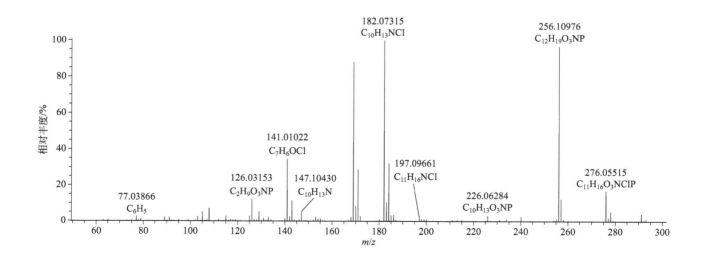

cyanazine（氰草津）

基本信息

CAS 登录号	21725-46-2	分子量	240.08902	离子化模式	电子轰击电离（EI）
分子式	$C_9H_{13}ClN_6$	保留时间	18.82min		

总离子流色谱图

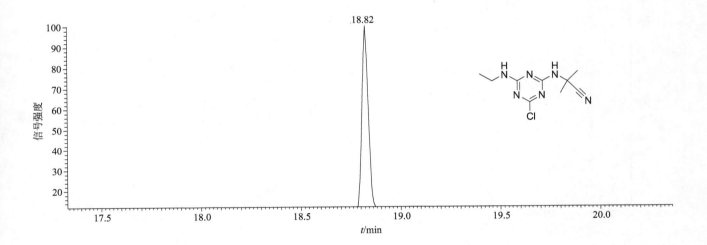

质谱图

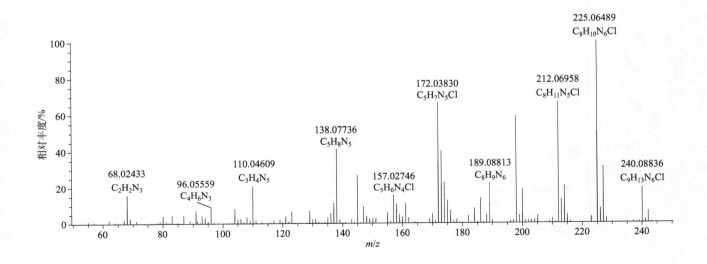

cyanofenphos（苯腈磷）

基本信息

CAS 登录号	13067-93-1	分子量	303.04829	离子化模式	电子轰击电离（EI）
分子式	$C_{15}H_{14}NO_2PS$	保留时间	24.91min		

总离子流色谱图

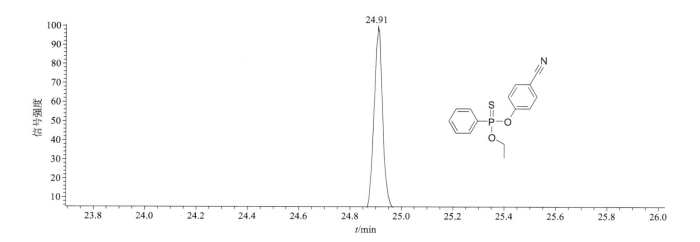

质谱图

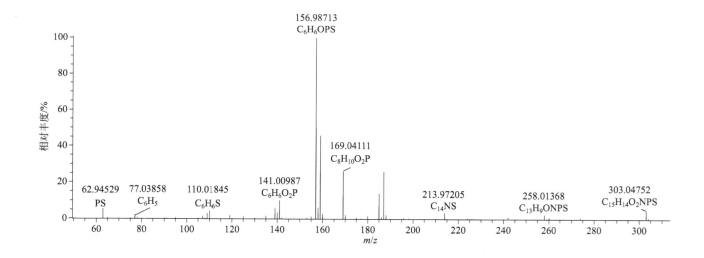

cyanophos（杀螟腈）

基本信息

CAS 登录号	2636-26-2	分子量	243.0119	离子化模式	电子轰击电离（EI）
分子式	$C_9H_{10}NO_3PS$	保留时间	14.93min		

总离子流色谱图

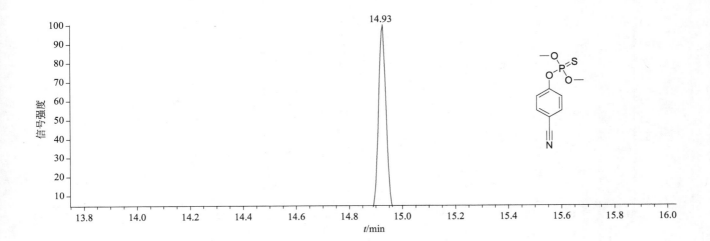

质谱图

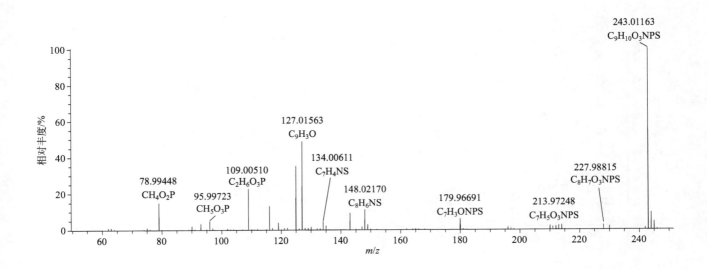

cycloate（环草敌）

基本信息

CAS 登录号	1134-23-2	分子量	215.13439	离子化模式	电子轰击电离（EI）
分子式	$C_{11}H_{21}NOS$	保留时间	12.37min		

总离子流色谱图

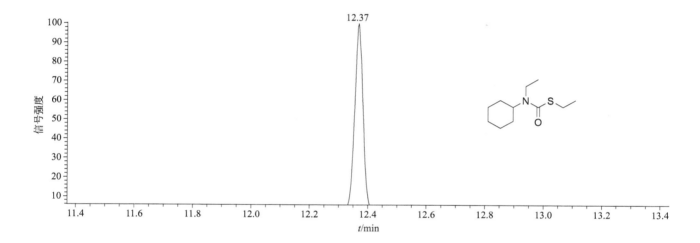

质谱图

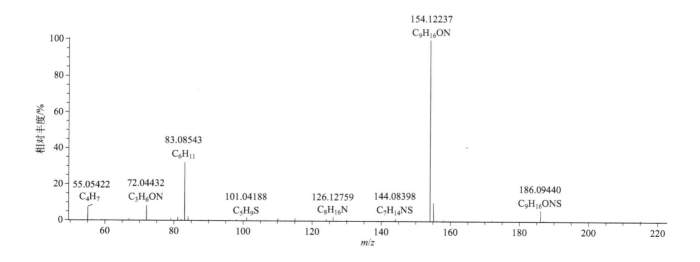

cycloprothrin（乙氰菊酯）

基本信息

CAS 登录号	63935-38-6	分子量	481.08476	离子化模式	电子轰击电离（EI）
分子式	$C_{26}H_{21}Cl_2NO_4$	保留时间	16.73min		

总离子流色谱图

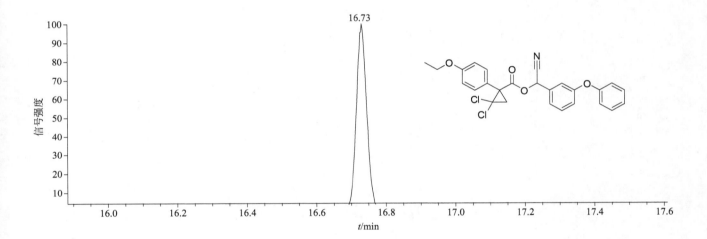

质谱图

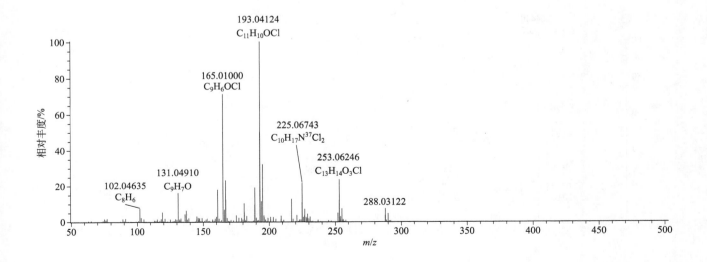

cycluron（环莠隆）

基本信息

CAS 登录号	2163-69-1	**分子量**	198.17321	**离子化模式**	电子轰击电离（EI）
分子式	$C_{11}H_{22}N_2O$	**保留时间**	14.90min		

总离子流色谱图

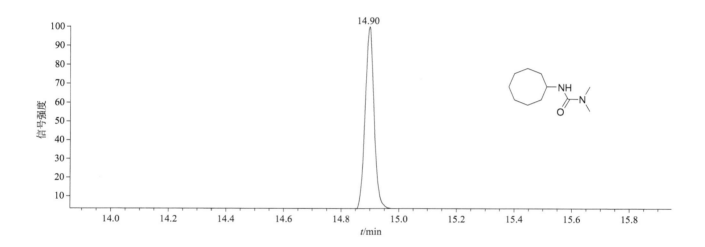

质谱图

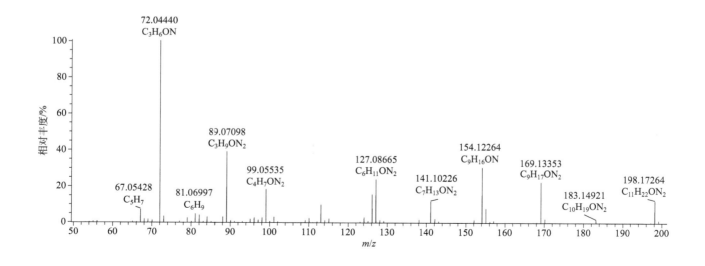

cyenopyrafen（腈吡螨酯）

基本信息

CAS 登录号	560121-52-0	分子量	393.24163	离子化模式	电子轰击电离（EI）
分子式	$C_{24}H_{31}N_3O_2$	保留时间	27.64min		

总离子流色谱图

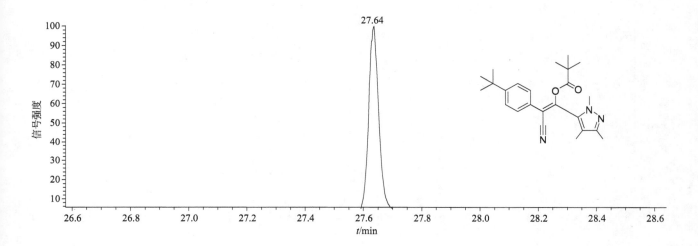

质谱图

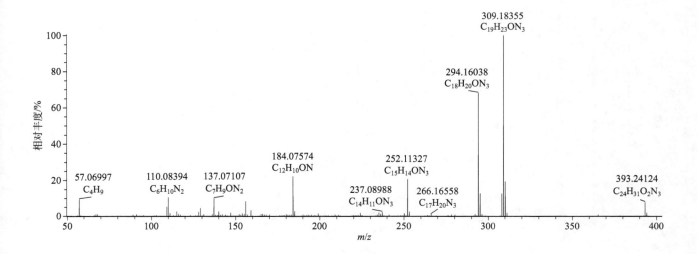

cyflufenamid（环氟菌胺）

基本信息

CAS 登录号	180409-60-3	分子量	412.12102	离子化模式	电子轰击电离（EI）
分子式	$C_{20}H_{17}F_5N_2O_2$	保留时间	23.13min		

总离子流色谱图

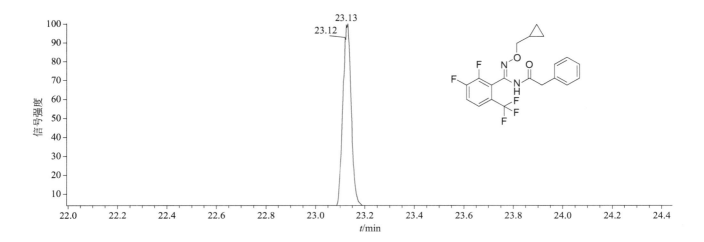

质谱图

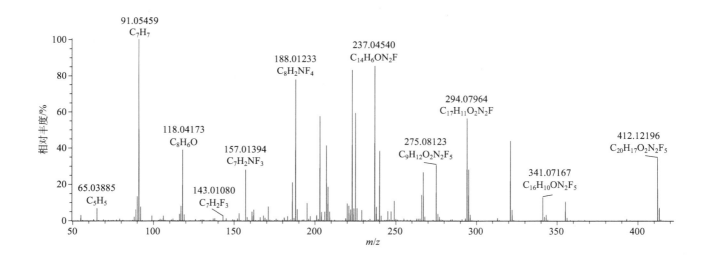

cyfluthrin(氟氯氰菊酯)

基本信息

CAS 登录号	68359-37-5	分子量	433.06478	离子化模式	电子轰击电离(EI)
分子式	$C_{22}H_{18}Cl_2FNO_3$	保留时间	31.05min		

总离子流色谱图

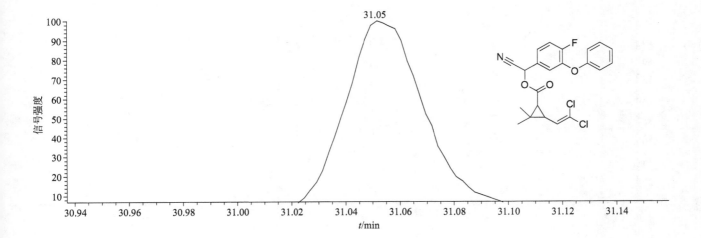

质谱图

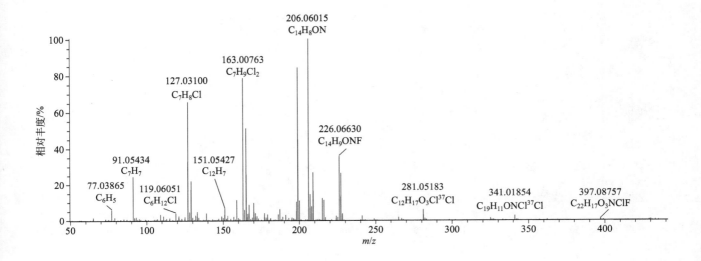

cyhalofop-butyl（氰氟草酯）

基本信息

CAS 登录号	122008-85-9	分子量	357.13764	离子化模式	电子轰击电离（EI）
分子式	$C_{20}H_{20}FNO_4$	保留时间	28.73min		

总离子流色谱图

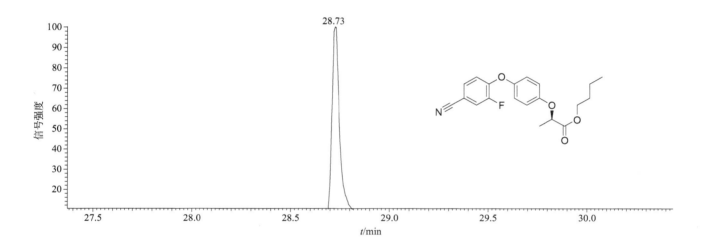

质谱图

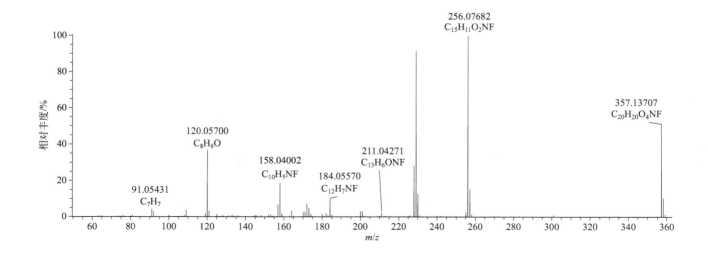

cyhalothrin（氯氟氰菊酯）

基本信息

CAS 登录号	68085-85-8	分子量	449.10056	离子化模式	电子轰击电离（EI）
分子式	$C_{23}H_{19}ClF_3NO_3$	保留时间	29.01min		

总离子流色谱图

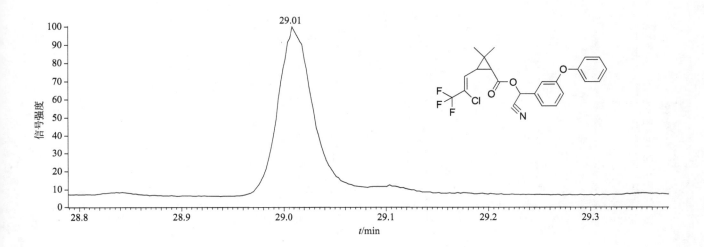

质谱图

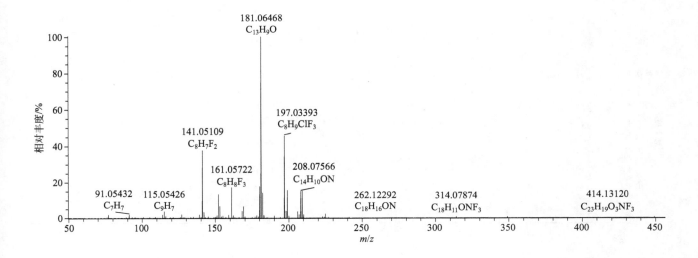

cymiazole（螨蜱胺）

基本信息

CAS 登录号	61676-87-7	分子量	218.08777	离子化模式	电子轰击电离（EI）
分子式	$C_{12}H_{14}N_2S$	保留时间	17.30min		

总离子流色谱图

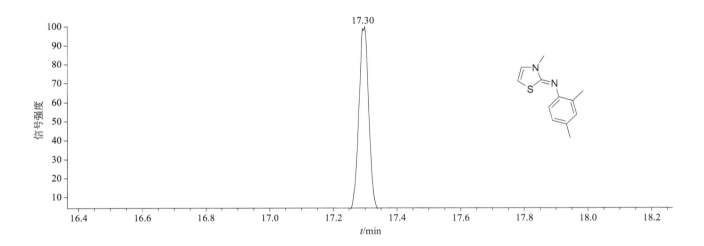

质谱图

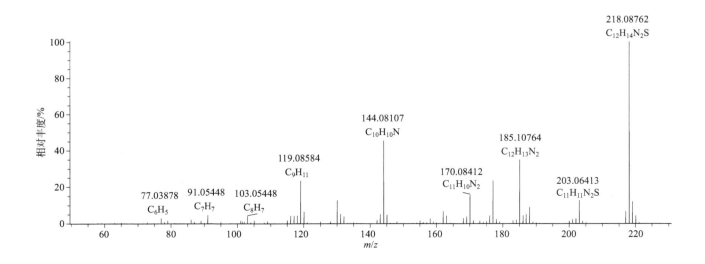

cypermethrin（氯氰菊酯）

基本信息

CAS 登录号	52315-07-8	分子量	415.0742	离子化模式	电子轰击电离（EI）
分子式	$C_{22}H_{19}Cl_2NO_3$	保留时间	31.51min		

总离子流色谱图

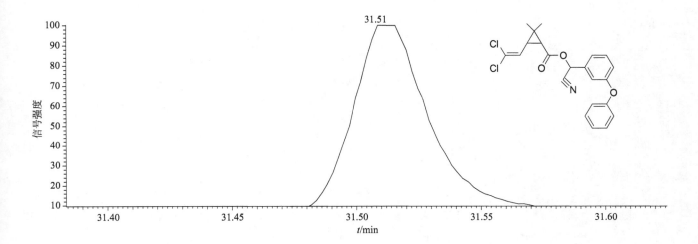

质谱图

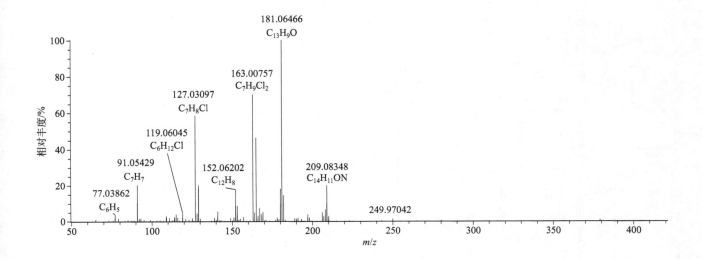

cyphenothrin（苯氰菊酯）

基本信息

CAS 登录号	39515-40-7	分子量	375.18344	离子化模式	电子轰击电离（EI）
分子式	$C_{24}H_{25}NO_3$	保留时间	29.89min		

总离子流色谱图

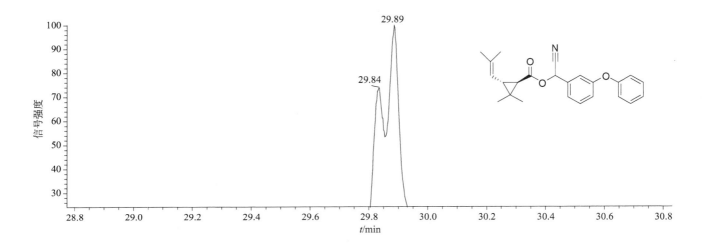

质谱图

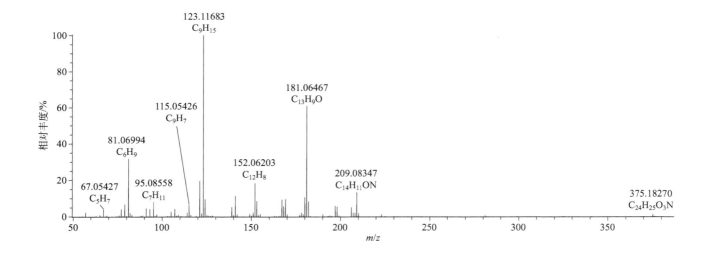

cyprazine（环丙津）

基本信息

CAS 登录号	22936-86-3	分子量	227.09377	离子化模式	电子轰击电离（EI）
分子式	$C_9H_{14}ClN_5$	保留时间	16.87min		

总离子流色谱图

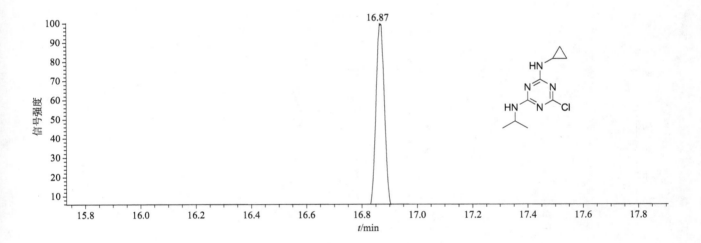

质谱图

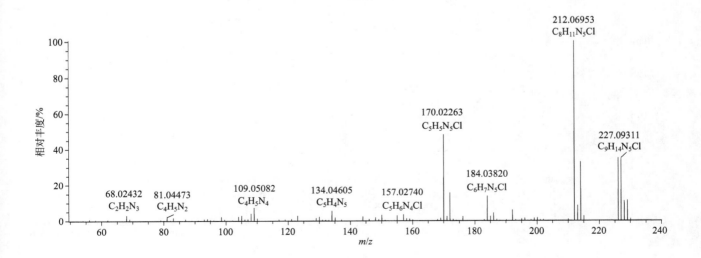

cyproconazole（环丙唑醇）

基本信息

CAS 登录号	94361-06-5	**分子量**	291.11384	**离子化模式**	电子轰击电离（EI）
分子式	$C_{15}H_{18}ClN_3O$	**保留时间**	23.10min		

总离子流色谱图

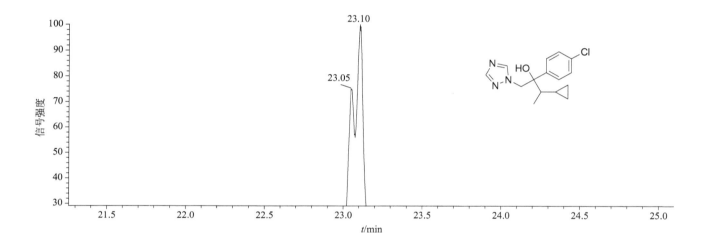

质谱图

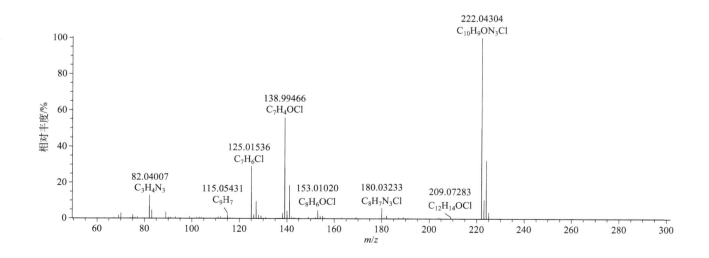

cyprodinil(嘧菌环胺)

基本信息

CAS 登录号	121552-61-2	分子量	225.1266	离子化模式	电子轰击电离(EI)
分子式	$C_{14}H_{15}N_3$	保留时间	19.95min		

总离子流色谱图

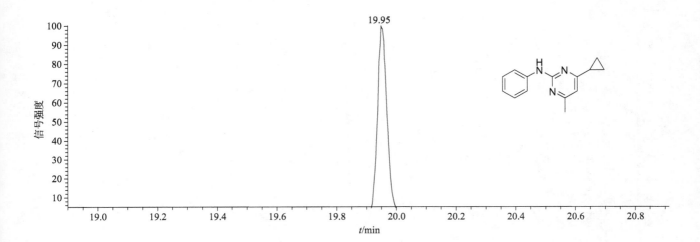

质谱图

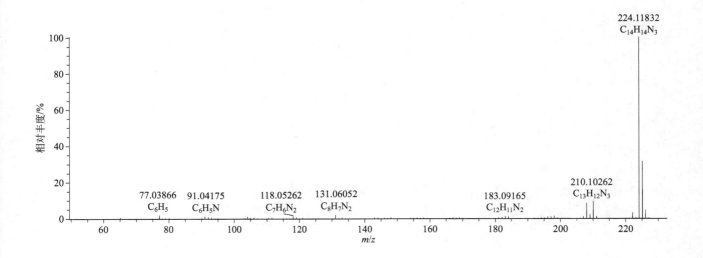

cyprofuram(酯菌胺)

基本信息

CAS 登录号	69581-33-5	分子量	279.06622	离子化模式	电子轰击电离（EI）
分子式	$C_{14}H_{14}ClNO_3$	保留时间	23.62min		

总离子流色谱图

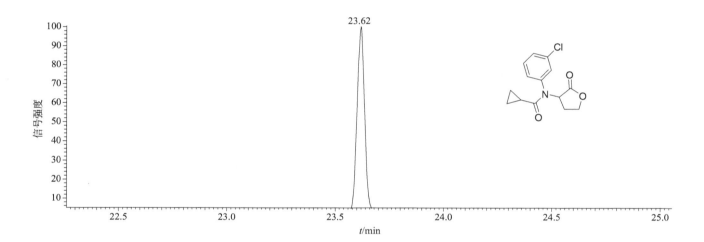

质谱图

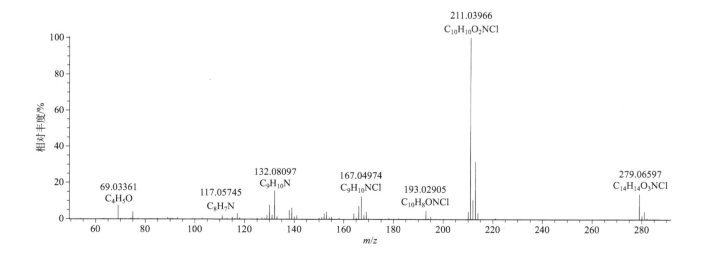

cyromazine（灭蝇胺）

基本信息

CAS 登录号	66215-27-8	分子量	166.09669	离子化模式	电子轰击电离（EI）
分子式	$C_6H_{10}N_6$	保留时间	14.50min		

总离子流色谱图

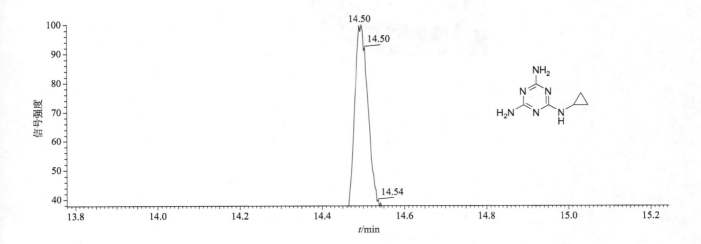

质谱图

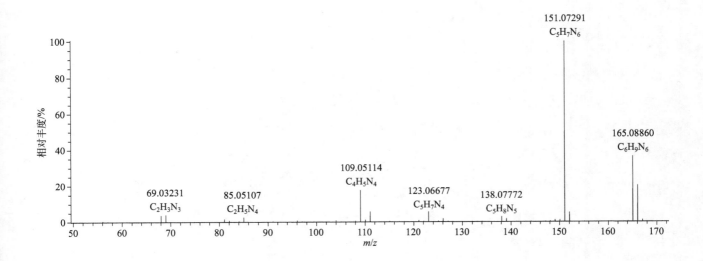

D <<<<

2,4-D-1-butyl ester（2,4-滴丁酯）

基本信息

CAS 登录号	94-80-4	分子量	276.032	离子化模式	电子轰击电离（EI）
分子式	$C_{12}H_{14}Cl_2O_3$	保留时间	17.03min		

总离子流色谱图

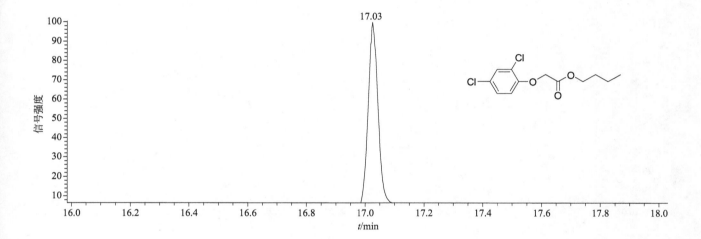

质谱图

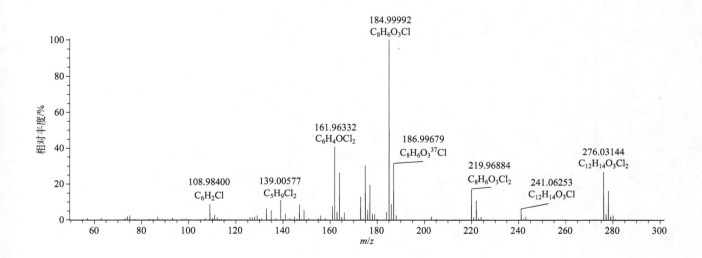

2,4-D-2-ethylhexyl ester（2,4-滴异辛酯）

基本信息

CAS 登录号	1928-43-4	分子量	332.0946	离子化模式	电子轰击电离（EI）
分子式	$C_{16}H_{22}Cl_2O_3$	保留时间	22.72min		

总离子流色谱图

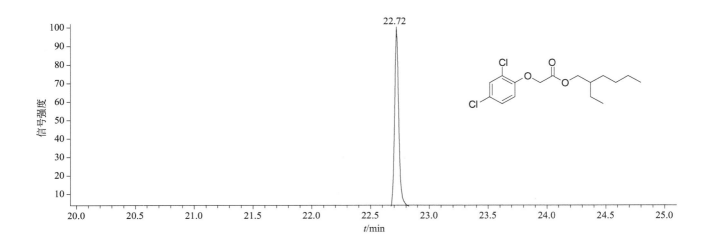

质谱图

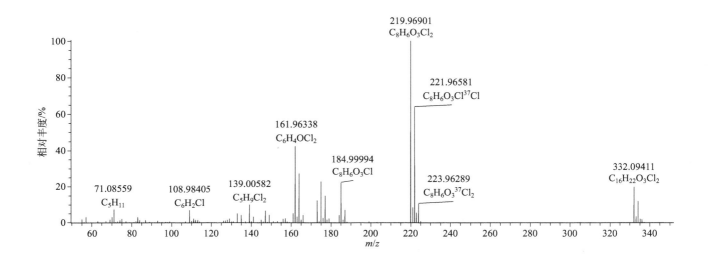

dazomet（棉隆）

基本信息

CAS 登录号	533-74-4	分子量	162.02854	离子化模式	电子轰击电离（EI）
分子式	$C_5H_{10}N_2S_2$	保留时间	13.84min		

总离子流色谱图

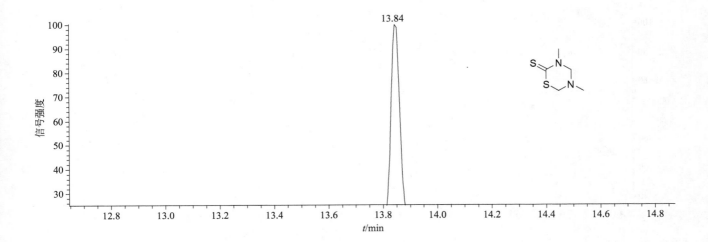

质谱图

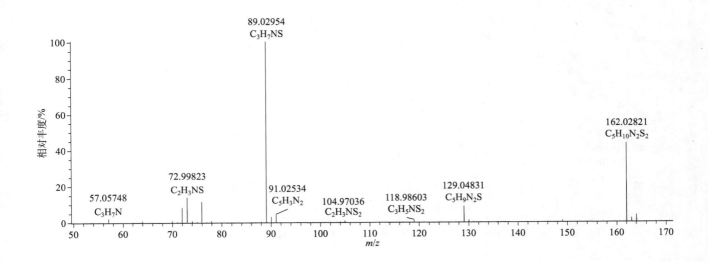

2,4-DB-methyl ester［4-(2,4-二氯苯氧基)丁酸甲酯］

基本信息

CAS 登录号	18625-12-2	分子量	262.01635	离子化模式	电子轰击电离（EI）
分子式	$C_{11}H_{12}Cl_2O_3$	保留时间	16.44min		

总离子流色谱图

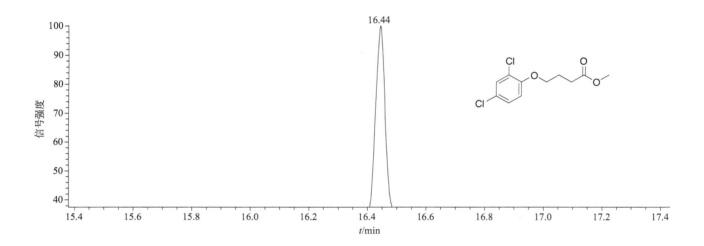

质谱图

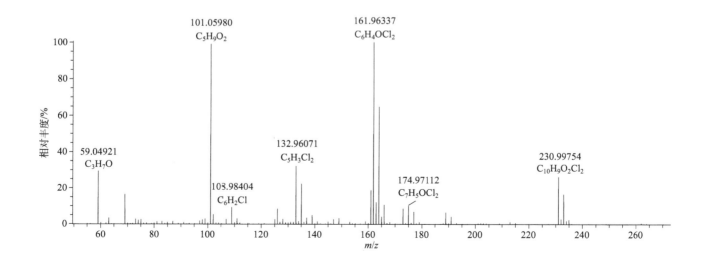

o,p'-DDD（o,p'-滴滴滴）

基本信息

CAS 登录号	53-19-0	分子量	317.95366	离子化模式	电子轰击电离（EI）
分子式	$C_{14}H_{10}Cl_4$	保留时间	22.63min		

总离子流色谱图

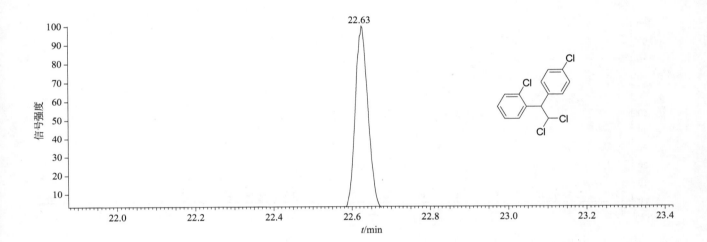

质谱图

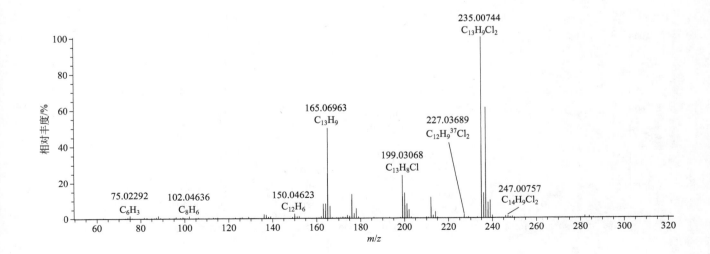

p,p'-DDD（p,p'-滴滴滴）

基本信息

CAS 登录号	72-54-8	分子量	317.95366	离子化模式	电子轰击电离（EI）
分子式	$C_{14}H_{10}Cl_4$	保留时间	23.88min		

总离子流色谱图

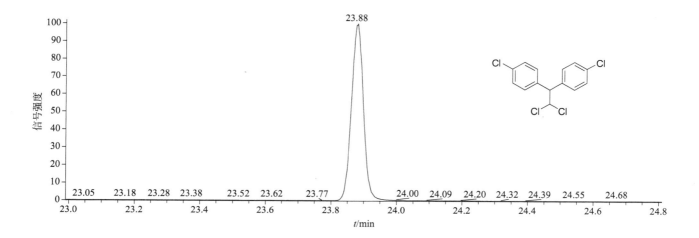

质谱图

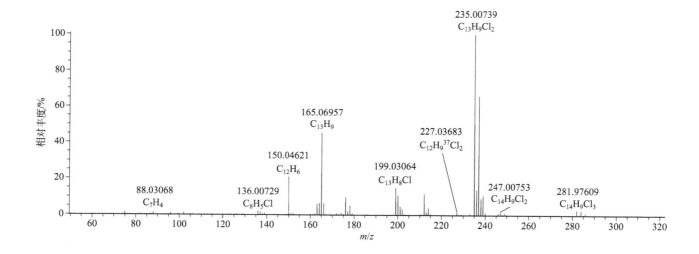

o,p'-DDE（o,p'-滴滴伊）

基本信息

CAS 登录号	3424-82-6	分子量	315.93801	离子化模式	电子轰击电离（EI）
分子式	$C_{14}H_8Cl_4$	保留时间	21.16min		

总离子流色谱图

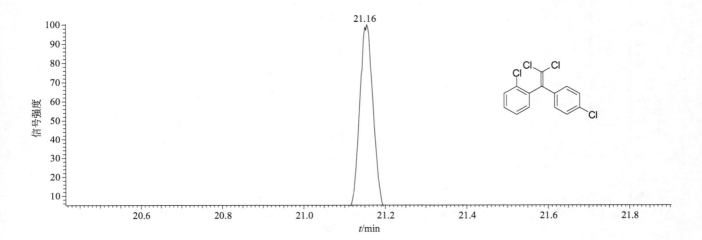

质谱图

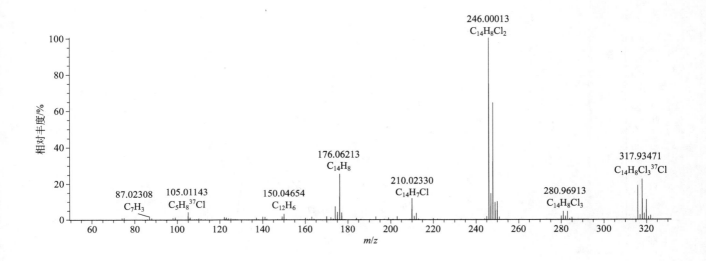

p,p'-DDE（p,p'-滴滴伊）

基本信息

CAS 登录号	72-55-9	**分子量**	315.93801	**离子化模式**	电子轰击电离（EI）
分子式	$C_{14}H_8Cl_4$	**保留时间**	22.39min		

总离子流色谱图

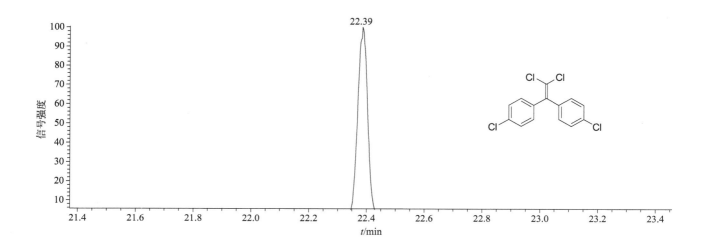

质谱图

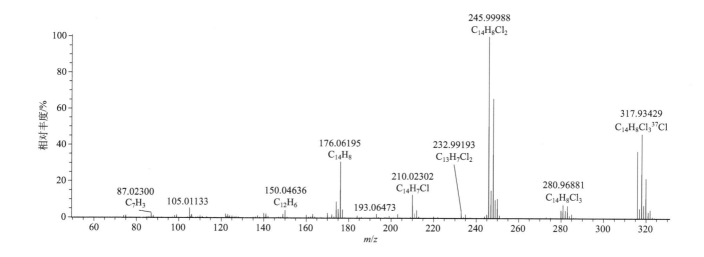

o,p'-DDT（o,p'-滴滴涕）

基本信息

CAS 登录号	789-02-6	分子量	351.91469	离子化模式	电子轰击电离（EI）
分子式	$C_{14}H_9Cl_5$	保留时间	23.96min		

总离子流色谱图

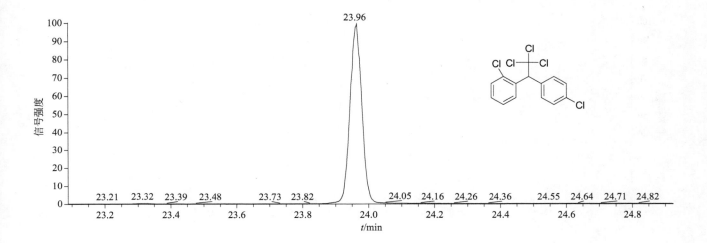

质谱图

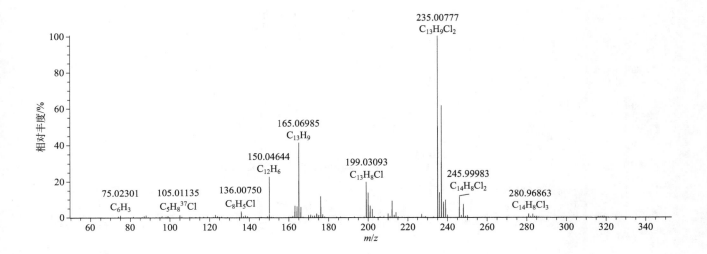

p,p'-DDT（p,p'-滴滴涕）

基本信息

CAS 登录号	50-29-3	分子量	351.91469	离子化模式	电子轰击电离（EI）
分子式	$C_{14}H_9Cl_5$	保留时间	25.26min		

总离子流色谱图

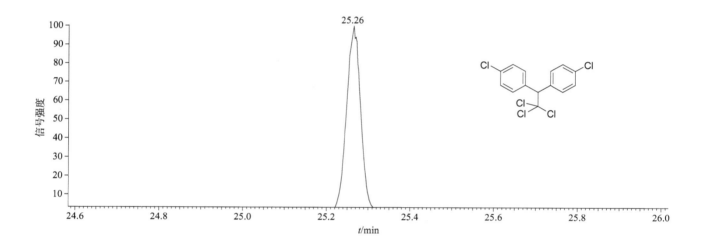

质谱图

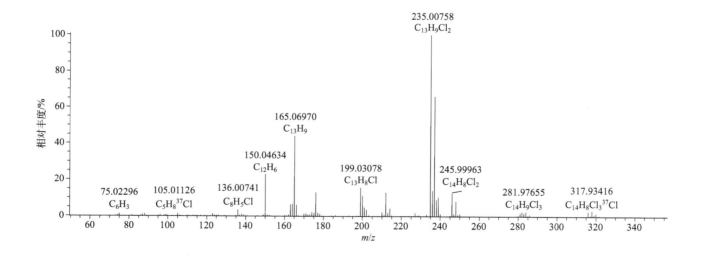

deltamethrin（溴氰菊酯）

基本信息

CAS 登录号	52918-63-5	分子量	502.97317	离子化模式	电子轰击电离（EI）
分子式	$C_{22}H_{19}Br_2NO_3$	保留时间	33.58min		

总离子流色谱图

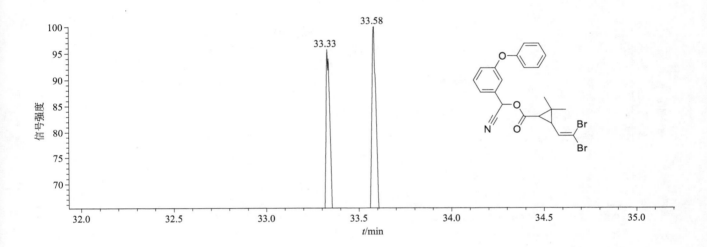

质谱图

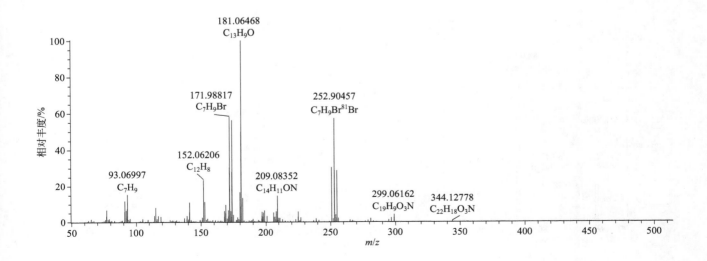

demeton-O（O-内吸磷）

基本信息

CAS 登录号	298-03-3	分子量	258.05132	离子化模式	电子轰击电离（EI）
分子式	$C_8H_{19}O_3PS_2$	保留时间	12.01min		

总离子流色谱图

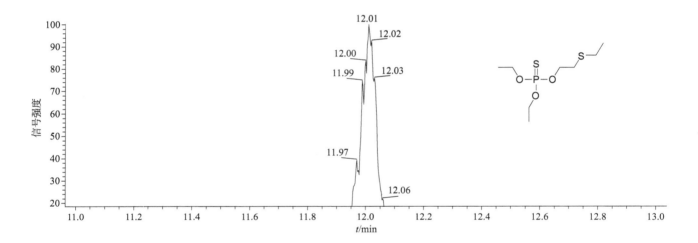

质谱图

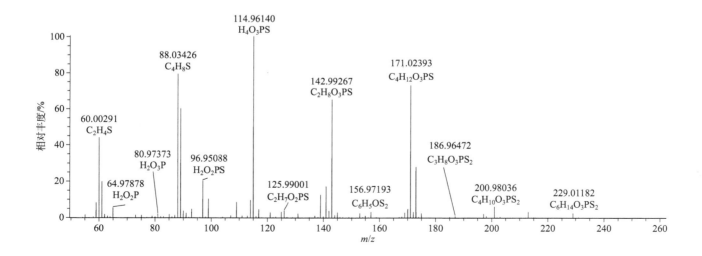

demeton-S（S-内吸磷）

基本信息

CAS 登录号	126-75-0	分子量	258.05132	离子化模式	电子轰击电离（EI）
分子式	$C_8H_{19}O_3PS_2$	保留时间	13.97min		

总离子流色谱图

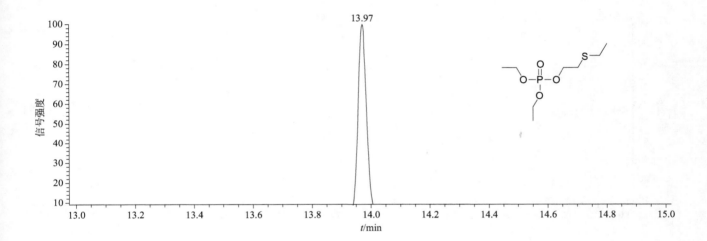

质谱图

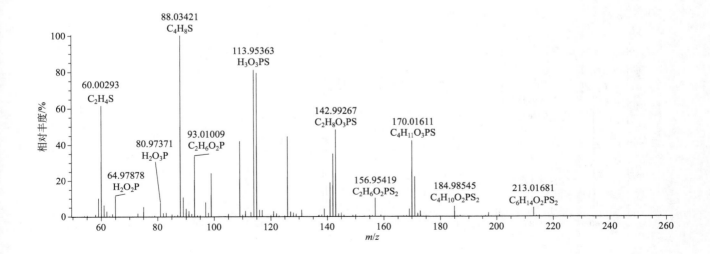

demeton-S-methyl（甲基内吸磷）

基本信息

CAS 登录号	919-86-8	分子量	230.02002	离子化模式	电子轰击电离（EI）
分子式	$C_6H_{15}O_3PS_2$	保留时间	12.04min		

总离子流色谱图

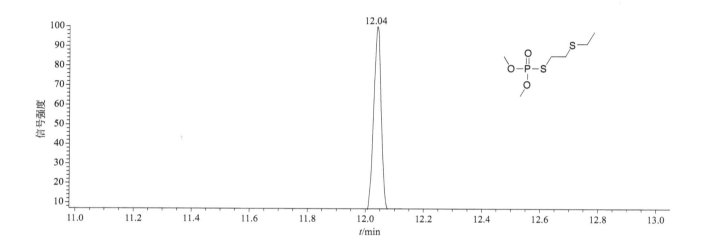

质谱图

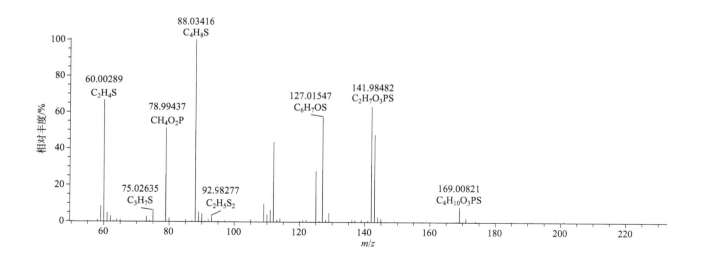

desethylterbuthylazine（去乙基特丁津）

基本信息

CAS 登录号	30125-63-4	分子量	201.07812	离子化模式	电子轰击电离（EI）
分子式	$C_7H_{12}ClN_5$	保留时间	13.07min		

总离子流色谱图

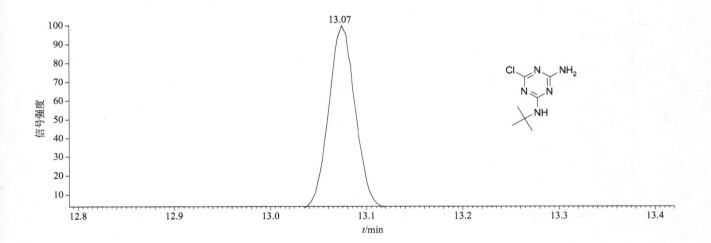

质谱图

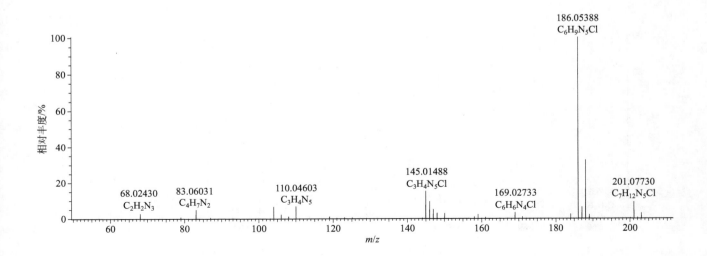

desmetryn（敌草净）

基本信息

CAS 登录号	1014-69-3	分子量	213.10482	离子化模式	电子轰击电离（EI）
分子式	$C_8H_{15}N_5S$	保留时间	16.71min		

总离子流色谱图

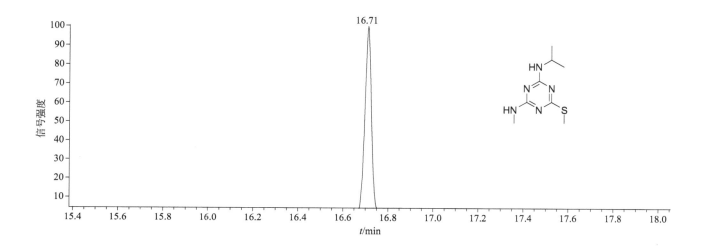

质谱图

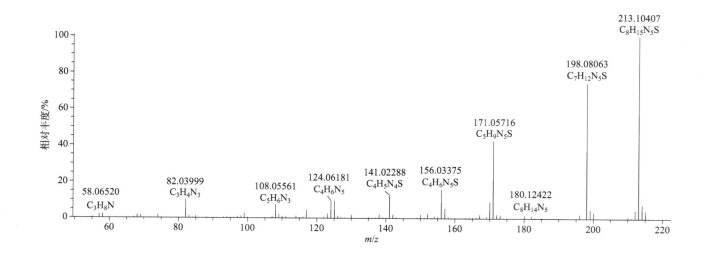

dialifos（氯亚胺硫磷）

基本信息

CAS 登录号	10311-84-9	分子量	393.00251	离子化模式	电子轰击电离（EI）
分子式	$C_{14}H_{17}ClNO_4PS_2$	保留时间	29.51min		

总离子流色谱图

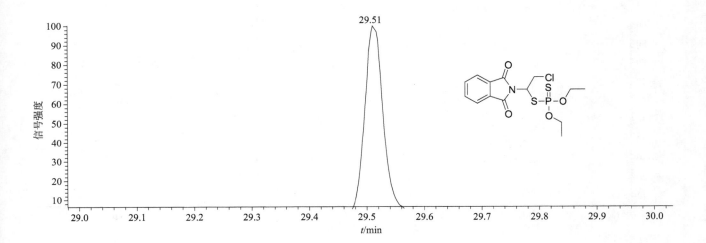

质谱图

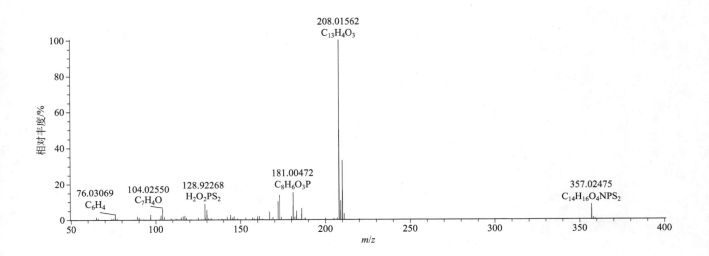

diallate（燕麦敌）

基本信息

CAS 登录号	2303-16-4	分子量	269.04079	离子化模式	电子轰击电离（EI）
分子式	$C_{10}H_{17}Cl_2NOS$	保留时间	13.44min		

总离子流色谱图

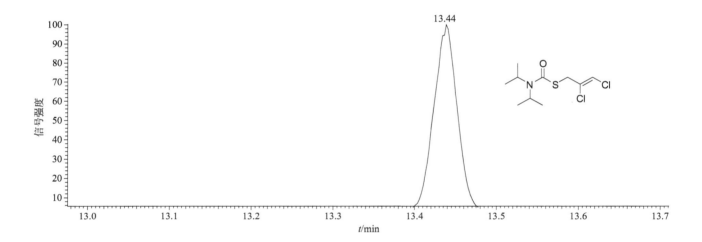

质谱图

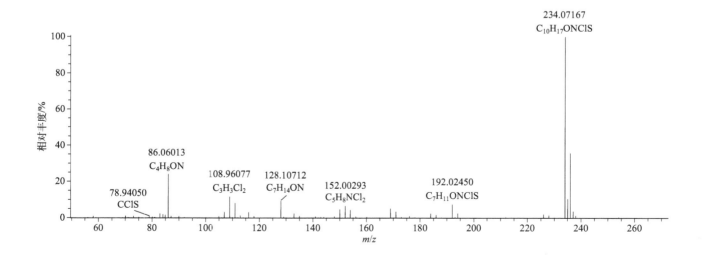

diazinon（二嗪农）

基本信息

CAS 登录号	333-41-5	分子量	304.10105	离子化模式	电子轰击电离（EI）
分子式	$C_{12}H_{21}N_2O_3PS$	保留时间	15.28min		

总离子流色谱图

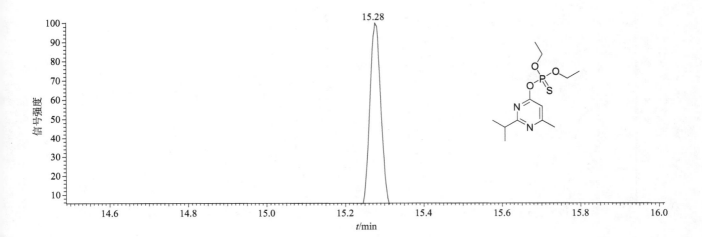

质谱图

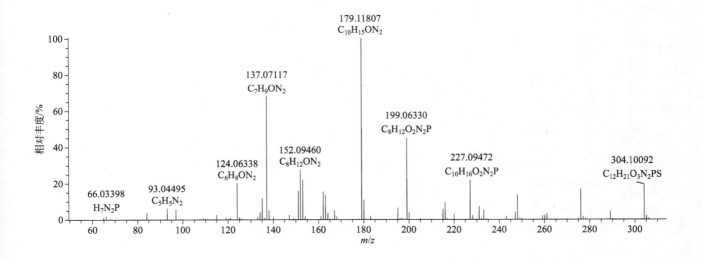

4,4'-dibromobenzophenone（4,4-二溴二苯甲酮）

基本信息

CAS 登录号	3988-03-2	分子量	337.89419	离子化模式	电子轰击电离（EI）
分子式	$C_{13}H_8Br_2O$	保留时间	23.12min		

总离子流色谱图

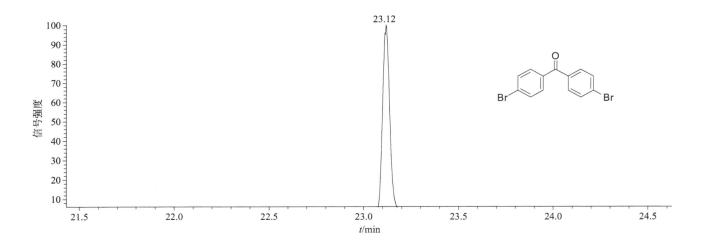

质谱图

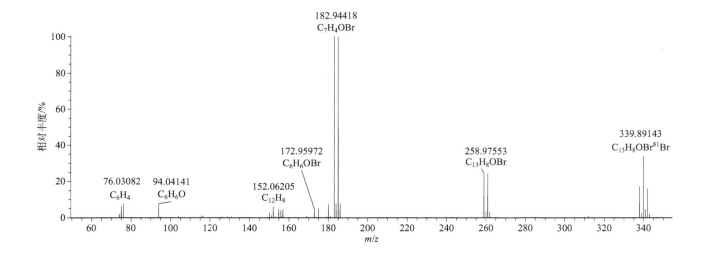

dibutyl succinate（驱虫特）

基本信息

CAS 登录号	141-03-7	分子量	230.15181	离子化模式	电子轰击电离（EI）
分子式	$C_{12}H_{22}O_4$	保留时间	10.91min		

总离子流色谱图

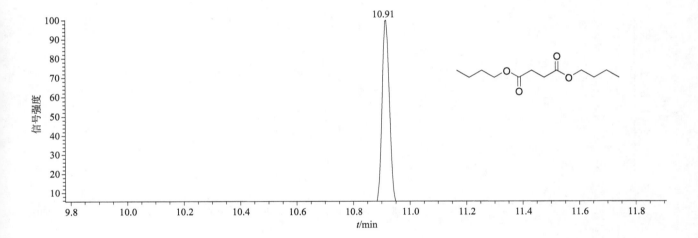

质谱图

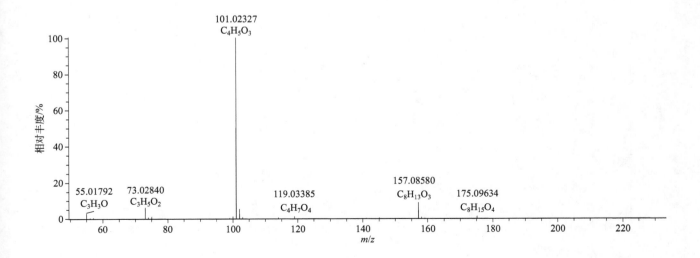

dicapthon(异氯磷)

基本信息

CAS 登录号	2463-84-5	**分子量**	296.96276	**离子化模式**	电子轰击电离(EI)
分子式	$C_8H_9ClNO_5PS$	**保留时间**	19.04min		

总离子流色谱图

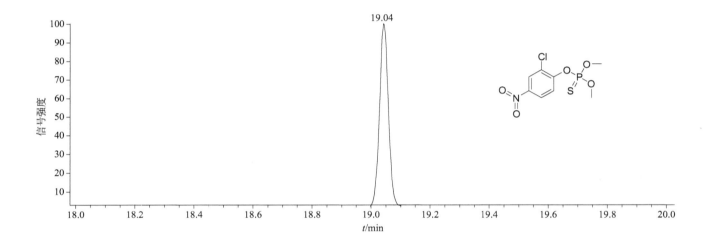

质谱图

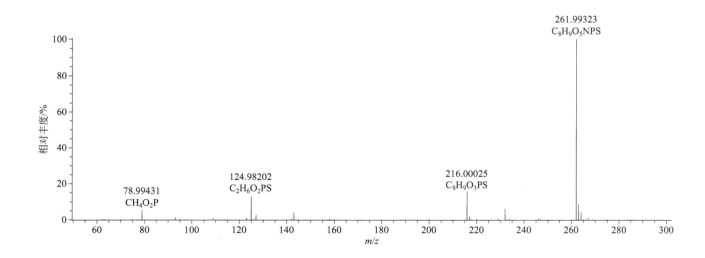

dichlobenil（敌草腈）

基本信息

CAS 登录号	1194-65-6	分子量	170.96425	离子化模式	电子轰击电离（EI）
分子式	$C_7H_3Cl_2N$	保留时间	7.63min		

总离子流色谱图

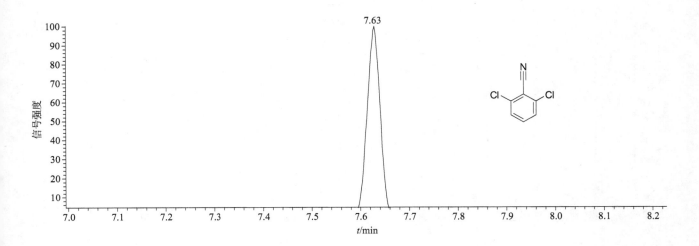

质谱图

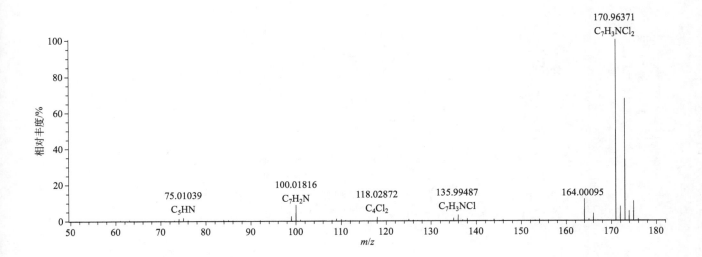

dichlofenthion（除线磷）

基本信息

CAS 登录号	97-17-6	**分子量**	313.97001	**离子化模式**	电子轰击电离（EI）
分子式	$C_{10}H_{13}Cl_2O_3PS$	**保留时间**	16.69min		

总离子流色谱图

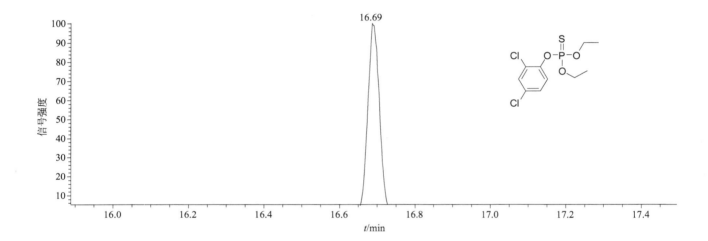

质谱图

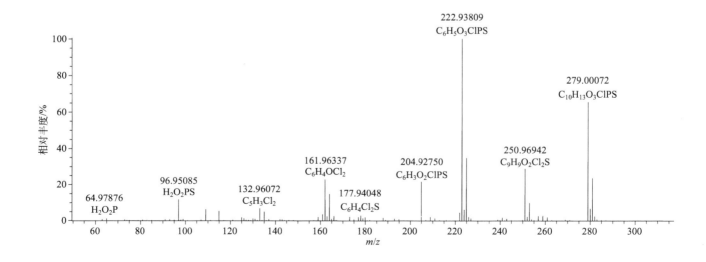

dichlofluanid（抑菌灵）

基本信息

CAS 登录号	1085-98-9	分子量	331.9623	离子化模式	电子轰击电离（EI）
分子式	$C_9H_{11}Cl_2FN_2O_2S_2$	保留时间	18.33min		

总离子流色谱图

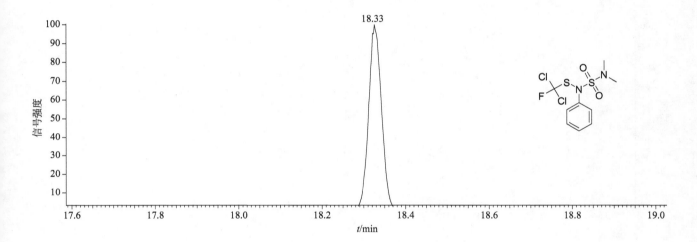

质谱图

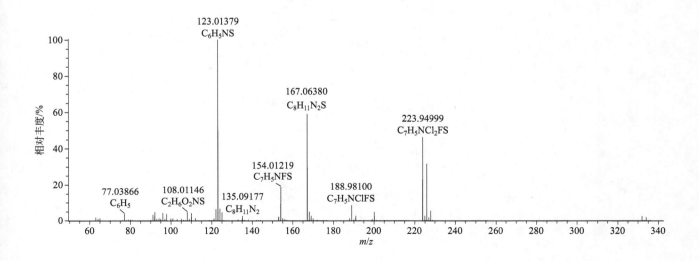

dichlormid（二氯丙烯胺）

基本信息

CAS 登录号	37764-25-3	**分子量**	207.02177	**离子化模式**	电子轰击电离（EI）
分子式	$C_8H_{11}Cl_2NO$	**保留时间**	7.71min		

总离子流色谱图

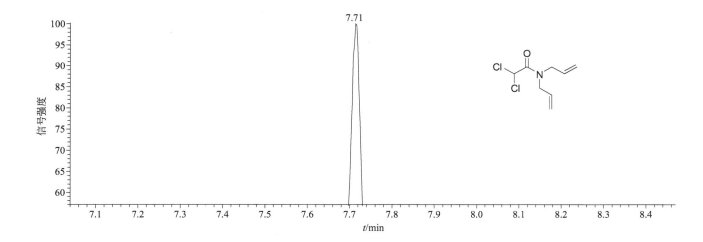

质谱图

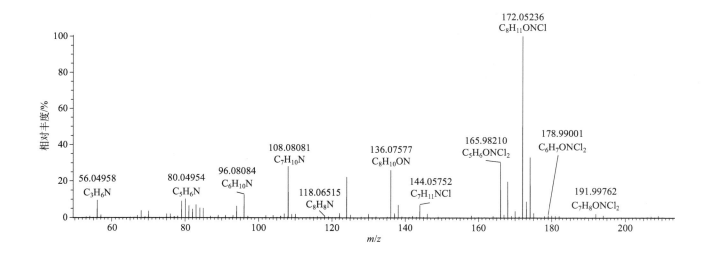

3,5-dichloroaniline（3,5-二氯苯胺）

基本信息

CAS 登录号	626-43-7	分子量	160.9799	离子化模式	电子轰击电离（EI）
分子式	$C_6H_5Cl_2N$	保留时间	8.45min		

总离子流色谱图

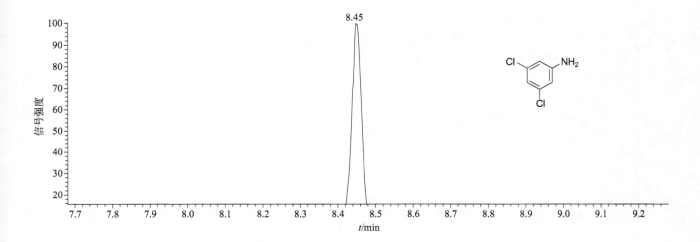

质谱图

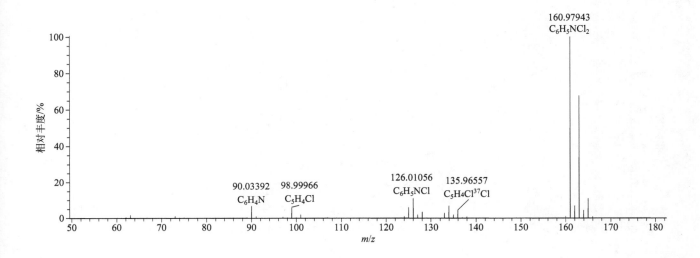

2,6-dichlorobenzamide（2,6-二氯苯甲酰胺）

基本信息

CAS 登录号	2008-58-4	**分子量**	188.97482	**离子化模式**	电子轰击电离（EI）
分子式	$C_7H_5Cl_2NO$	**保留时间**	12.80min		

总离子流色谱图

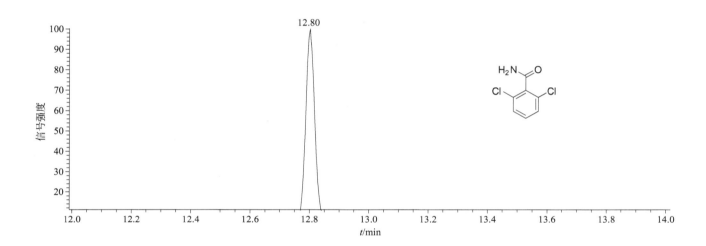

质谱图

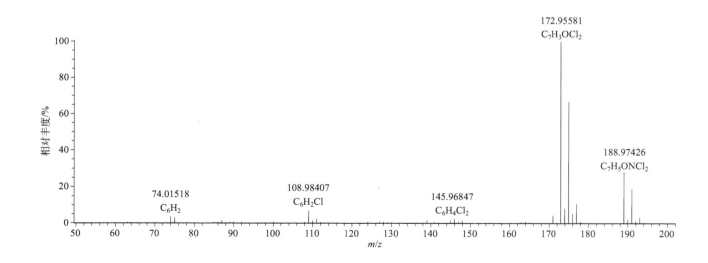

o-dichlorobenzene（邻二氯苯）

基本信息

CAS 登录号	95-50-1	分子量	145.96901	离子化模式	电子轰击电离（EI）
分子式	$C_6H_4Cl_2$	保留时间	4.69min		

总离子流色谱图

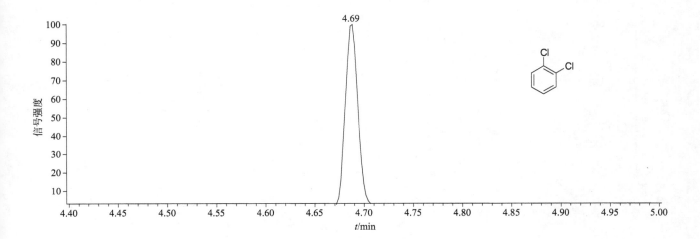

质谱图

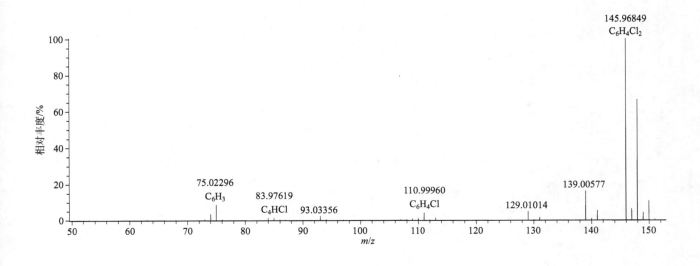

4,4'-dichlorobenzophenone（4,4-二氯二苯甲酮）

基本信息

CAS 登录号	90-98-2	**分子量**	249.99522	**离子化模式**	电子轰击电离（EI）
分子式	$C_{13}H_8Cl_2O$	**保留时间**	19.19min		

总离子流色谱图

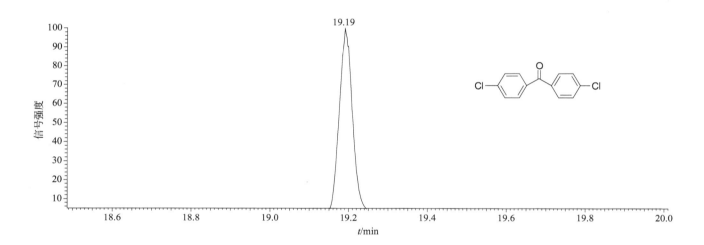

质谱图

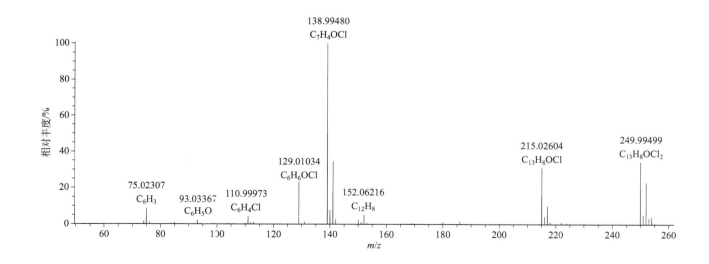

dichlorprop-methyl（二氯丙酸甲酯）

基本信息

CAS 登录号	57153-17-0	分子量	248.0007	离子化模式	电子轰击电离（EI）
分子式	$C_{10}H_{10}Cl_2O_3$	保留时间	11.88min		

总离子流色谱图

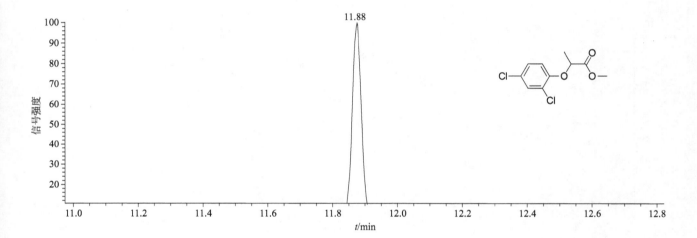

质谱图

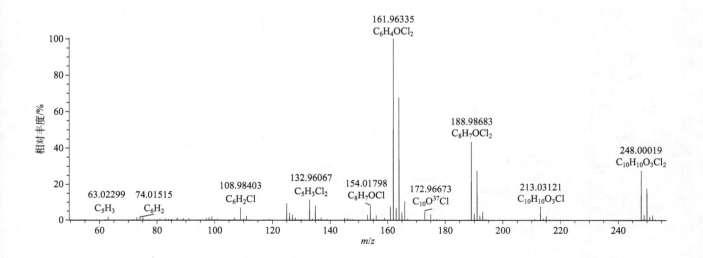

dichlorvos（敌敌畏）

基本信息

CAS 登录号	62-73-7	分子量	219.9459	离子化模式	电子轰击电离（EI）
分子式	$C_4H_7Cl_2O_4P$	保留时间	6.37min		

总离子流色谱图

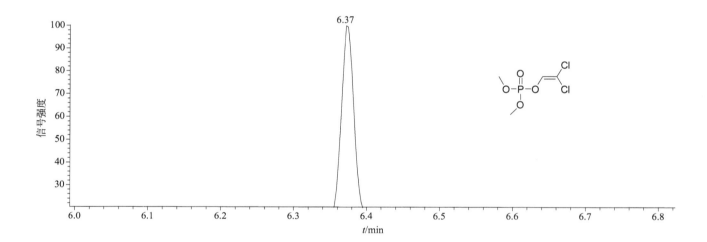

质谱图

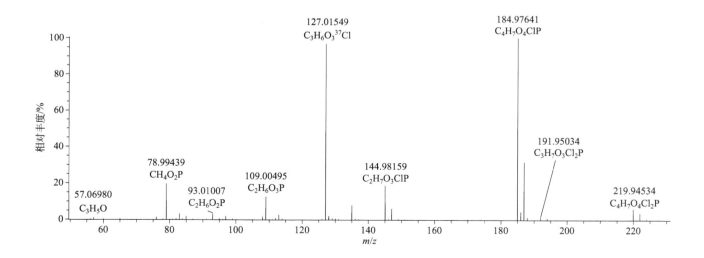

diclobutrazol（苄氯三唑醇）

基本信息

CAS 登录号	75736-33-3	分子量	327.09052	离子化模式	电子轰击电离（EI）
分子式	$C_{15}H_{19}Cl_2N_3O$	保留时间	22.71min		

总离子流色谱图

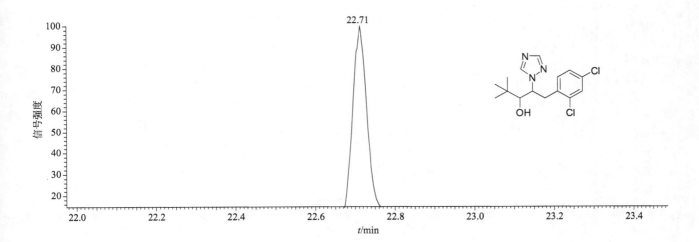

质谱图

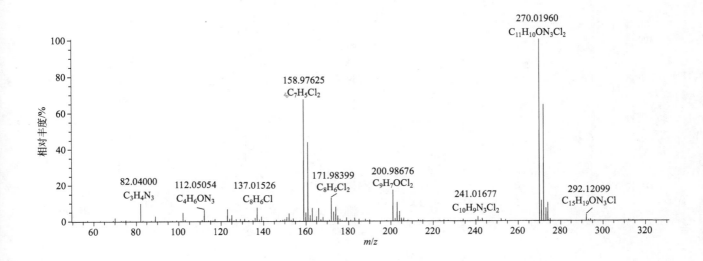

diclocymet（双氯氰菌胺）

基本信息

CAS 登录号	139920-32-4	分子量	312.07962	离子化模式	电子轰击电离（EI）
分子式	$C_{15}H_{18}Cl_2N_2O$	保留时间	20.48min		

总离子流色谱图

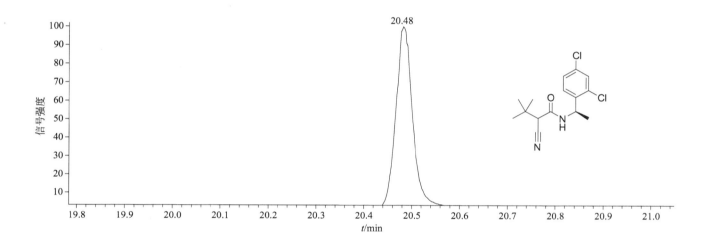

质谱图

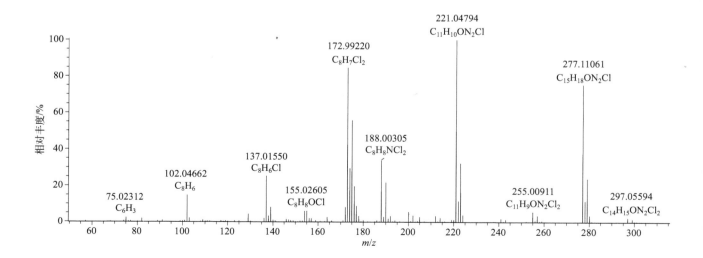

diclofop-methyl（禾草灵）

基本信息

CAS 登录号	51338-27-3	分子量	340.02692	离子化模式	电子轰击电离（EI）
分子式	$C_{16}H_{14}Cl_2O_4$	保留时间	25.88min		

总离子流色谱图

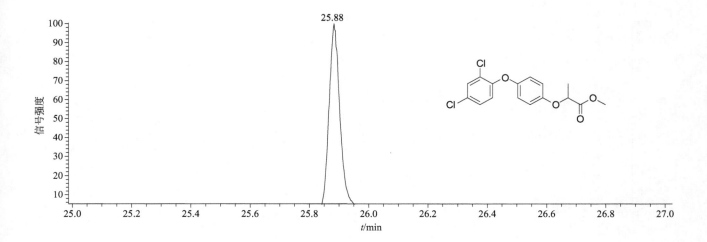

质谱图

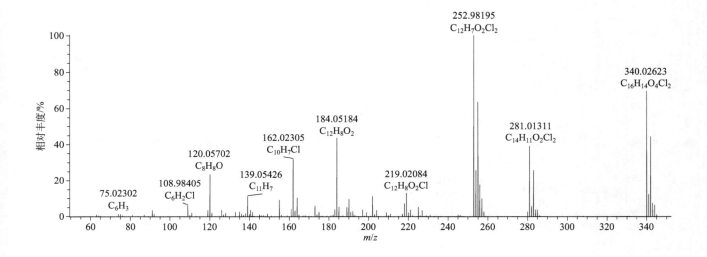

dicloran（氯硝胺）

基本信息

CAS 登录号	99-30-9	**分子量**	205.96498	**离子化模式**	电子轰击电离（EI）
分子式	$C_6H_4Cl_2N_2O_2$	**保留时间**	14.00min		

总离子流色谱图

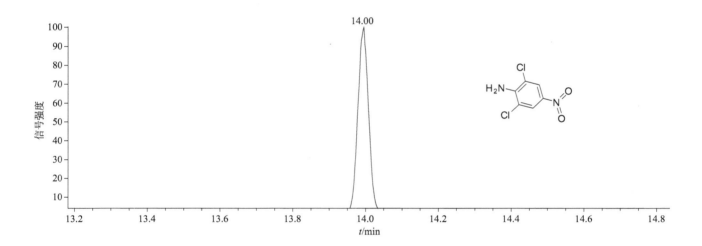

质谱图

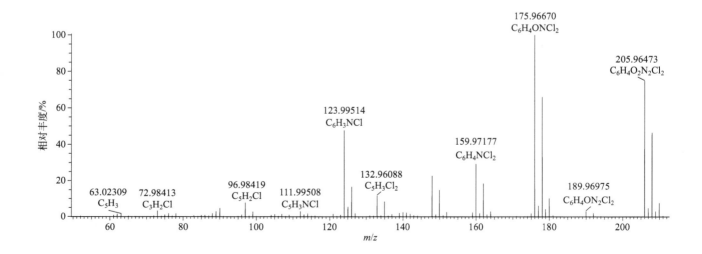

dicofol（三氯杀螨醇）

基本信息

CAS 登录号	115-32-2	**分子量**	367.9096	**离子化模式**	电子轰击电离（EI）
分子式	$C_{14}H_9Cl_5O$	**保留时间**	27.40min		

总离子流色谱图

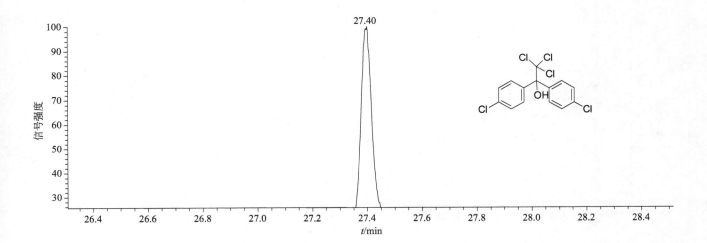

质谱图

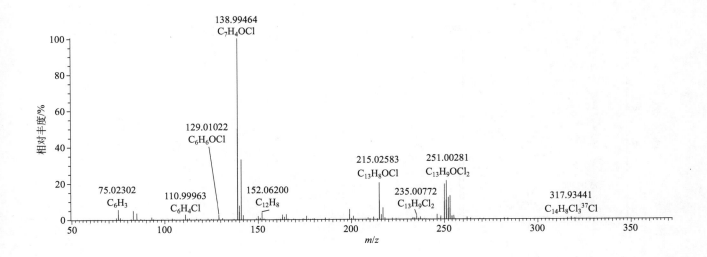

2,4'-dicofol（2,4'-三氯杀螨醇）

基本信息

CAS 登录号	10606-46-9	分子量	367.90905	离子化模式	电子轰击电离（EI）
分子式	$C_{14}H_9Cl_5O$	保留时间	17.98min		

总离子流色谱图

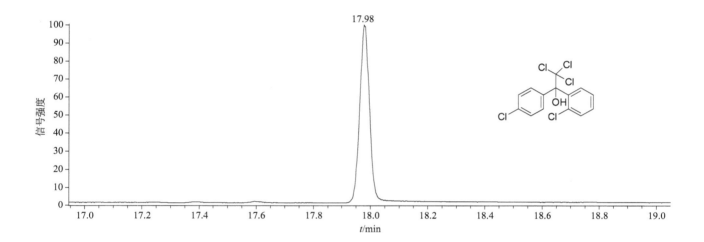

质谱图

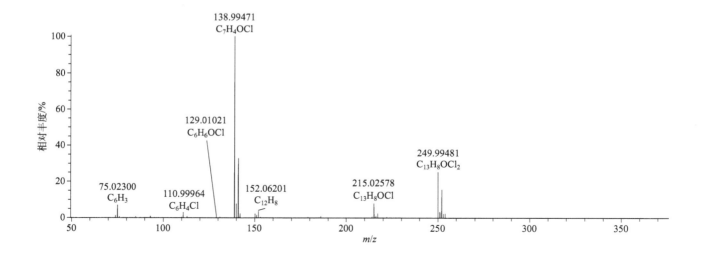

dicrotophos（百治磷）

基本信息

CAS 登录号	141-66-2	分子量	237.07661	离子化模式	电子轰击电离（EI）
分子式	$C_8H_{16}NO_5P$	保留时间	12.80min		

总离子流色谱图

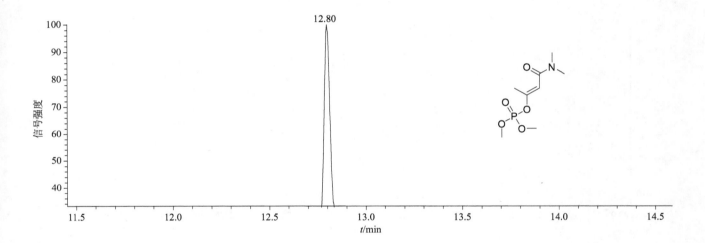

质谱图

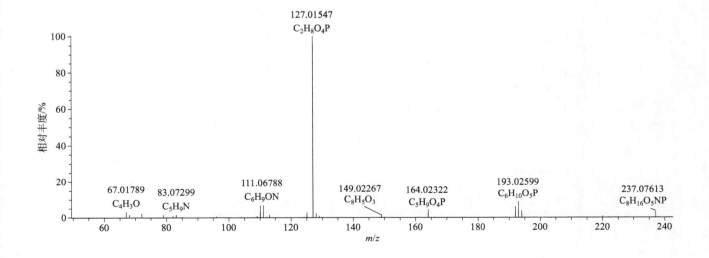

dieldrin（狄氏剂）

基本信息

CAS 登录号	60-57-1	**分子量**	377.87063	**离子化模式**	电子轰击电离（EI）
分子式	$C_{12}H_8Cl_6O$	**保留时间**	22.50min		

总离子流色谱图

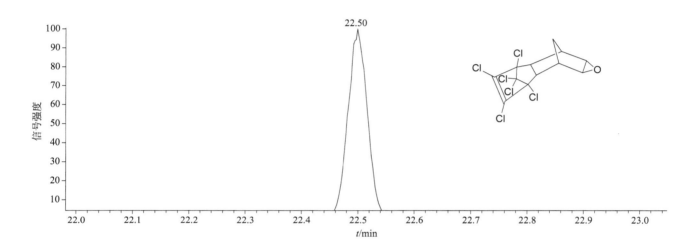

质谱图

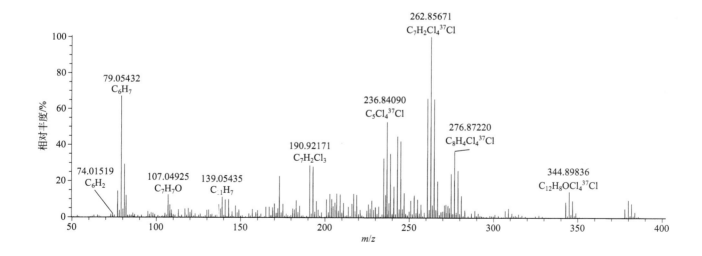

diethatyl-ethyl（乙酰甲草胺）

基本信息

CAS 登录号	38727-55-8	分子量	311.12882	离子化模式	电子轰击电离（EI）
分子式	$C_{16}H_{22}ClNO_3$	保留时间	21.72min		

总离子流色谱图

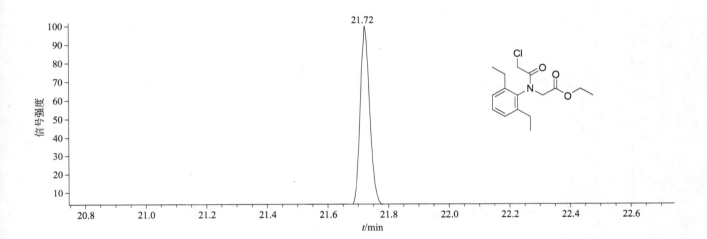

质谱图

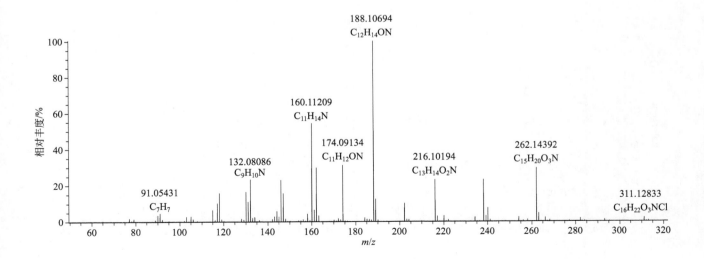

diethofencarb（乙霉威）

基本信息

CAS 登录号	87130-20-9	分子量	267.14706	离子化模式	电子轰击电离（EI）
分子式	$C_{14}H_{21}NO_4$	保留时间	18.86min		

总离子流色谱图

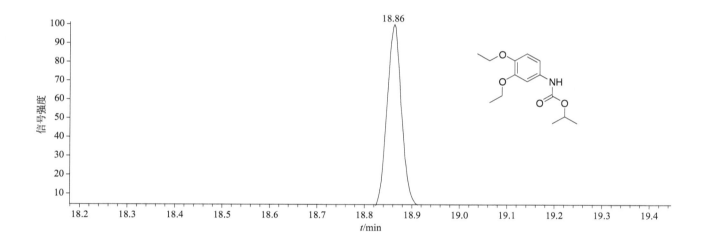

质谱图

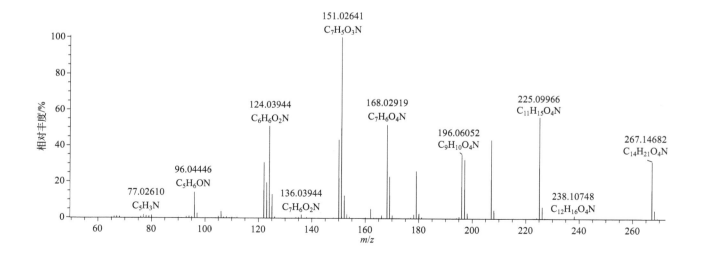

diethyltoluamide（避蚊胺）

基本信息

CAS 登录号	134-62-3	分子量	191.13101	离子化模式	电子轰击电离（EI）
分子式	$C_{12}H_{17}NO$	保留时间	11.25min		

总离子流色谱图

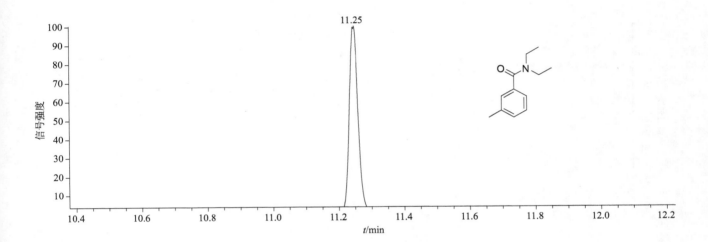

质谱图

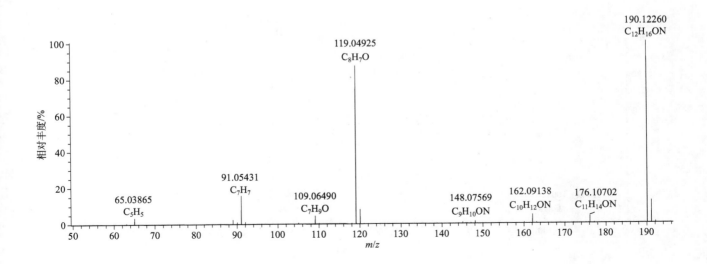

difenoconazole（苯醚甲环唑）

基本信息

CAS 登录号	119446-68-3	分子量	405.0647	离子化模式	电子轰击电离（EI）
分子式	$C_{19}H_{17}Cl_2N_3O_3$	保留时间	33.27min		

总离子流色谱图

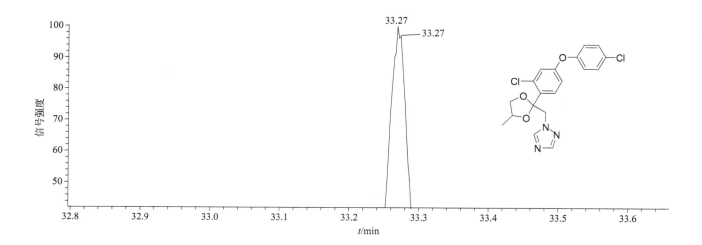

质谱图

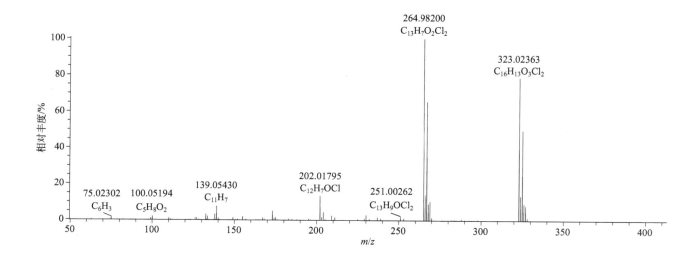

difenoxuron（枯莠隆）

基本信息

CAS 登录号	14214-32-5	分子量	286.13174	离子化模式	电子轰击电离（EI）
分子式	$C_{16}H_{18}N_2O_3$	保留时间	18.88min		

总离子流色谱图

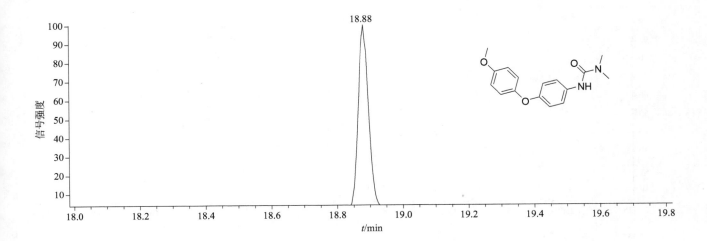

质谱图

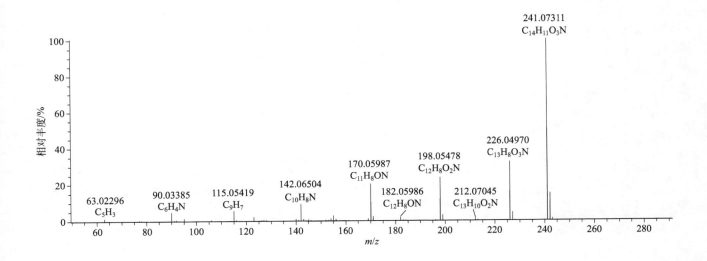

difluenican（吡氟酰草胺）

基本信息

CAS 登录号	83164-33-4	分子量	394.07407	离子化模式	电子轰击电离（EI）
分子式	$C_{19}H_{11}F_5N_2O_2$	保留时间	25.99min		

总离子流色谱图

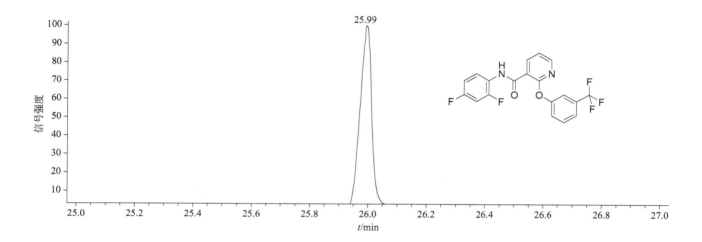

质谱图

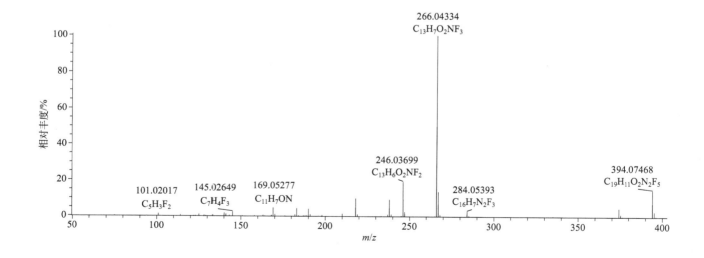

diflufenzopyr（氟吡草腙）

基本信息

CAS 登录号	109293-97-2	分子量	334.08775	离子化模式	电子轰击电离（EI）
分子式	$C_{15}H_{12}F_2N_4O_3$	保留时间	7.39min		

总离子流色谱图

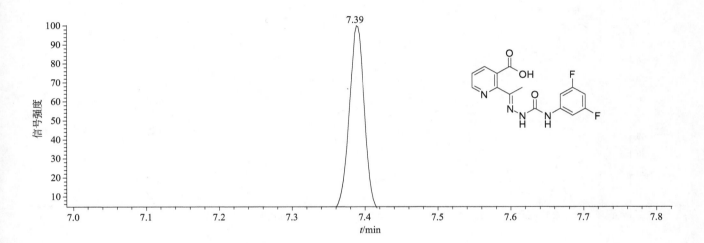

质谱图

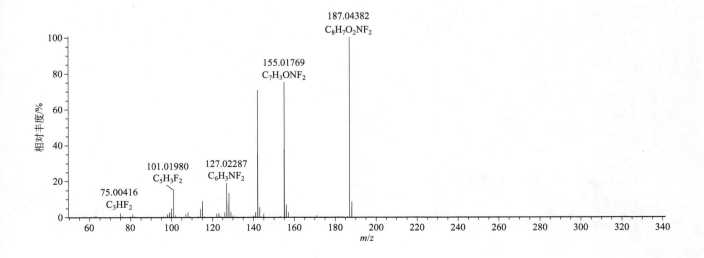

dimepiperate(哌草丹)

基本信息

CAS 登录号	61432-55-1	分子量	263.13439	离子化模式	电子轰击电离(EI)
分子式	$C_{15}H_{21}NOS$	保留时间	20.61min		

总离子流色谱图

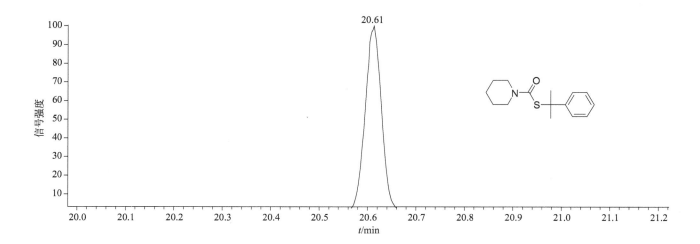

质谱图

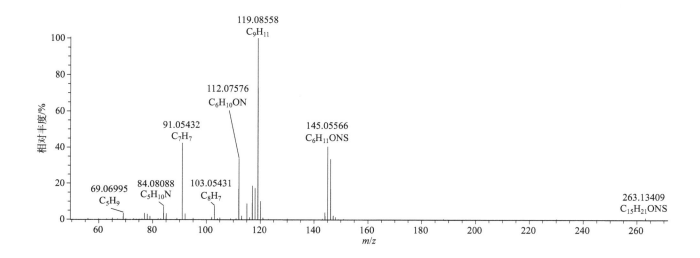

dimethachlor（二甲草胺）

基本信息

CAS 登录号	50563-36-5	分子量	255.10261	离子化模式	电子轰击电离（EI）
分子式	$C_{13}H_{18}ClNO_2$	保留时间	16.69min		

总离子流色谱图

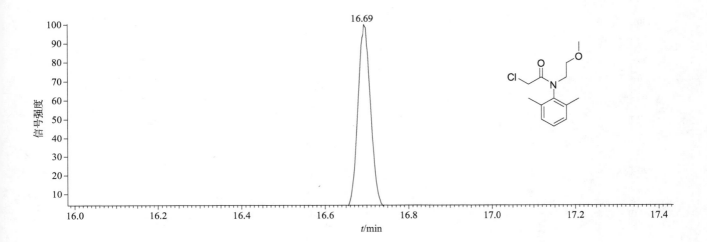

质谱图

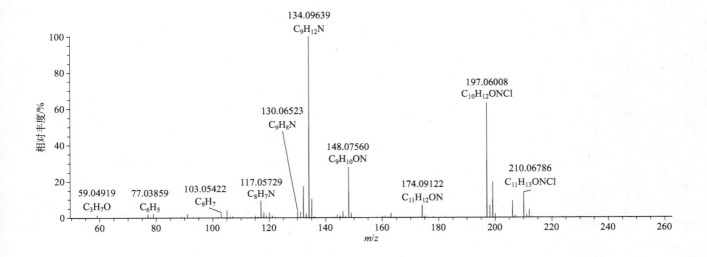

dimethametryn（异戊乙净）

基本信息

CAS 登录号	22936-75-0	**分子量**	255.15177	**离子化模式**	电子轰击电离（EI）
分子式	$C_{11}H_{21}N_5S$	**保留时间**	20.17min		

总离子流色谱图

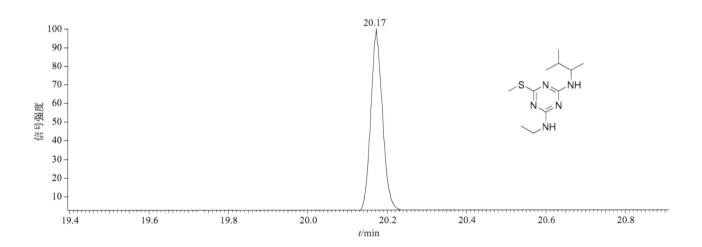

质谱图

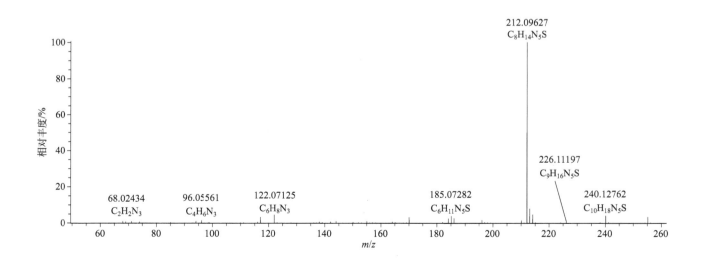

dimethenamid（二甲吩草胺）

基本信息

CAS 登录号	87674-68-8	分子量	275.07468	离子化模式	电子轰击电离（EI）
分子式	$C_{12}H_{18}ClNO_2S$	保留时间	16.72min		

总离子流色谱图

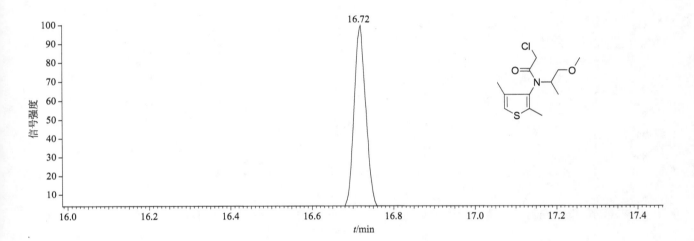

质谱图

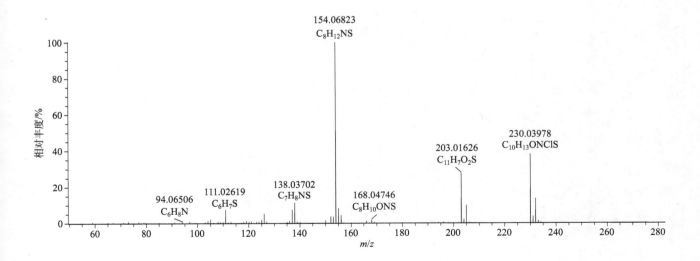

dimethipin(噻节因)

基本信息

CAS 登录号	55290-64-7	**分子量**	210.00205	**离子化模式**	电子轰击电离(EI)
分子式	C₆H₁₀O₄S₂	**保留时间**	14.38min		

总离子流色谱图

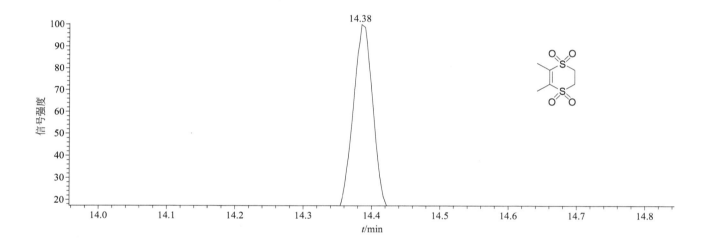

质谱图

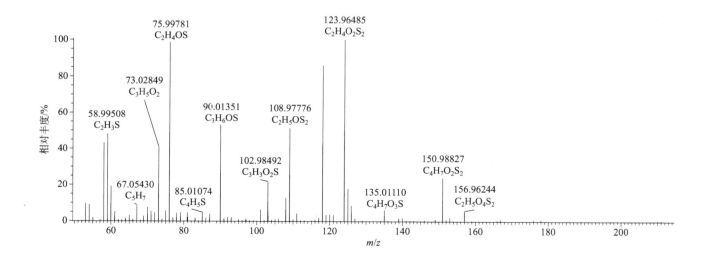

dimethoate(乐果)

基本信息

CAS 登录号	60-51-5	分子量	228.99962	离子化模式	电子轰击电离(EI)
分子式	$C_5H_{12}NO_3PS_2$	保留时间	13.96min		

总离子流色谱图

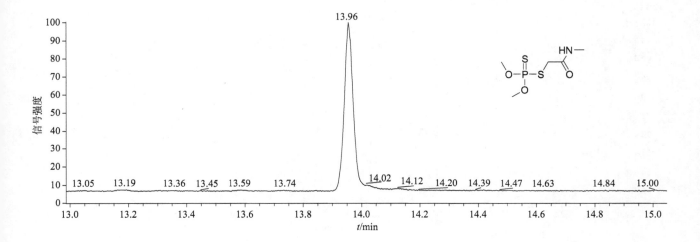

质谱图

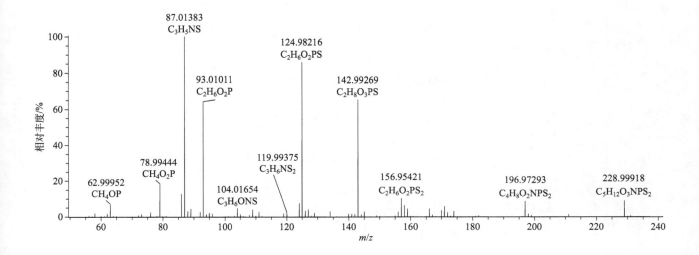

dimethomorph(烯酰吗啉)

基本信息

CAS 登录号	110488-70-5	分子量	387.12374	离子化模式	电子轰击电离(EI)
分子式	$C_{21}H_{22}ClNO_4$	保留时间	34.38min		

总离子流色谱图

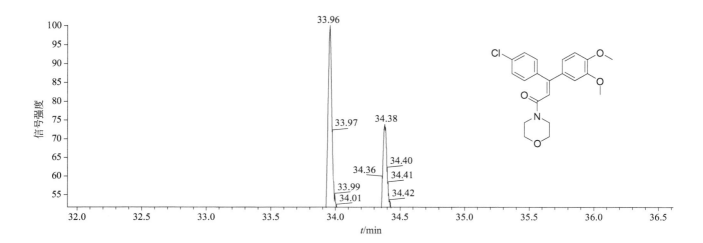

质谱图

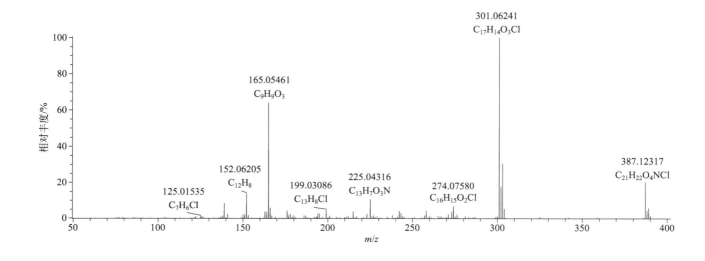

dimethyl phthalate（避蚊酯）

基本信息

CAS 登录号	131-11-3	分子量	194.05791	离子化模式	电子轰击电离（EI）
分子式	$C_{10}H_{10}O_4$	保留时间	9.12min		

总离子流色谱图

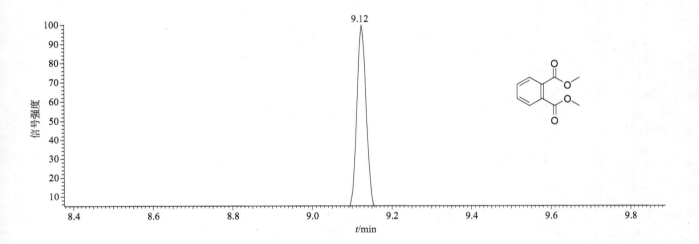

质谱图

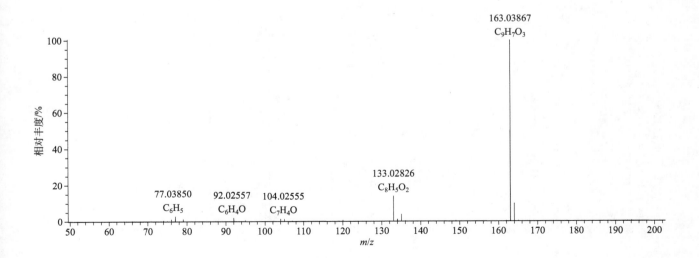

1,4-dimethylnaphthalene（1,4-二甲基萘）

基本信息

CAS 登录号	571-58-4	分子量	156.09390	离子化模式	电子轰击电离（EI）
分子式	$C_{12}H_{12}$	保留时间	9.12min		

总离子流色谱图

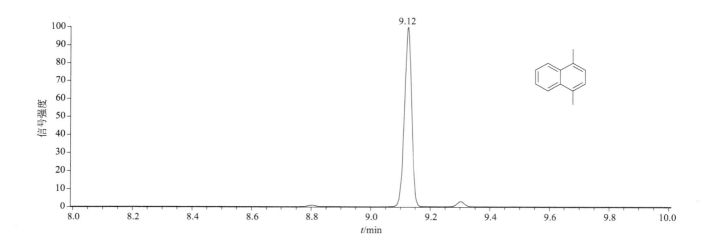

质谱图

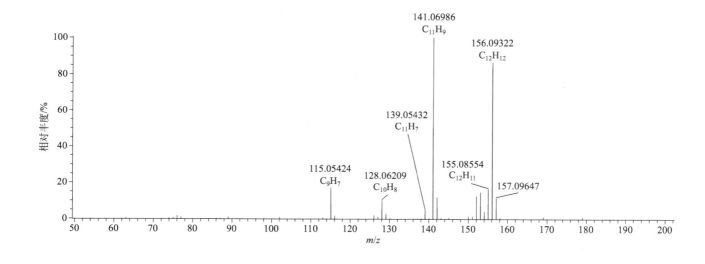

dimethylvinphos(甲基毒虫畏)

基本信息

CAS 登录号	71363-52-5	分子量	329.93823	离子化模式	电子轰击电离(EI)
分子式	$C_{10}H_{10}Cl_3O_4P$	保留时间	18.21min		

总离子流色谱图

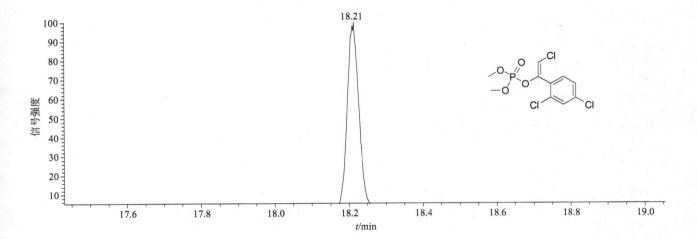

质谱图

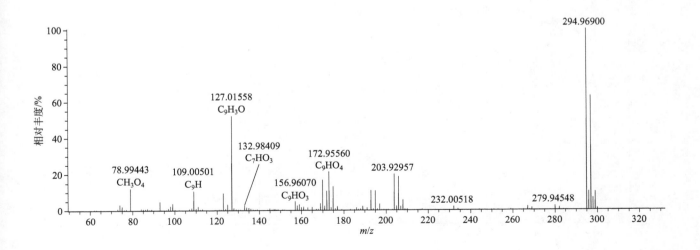

dimetilan（敌蝇威）

基本信息

CAS 登录号	644-64-4	分子量	240.12224	离子化模式	电子轰击电离（EI）
分子式	$C_{10}H_{16}N_4O_3$	保留时间	17.37min		

总离子流色谱图

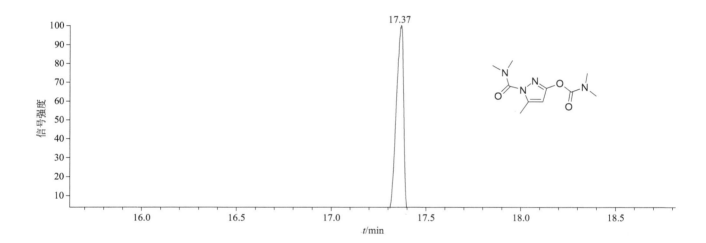

质谱图

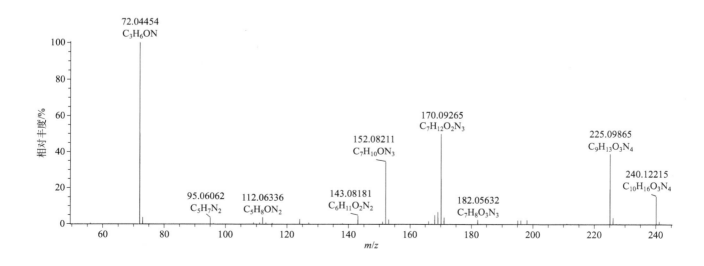

diniconazole（烯唑醇）

基本信息

CAS 登录号	83657-24-3	分子量	325.07487	离子化模式	电子轰击电离（EI）
分子式	$C_{15}H_{17}Cl_2N_3O$	保留时间	23.73min		

总离子流色谱图

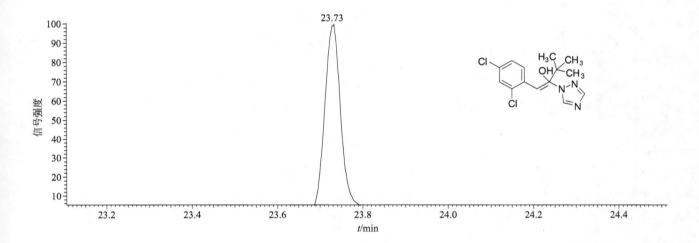

质谱图

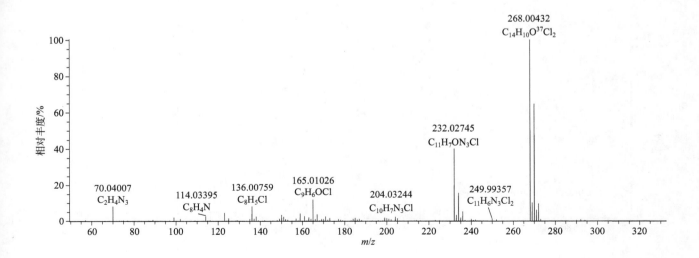

dinitramine（氨氟灵）

基本信息

CAS 登录号	29091-05-2	分子量	322.08889	离子化模式	电子轰击电离（EI）
分子式	$C_{11}H_{13}F_3N_4O_4$	保留时间	15.65min		

总离子流色谱图

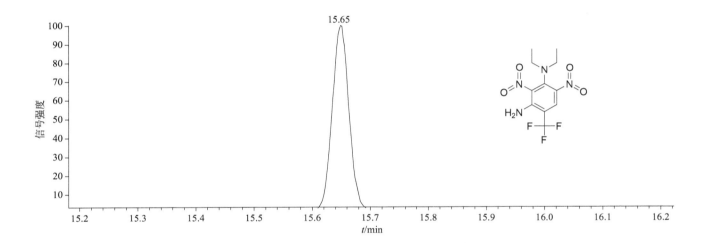

质谱图

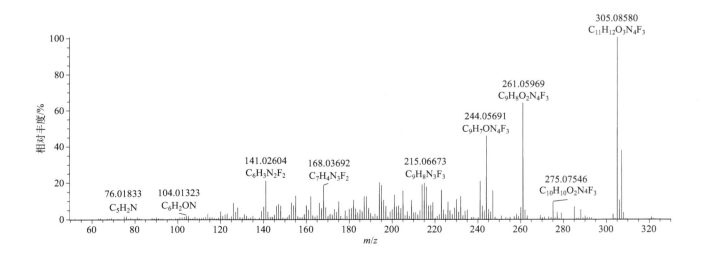

dinobuton（敌螨通）

基本信息

CAS 登录号	973-21-7	分子量	326.1114	离子化模式	电子轰击电离（EI）
分子式	$C_{14}H_{18}N_2O_7$	保留时间	20.51min		

总离子流色谱图

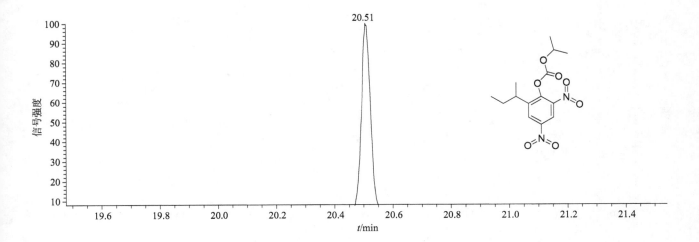

质谱图

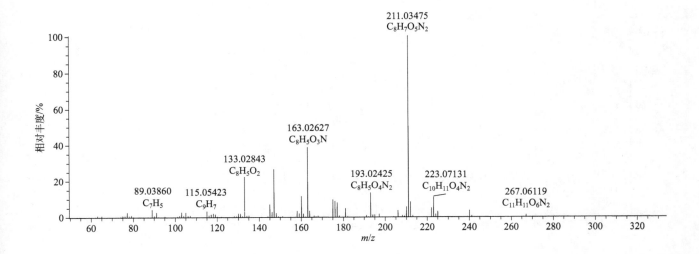

dinoseb（地乐酚）

基本信息

CAS 登录号	88-85-7	**分子量**	240.07462	**离子化模式**	电子轰击电离（EI）
分子式	$C_{10}H_{12}N_2O_5$	**保留时间**	15.52min		

总离子流色谱图

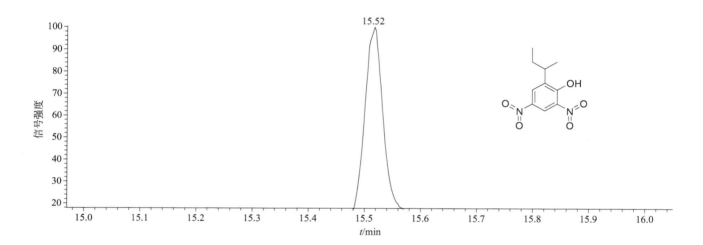

质谱图

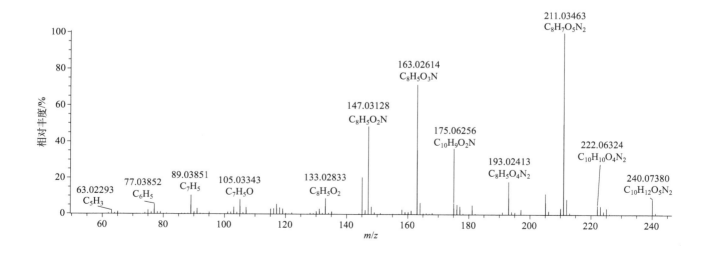

dinoterb（草消酚）

基本信息

CAS 登录号	1420-07-1	分子量	240.07462	离子化模式	电子轰击电离（EI）
分子式	$C_{10}H_{12}N_2O_5$	保留时间	15.15min		

总离子流色谱图

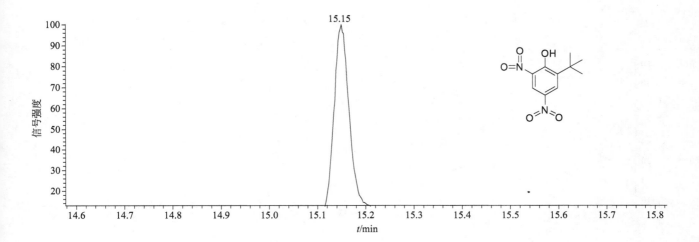

质谱图

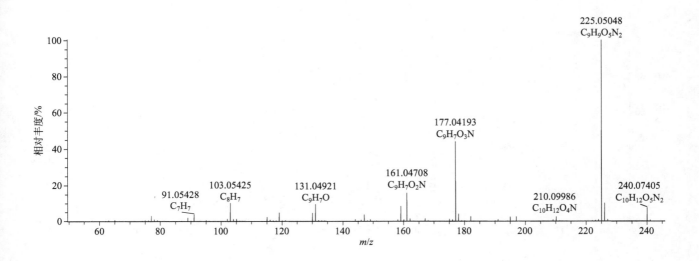

diofenolan（二苯丙醚）

基本信息

CAS 登录号	63837-33-2	分子量	300.13616	离子化模式	电子轰击电离（EI）
分子式	$C_{18}H_{20}O_4$	保留时间	25.08min		

总离子流色谱图

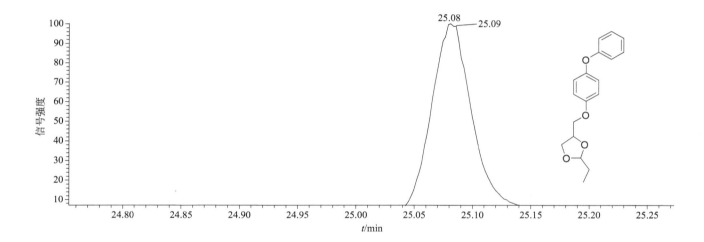

质谱图

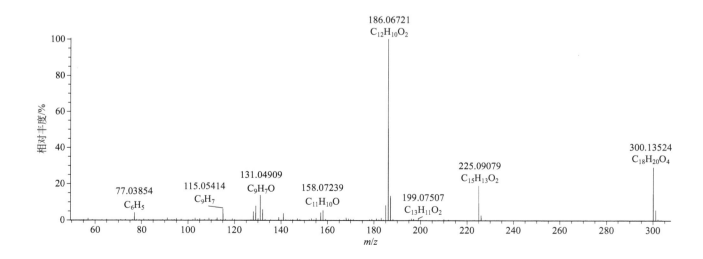

dioxabenzofos(蔬果磷)

基本信息

CAS 登录号	3811-49-2	分子量	216.00100	离子化模式	电子轰击电离(EI)
分子式	C₈H₉O₃PS	保留时间	12.94min		

总离子流色谱图

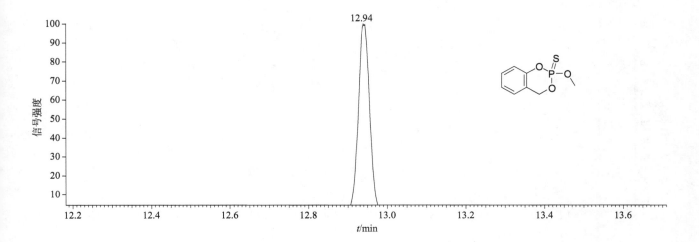

质谱图

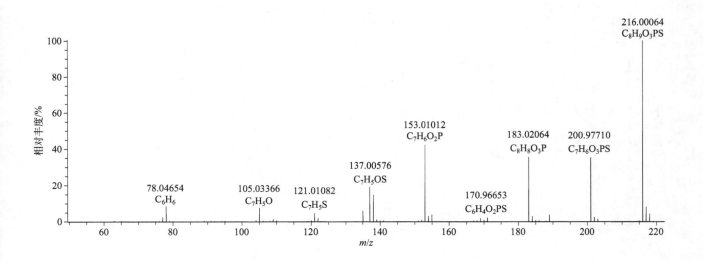

dioxacarb（二氧威）

基本信息

CAS 登录号	6988-21-2	**分子量**	223.08446	**离子化模式**	电子轰击电离（EI）
分子式	$C_{11}H_{13}NO_4$	**保留时间**	8.64min		

总离子流色谱图

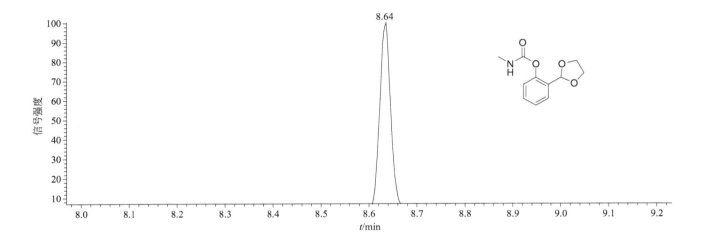

质谱图

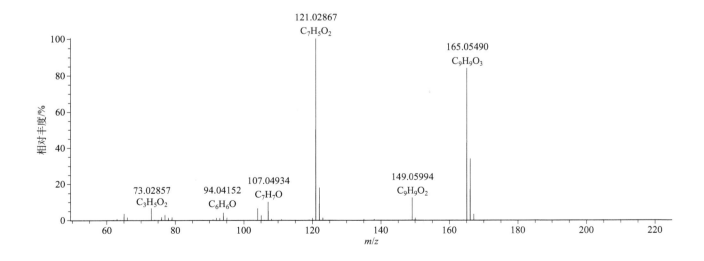

dioxathion（敌噁磷）

基本信息

CAS 登录号	78-34-2	分子量	456.00875	离子化模式	电子轰击电离（EI）
分子式	$C_{12}H_{26}O_6P_2S_4$	保留时间	30.48min		

总离子流色谱图

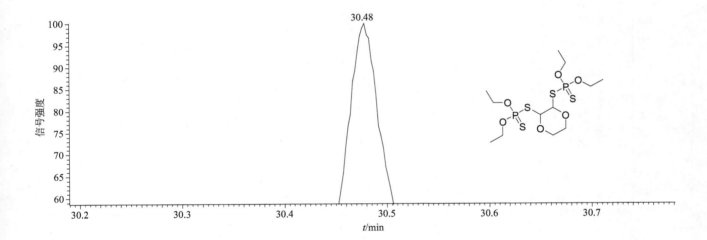

质谱图

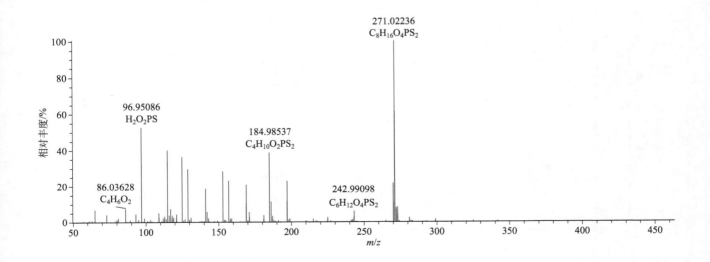

diphenamid（双苯酰草胺）

基本信息

CAS 登录号	957-51-7	分子量	239.13101	离子化模式	电子轰击电离（EI）
分子式	$C_{16}H_{17}NO$	保留时间	19.48min		

总离子流色谱图

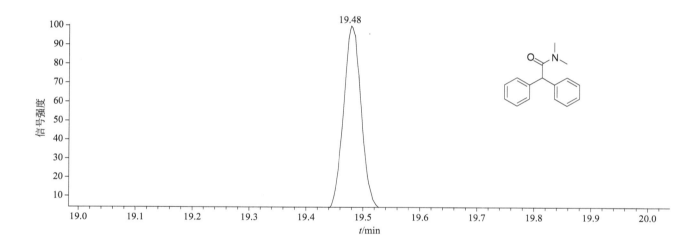

质谱图

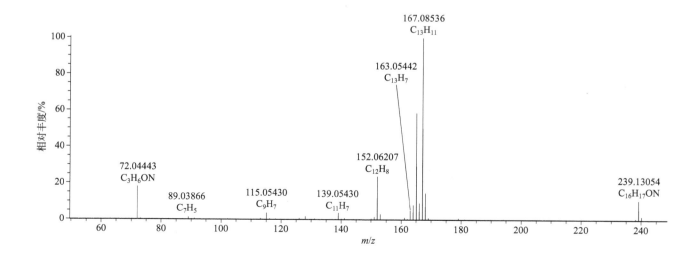

diphenylamine（二苯胺）

基本信息

CAS 登录号	122-39-4	分子量	169.08915	离子化模式	电子轰击电离（EI）
分子式	$C_{12}H_{11}N$	保留时间	12.17min		

总离子流色谱图

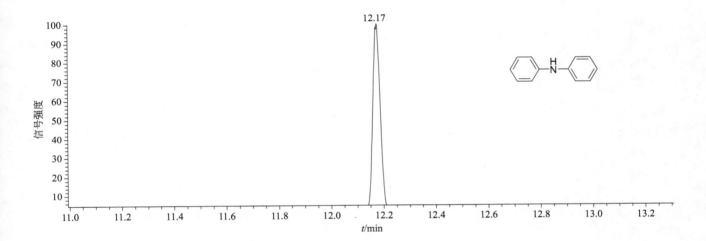

质谱图

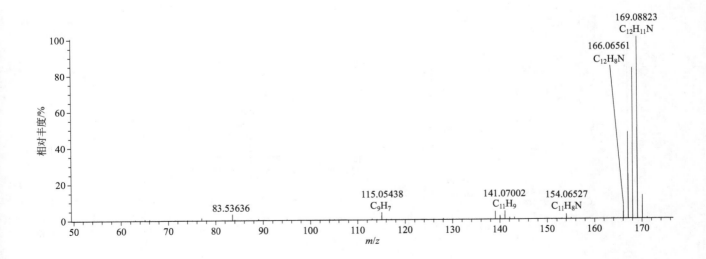

dipropetryn（异丙净）

基本信息

CAS 登录号	4147-51-7	分子量	255.15177	离子化模式	电子轰击电离（EI）
分子式	$C_{11}H_{21}N_5S$	保留时间	18.64min		

总离子流色谱图

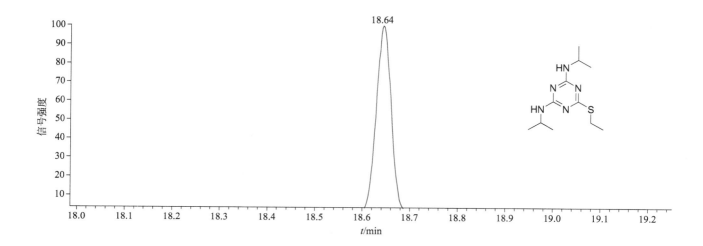

质谱图

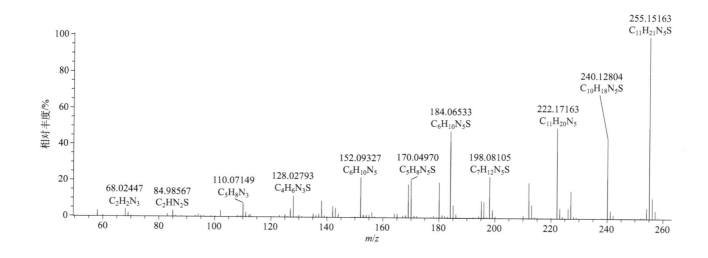

dipropyl isocinchomeronate（吡啶酸双丙酯）

基本信息

CAS 登录号	136-45-8	**分子量**	251.11576	**离子化模式**	电子轰击电离（EI）
分子式	$C_{13}H_{17}NO_4$	**保留时间**	17.26min		

总离子流色谱图

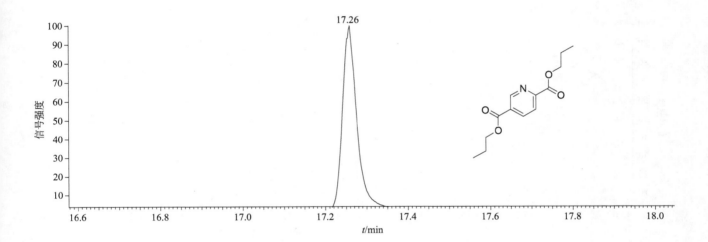

质谱图

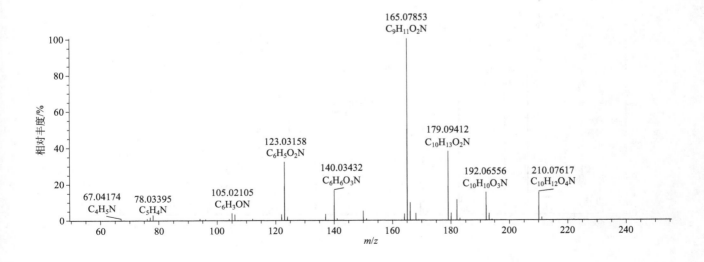

disulfoton（乙拌磷）

基本信息

CAS 登录号	298-04-4	分子量	274.02848	离子化模式	电子轰击电离（EI）
分子式	$C_8H_{19}O_2PS_3$	保留时间	15.57min		

总离子流色谱图

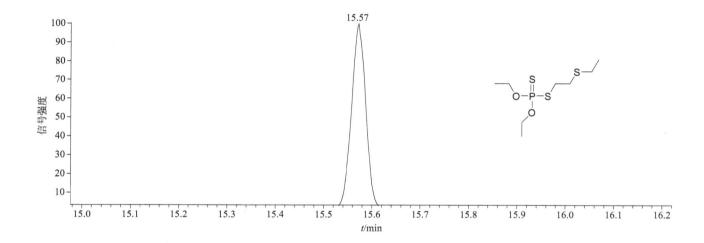

质谱图

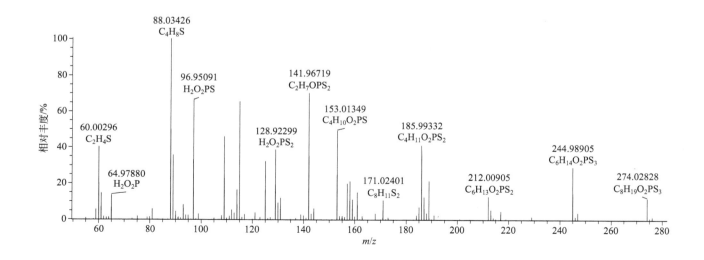

disulfoton sulfone(乙拌磷砜)

基本信息

CAS 登录号	2497-06-5	分子量	306.01831	离子化模式	电子轰击电离(EI)
分子式	$C_8H_{19}O_4PS_3$	保留时间	21.39min		

总离子流色谱图

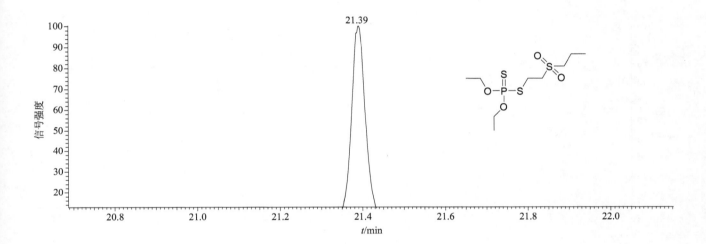

质谱图

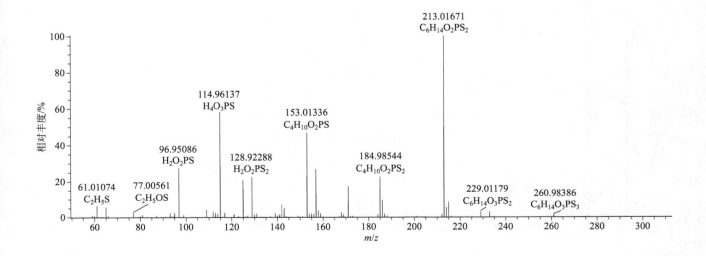

disulfoton sulfoxide（砜拌磷）

基本信息

CAS 登录号	2497-07-6	分子量	290.02339	离子化模式	电子轰击电离（EI）
分子式	$C_8H_{19}O_3PS_3$	保留时间	7.37min		

总离子流色谱图

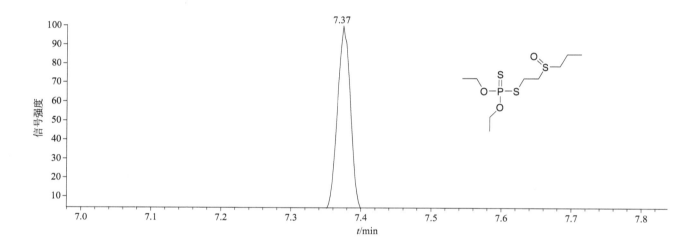

质谱图

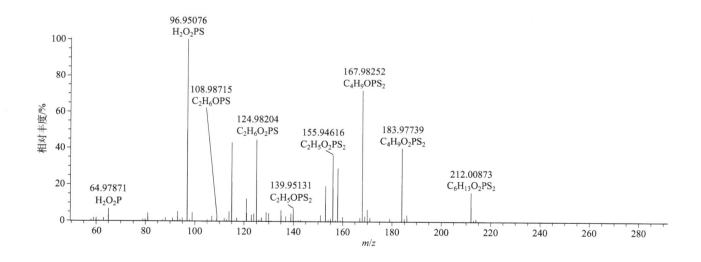

ditalimfos（灭菌磷）

基本信息

CAS 登录号	5131-24-8	分子量	299.03812	离子化模式	电子轰击电离（EI）
分子式	$C_{12}H_{14}NO_4PS$	保留时间	21.63min		

总离子流色谱图

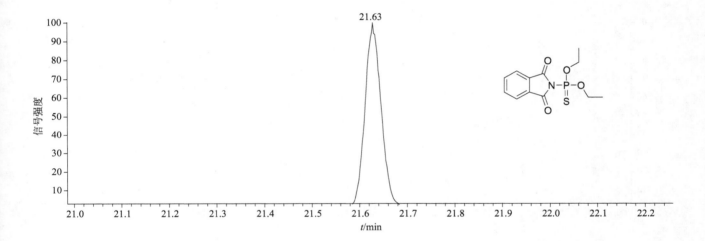

质谱图

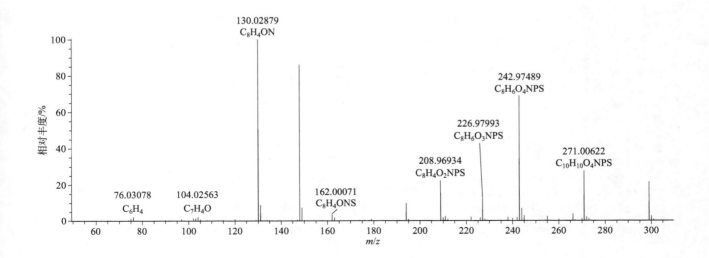

dithiopyr（氟硫草定）

基本信息

CAS 登录号	97886-45-8	分子量	401.05426	离子化模式	电子轰击电离（EI）
分子式	$C_{15}H_{16}F_5NO_2S_2$	保留时间	17.81min		

总离子流色谱图

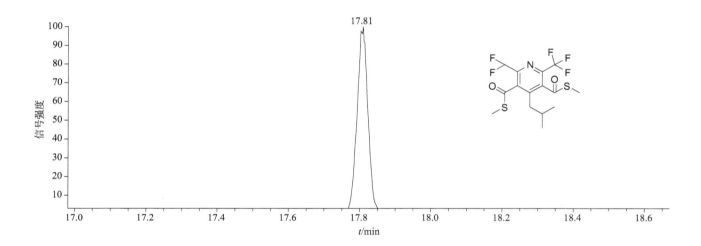

质谱图

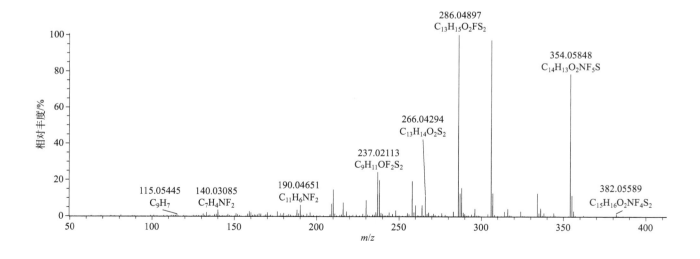

dodemorph（十二环吗啉）

基本信息

CAS 登录号	1593-77-7	分子量	281.27186	离子化模式	电子轰击电离（EI）
分子式	$C_{18}H_{35}NO$	保留时间	19.58min		

总离子流色谱图

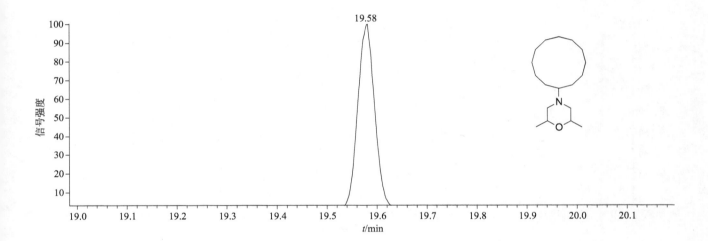

质谱图

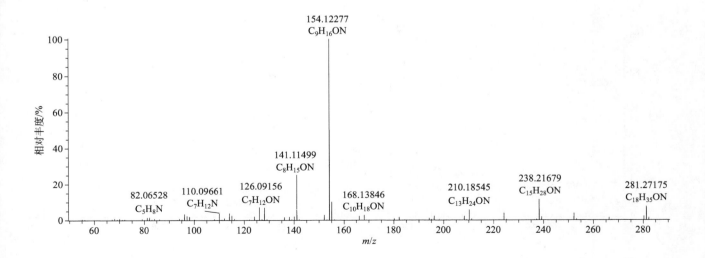

drazoxolon(肼菌酮)

基本信息

CAS 登录号	5707-69-7	分子量	237.03050	离子化模式	电子轰击电离(EI)
分子式	$C_{10}H_8ClN_3O_2$	保留时间	19.41min		

总离子流色谱图

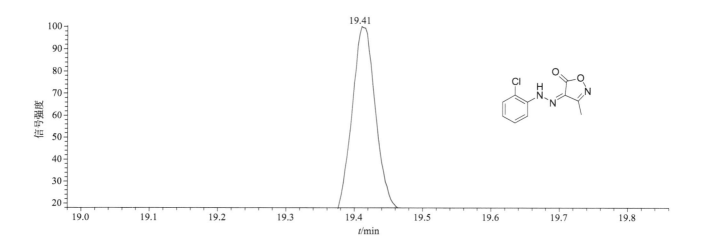

质谱图

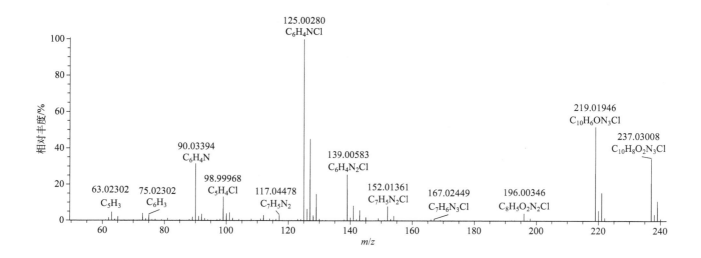

>>>> E

edifenphos（敌瘟磷）

基本信息

CAS 登录号	17109-49-8	分子量	310.02511	离子化模式	电子轰击电离（EI）
分子式	$C_{14}H_{15}O_2PS_2$	保留时间	24.92min		

总离子流色谱图

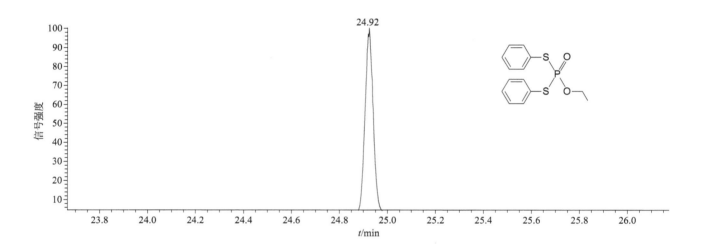

质谱图

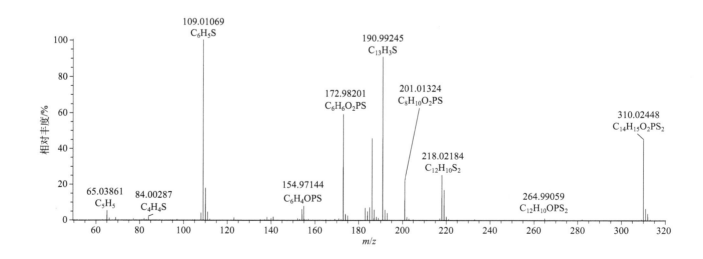

α-endosulfan（α-硫丹）

基本信息

CAS 登录号	959-98-8	分子量	403.81688	离子化模式	电子轰击电离（EI）
分子式	$C_9H_6Cl_6O_3S$	保留时间	21.50min		

总离子流色谱图

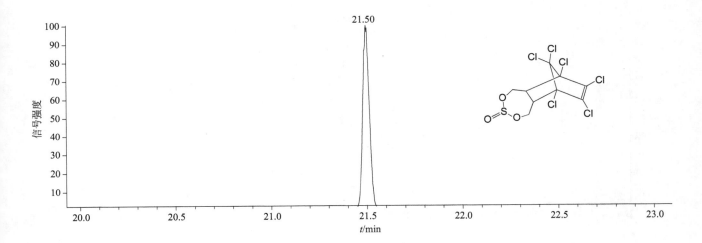

质谱图

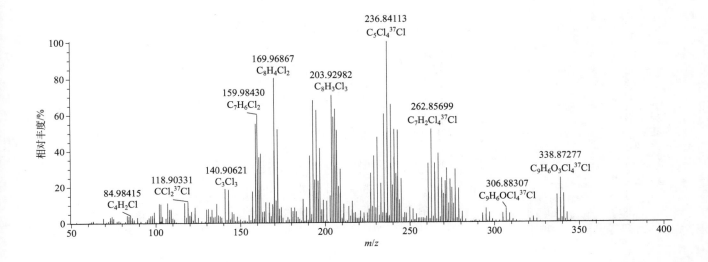

β-endosulfan（β-硫丹）

基本信息

CAS 登录号	33213-65-9	分子量	403.81688	离子化模式	电子轰击电离（EI）
分子式	$C_9H_6Cl_6O_3S$	保留时间	23.63min		

总离子流色谱图

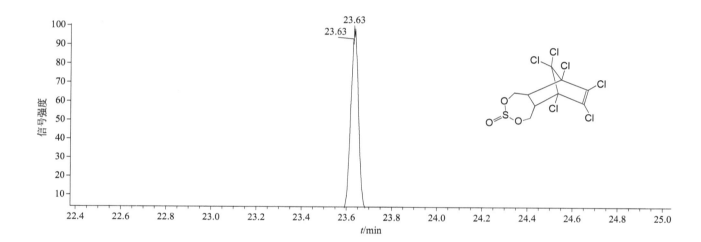

质谱图

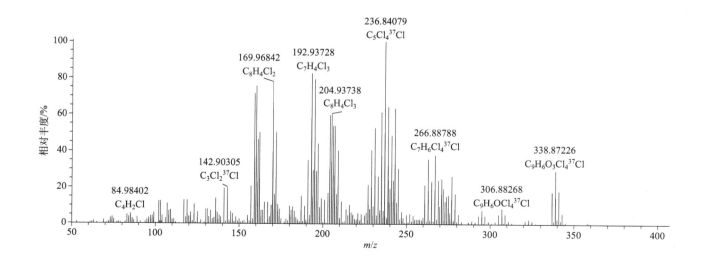

endosulfan-sulfate（硫丹硫酸酯）

基本信息

CAS 登录号	1031-07-8	分子量	419.8118	离子化模式	电子轰击电离（EI）
分子式	$C_9H_6Cl_6O_4S$	保留时间	25.02min		

总离子流色谱图

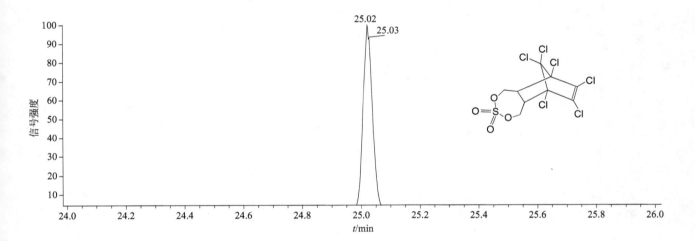

质谱图

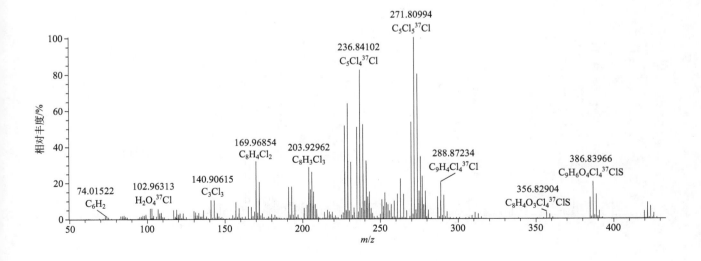

endrin（异狄氏剂）

基本信息

CAS 登录号	72-20-8	**分子量**	377.87063	**离子化模式**	电子轰击电离（EI）
分子式	$C_{12}H_8Cl_6O$	**保留时间**	23.18min		

总离子流色谱图

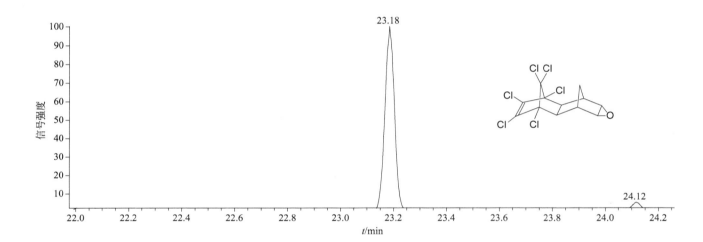

质谱图

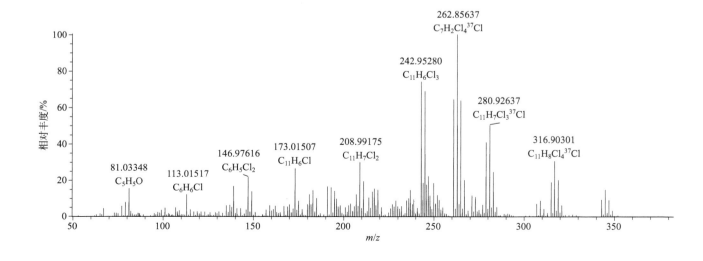

endrin-aldehyde（异狄氏剂醛）

基本信息

CAS 登录号	7421-93-4	分子量	377.87063	离子化模式	电子轰击电离（EI）
分子式	$C_{12}H_8Cl_6O$	保留时间	24.14min		

总离子流色谱图

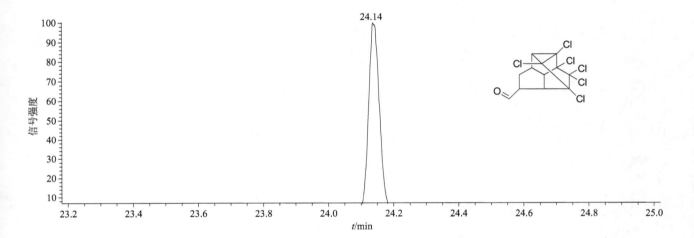

质谱图

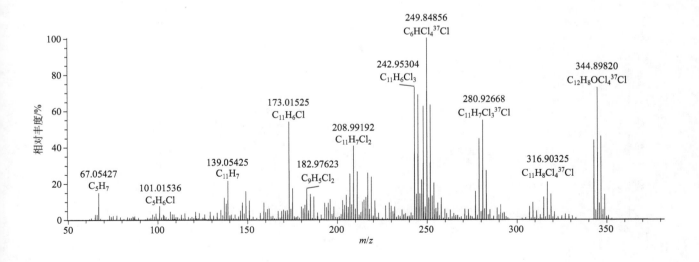

endrin-ketone(异狄氏剂酮)

基本信息

CAS 登录号	53494-70-5	分子量	377.87063	离子化模式	电子轰击电离(EI)
分子式	$C_{12}H_8Cl_6O$	保留时间	26.65min		

总离子流色谱图

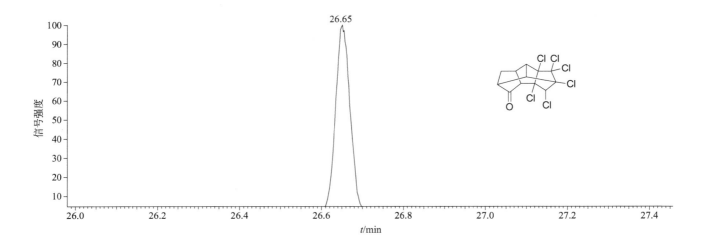

质谱图

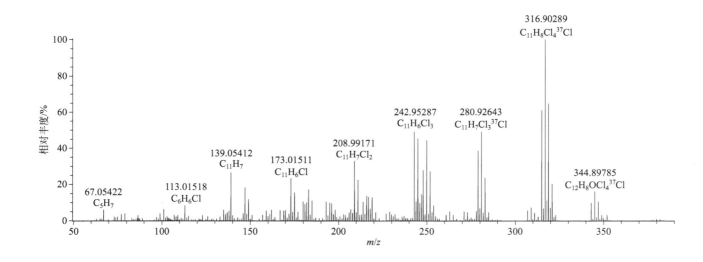

enestroburin（烯肟菌酯）

基本信息

CAS 登录号	238410-11-2	**分子量**	399.12319	**离子化模式**	电子轰击电离（EI）
分子式	$C_{22}H_{22}ClNO_4$	**保留时间**	34.00min		

总离子流色谱图

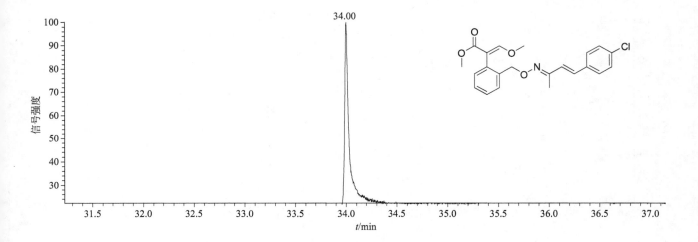

质谱图

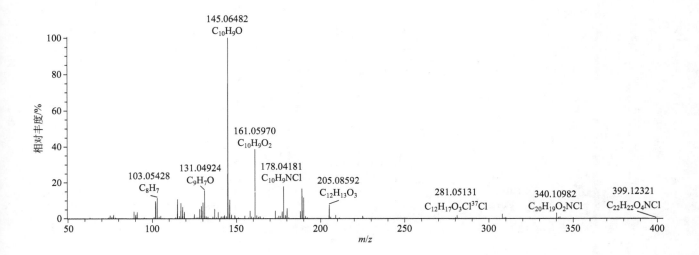

EPN（苯硫膦）

基本信息

CAS 登录号	2104-64-5	分子量	323.03812	离子化模式	电子轰击电离（EI）
分子式	$C_{14}H_{14}NO_4PS$	保留时间	27.05min		

总离子流色谱图

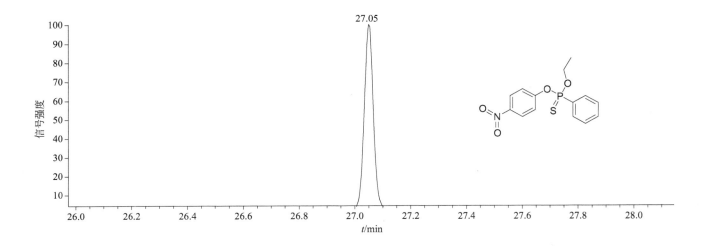

质谱图

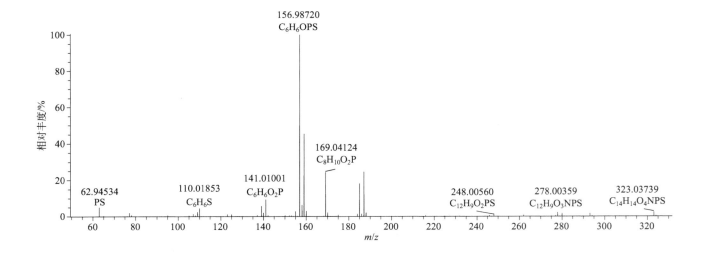

epoxiconazole（氟环唑）

基本信息

CAS 登录号	133855-98-8	分子量	329.07312	离子化模式	电子轰击电离（EI）
分子式	$C_{17}H_{13}ClFN_3O$	保留时间	26.28min		

总离子流色谱图

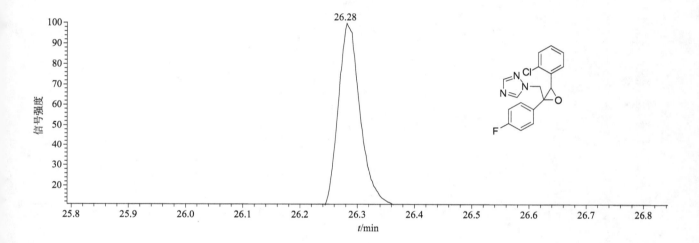

质谱图

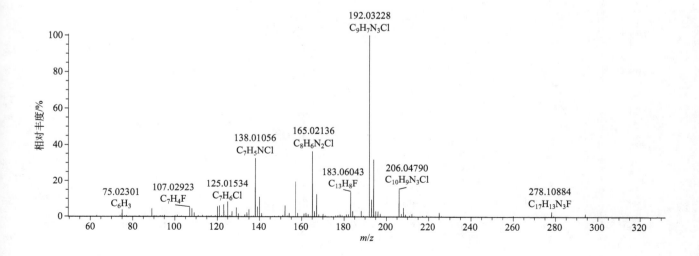

EPTC（扑草灭）

基本信息

CAS 登录号	759-94-4	**分子量**	189.11874	**离子化模式**	电子轰击电离（EI）
分子式	$C_9H_{19}NOS$	**保留时间**	7.75min		

总离子流色谱图

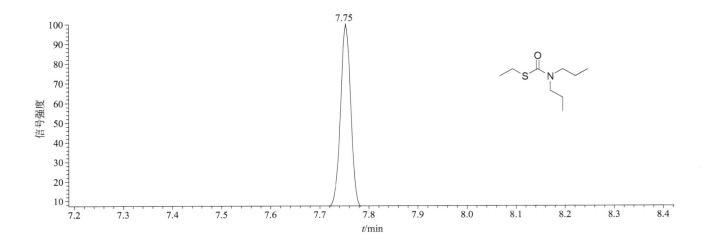

质谱图

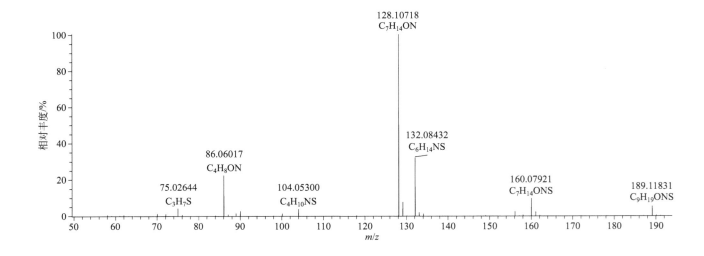

erbon（抑草蓬）

基本信息

CAS 登录号	136-25-4	分子量	363.89943	离子化模式	电子轰击电离（EI）
分子式	$C_{11}H_9Cl_5O_3$	保留时间	23.04min		

总离子流色谱图

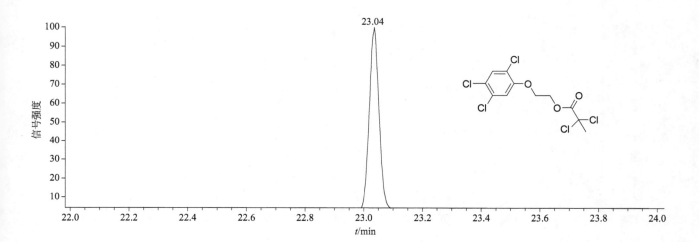

质谱图

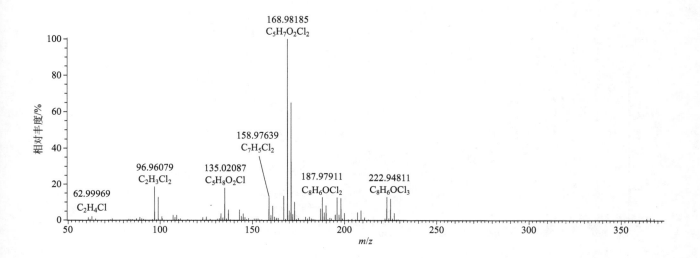

esprocarb（禾草畏）

基本信息

CAS 登录号	85785-20-2	分子量	265.15004	离子化模式	电子轰击电离（EI）
分子式	$C_{15}H_{23}NOS$	保留时间	18.39min		

总离子流色谱图

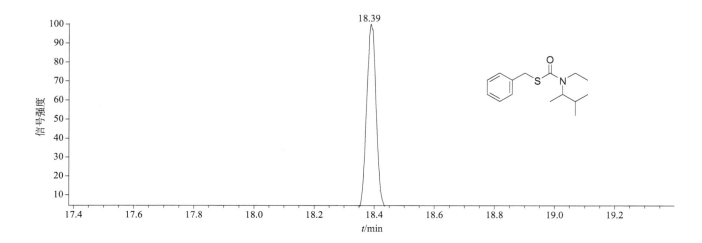

质谱图

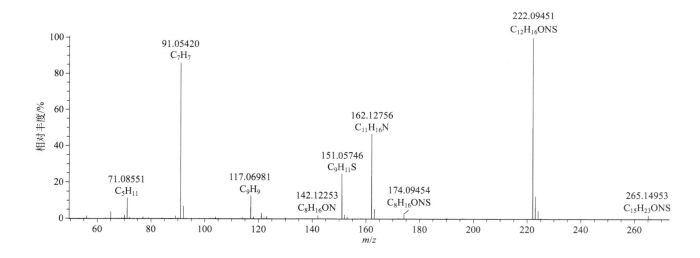

etaconazole(乙环唑)

基本信息

CAS 登录号	60207-93-4	分子量	327.05413	离子化模式	电子轰击电离(EI)
分子式	$C_{14}H_{15}Cl_2N_3O_2$	保留时间	23.84min		

总离子流色谱图

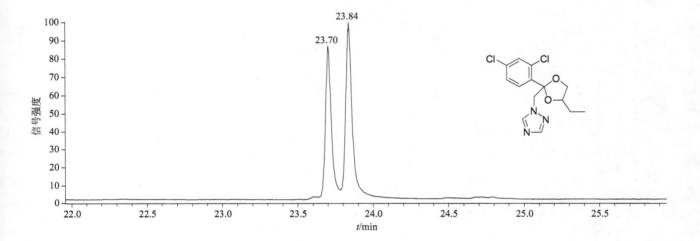

质谱图

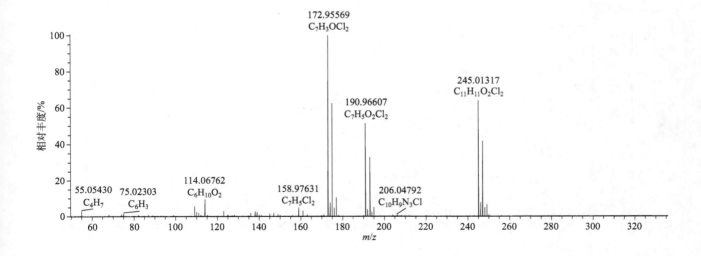

ethalfluralin（丁烯氟灵）

基本信息

CAS 登录号	55283-68-6	分子量	333.09364	离子化模式	电子轰击电离（EI）
分子式	$C_{13}H_{14}F_3N_3O_4$	保留时间	12.59min		

总离子流色谱图

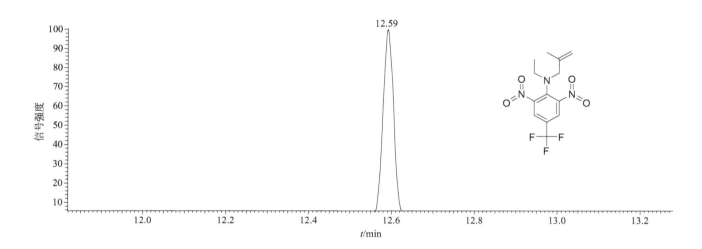

质谱图

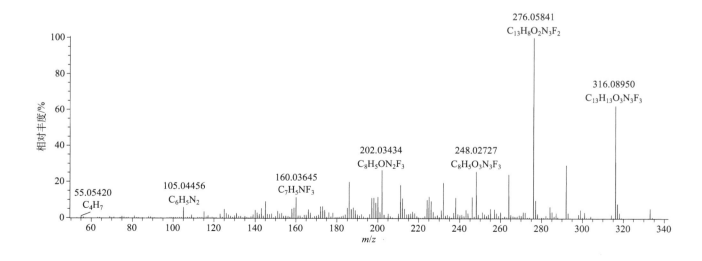

ethiofencarb（乙硫苯威）

基本信息

CAS 登录号	29973-13-5	分子量	225.08235	离子化模式	电子轰击电离（EI）
分子式	$C_{11}H_{15}NO_2S$	保留时间	8.74min		

总离子流色谱图

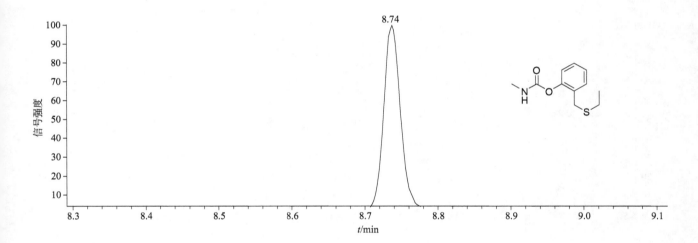

质谱图

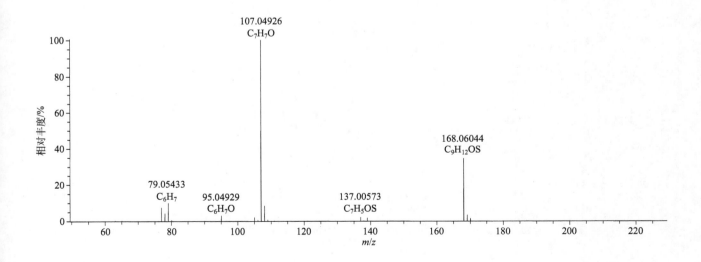

ethiolate（硫草敌）

基本信息

CAS 登录号	2941-55-1	分子量	161.08744	离子化模式	电子轰击电离（EI）
分子式	$C_7H_{15}NOS$	保留时间	5.96min		

总离子流色谱图

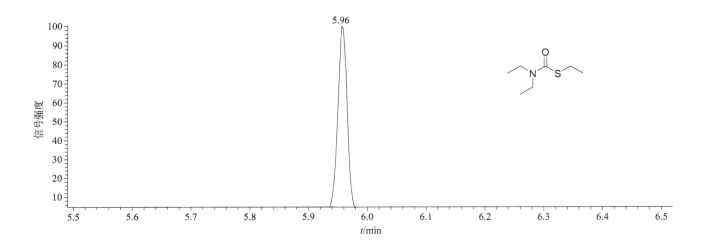

质谱图

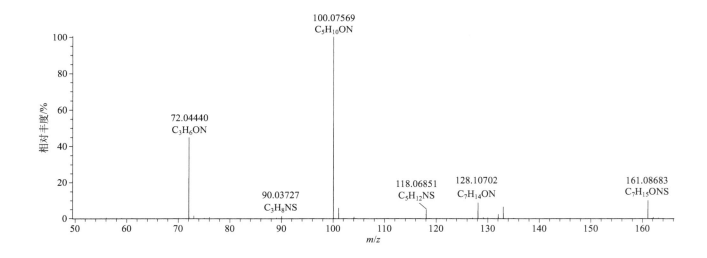

ethion（乙硫磷）

基本信息

CAS 登录号	563-12-2	**分子量**	383.98762	**离子化模式**	电子轰击电离（EI）
分子式	$C_9H_{22}O_4P_2S_4$	**保留时间**	23.98min		

总离子流色谱图

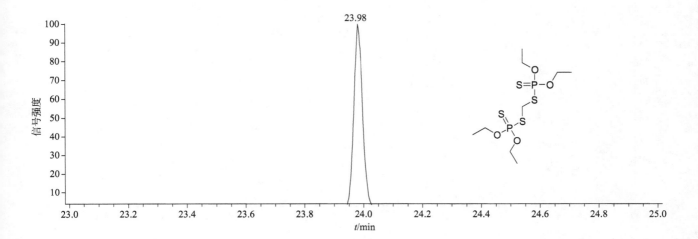

质谱图

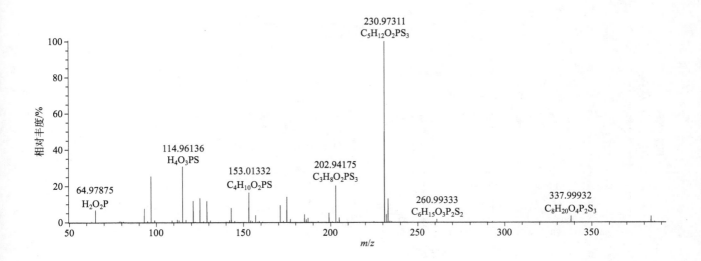

ethofumesate（乙氧呋草黄）

基本信息

CAS 登录号	26225-79-6	分子量	286.08749	离子化模式	电子轰击电离（EI）
分子式	$C_{13}H_{18}O_5S$	保留时间	18.17min		

总离子流色谱图

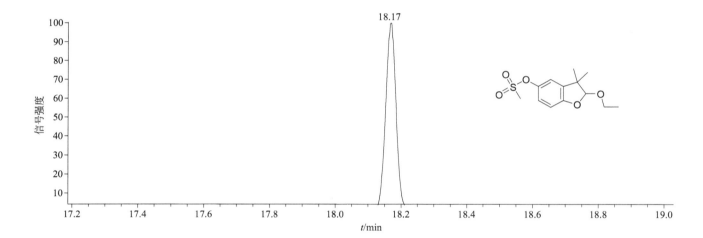

质谱图

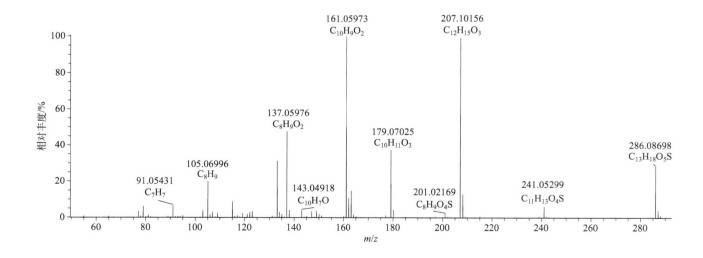

ethoprophos（灭线磷）

基本信息

CAS 登录号	13194-48-4	分子量	242.05641	离子化模式	电子轰击电离（EI）
分子式	$C_8H_{19}O_2PS_2$	保留时间	12.31min		

总离子流色谱图

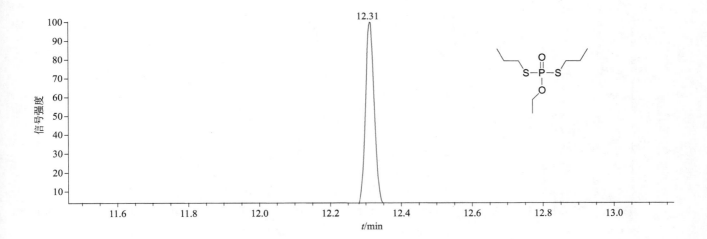

质谱图

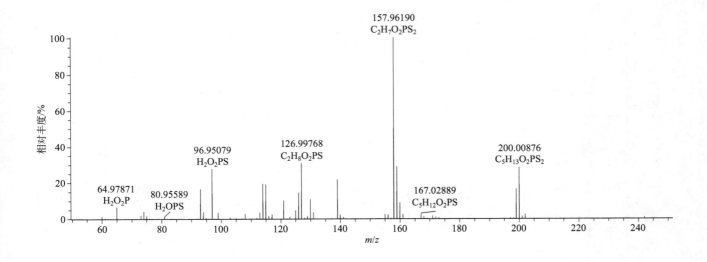

253

ethoxyquin（乙氧喹啉）

基本信息

CAS 登录号	91-53-2	分子量	217.14667	离子化模式	电子轰击电离（EI）
分子式	$C_{14}H_{19}NO$	保留时间	14.18min		

总离子流色谱图

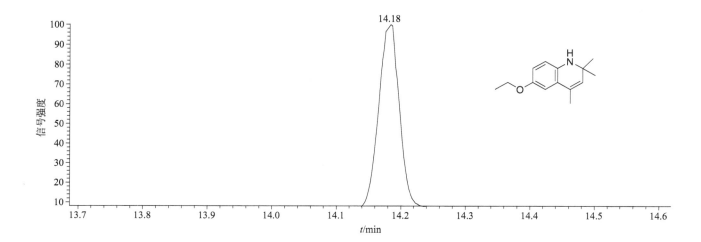

质谱图

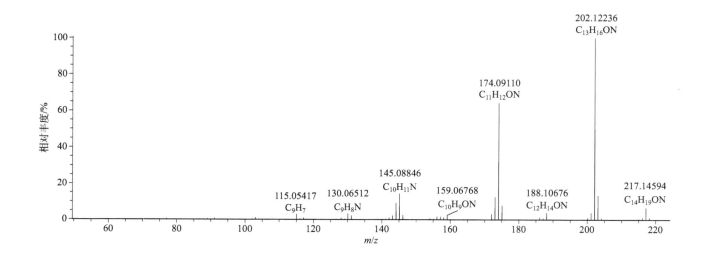

ethychlozate（吲熟酯）

基本信息

CAS 登录号	27512-72-7	分子量	238.05091	离子化模式	电子轰击电离（EI）
分子式	$C_{11}H_{11}ClN_2O_2$	保留时间	20.27min		

总离子流色谱图

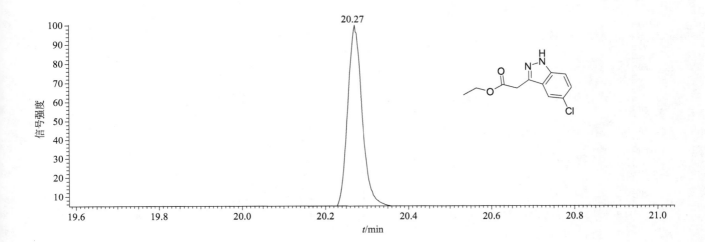

质谱图

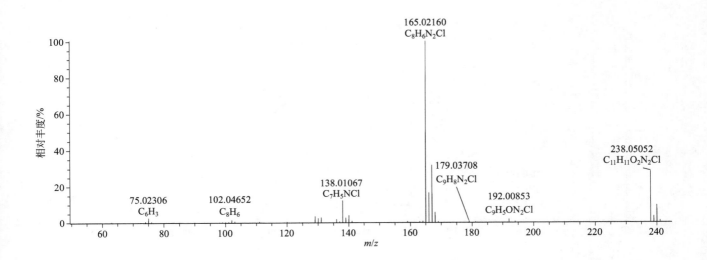

etofenprox（醚菊酯）

基本信息

CAS 登录号	80844-07-1	**分子量**	376.20384	**离子化模式**	电子轰击电离（EI）
分子式	$C_{25}H_{28}O_3$	**保留时间**	31.92min		

总离子流色谱图

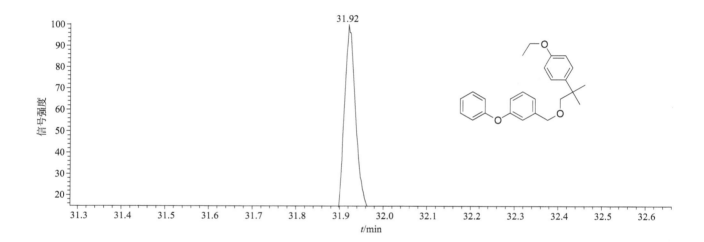

质谱图

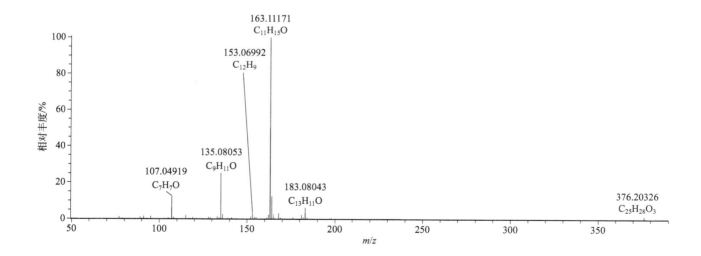

etoxazole（乙螨唑）

基本信息

CAS 登录号	153233-91-1	分子量	359.16969	离子化模式	电子轰击电离（EI）
分子式	$C_{21}H_{23}F_2NO_2$	保留时间	27.44min		

总离子流色谱图

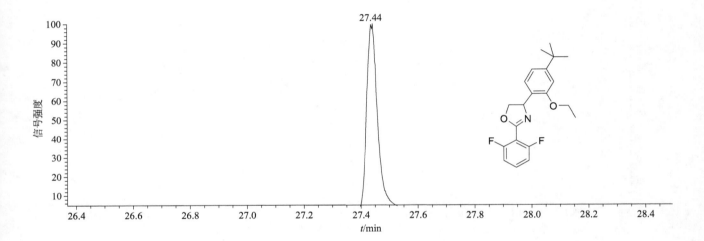

质谱图

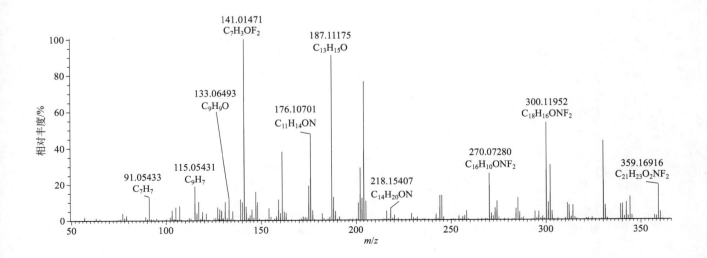

etridiazole（土菌灵）

基本信息

CAS 登录号	2593-15-9	分子量	245.91882	离子化模式	电子轰击电离（EI）
分子式	$C_5H_5Cl_3N_2OS$	保留时间	9.13min		

总离子流色谱图

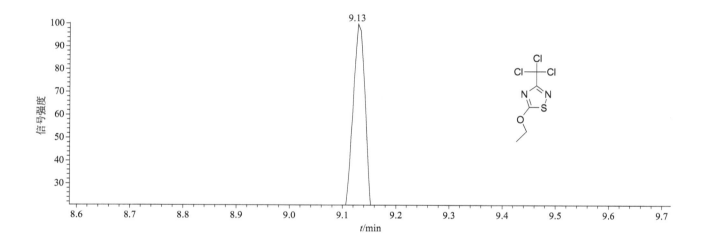

质谱图

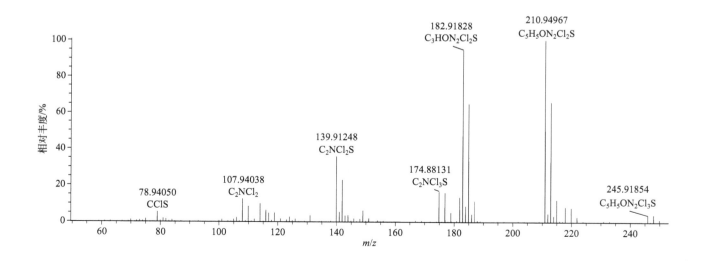

etrimfos（乙嘧硫磷）

基本信息

CAS 登录号	38260-54-7	分子量	292.06467	离子化模式	电子轰击电离（EI）
分子式	$C_{10}H_{17}N_2O_4PS$	保留时间	15.86min		

总离子流色谱图

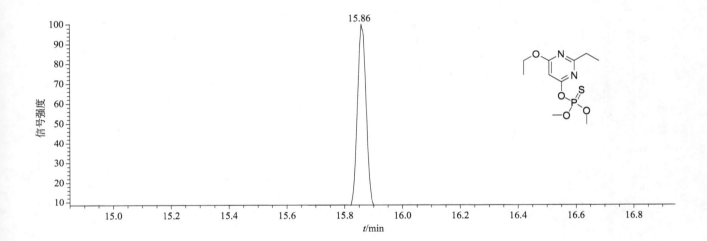

质谱图

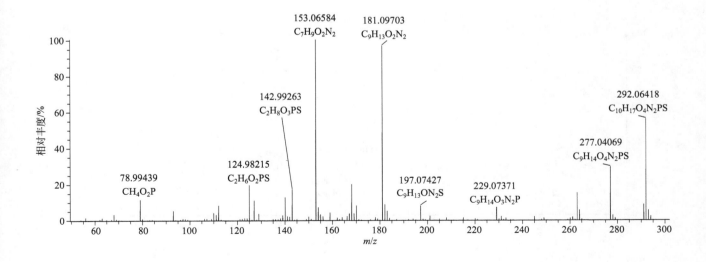

eugenol(丁香酚)

基本信息

CAS 登录号	97-53-0	分子量	164.08373	离子化模式	电子轰击电离(EI)
分子式	$C_{10}H_{12}O_2$	保留时间	7.71min		

总离子流色谱图

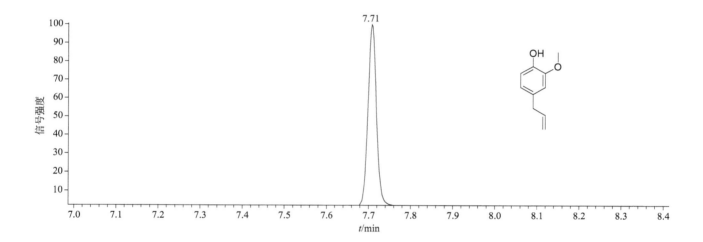

质谱图

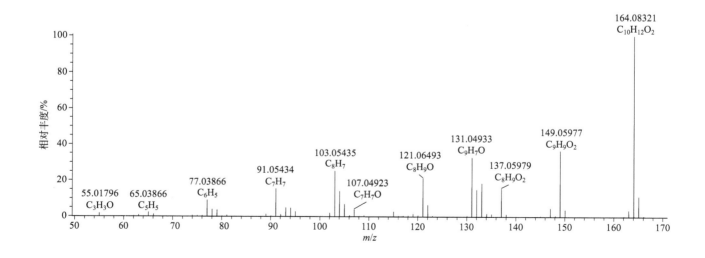

>>>> **F**

famphur（伐灭磷）

基本信息

CAS 登录号	52-85-7	**分子量**	325.02075	**离子化模式**	电子轰击电离（EI）
分子式	$C_{10}H_{16}NO_5PS_2$	**保留时间**	24.72min		

总离子流色谱图

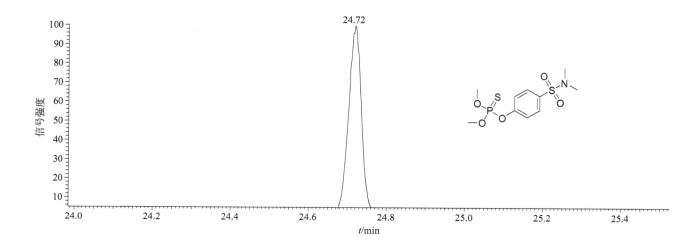

质谱图

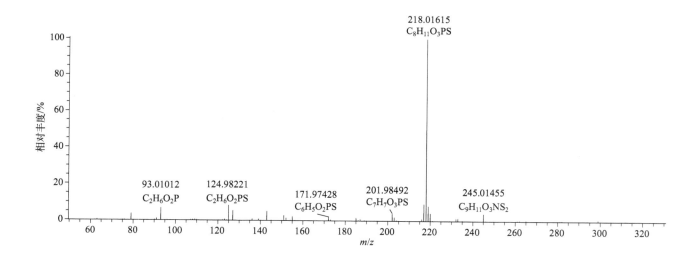

fenamidone（咪唑菌酮）

基本信息

CAS 登录号	161326-34-7	分子量	311.10923	离子化模式	电子轰击电离（EI）
分子式	$C_{17}H_{17}N_3OS$	保留时间	27.43min		

总离子流色谱图

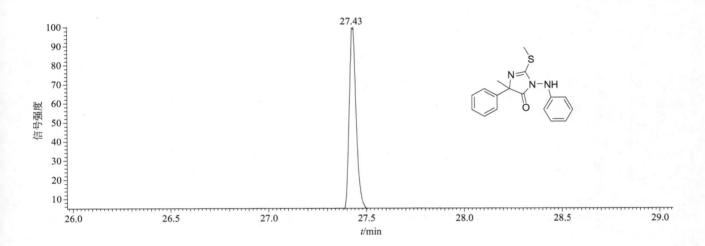

质谱图

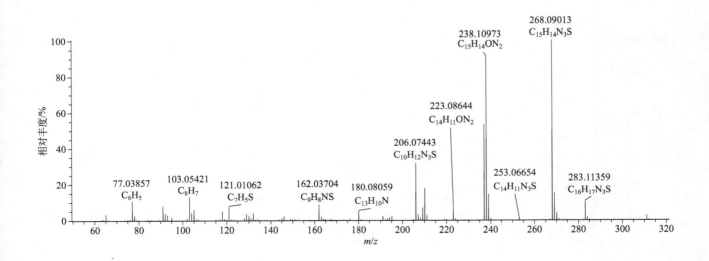

fenamiphos（苯线磷）

基本信息

CAS 登录号	22224-92-6	分子量	303.10580	离子化模式	电子轰击电离（EI）
分子式	$C_{13}H_{22}NO_3PS$	保留时间	21.87min		

总离子流色谱图

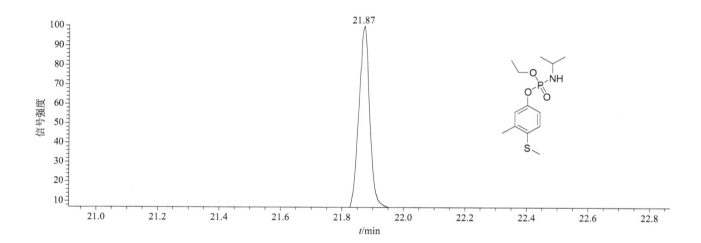

质谱图

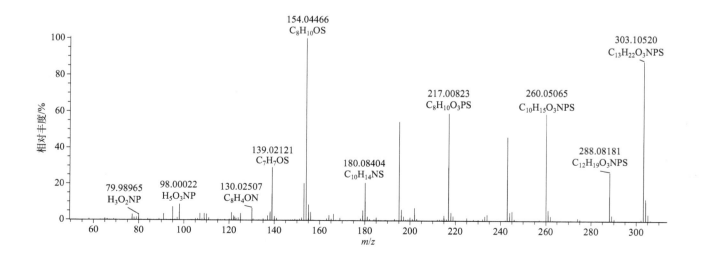

fenarimol（氯苯嘧啶醇）

基本信息

CAS 登录号	60168-88-9	分子量	330.03267	离子化模式	电子轰击电离（EI）
分子式	$C_{17}H_{12}Cl_2N_2O$	保留时间	29.16min		

总离子流色谱图

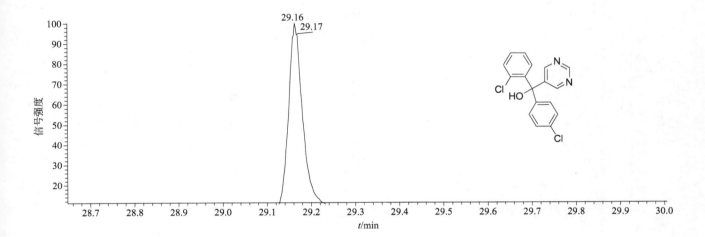

质谱图

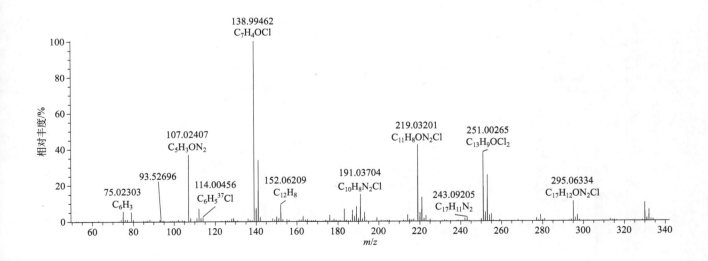

fenazaflor（抗螨唑）

基本信息

CAS 登录号	14255-88-0	分子量	373.98367	离子化模式	电子轰击电离（EI）
分子式	$C_{15}H_7Cl_2F_3N_2O_2$	保留时间	24.34min		

总离子流色谱图

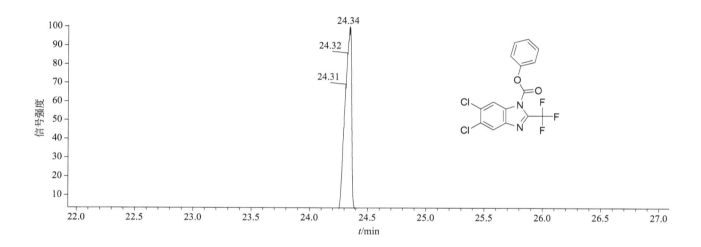

质谱图

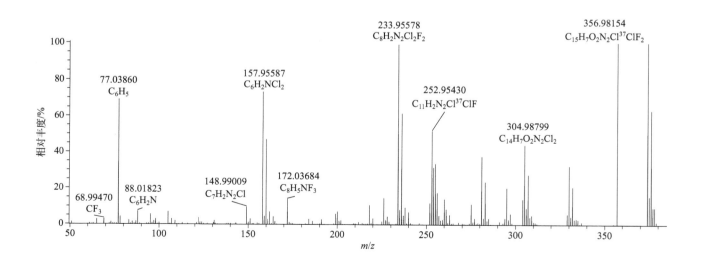

fenazaquin（喹螨醚）

基本信息

CAS 登录号	120928-09-8	分子量	306.17321	离子化模式	电子轰击电离（EI）
分子式	$C_{20}H_{22}N_2O$	保留时间	27.74min		

总离子流色谱图

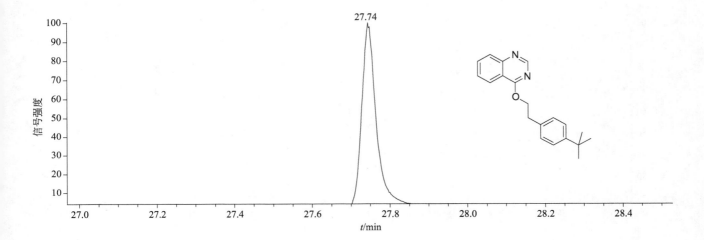

质谱图

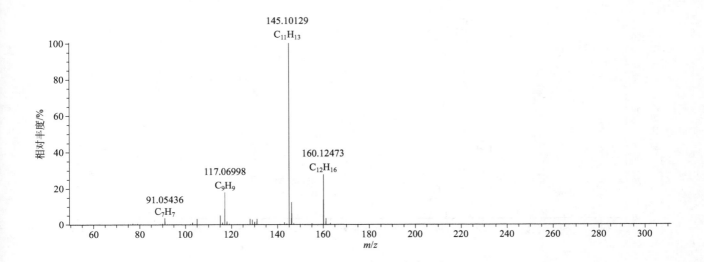

fenbuconazole（腈苯唑）

基本信息

CAS 登录号	114369-43-6	分子量	336.11417	离子化模式	电子轰击电离（EI）
分子式	$C_{19}H_{17}ClN_4$	保留时间	30.89min		

总离子流色谱图

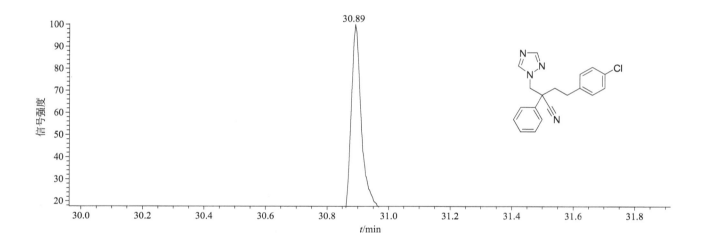

质谱图

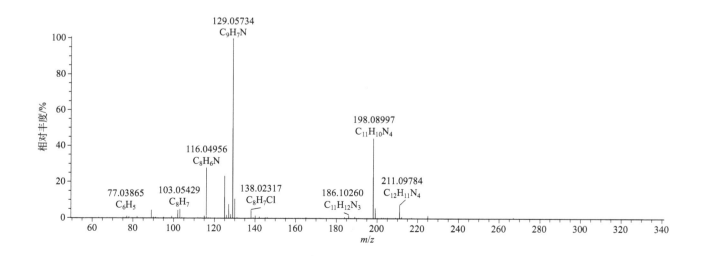

fenchlorphos（皮蝇磷）

基本信息

CAS 登录号	299-84-3	分子量	319.89973	离子化模式	电子轰击电离（EI）
分子式	$C_8H_8Cl_3O_3PS$	保留时间	17.53min		

总离子流色谱图

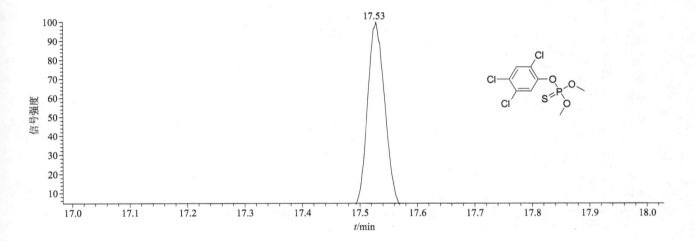

质谱图

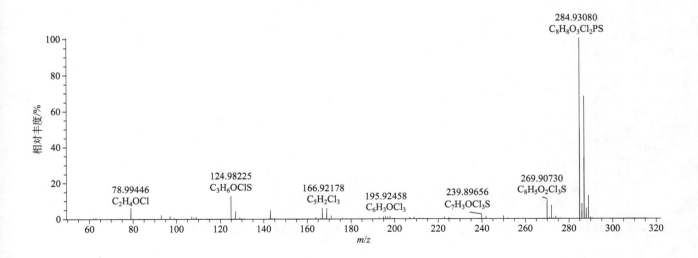

fenchlorphos-oxon（杀螟硫磷）

基本信息

CAS 登录号	3983-45-7	分子量	303.92258	离子化模式	电子轰击电离（EI）
分子式	$C_8H_8Cl_3O_4P$	保留时间	16.37min		

总离子流色谱图

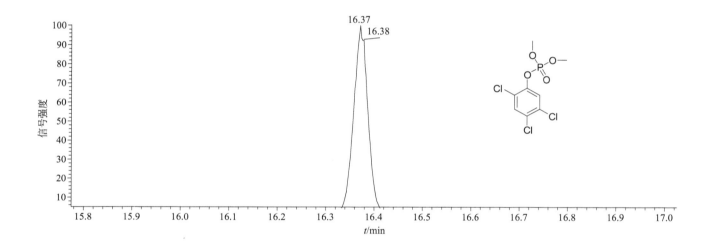

质谱图

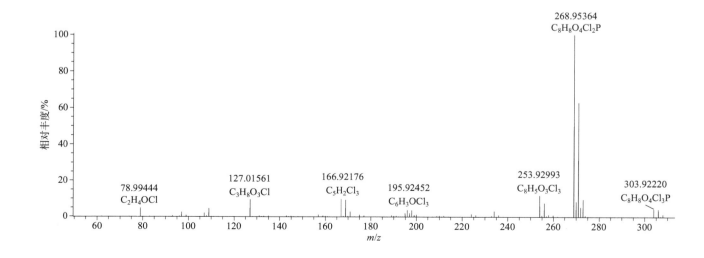

fenfuram（甲呋酰胺）

基本信息

CAS 登录号	24691-80-3	分子量	201.07898	离子化模式	电子轰击电离（EI）
分子式	$C_{12}H_{11}NO_2$	保留时间	15.71min		

总离子流色谱图

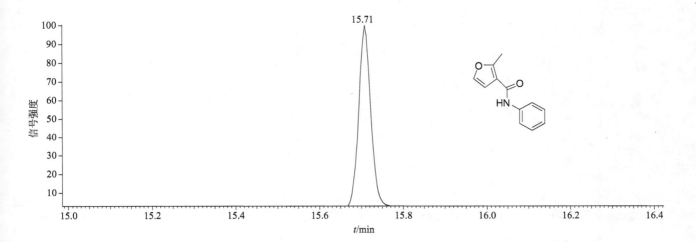

质谱图

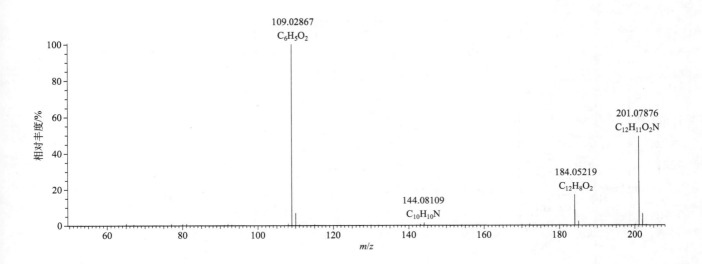

fenhexamid（环酰菌胺）

基本信息

CAS 登录号	126833-17-8	分子量	301.06364	离子化模式	电子轰击电离（EI）
分子式	$C_{14}H_{17}Cl_2NO_2$	保留时间	25.21min		

总离子流色谱图

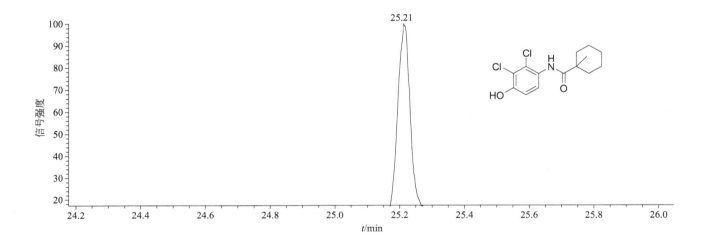

质谱图

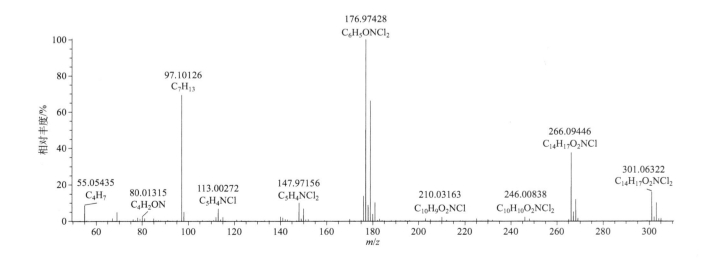

fenitrothion（杀螟硫磷）

基本信息

CAS 登录号	122-14-5	分子量	277.01738	离子化模式	电子轰击电离（EI）
分子式	$C_9H_{12}NO_5PS$	保留时间	18.11min		

总离子流色谱图

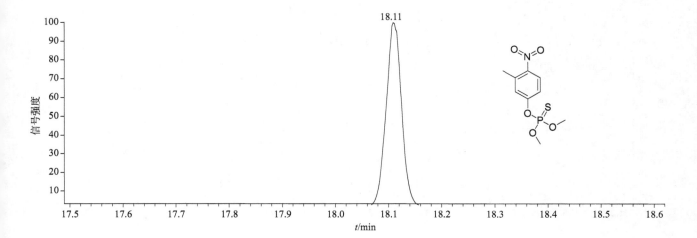

质谱图

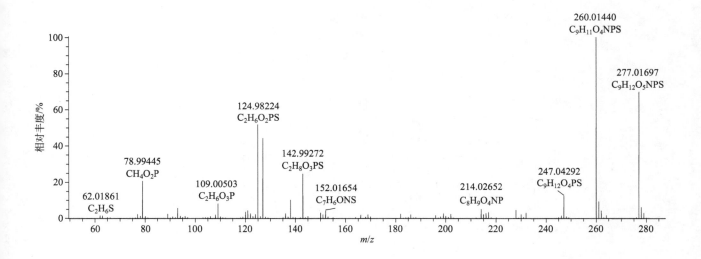

fenobucarb（仲丁威）

基本信息

CAS 登录号	3766-81-2	**分子量**	207.12593	**离子化模式**	电子轰击电离（EI）
分子式	$C_{12}H_{17}NO_2$	**保留时间**	11.78min		

总离子流色谱图

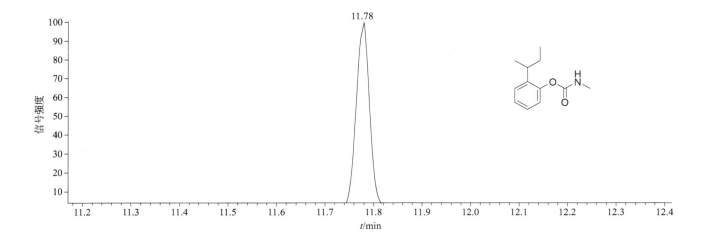

质谱图

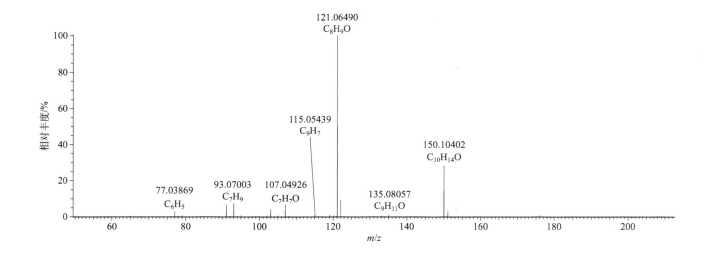

fenoprop（2,4,5-涕丙酸）

基本信息

CAS 登录号	93-72-1	分子量	267.94608	离子化模式	电子轰击电离（EI）
分子式	$C_9H_7Cl_3O_3$	保留时间	17.24min		

总离子流色谱图

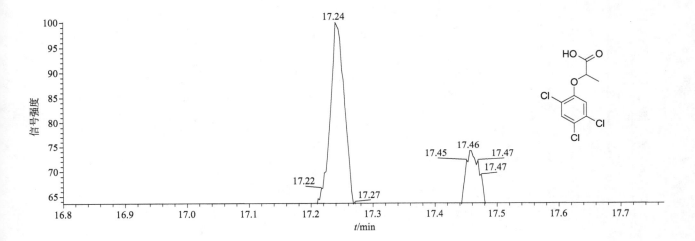

质谱图

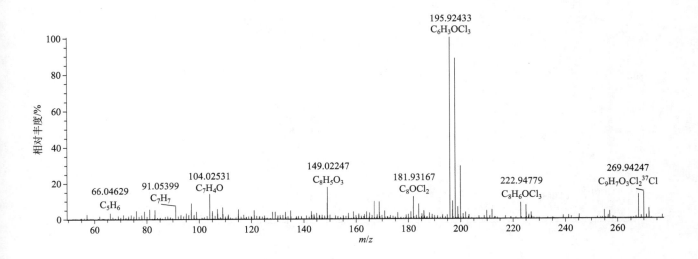

fenoprop methyl ester（2,4,5-涕丙酸甲酯）

基本信息

CAS 登录号	4841-20-7	分子量	281.96173	离子化模式	电子轰击电离（EI）
分子式	$C_{10}H_9Cl_3O_3$	保留时间	14.53min		

总离子流色谱图

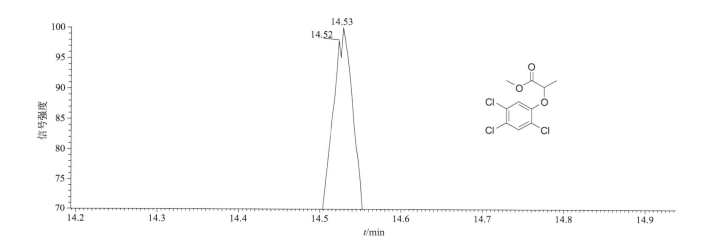

质谱图

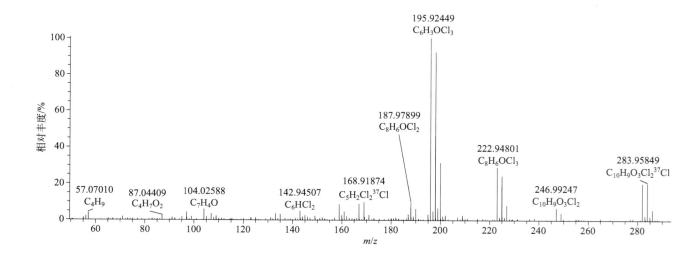

fenothiocarb（苯硫威）

基本信息

CAS 登录号	62850-32-2	分子量	253.11365	离子化模式	电子轰击电离（EI）
分子式	$C_{13}H_{19}NO_2S$	保留时间	21.47min		

总离子流色谱图

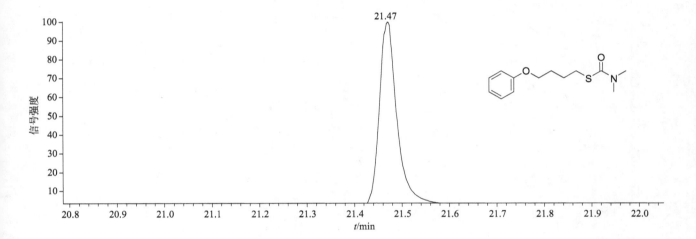

质谱图

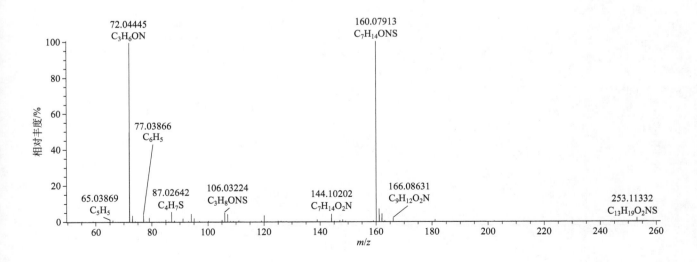

fenoxaprop-ethyl（噁唑禾草灵）

基本信息

CAS 登录号	66441-23-4	**分子量**	361.0717	**离子化模式**	电子轰击电离（EI）
分子式	$C_{18}H_{16}ClNO_5$	**保留时间**	29.84min		

总离子流色谱图

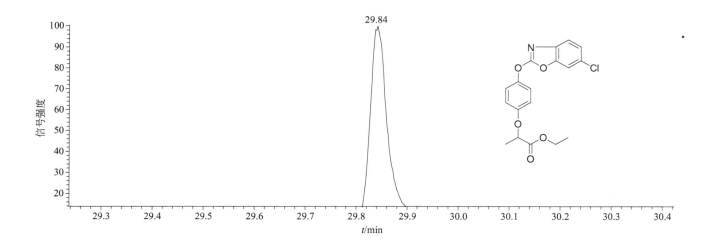

质谱图

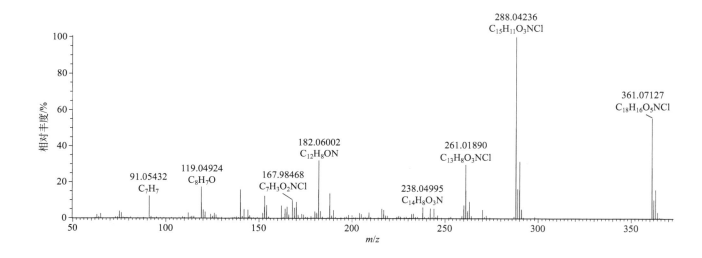

fenoxasulfone(苯磺噁唑酸)

基本信息

CAS 登录号	639826-16-7	分子量	365.02499	离子化模式	电子轰击电离(EI)
分子式	$C_{14}H_{17}Cl_2NO_4S$	保留时间	28.31min		

总离子流色谱图

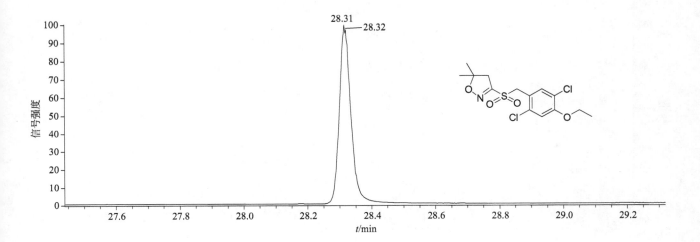

质谱图

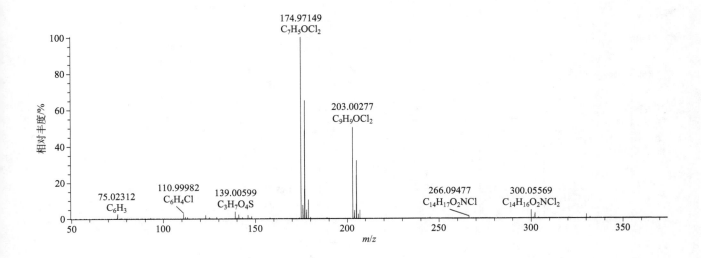

fenoxycarb(苯氧威)

基本信息

CAS 登录号	79127-80-3	分子量	301.13141	离子化模式	电子轰击电离(EI)
分子式	$C_{17}H_{19}NO_4$	保留时间	27.27min		

总离子流色谱图

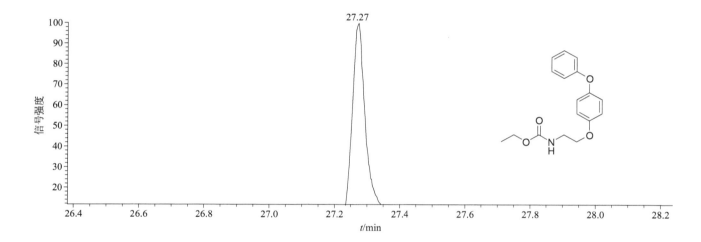

质谱图

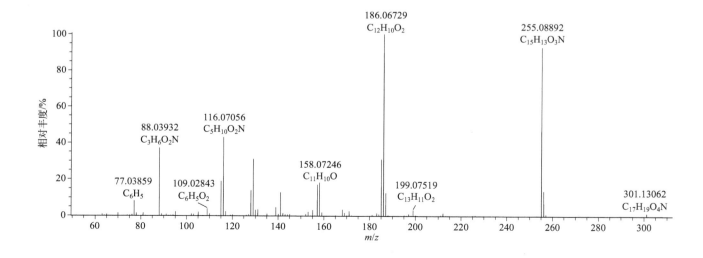

fenpiclonil（拌种咯）

基本信息

CAS 登录号	74738-17-3	分子量	235.99080	离子化模式	电子轰击电离（EI）
分子式	$C_{11}H_6Cl_2N_2$	保留时间	26.41min		

总离子流色谱图

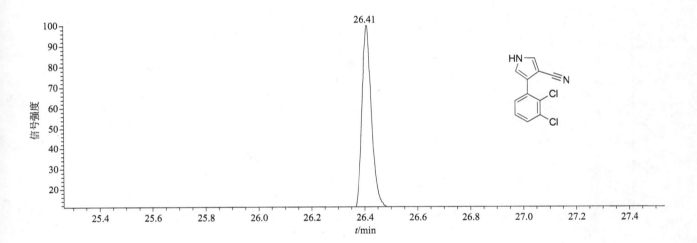

质谱图

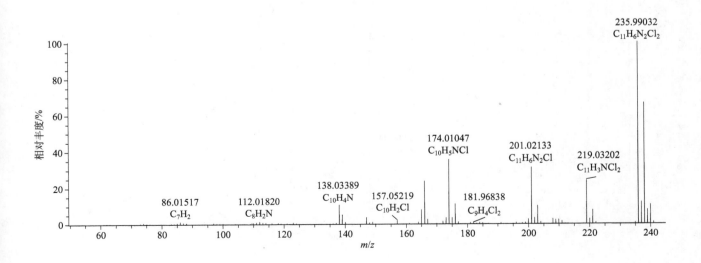

fenpropathrin(甲氰菊酯)

基本信息

CAS 登录号	39515-41-8	分子量	349.16779	离子化模式	电子轰击电离(EI)
分子式	$C_{22}H_{23}NO_3$	保留时间	27.48min		

总离子流色谱图

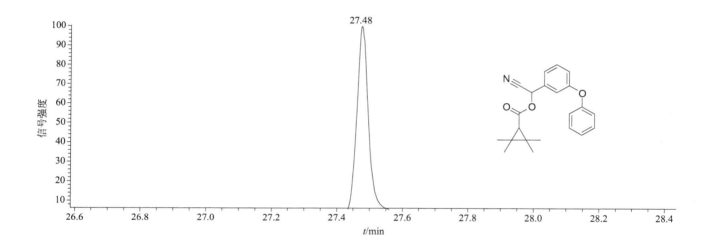

质谱图

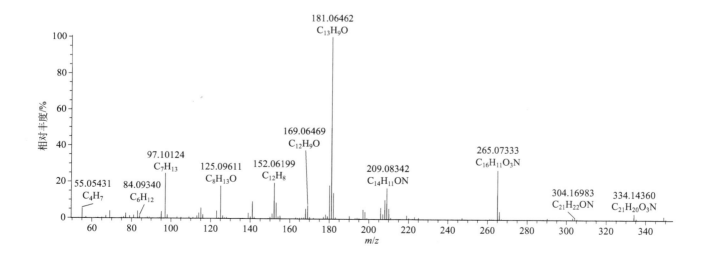

fenpropidin(苯锈啶)

基本信息

CAS 登录号	67306-00-7	分子量	273.24565	离子化模式	电子轰击电离(EI)
分子式	$C_{19}H_{31}N$	保留时间	18.04min		

总离子流色谱图

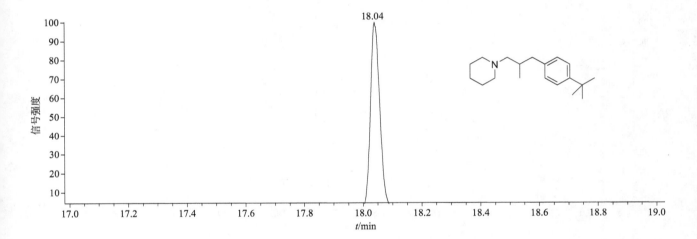

质谱图

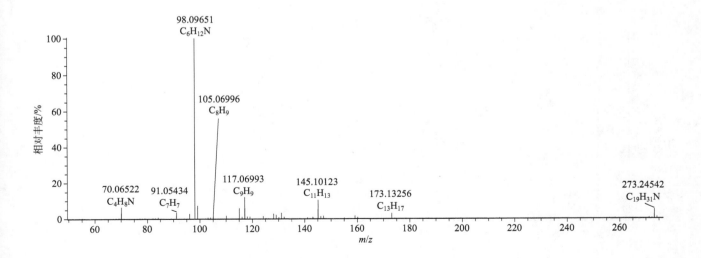

fenpropimorph（丁苯吗啉）

基本信息

CAS 登录号	67564-91-4	分子量	303.25621	离子化模式	电子轰击电离（EI）
分子式	$C_{20}H_{33}NO$	保留时间	19.03min		

总离子流色谱图

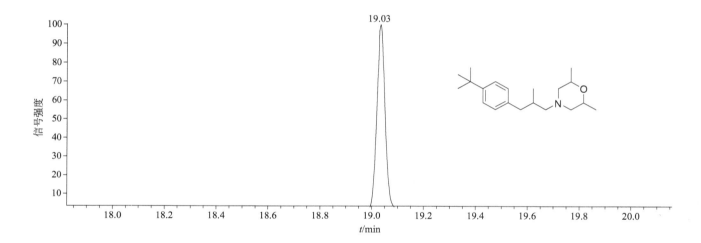

质谱图

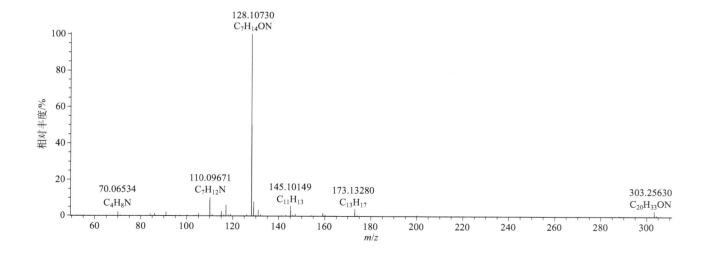

fenson（除螨酯）

基本信息

CAS 登录号	80-38-6	**分子量**	267.99609	**离子化模式**	电子轰击电离（EI）
分子式	C$_{12}$H$_9$ClO$_3$S	**保留时间**	19.34min		

总离子流色谱图

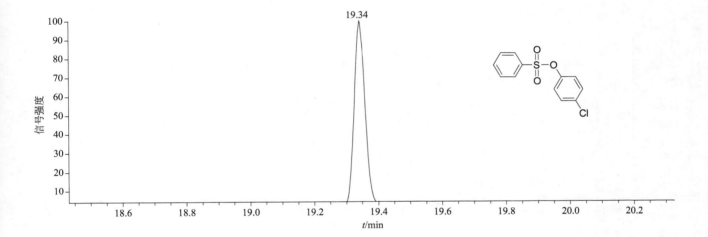

质谱图

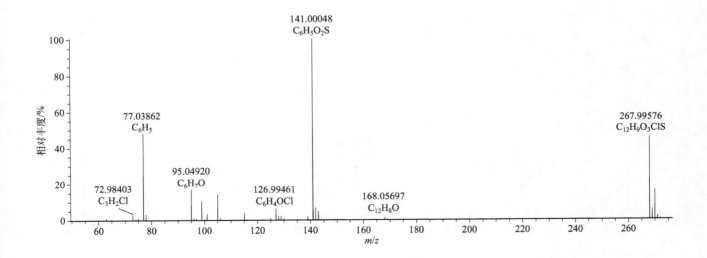

fensulfothion（丰索磷）

基本信息

CAS 登录号	115-90-2	分子量	308.03059	离子化模式	电子轰击电离（EI）
分子式	$C_{11}H_{17}O_4PS_2$	保留时间	23.66min		

总离子流色谱图

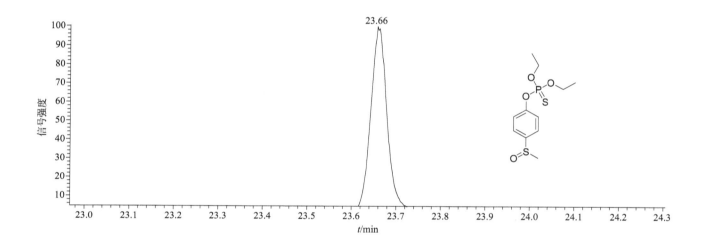

质谱图

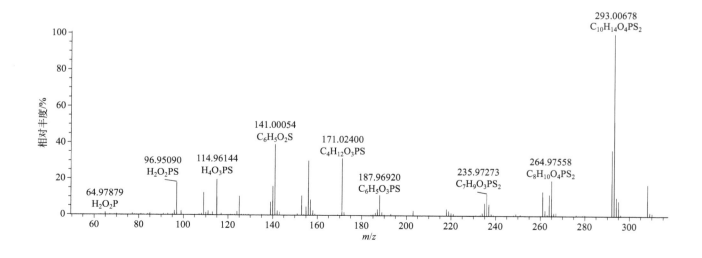

fensulfothion-oxon（氧丰索磷）

基本信息

CAS 登录号	6552-21-2	分子量	292.05343	离子化模式	电子轰击电离（EI）
分子式	$C_{11}H_{17}O_5PS$	保留时间	22.49min		

总离子流色谱图

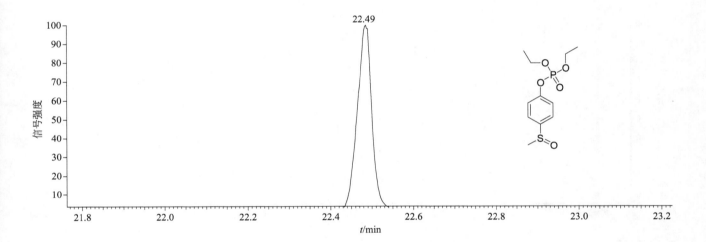

质谱图

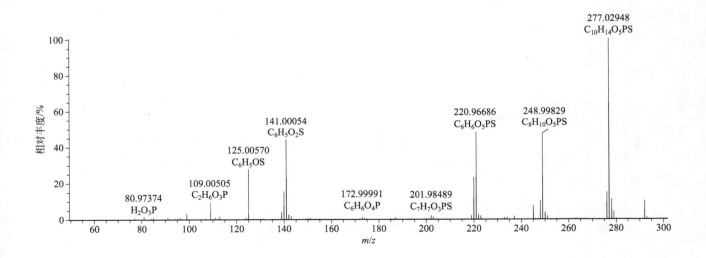

fensulfothion-sulfone（丰索磷砜）

基本信息

CAS 登录号	14255-72-2	分子量	324.02550	离子化模式	电子轰击电离（EI）
分子式	$C_{11}H_{17}O_5PS_2$	保留时间	24.21min		

总离子流色谱图

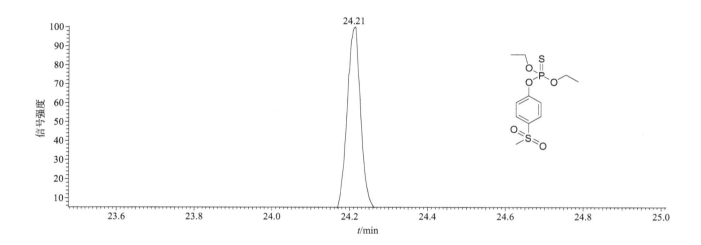

质谱图

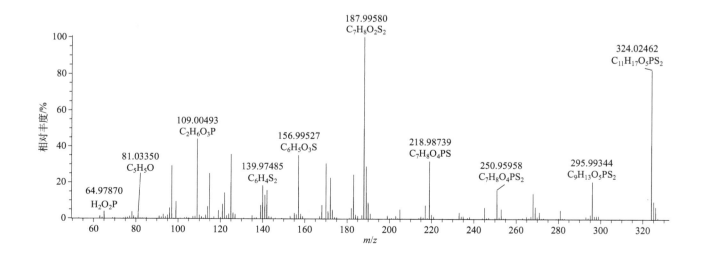

fenthion(倍硫磷)

基本信息

CAS 登录号	55-38-9	分子量	278.02002	离子化模式	电子轰击电离（EI）
分子式	$C_{10}H_{15}O_3PS_2$	保留时间	18.86min		

总离子流色谱图

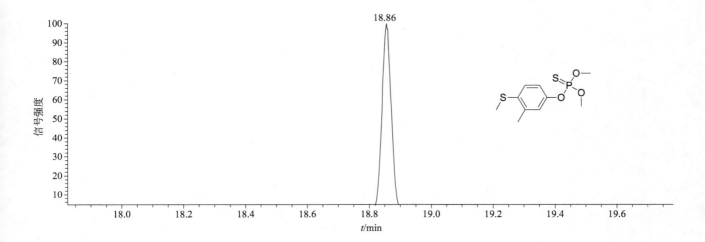

质谱图

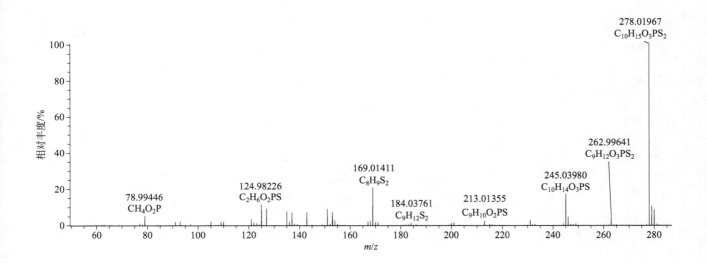

fenthion-oxon（氧倍硫磷）

基本信息

CAS 登录号	6552-12-1	分子量	262.04287	离子化模式	电子轰击电离（EI）
分子式	$C_{10}H_{15}O_4PS$	保留时间	17.61min		

总离子流色谱图

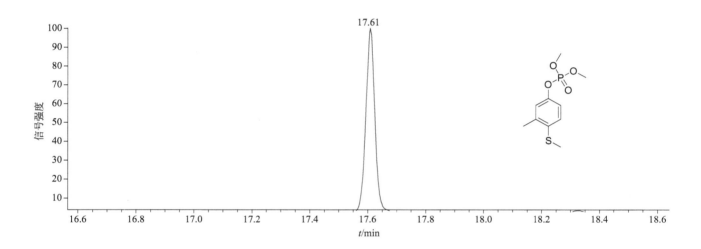

质谱图

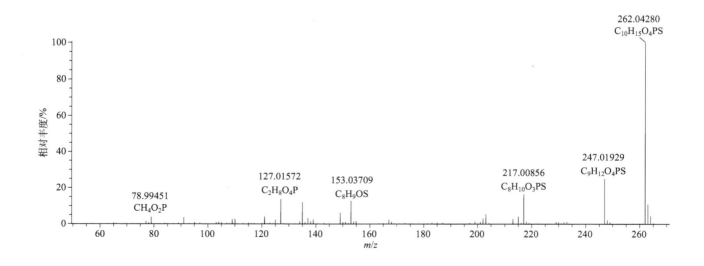

fenthion-sulfone(倍硫磷砜)

基本信息

CAS 登录号	3761-42-0	分子量	310.00985	离子化模式	电子轰击电离(EI)
分子式	$C_{10}H_{15}O_5PS_2$	保留时间	23.80min		

总离子流色谱图

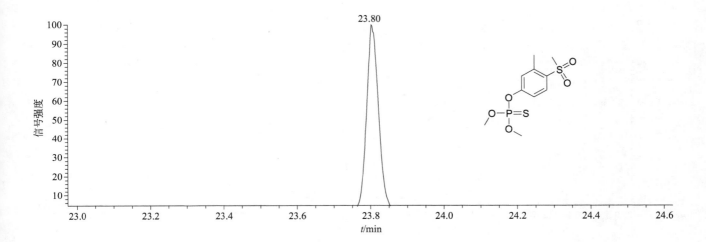

质谱图

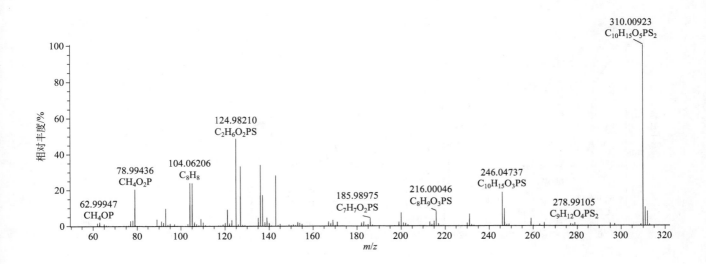

fenthion-sulfoxide（倍硫磷亚砜）

基本信息

CAS 登录号	3761-41-9	分子量	294.01494	离子化模式	电子轰击电离（EI）
分子式	$C_{10}H_{15}O_4PS_2$	保留时间	23.61min		

总离子流色谱图

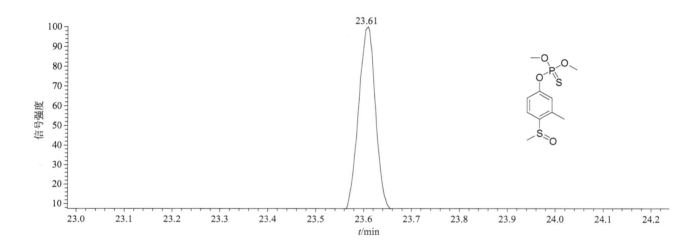

质谱图

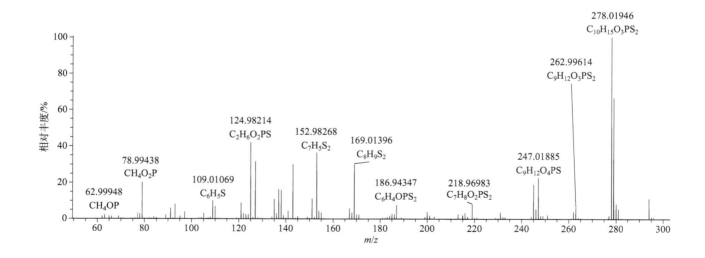

fentin-hydroxide（三苯基氢氧化锡）

基本信息

CAS 登录号	76-87-9	分子量	368.02231	离子化模式	电子轰击电离（EI）
分子式	$C_{18}H_{16}OSn$	保留时间	30.86min		

总离子流色谱图

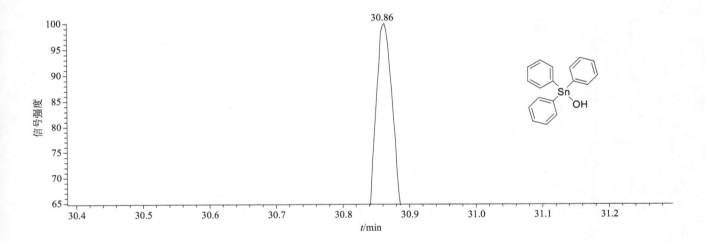

质谱图

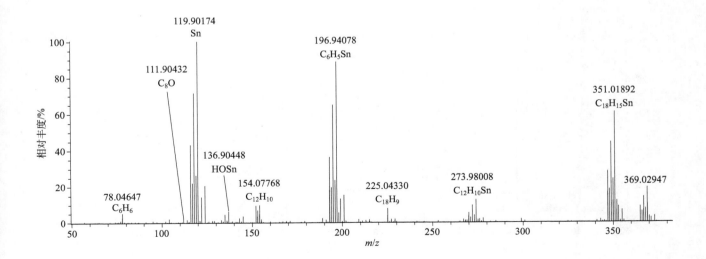

fenuron（非草隆）

基本信息

CAS 登录号	101-42-8	分子量	164.09496	离子化模式	电子轰击电离（EI）
分子式	$C_9H_{12}N_2O$	保留时间	12.27min		

总离子流色谱图

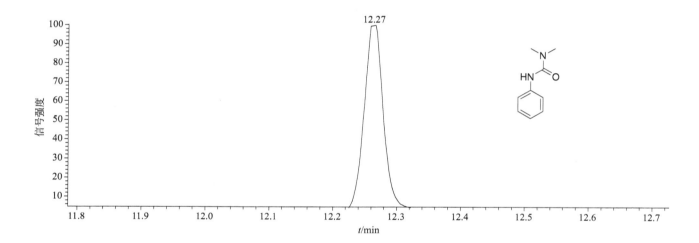

质谱图

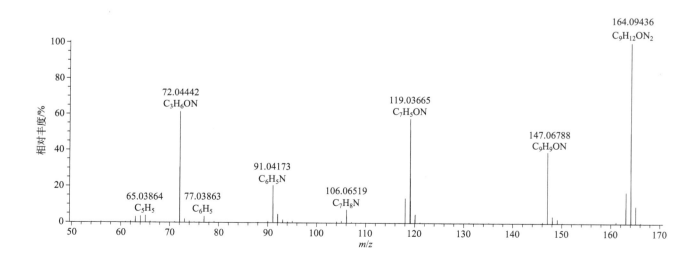

fenvalerate（氰戊菊酯）

基本信息

CAS 登录号	51630-58-1	分子量	419.12882	离子化模式	电子轰击电离（EI）
分子式	$C_{25}H_{22}ClNO_3$	保留时间	32.66min		

总离子流色谱图

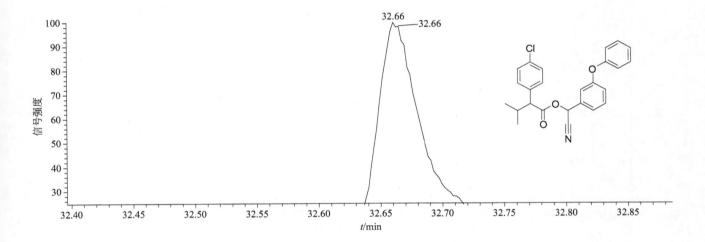

质谱图

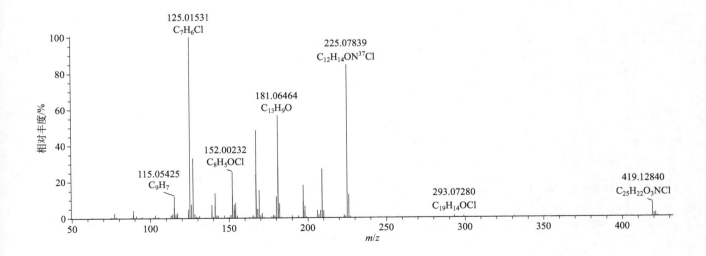

ferimzone(嘧菌腙)

基本信息

CAS 登录号	89269-64-7	分子量	254.15315	离子化模式	电子轰击电离(EI)
分子式	$C_{15}H_{18}N_4$	保留时间	20.87min		

总离子流色谱图

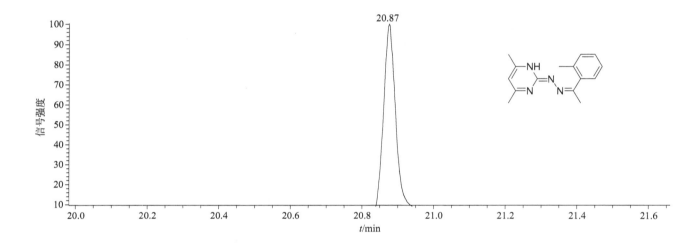

质谱图

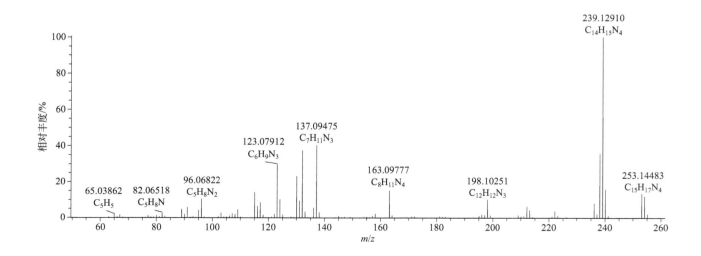

fipronil（氟虫腈）

基本信息

CAS 登录号	120068-37-3	分子量	435.93871	离子化模式	电子轰击电离（EI）
分子式	$C_{12}H_4Cl_2F_6N_4OS$	保留时间	20.25min		

总离子流色谱图

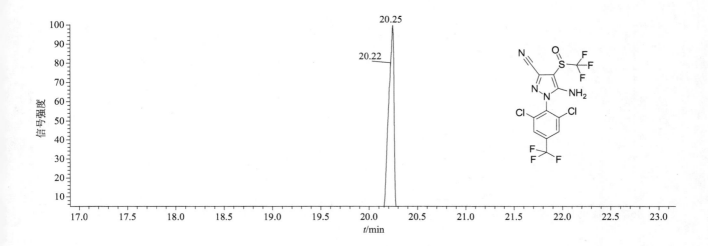

质谱图

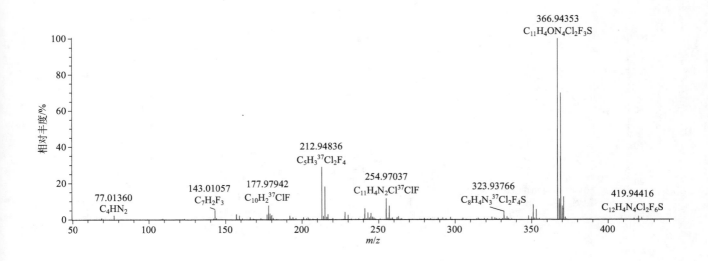

fipronil desulfinyl（氟甲腈）

基本信息

CAS 登录号	205650-65-3	分子量	387.97172	离子化模式	电子轰击电离（EI）
分子式	$C_{12}H_4Cl_2F_6N_4$	保留时间	17.11min		

总离子流色谱图

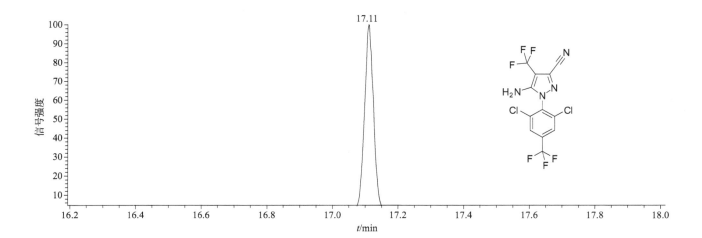

质谱图

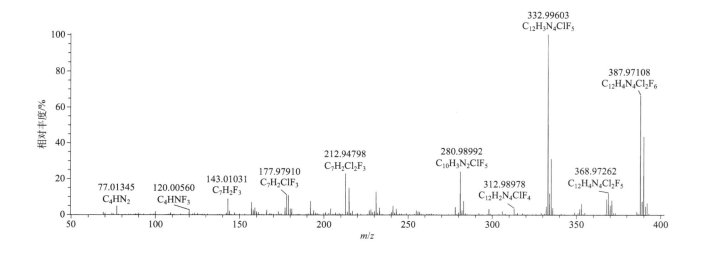

fipronil-sulfide（氟虫腈亚砜）

基本信息

CAS 登录号	120067-83-6	分子量	419.94379	离子化模式	电子轰击电离（EI）
分子式	$C_{12}H_4Cl_2F_6N_4S$	保留时间	19.79min		

总离子流色谱图

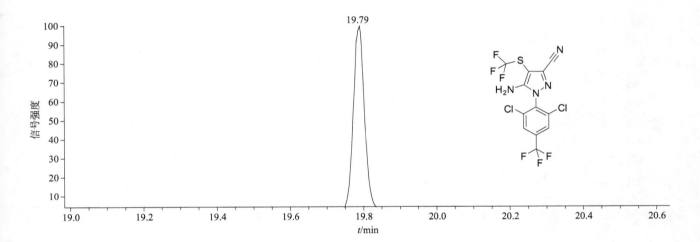

质谱图

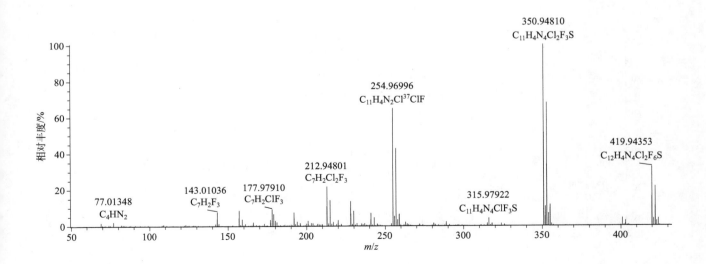

fipronil-sulfone（氟虫腈砜）

基本信息

CAS 登录号	120068-36-2	分子量	451.93362	离子化模式	电子轰击电离（EI）
分子式	$C_{12}H_4Cl_2F_6N_4O_2S$	保留时间	22.34min		

总离子流色谱图

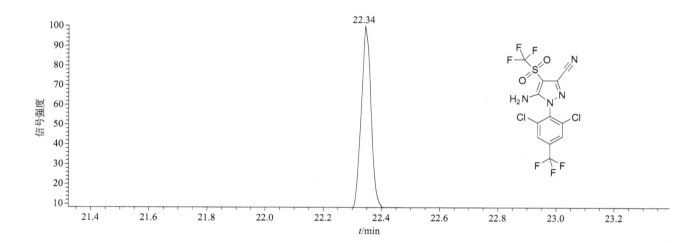

质谱图

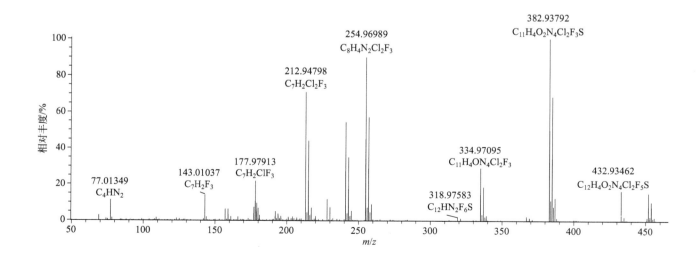

flamprop-isopropyl（麦草氟异丙酯）

基本信息

CAS 登录号	52756-22-6	分子量	363.10375	离子化模式	电子轰击电离（EI）
分子式	$C_{19}H_{19}ClFNO_3$	保留时间	23.72min		

总离子流色谱图

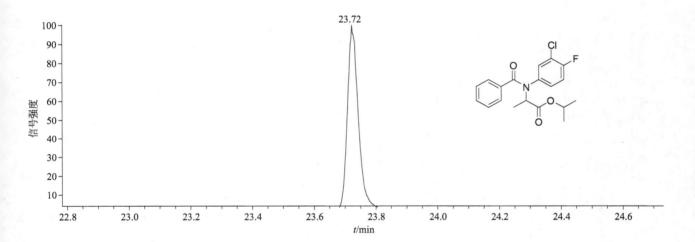

质谱图

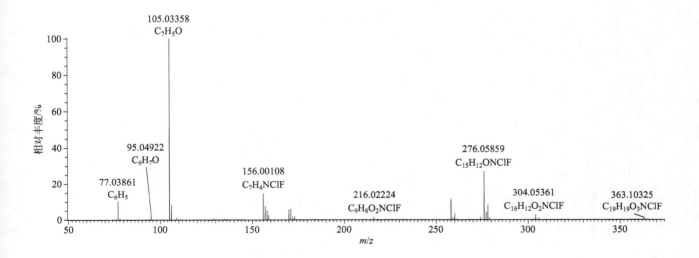

flamprop-methyl(麦草氟甲酯)

基本信息

CAS 登录号	52756-25-9	**分子量**	335.07245	**离子化模式**	电子轰击电离(EI)
分子式	$C_{17}H_{15}ClFNO_3$	**保留时间**	22.56min		

总离子流色谱图

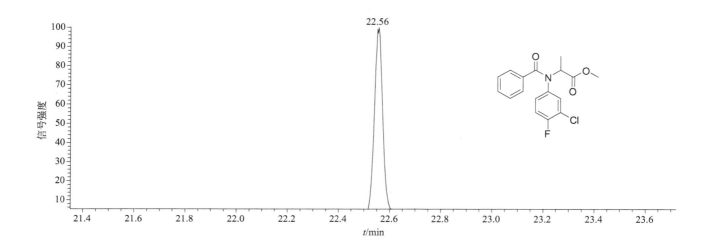

质谱图

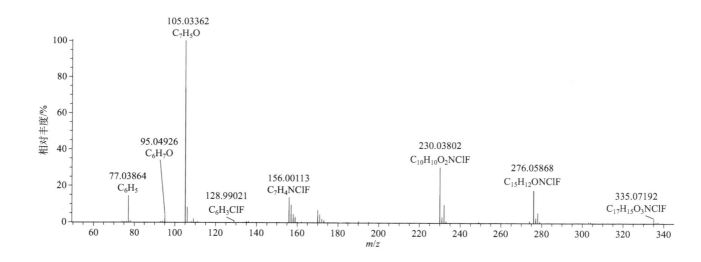

fluacrypyrim（嘧螨酯）

基本信息

CAS 登录号	229977-93-9	分子量	426.14026	离子化模式	电子轰击电离（EI）
分子式	$C_{20}H_{21}F_3N_2O_5$	保留时间	24.39min		

总离子流色谱图

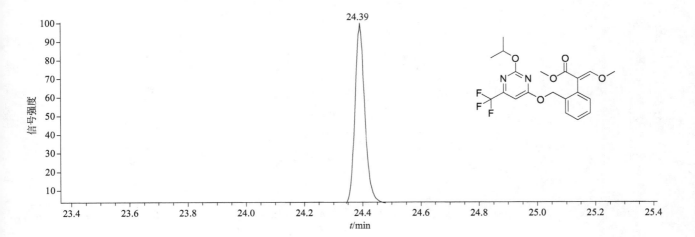

质谱图

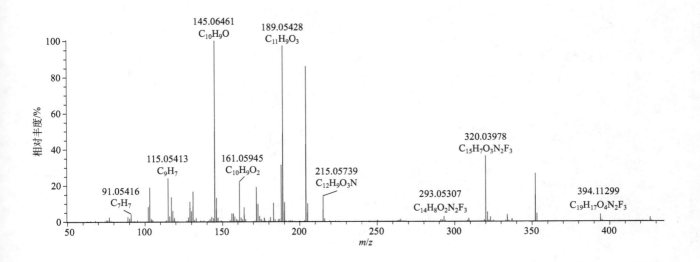

fluazifop-butyl（吡氟禾草灵）

基本信息

CAS 登录号	69806-50-4	分子量	383.13444	离子化模式	电子轰击电离（EI）
分子式	$C_{19}H_{20}F_3NO_4$	保留时间	23.44min		

总离子流色谱图

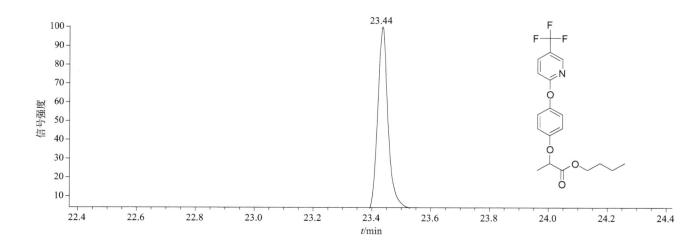

质谱图

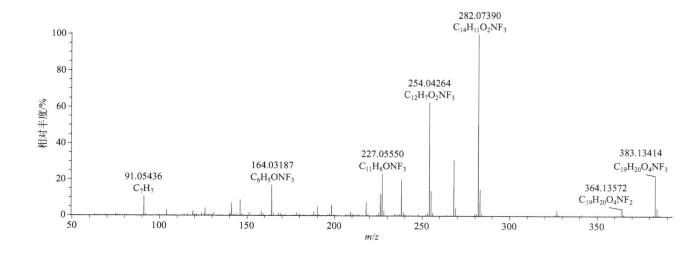

fluazinam（氟啶胺）

基本信息

CAS 登录号	79622-59-6	分子量	463.95138	离子化模式	电子轰击电离（EI）
分子式	$C_{13}H_4Cl_2F_6N_4O_4$	保留时间	24.23min		

总离子流色谱图

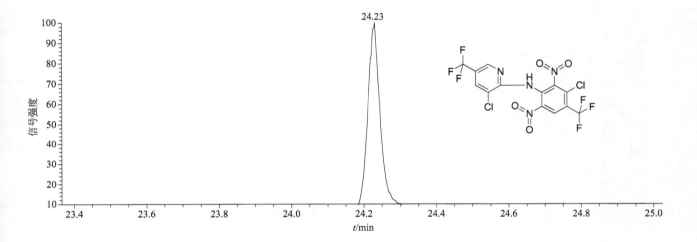

质谱图

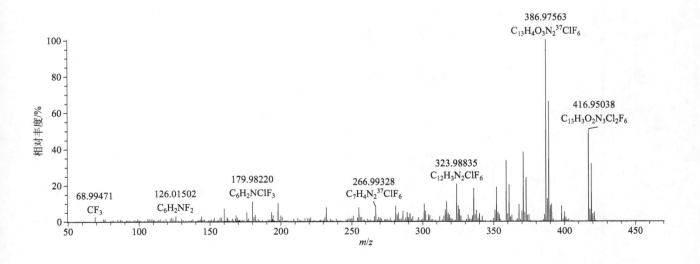

flubenzimine（嘧唑螨）

基本信息

CAS 登录号	37893-02-0	**分子量**	416.05304	**离子化模式**	电子轰击电离（EI）
分子式	$C_{17}H_{10}F_6N_4S$	**保留时间**	22.12min		

总离子流色谱图

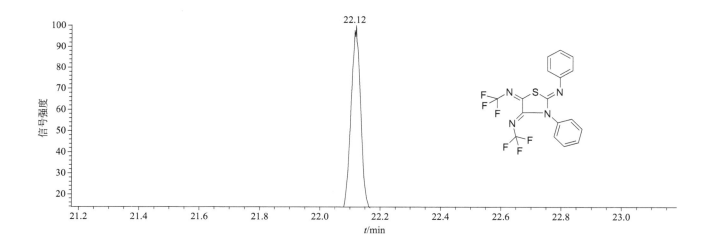

质谱图

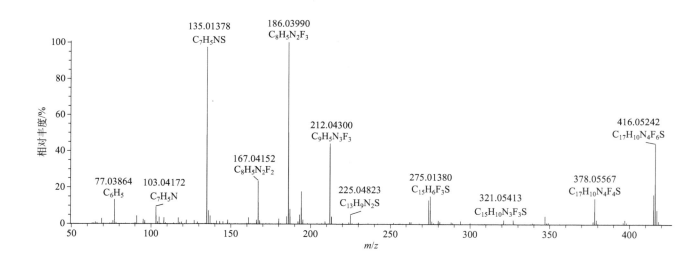

fluchloralin（氟硝草）

基本信息

CAS 登录号	33245-39-5	分子量	355.05467	离子化模式	电子轰击电离（EI）
分子式	$C_{12}H_{13}ClF_3N_3O_4$	保留时间	15.34min		

总离子流色谱图

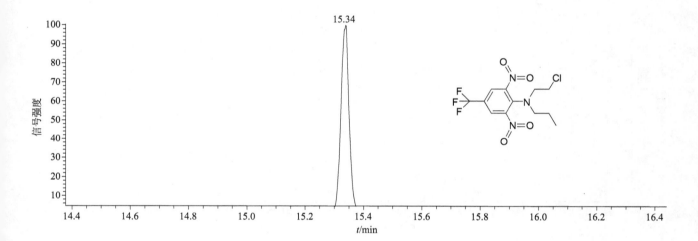

质谱图

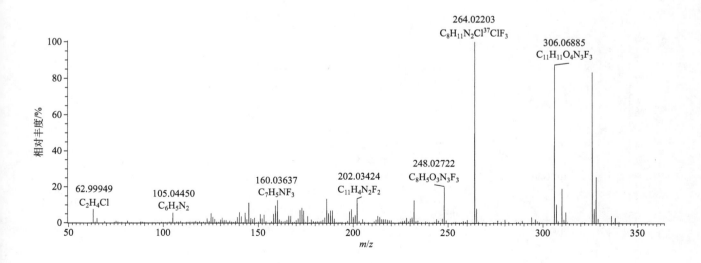

flucythrinate（氟氰戊菊酯）

基本信息

CAS 登录号	70124-77-5	分子量	451.15952	离子化模式	电子轰击电离（EI）
分子式	$C_{26}H_{23}F_2NO_4$	保留时间	31.73min		

总离子流色谱图

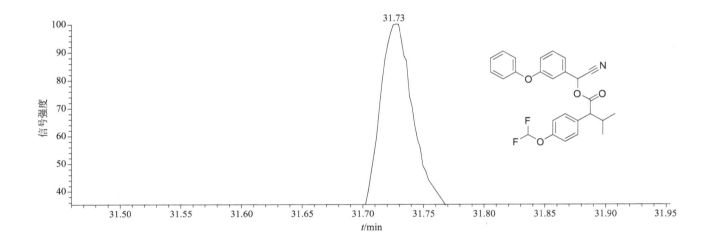

质谱图

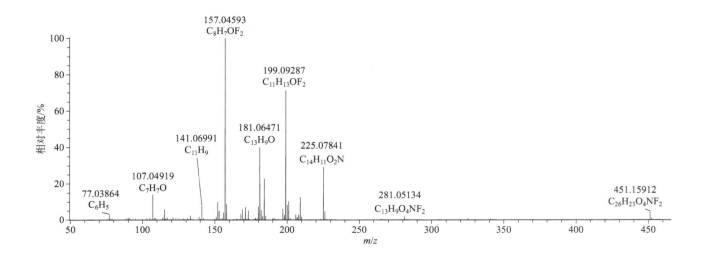

fludioxonil（咯菌腈）

基本信息

CAS 登录号	131341-86-1	分子量	248.03973	离子化模式	电子轰击电离（EI）
分子式	$C_{12}H_6F_2N_2O_2$	保留时间	22.07min		

总离子流色谱图

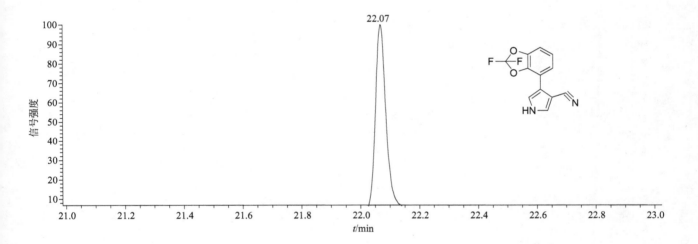

质谱图

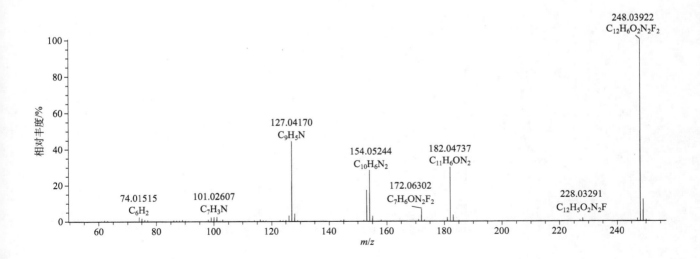

fluensulfone（氟噻虫砜）

基本信息

CAS 登录号	318290-98-1	分子量	290.93968	离子化模式	电子轰击电离（EI）
分子式	$C_7H_5ClNS_2O_2F_3$	保留时间	11.60min		

总离子流色谱图

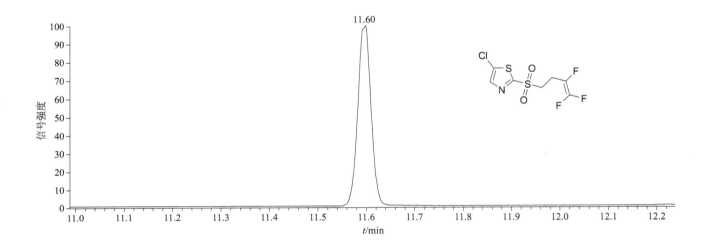

质谱图

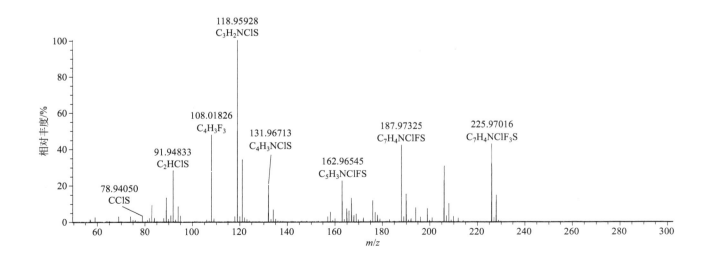

flufenacet(氟噻草胺)

基本信息

CAS 登录号	142459-58-3	分子量	363.06646	离子化模式	电子轰击电离（EI）
分子式	$C_{14}H_{13}F_4N_3O_2S$	保留时间	19.08min		

总离子流色谱图

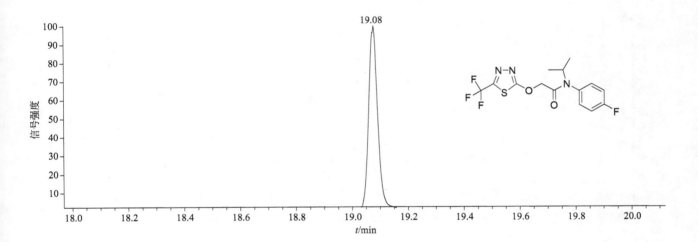

质谱图

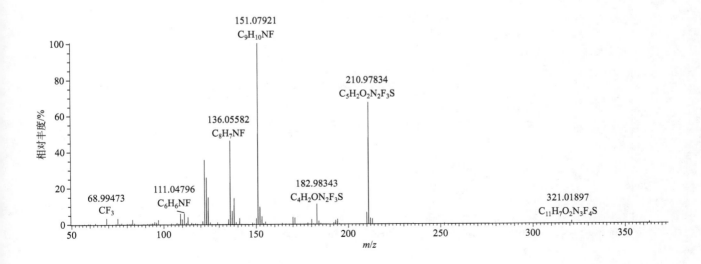

flufenzine（氟螨嗪）

基本信息

CAS 登录号	162320-67-4	分子量	304.03273	离子化模式	电子轰击电离（EI）
分子式	$C_{14}H_7ClF_2N_4$	保留时间	24.49min		

总离子流色谱图

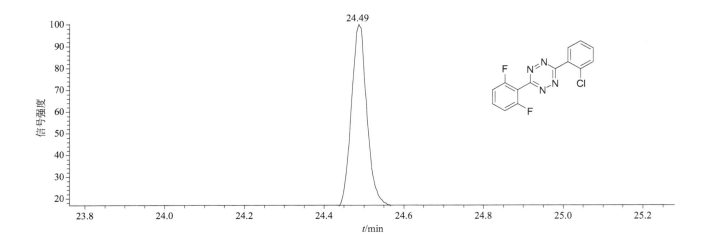

质谱图

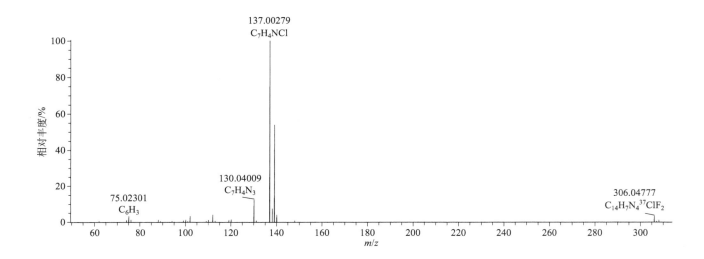

flufiprole（丁虫腈）

基本信息

CAS 登录号	704886-18-0	分子量	489.98511	离子化模式	电子轰击电离（EI）
分子式	$C_{16}H_{10}Cl_2F_6N_4OS$	保留时间	21.11min		

总离子流色谱图

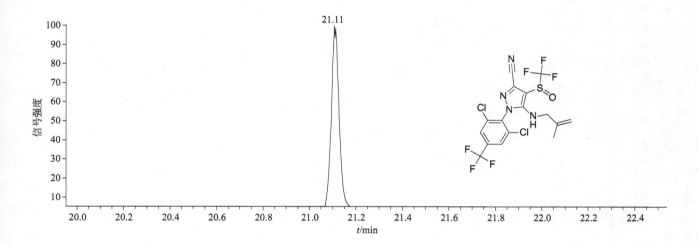

质谱图

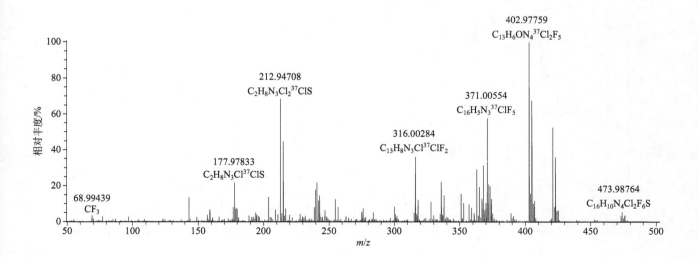

flumetralin（氟节胺）

基本信息

CAS 登录号	62924-70-3	分子量	421.04525	离子化模式	电子轰击电离（EI）
分子式	$C_{16}H_{12}ClF_4N_3O_4$	保留时间	21.46min		

总离子流色谱图

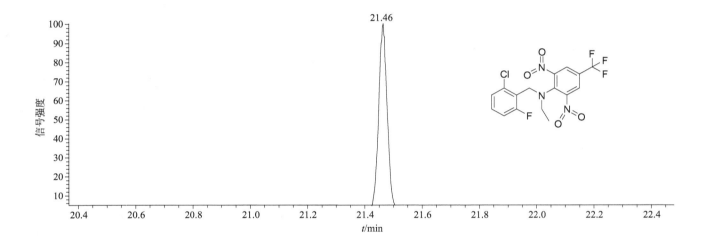

质谱图

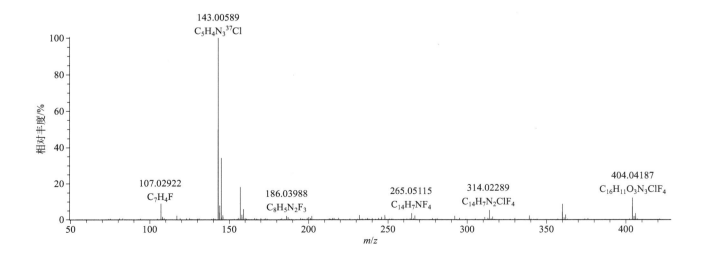

flumioxazin（丙炔氟草胺）

基本信息

CAS 登录号	103361-09-7	分子量	354.10159	离子化模式	电子轰击电离（EI）
分子式	$C_{19}H_{15}FN_2O_4$	保留时间	32.57min		

总离子流色谱图

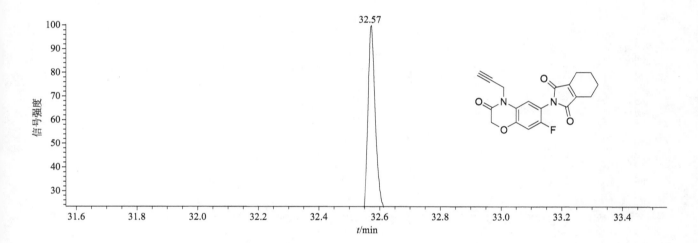

质谱图

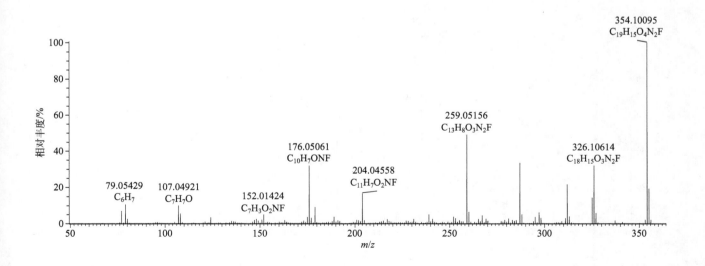

fluopyram（氟吡菌酰胺）

基本信息

CAS 登录号	658066-35-4	分子量	396.04641	离子化模式	电子轰击电离（EI）
分子式	$C_{16}H_{11}ClF_6N_2O$	保留时间	20.41min		

总离子流色谱图

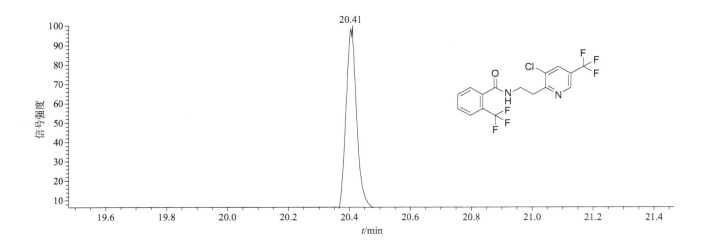

质谱图

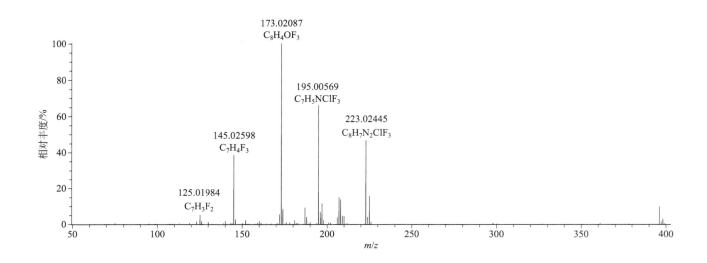

fluorodifen（消草醚）

基本信息

CAS 登录号	15457-05-3	分子量	328.03071	离子化模式	电子轰击电离（EI）
分子式	$C_{13}H_7F_3N_2O_5$	保留时间	21.94min		

总离子流色谱图

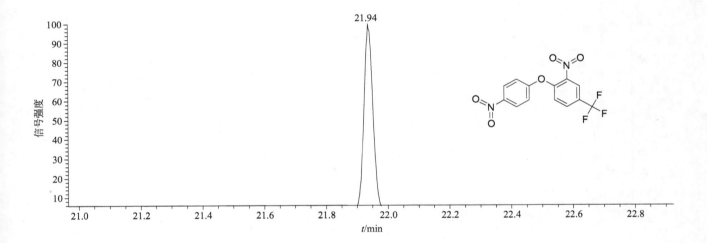

质谱图

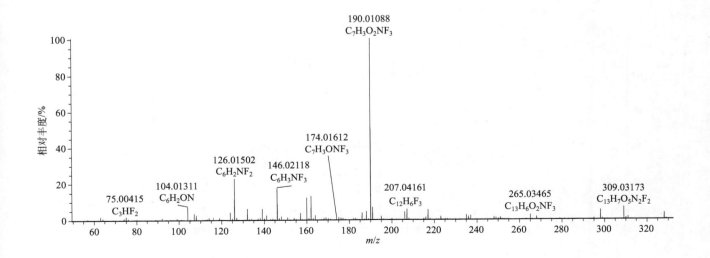

fluoroglycofen-ethyl（乙羧氟草醚）

基本信息

CAS 登录号	77501-90-7	**分子量**	447.03272	**离子化模式**	电子轰击电离（EI）
分子式	$C_{18}H_{13}ClF_3NO_7$	**保留时间**	29.37min		

总离子流色谱图

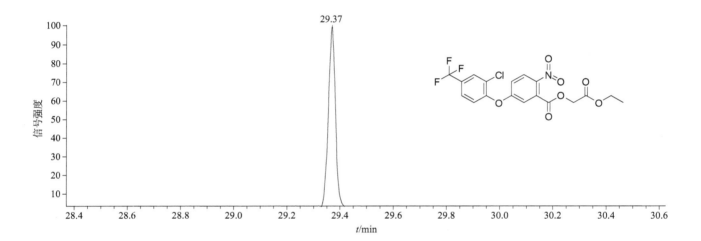

质谱图

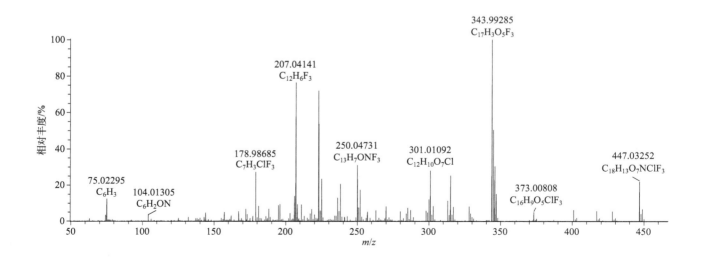

fluoroimide（氟氯菌核利）

基本信息

CAS 登录号	41205-21-4	分子量	258.96031	离子化模式	电子轰击电离（EI）
分子式	$C_{10}H_4Cl_2FNO_2$	保留时间	13.89min		

总离子流色谱图

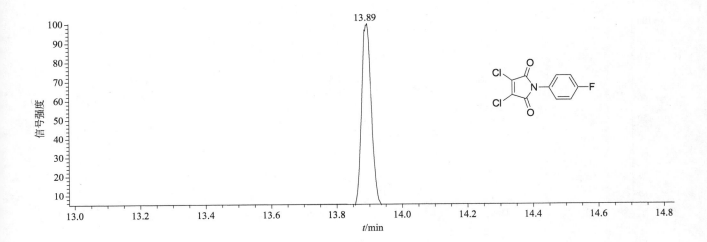

质谱图

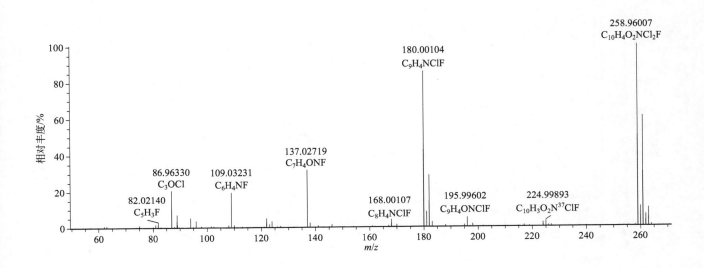

fluotrimazole（三氟苯唑）

基本信息

CAS 登录号	31251-03-3	分子量	379.12963	离子化模式	电子轰击电离（EI）
分子式	$C_{22}H_{16}F_3N_3$	保留时间	25.93min		

总离子流色谱图

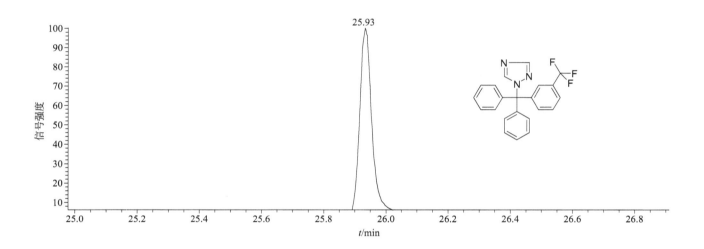

质谱图

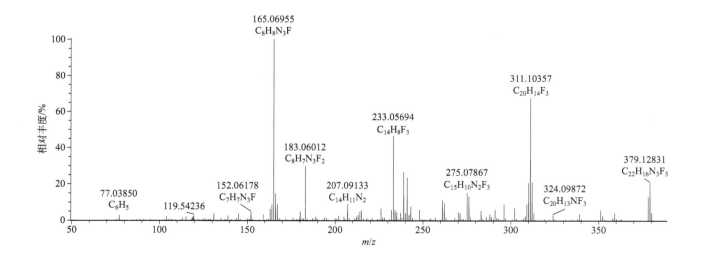

fluridone（氟啶酮）

基本信息

CAS 登录号	59756-60-4	分子量	329.10275	离子化模式	电子轰击电离（EI）
分子式	$C_{19}H_{14}F_3NO$	保留时间	32.16min		

总离子流色谱图

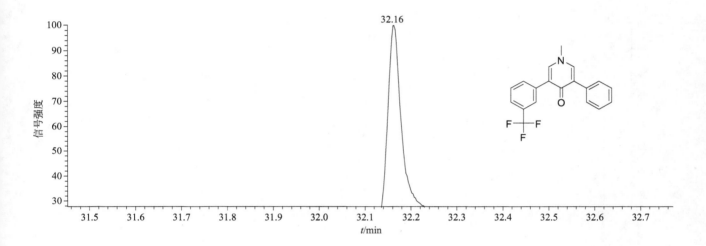

质谱图

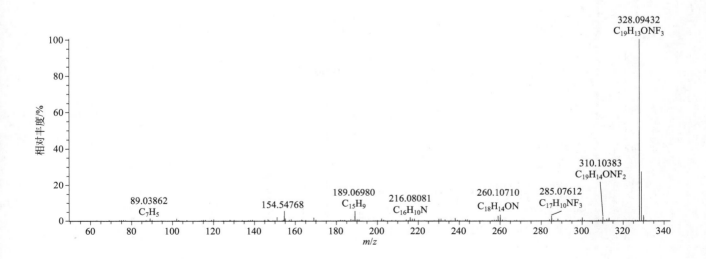

flurochloridone（氟咯草酮）

基本信息

CAS 登录号	61213-25-0	分子量	311.00915	离子化模式	电子轰击电离（EI）
分子式	$C_{12}H_{10}Cl_2F_3NO$	保留时间	19.29min		

总离子流色谱图

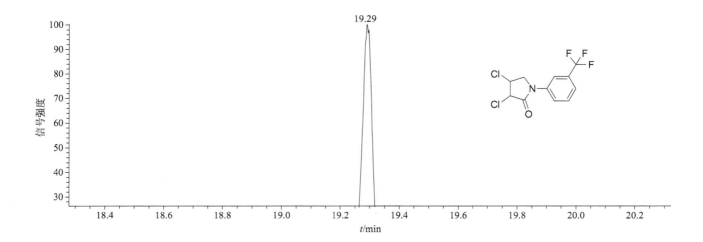

质谱图

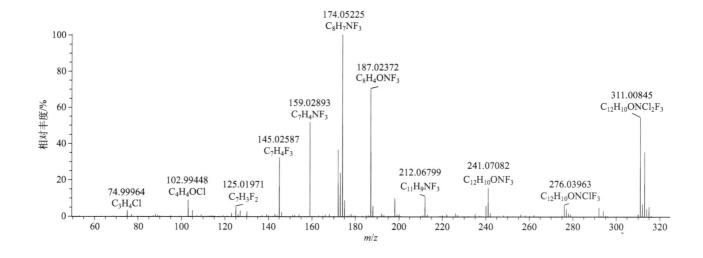

fluroxypyr（氯氟吡氧乙酸）

基本信息

CAS 登录号	69377-81-7	分子量	253.96613	离子化模式	电子轰击电离（EI）
分子式	$C_7H_5Cl_2FN_2O_3$	保留时间	16.13min		

总离子流色谱图

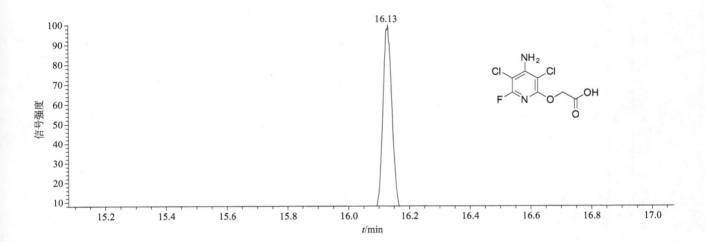

质谱图

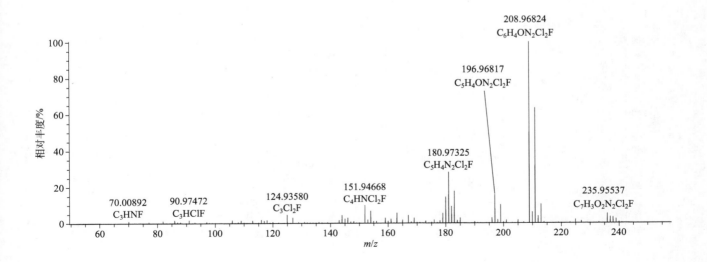

fluroxypyr-mepthyl（氯氟吡氧乙酸异辛酯）

基本信息

CAS 登录号	81406-37-3	分子量	366.09133	离子化模式	电子轰击电离（EI）
分子式	$C_{15}H_{21}Cl_2FN_2O_3$	保留时间	25.81min		

总离子流色谱图

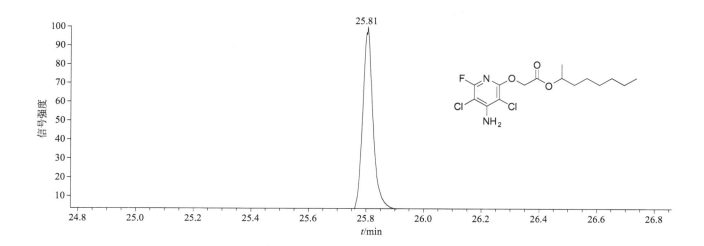

质谱图

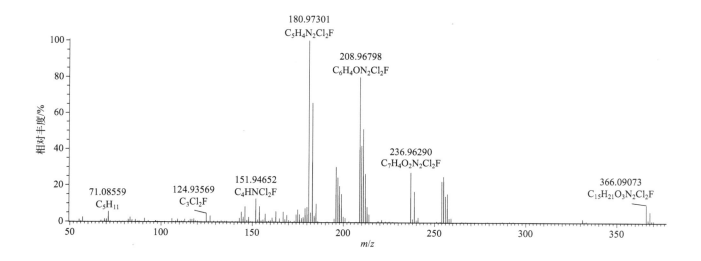

flurprimidol（呋嘧醇）

基本信息

CAS 登录号	56425-91-3	分子量	312.10856	离子化模式	电子轰击电离（EI）
分子式	$C_{15}H_{15}F_3N_2O_2$	保留时间	16.92min		

总离子流色谱图

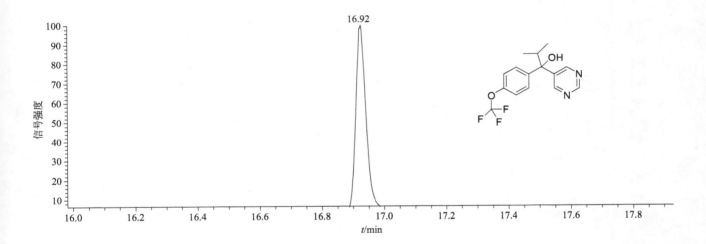

质谱图

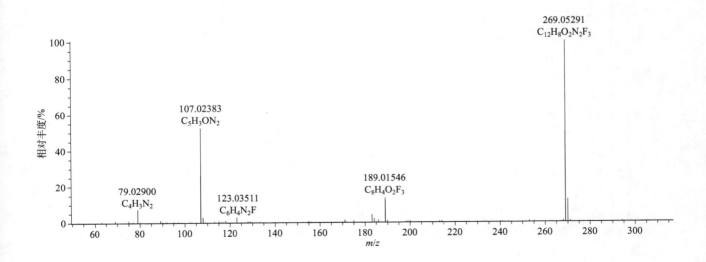

flusilazole（氟硅唑）

基本信息

CAS 登录号	85509-19-9	分子量	315.10033	离子化模式	电子轰击电离（EI）
分子式	$C_{16}H_{15}F_2N_3Si$	保留时间	22.64min		

总离子流色谱图

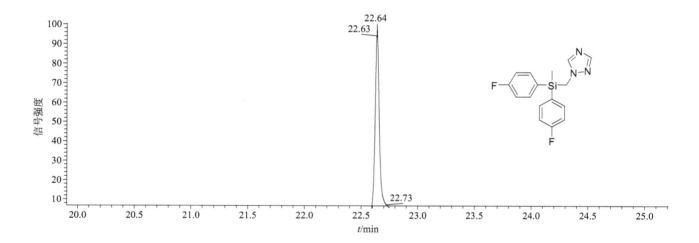

质谱图

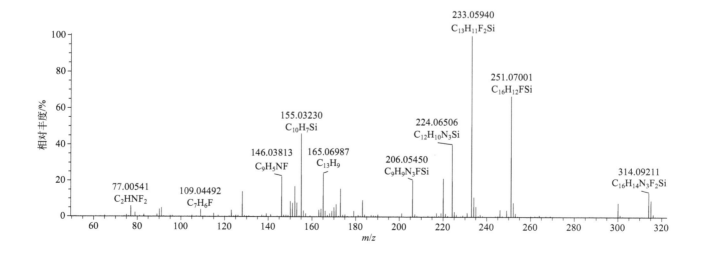

flutolanil（氟酰胺）

基本信息

CAS 登录号	66332-96-5	分子量	323.11331	离子化模式	电子轰击电离（EI）
分子式	$C_{17}H_{16}F_3NO_2$	保留时间	22.02min		

总离子流色谱图

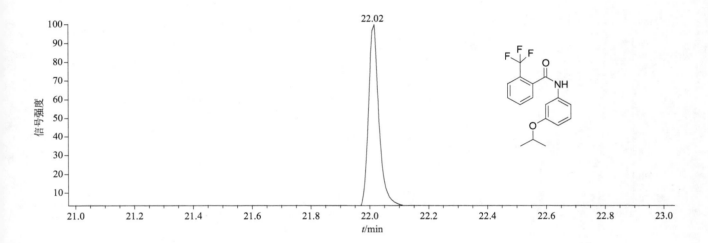

质谱图

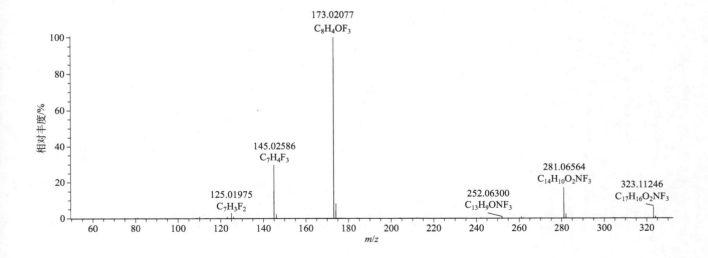

flutriafol（粉唑醇）

基本信息

CAS 登录号	76674-21-0	分子量	301.10267	离子化模式	电子轰击电离（EI）
分子式	$C_{16}H_{13}F_2N_3O$	保留时间	21.70min		

总离子流色谱图

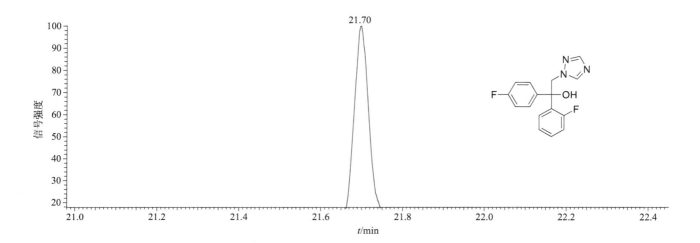

质谱图

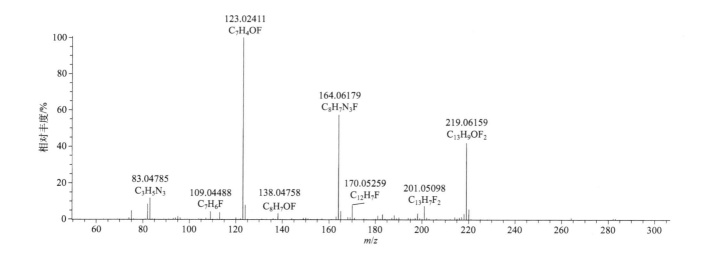

τ-fluvalinate(氟胺氰菊酯)

基本信息

CAS 登录号	102851-06-9	分子量	502.12711
分子式	$C_{26}H_{22}ClF_3N_2O_3$	保留时间	32.87min

离子化模式	电子轰击电离(EI)

总离子流色谱图

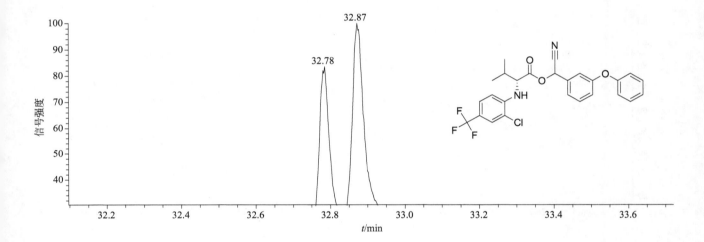

质谱图

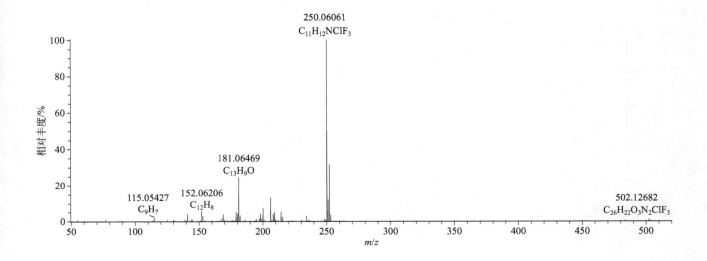

fluxapyroxad（氟唑菌酰胺）

基本信息

CAS 登录号	907204-31-3	分子量	381.09005	离子化模式	电子轰击电离（EI）
分子式	$C_{18}H_{12}F_5N_3O$	保留时间	27.04min		

总离子流色谱图

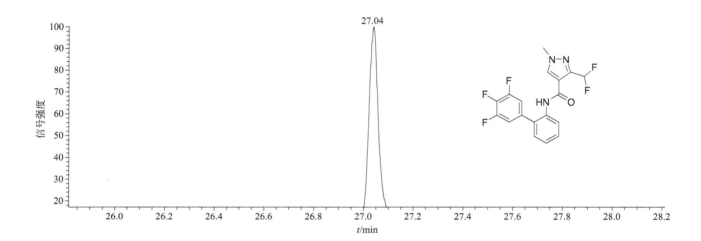

质谱图

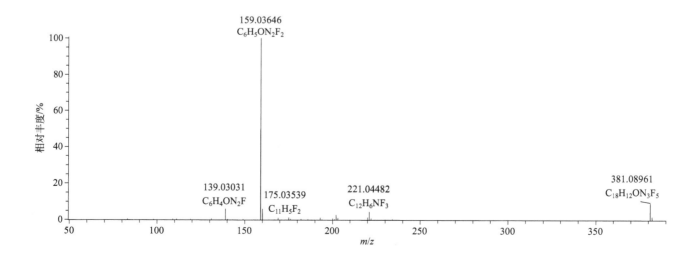

folpet（灭菌丹）

基本信息

CAS 登录号	133-07-3	分子量	294.90283	离子化模式	电子轰击电离（EI）
分子式	$C_9H_4Cl_3NO_2S$	保留时间	20.70min		

总离子流色谱图

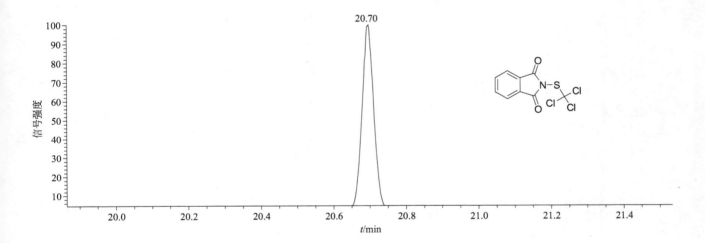

质谱图

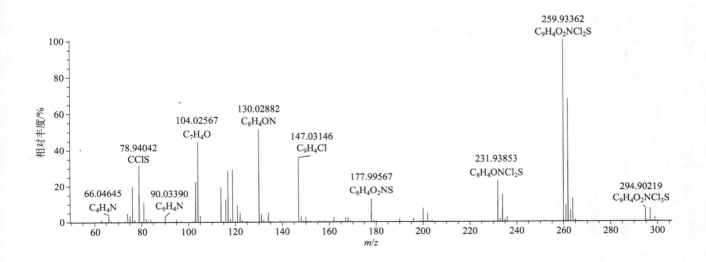

fonofos（地虫硫磷）

基本信息

CAS 登录号	944-22-9	**分子量**	246.03019	**离子化模式**	电子轰击电离（EI）
分子式	$C_{10}H_{15}OPS_2$	**保留时间**	15.09min		

总离子流色谱图

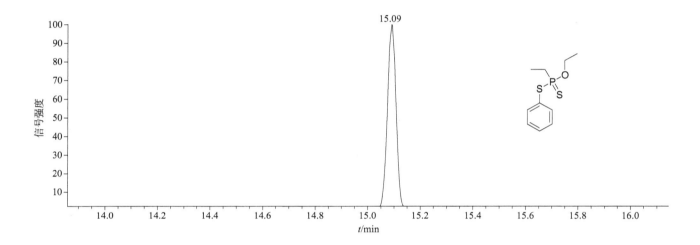

质谱图

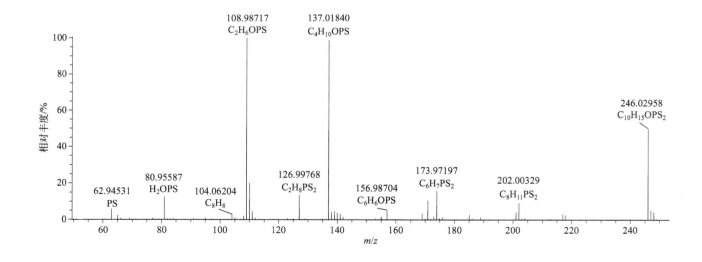

formothion(安果)

基本信息

CAS 登录号	2540-82-1	分子量	256.99454	离子化模式	电子轰击电离(EI)
分子式	$C_6H_{12}NO_4PS_2$	保留时间	16.32min		

总离子流色谱图

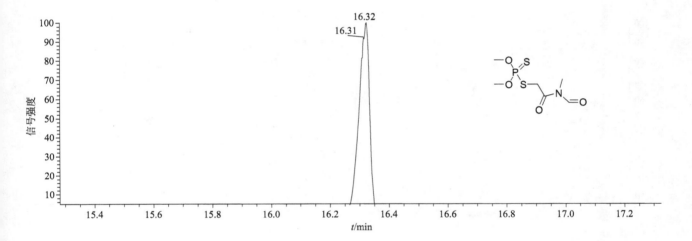

质谱图

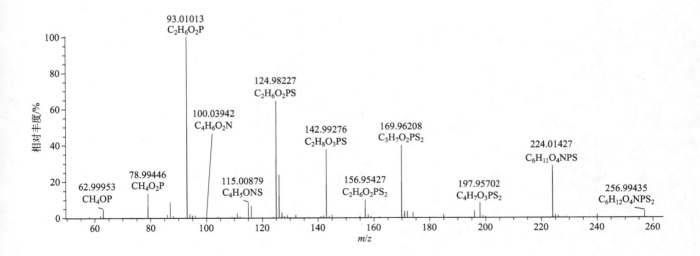

fosthiazate（噻唑磷）

基本信息

CAS 登录号	98886-44-3	**分子量**	283.04657	**离子化模式**	电子轰击电离（EI）
分子式	$C_9H_{18}NO_3PS_2$	**保留时间**	19.58min		

总离子流色谱图

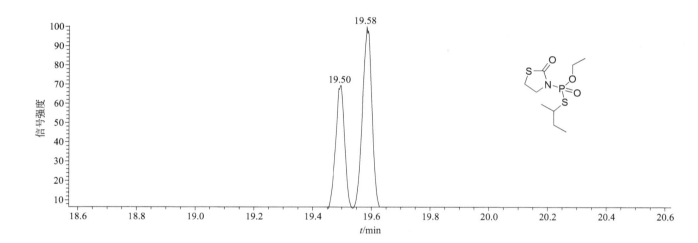

质谱图

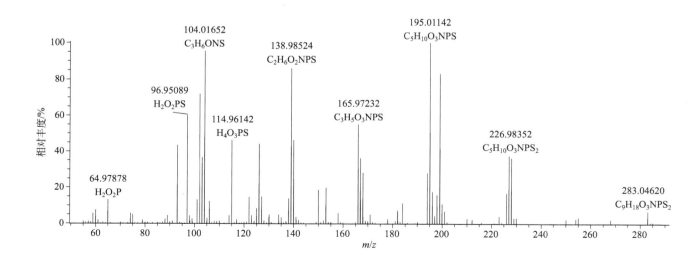

fuberidazole（麦穗灵）

基本信息

CAS 登录号	3878-19-1	分子量	184.06366	离子化模式	电子轰击电离（EI）
分子式	$C_{11}H_8N_2O$	保留时间	17.22min		

总离子流色谱图

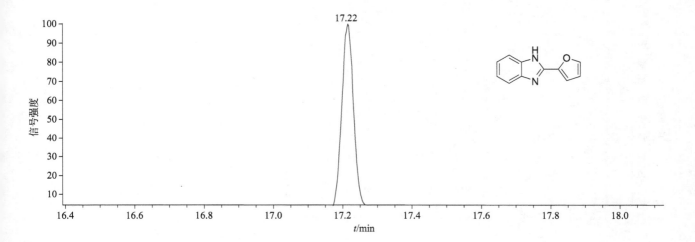

质谱图

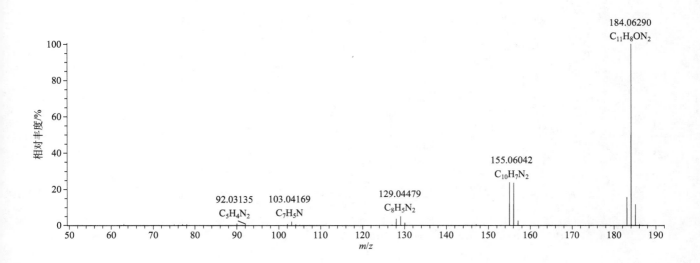

furalaxyl（呋霜灵）

基本信息

CAS 登录号	57646-30-7	分子量	301.13141	离子化模式	电子轰击电离（EI）
分子式	$C_{17}H_{19}NO_4$	保留时间	20.59min		

总离子流色谱图

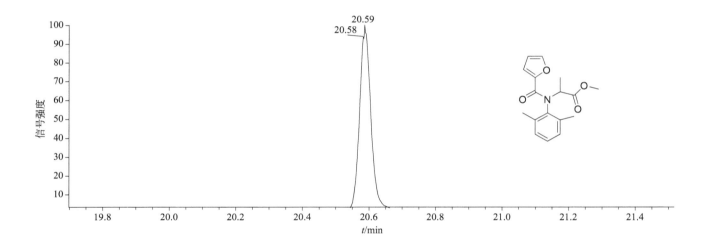

质谱图

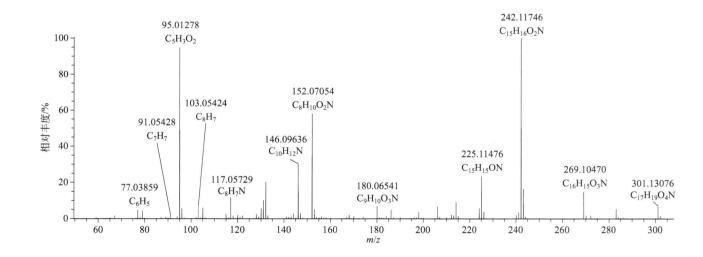

furametpyr（福拉比）

基本信息

CAS 登录号	123572-88-3	分子量	333.12441	离子化模式	电子轰击电离（EI）
分子式	$C_{17}H_{20}ClN_3O_2$	保留时间	27.89min		

总离子流色谱图

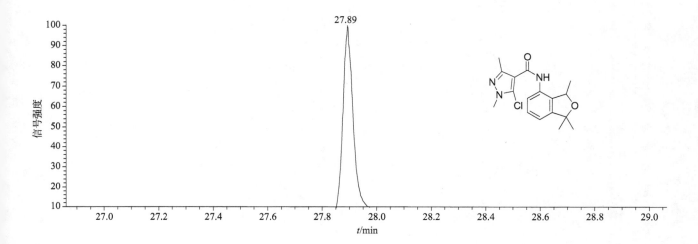

质谱图

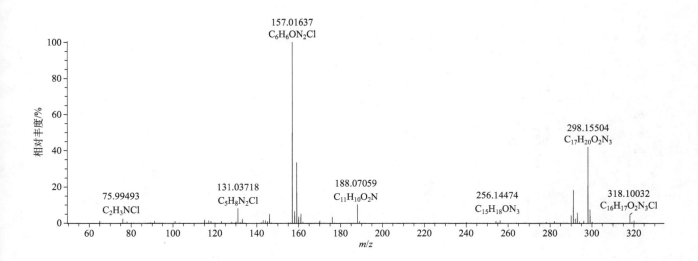

furathiocarb（呋线威）

基本信息

CAS 登录号	65907-30-4	分子量	382.15624	离子化模式	电子轰击电离（EI）
分子式	$C_{18}H_{26}N_2O_5S$	保留时间	28.02min		

总离子流色谱图

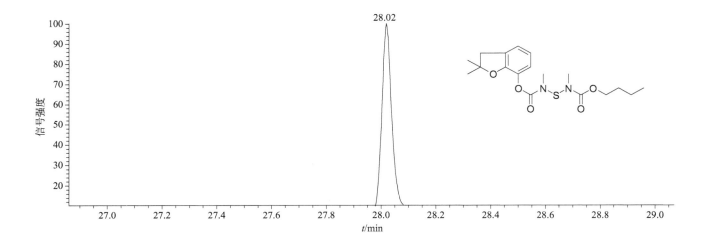

质谱图

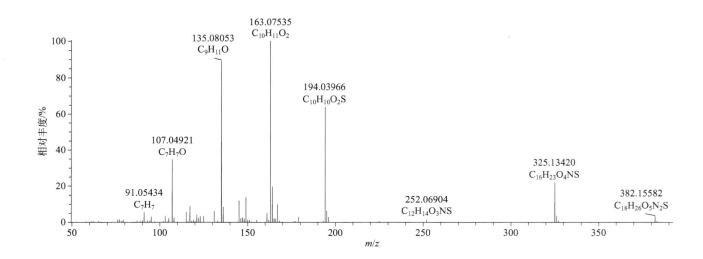

furilazole（解草噁唑）

基本信息

CAS 登录号	121776-33-8	分子量	277.02725	离子化模式	电子轰击电离（EI）
分子式	$C_{11}H_{13}Cl_2NO_3$	保留时间	14.24min		

总离子流色谱图

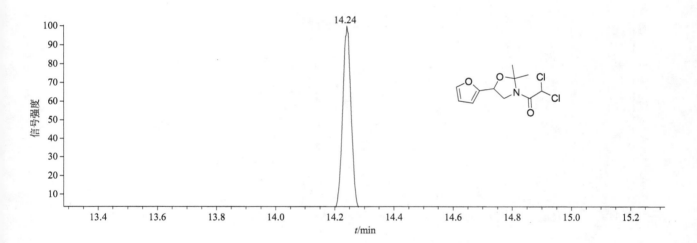

质谱图

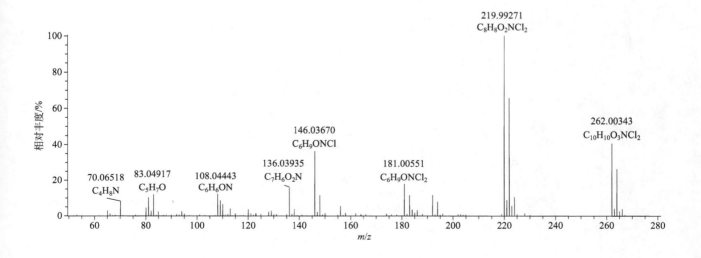

furmecyclox（拌种胺）

基本信息

CAS 登录号	60568-05-0	**分子量**	251.15214	**离子化模式**	电子轰击电离（EI）
分子式	$C_{14}H_{21}NO_3$	**保留时间**	16.44min		

总离子流色谱图

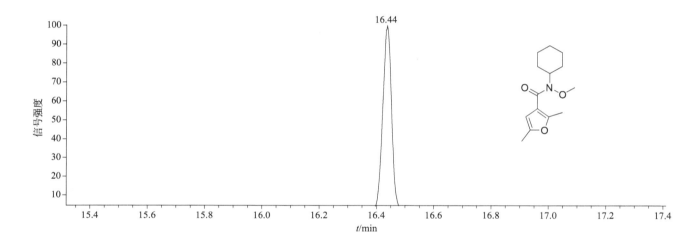

质谱图

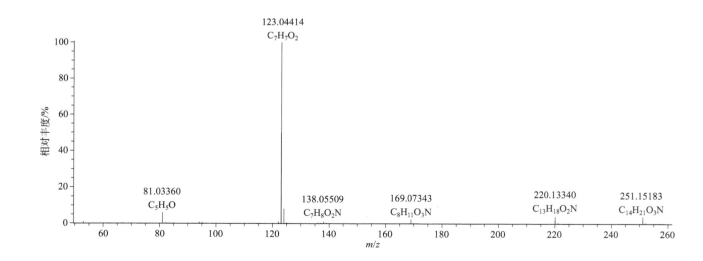

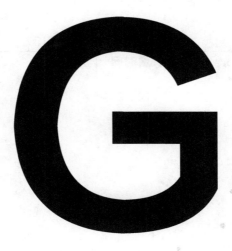

griseofulvin（灰黄霉素）

基本信息

CAS 登录号	126-07-8	分子量	352.07137	离子化模式	电子轰击电离（EI）
分子式	$C_{17}H_{17}ClO_6$	保留时间	31.04min		

总离子流色谱图

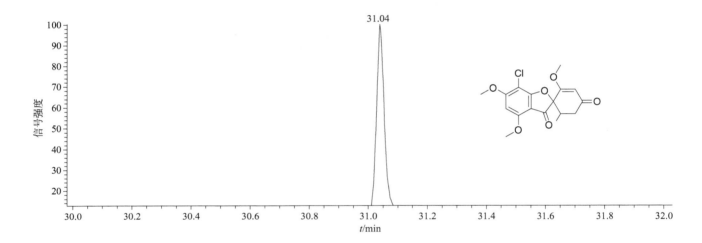

质谱图

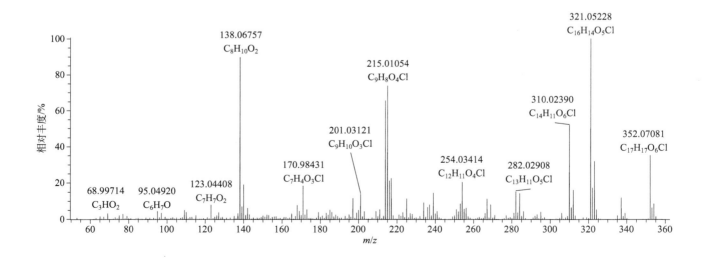

halfenprox（苄螨醚）

基本信息

CAS 登录号	111872-58-3	分子量	476.07986	离子化模式	电子轰击电离（EI）
分子式	$C_{24}H_{23}BrF_2O_3$	保留时间	31.54min		

总离子流色谱图

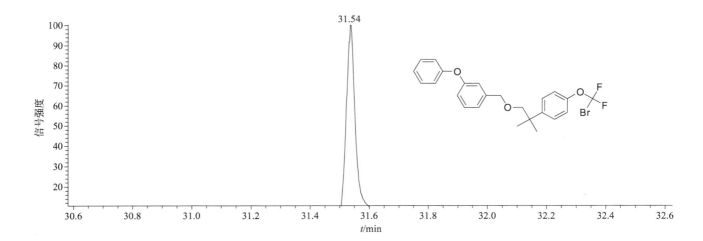

质谱图

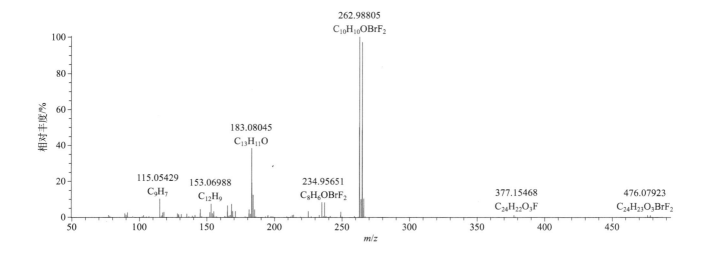

haloxyfop-2-ethoxyethyl（氟吡乙禾灵）

基本信息

CAS 登录号	87237-48-7	分子量	433.08984	离子化模式	电子轰击电离（EI）
分子式	$C_{19}H_{19}ClF_3NO_5$	保留时间	26.21min		

总离子流色谱图

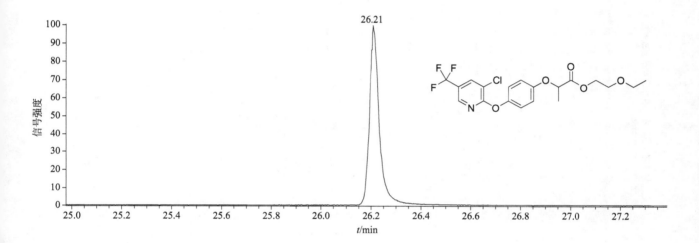

质谱图

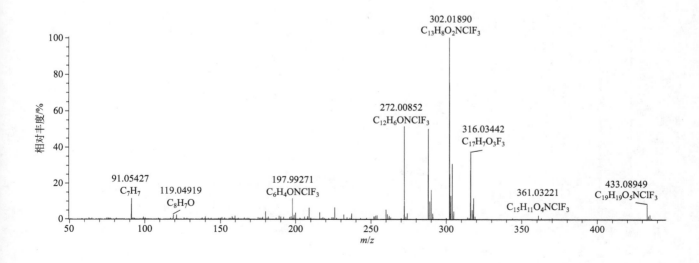

haloxyfop-methyl（氟吡甲禾灵）

基本信息

CAS 登录号	69806-40-2	分子量	375.04852	离子化模式	电子轰击电离（EI）
分子式	$C_{16}H_{13}ClF_3NO_4$	保留时间	21.22min		

总离子流色谱图

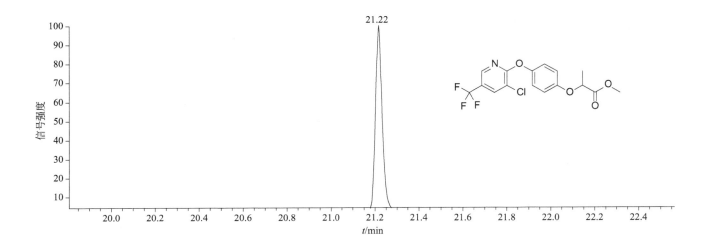

质谱图

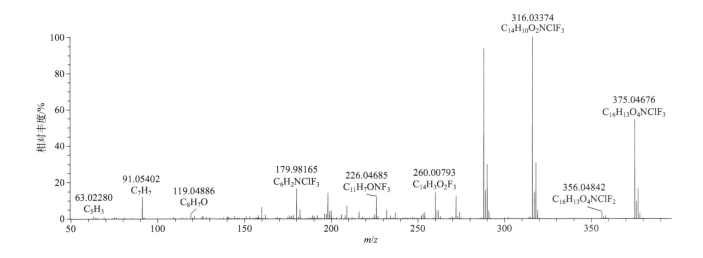

α-HCH（α-六六六）

基本信息

CAS 登录号	319-84-6	分子量	287.86007	离子化模式	电子轰击电离（EI）
分子式	$C_6H_6Cl_6$	保留时间	13.52min		

总离子流色谱图

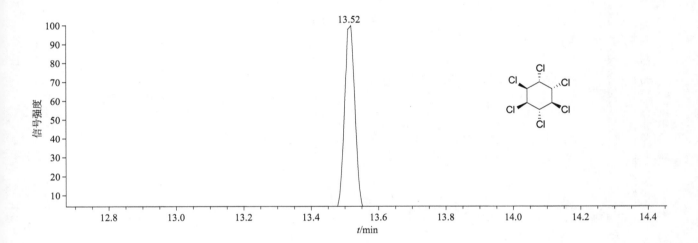

质谱图

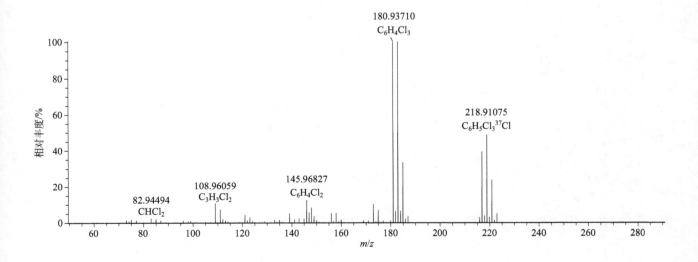

β-HCH（β-六六六）

基本信息

CAS 登录号	319-85-7	分子量	287.86007	离子化模式	电子轰击电离（EI）
分子式	$C_6H_6Cl_6$	保留时间	14.36min		

总离子流色谱图

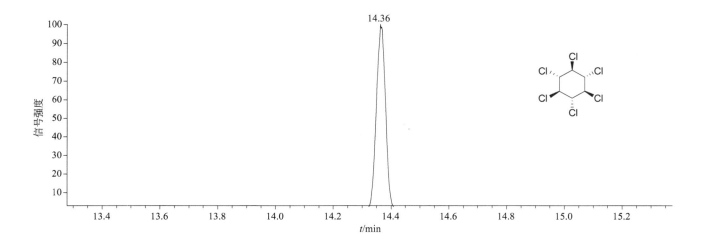

质谱图

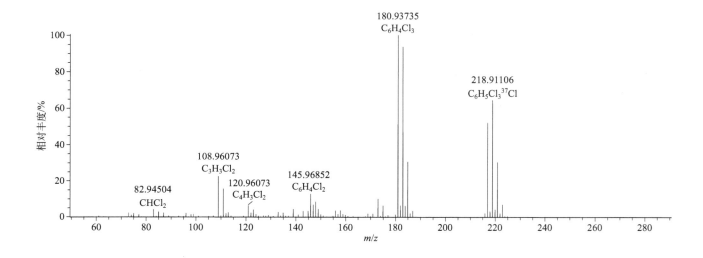

δ-HCH（δ-六六六）

基本信息

CAS 登录号	319-86-8	分子量	287.86007	离子化模式	电子轰击电离（EI）
分子式	$C_6H_6Cl_6$	保留时间	15.74min		

总离子流色谱图

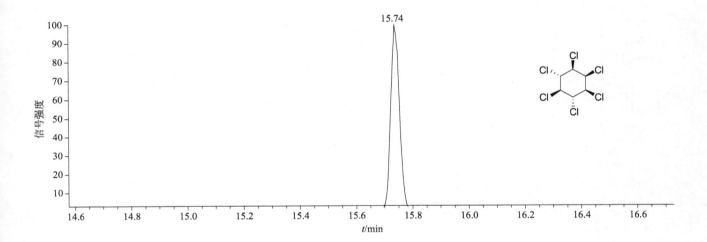

质谱图

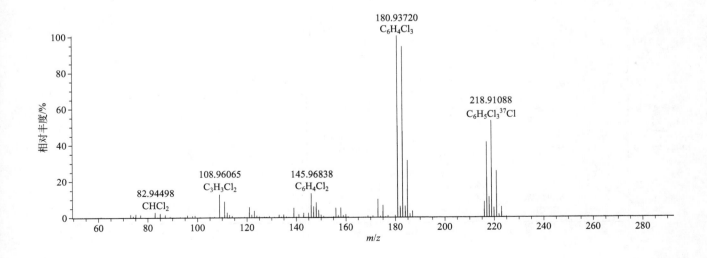

ε-HCH（ε-六六六）

基本信息

CAS 登录号	6108-10-7	分子量	287.86006	离子化模式	电子轰击电离（EI）
分子式	$C_6H_6Cl_6$	保留时间	16.06min		

总离子流色谱图

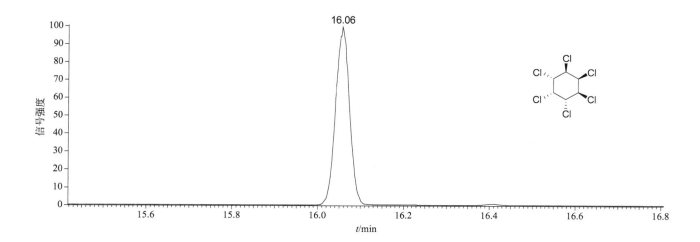

质谱图

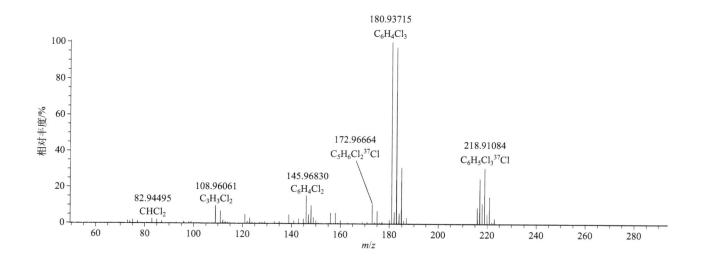

heptachlor（七氯）

基本信息

CAS 登录号	76-44-8	分子量	369.82110	离子化模式	电子轰击电离（EI）
分子式	$C_{10}H_5Cl_7$	保留时间	17.40min		

总离子流色谱图

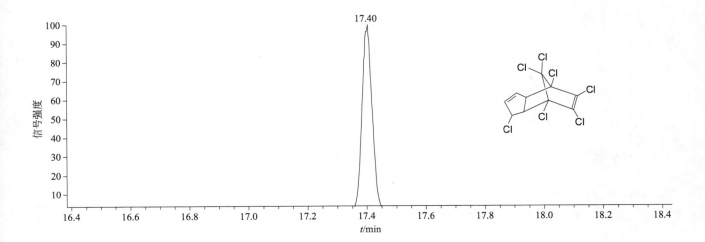

质谱图

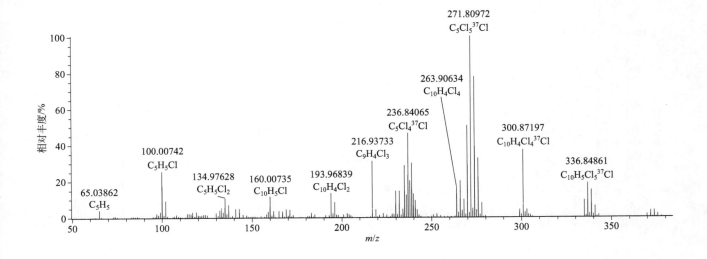

heptachlor-exo-epoxide（环氧七氯）

基本信息

CAS 登录号	1024-57-3	**分子量**	385.81601	**离子化模式**	电子轰击电离（EI）
分子式	$C_{10}H_5Cl_7O$	**保留时间**	20.15min		

总离子流色谱图

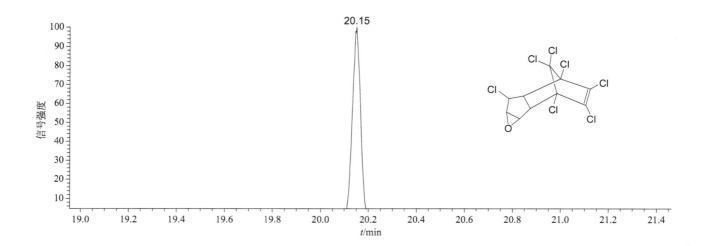

质谱图

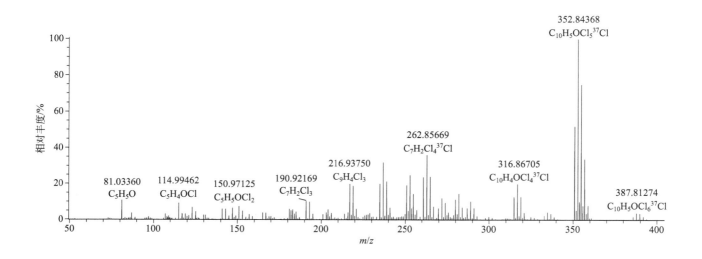

heptenophos（庚烯磷）

基本信息

CAS 登录号	23560-59-0	分子量	250.01617	离子化模式	电子轰击电离（EI）
分子式	$C_9H_{12}ClO_4P$	保留时间	11.14min		

总离子流色谱图

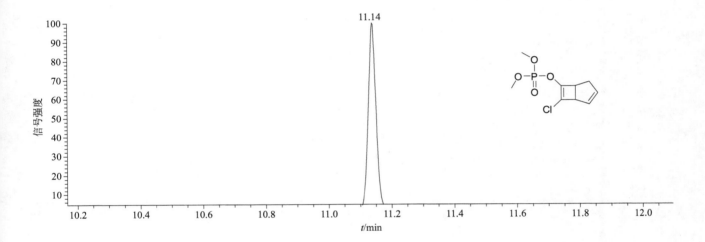

质谱图

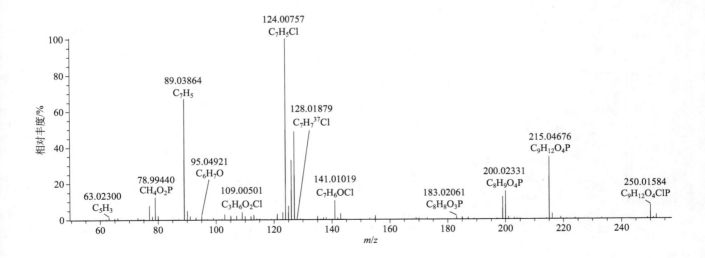

hexachlorobenzene（六氯苯）

基本信息

CAS 登录号	118-74-1	分子量	281.81312	离子化模式	电子轰击电离（EI）
分子式	C_6Cl_6	保留时间	13.64min		

总离子流色谱图

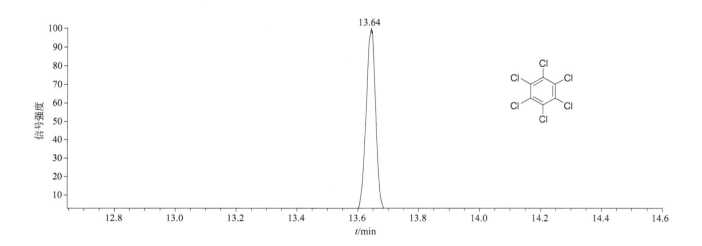

质谱图

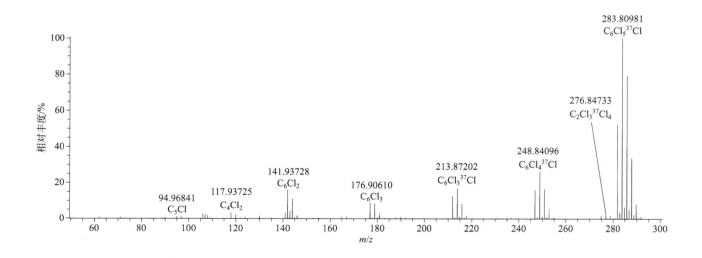

hexaconazole（己唑醇）

基本信息

CAS 登录号	79983-71-4	分子量	313.07487	离子化模式	电子轰击电离（EI）
分子式	$C_{14}H_{17}Cl_2N_3O$	保留时间	22.00min		

总离子流色谱图

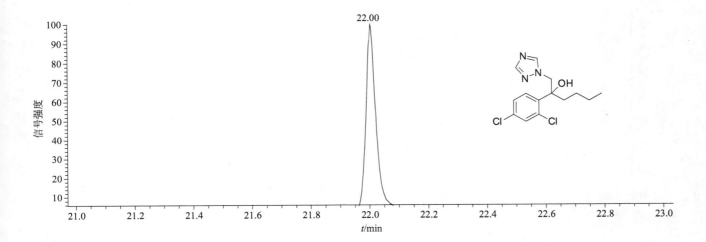

质谱图

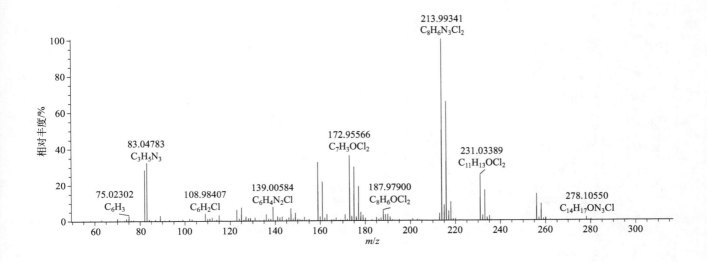

hexaflumuron（氟铃脲）

基本信息

CAS 登录号	86479-06-3	**分子量**	459.98162	**离子化模式**	电子轰击电离（EI）
分子式	$C_{16}H_8Cl_2F_6N_2O_3$	**保留时间**	8.84min		

总离子流色谱图

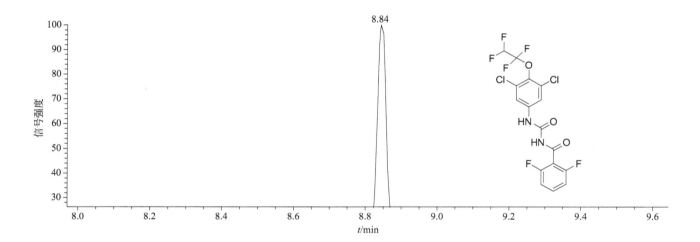

质谱图

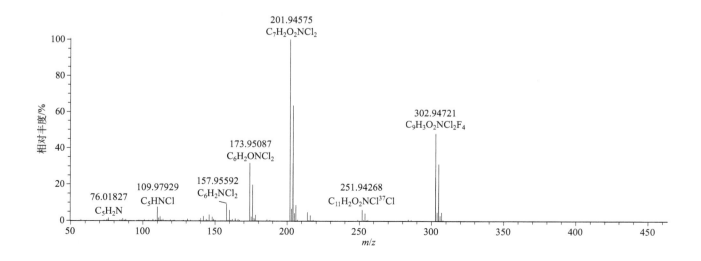

hexazinone（环嗪酮）

基本信息

CAS 登录号	51235-04-2	分子量	252.15863	离子化模式	电子轰击电离（EI）
分子式	$C_{12}H_{20}N_4O_2$	保留时间	25.44min		

总离子流色谱图

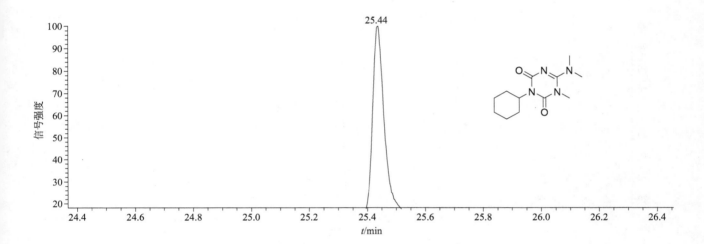

质谱图

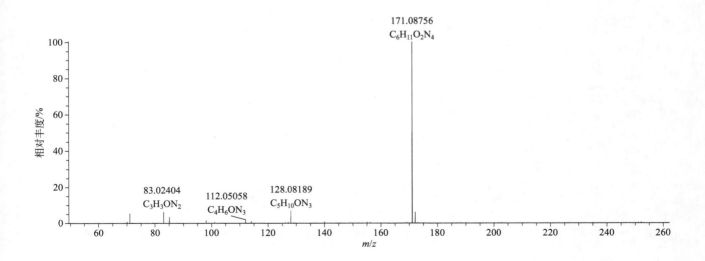

t-butyl-4-hydroxyanisole（叔丁基-4-羟基苯甲醚）

基本信息

CAS 登录号	25013-16-5	分子量	180.11503	离子化模式	电子轰击电离（EI）
分子式	$C_{11}H_{16}O_2$	保留时间	9.67min		

总离子流色谱图

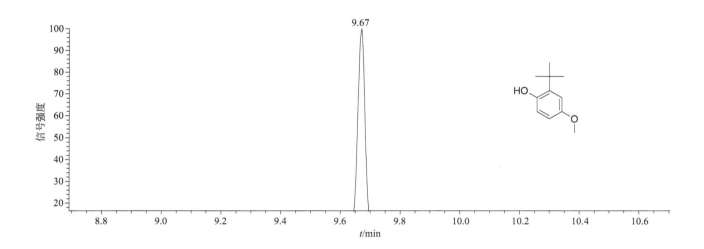

质谱图

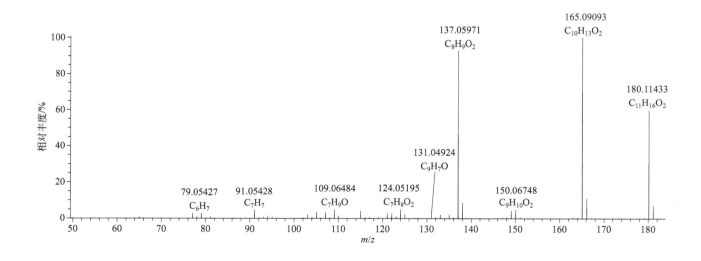

8-hydroxyquinoline（8-羟基喹啉）

基本信息

CAS 登录号	148-24-3	分子量	145.05276	离子化模式	电子轰击电离（EI）
分子式	C_9H_7NO	保留时间	7.94min		

总离子流色谱图

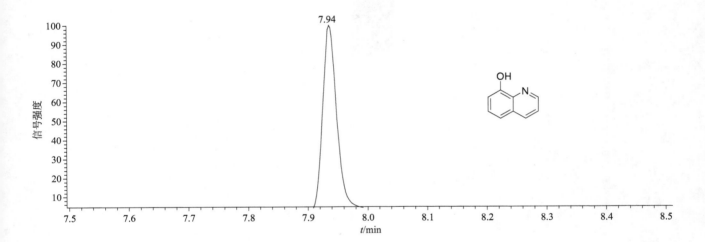

质谱图

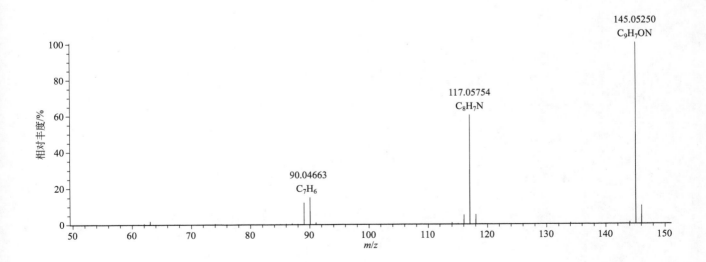

imazalil（抑霉唑）

基本信息

CAS 登录号	35554-44-0	分子量	296.04832	离子化模式	电子轰击电离（EI）
分子式	$C_{14}H_{14}Cl_2N_2O$	保留时间	22.02min		

总离子流色谱图

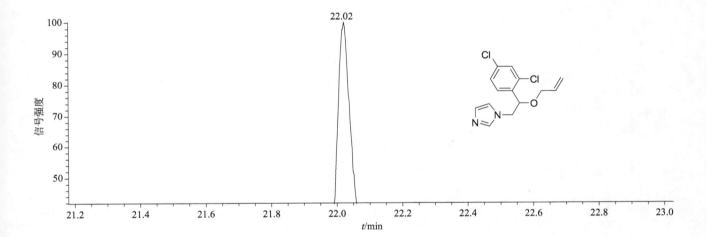

质谱图

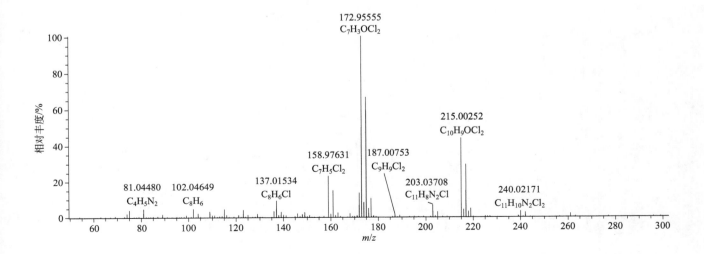

imazamethabenz-methyl（咪草酸）

基本信息

CAS 登录号	81405-85-8	分子量	288.14739	离子化模式	电子轰击电离（EI）
分子式	$C_{16}H_{20}N_2O_3$	保留时间	21.77min		

总离子流色谱图

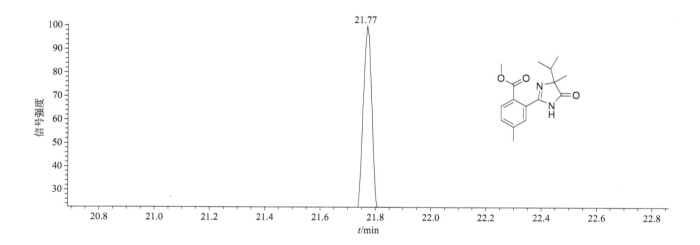

质谱图

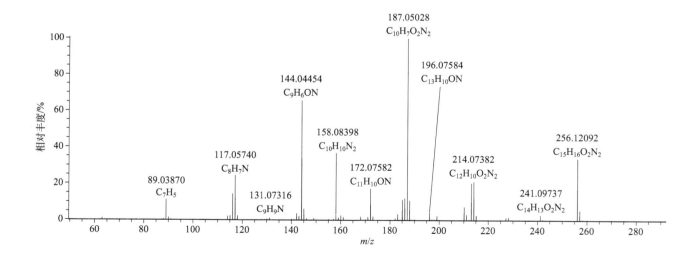

imiprothrin（炔咪菊酯）

基本信息

CAS 登录号	72963-72-5	分子量	318.15796	离子化模式	电子轰击电离（EI）
分子式	C₁₇H₂₂N₂O₄	保留时间	24.54min		

总离子流色谱图

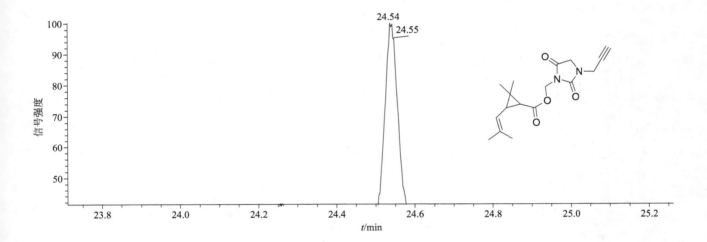

质谱图

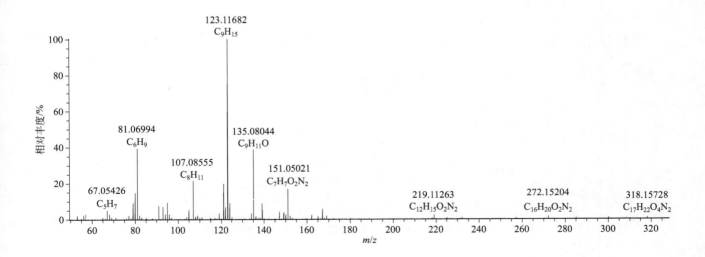

indanofan（茚草酮）

基本信息

CAS 登录号	133220-30-1	分子量	340.08662	离子化模式	电子轰击电离（EI）
分子式	$C_{20}H_{17}ClO_3$	保留时间	27.53min		

总离子流色谱图

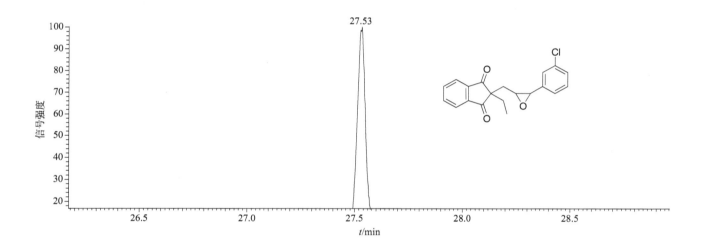

质谱图

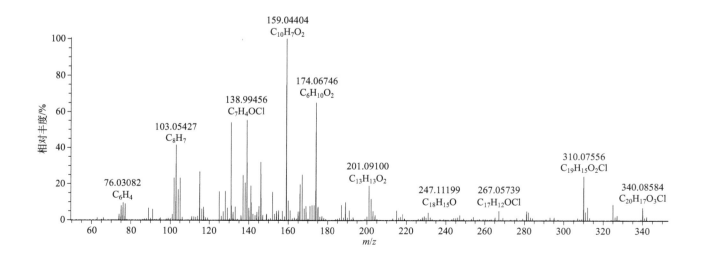

indaziflam（三嗪茚草胺）

基本信息

CAS 登录号	950782-86-2	分子量	301.16973	离子化模式	电子轰击电离（EI）
分子式	$C_{16}H_{20}FN_5$	保留时间	27.09min		

总离子流色谱图

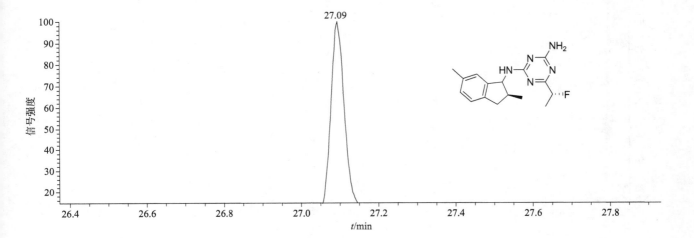

质谱图

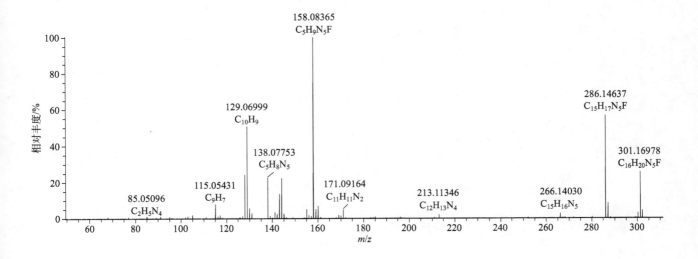

indoxacarb(茚虫威)

基本信息

CAS 登录号	173584-44-6	分子量	527.07071	离子化模式	电子轰击电离(EI)
分子式	$C_{22}H_{17}ClF_3N_3O_7$	保留时间	33.45min		

总离子流色谱图

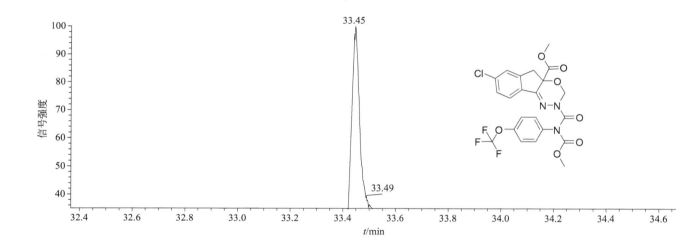

质谱图

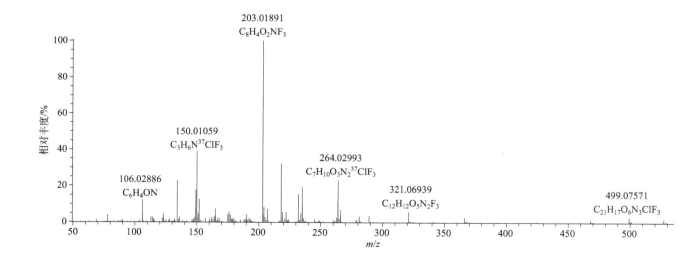

iodofenphos(碘硫磷)

基本信息

CAS 登录号	18181-70-9	分子量	411.83536	离子化模式	电子轰击电离（EI）
分子式	$C_8H_8Cl_2IO_3PS$	保留时间	21.90min		

总离子流色谱图

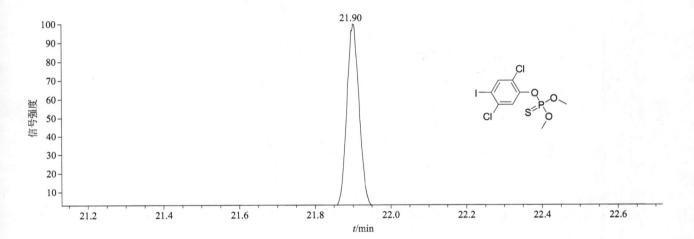

质谱图

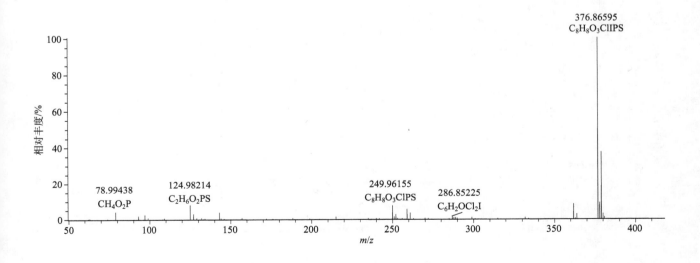

ipconazole(种菌唑)

基本信息

CAS 登录号	125225-28-7	**分子量**	333.16079	**离子化模式**	电子轰击电离(EI)
分子式	$C_{18}H_{24}ClN_3O$	**保留时间**	29.04min		

总离子流色谱图

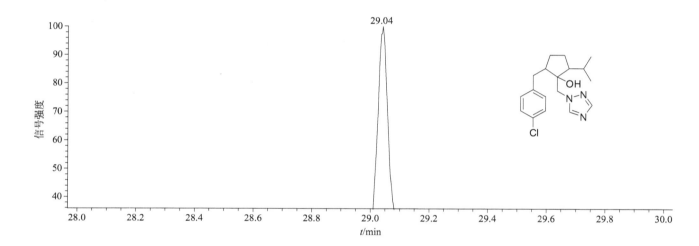

质谱图

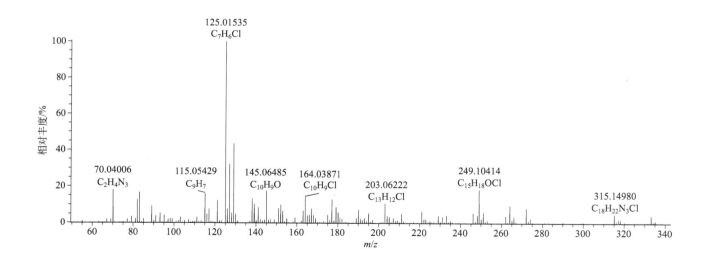

ipfencarbazone（三唑酰草胺）

基本信息

CAS 登录号	212201-70-2	分子量	426.04564	离子化模式	电子轰击电离（EI）
分子式	$C_{18}H_{14}Cl_2F_2N_4O_2$	保留时间	29.97min		

总离子流色谱图

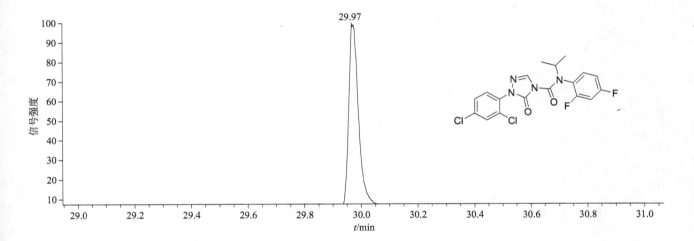

质谱图

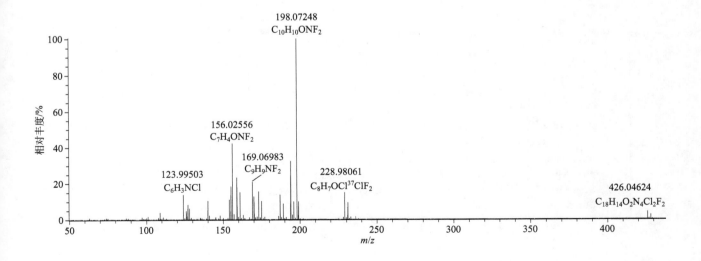

iprobenfos（异稻瘟净）

基本信息

CAS 登录号	26087-47-8	**分子量**	288.09490	**离子化模式**	电子轰击电离（EI）
分子式	$C_{13}H_{21}O_3PS$	**保留时间**	16.12min		

总离子流色谱图

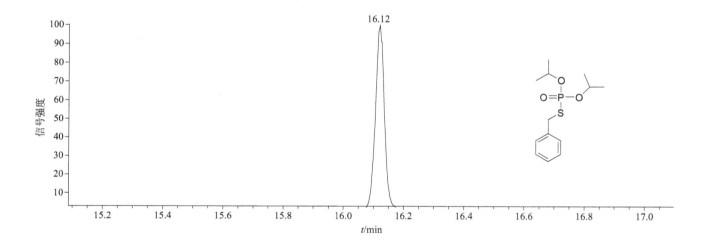

质谱图

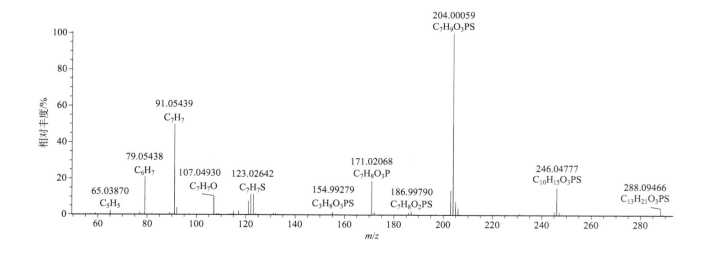

iprodione（异菌脲）

基本信息

CAS 登录号	36734-19-7	分子量	329.03340	离子化模式	电子轰击电离（EI）
分子式	$C_{13}H_{13}Cl_2N_3O_3$	保留时间	26.80min		

总离子流色谱图

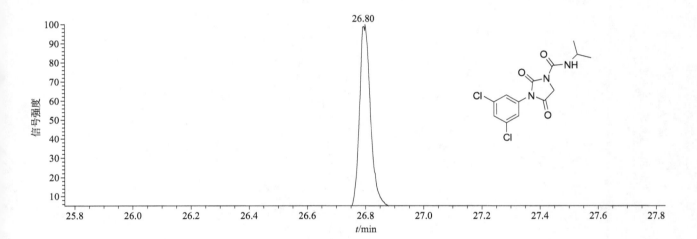

质谱图

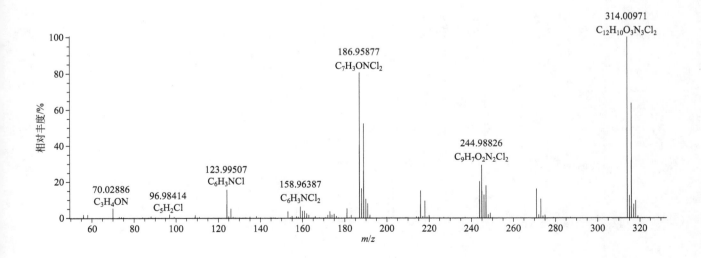

iprovalicarb（丙森锌）

基本信息

CAS 登录号	140923-17-7	分子量	320.20999	离子化模式	电子轰击电离（EI）
分子式	$C_{18}H_{28}N_2O_3$	保留时间	22.61min		

总离子流色谱图

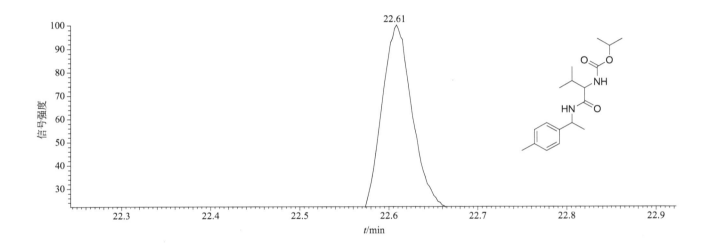

质谱图

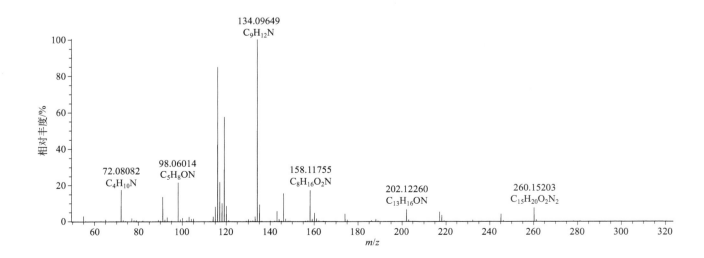

isazofos(氯唑磷)

基本信息

CAS 登录号	42509-80-8	**分子量**	313.04168	**离子化模式**	电子轰击电离(EI)
分子式	$C_9H_{17}ClN_3O_3PS$	**保留时间**	15.68min		

总离子流色谱图

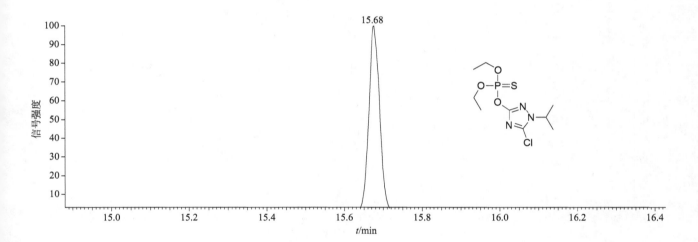

质谱图

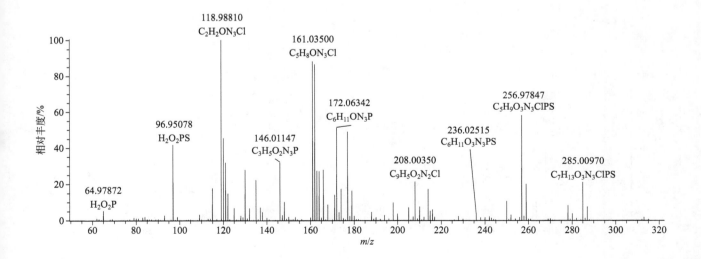

isobenzan（碳氯灵）

基本信息

CAS 登录号	297-78-9	**分子量**	407.77649	**离子化模式**	电子轰击电离（EI）
分子式	$C_9H_4Cl_8O$	**保留时间**	19.20min		

总离子流色谱图

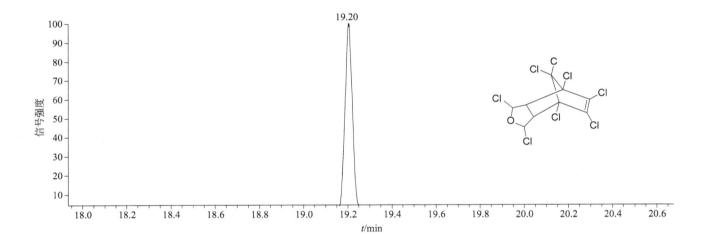

质谱图

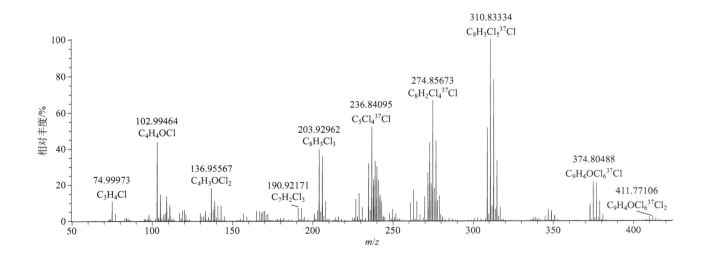

tri-isobutyl phosphate(三异丁基磷酸盐)

基本信息

CAS 登录号	126-71-6	分子量	266.16415	离子化模式	电子轰击电离(EI)
分子式	$C_{12}H_{27}O_4P$	保留时间	9.98min		

总离子流色谱图

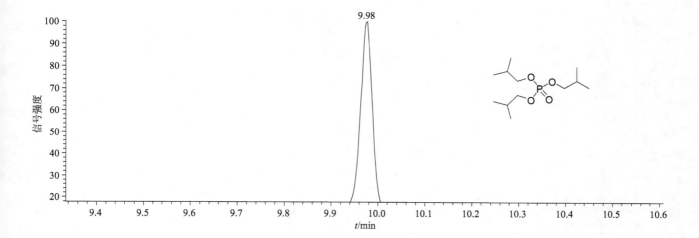

质谱图

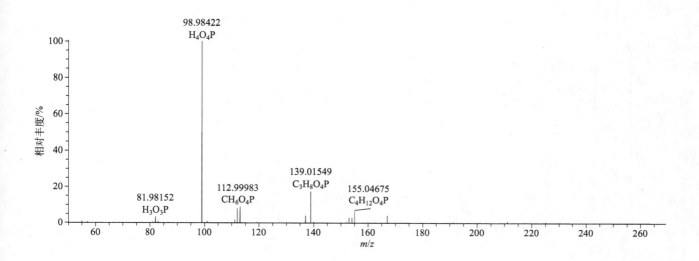

isocarbamid（丁咪酰胺）

基本信息

CAS 登录号	30979-48-7	分子量	185.11643	离子化模式	电子轰击电离（EI）
分子式	$C_8H_{15}N_3O_2$	保留时间	14.81min		

总离子流色谱图

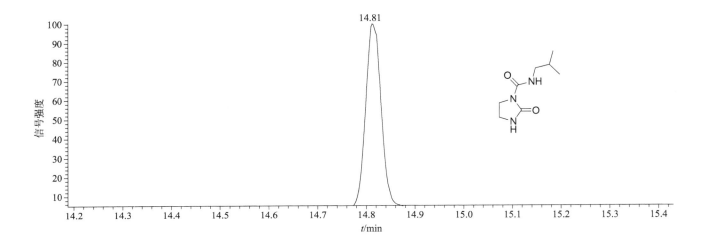

质谱图

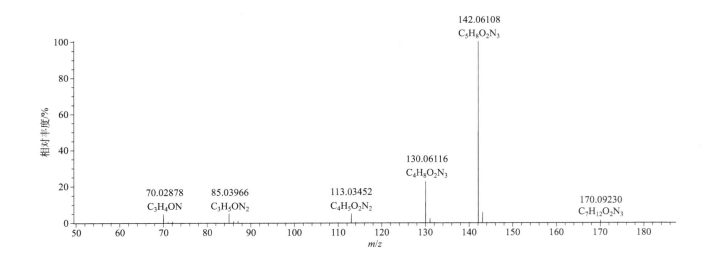

isocarbophos(水胺硫磷)

基本信息

CAS 登录号	24353-61-5	分子量	289.05377	离子化模式	电子轰击电离(EI)
分子式	$C_{11}H_{16}NO_4PS$	保留时间	19.13min		

总离子流色谱图

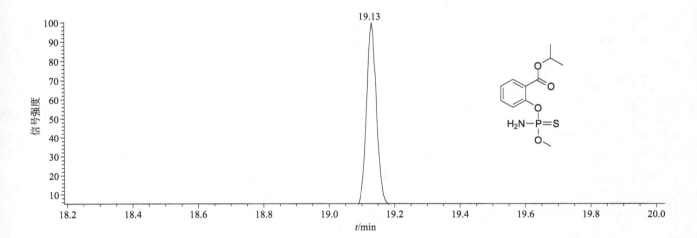

质谱图

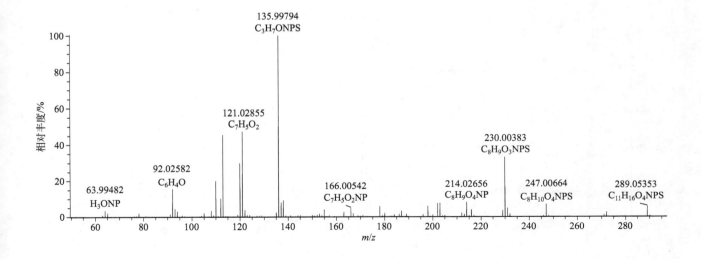

isodrin（异艾氏剂）

基本信息

CAS 登录号	465-73-6	分子量	361.87572	离子化模式	电子轰击电离（EI）
分子式	$C_{12}H_8Cl_6$	保留时间	19.74min		

总离子流色谱图

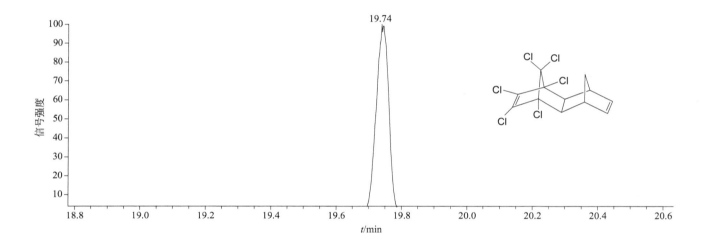

质谱图

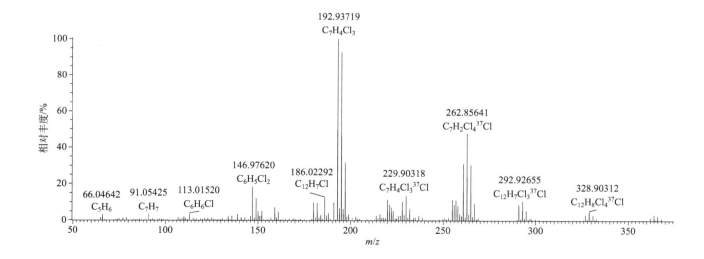

isoeugenol（异丁香酚）

基本信息

CAS 登录号	97-54-1	**分子量**	164.08373	**离子化模式**	电子轰击电离（EI）
分子式	C₁₀H₁₂O₂	**保留时间**	9.09min		

总离子流色谱图

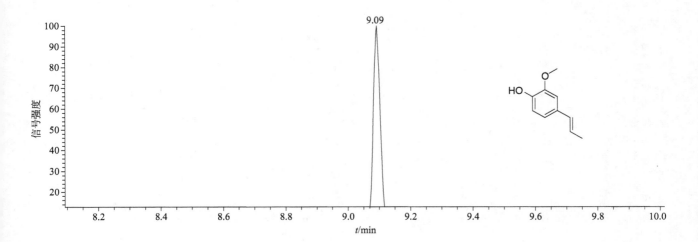

质谱图

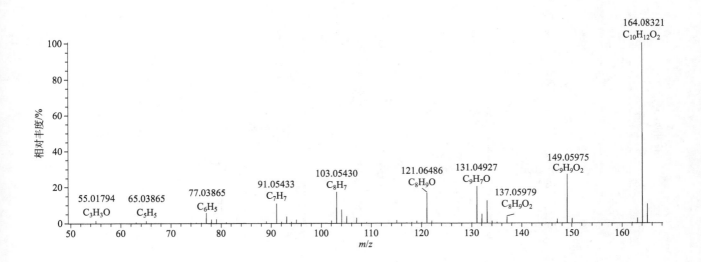

isofenphos（异柳磷）

基本信息

CAS 登录号	25311-71-1	分子量	345.11637	离子化模式	电子轰击电离（EI）
分子式	$C_{15}H_{24}NO_4PS$	保留时间	20.28min		

总离子流色谱图

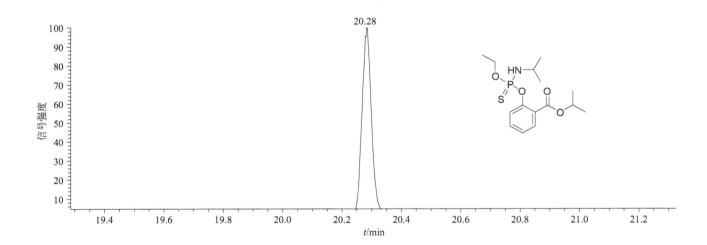

质谱图

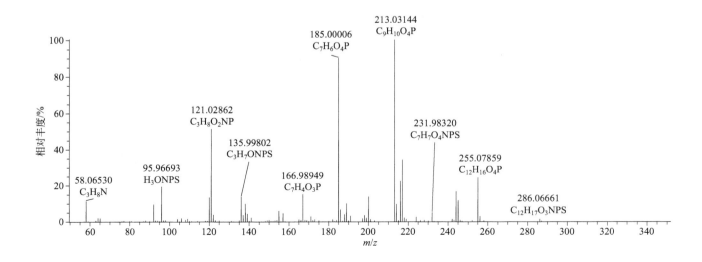

isofenphos-methyl（甲基异柳磷）

基本信息

CAS 登录号	99675-03-3	分子量	331.10072	离子化模式	电子轰击电离（EI）
分子式	$C_{14}H_{22}NO_4PS$	保留时间	19.76min		

总离子流色谱图

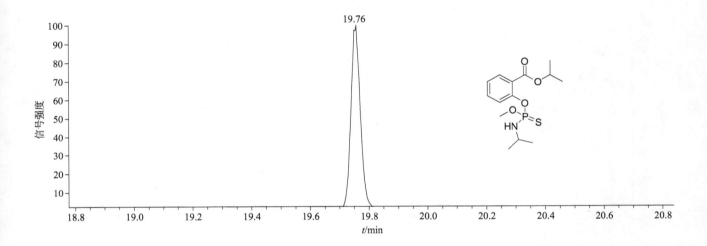

质谱图

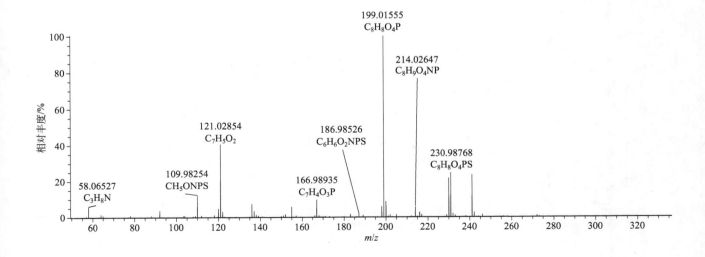

isofenphos-oxon（氧异柳磷）

基本信息

CAS 登录号	31120-85-1	分子量	329.13921	离子化模式	电子轰击电离（EI）
分子式	$C_{15}H_{24}NO_5P$	保留时间	19.10min		

总离子流色谱图

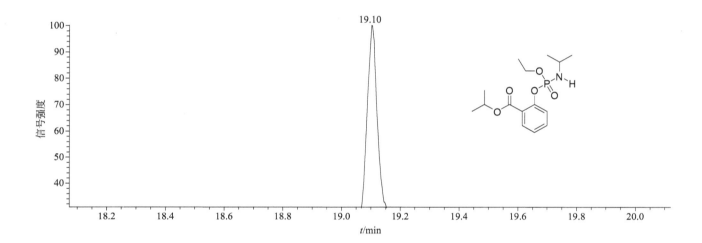

质谱图

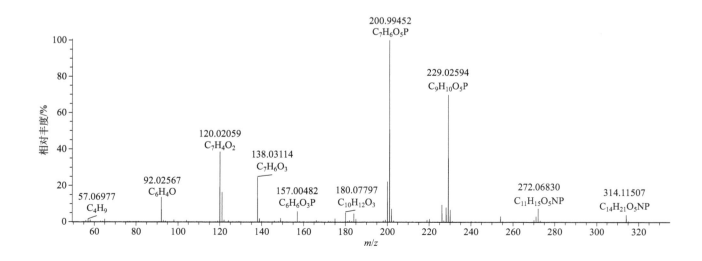

isomethiozin（丁嗪草酮）

基本信息

CAS 登录号	57052-04-7	分子量	268.13578	离子化模式	电子轰击电离（EI）
分子式	C₁₂H₂₀N₄OS	保留时间	18.98min		

总离子流色谱图

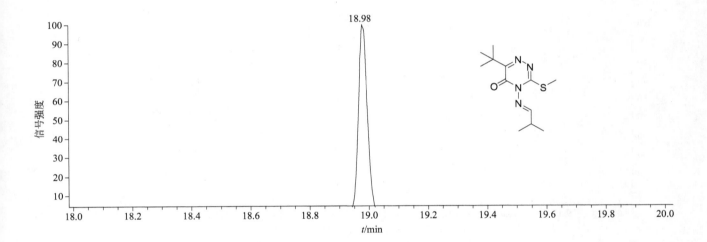

质谱图

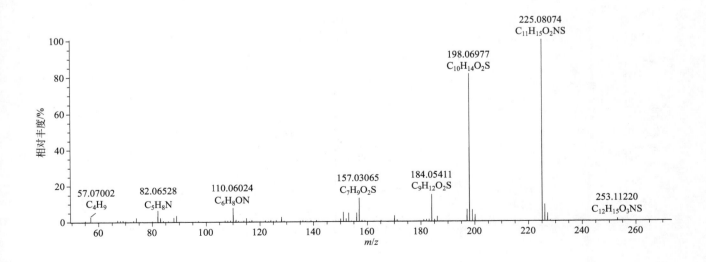

isoprocarb(异丙威)

基本信息

CAS 登录号	2631-40-5	**分子量**	193.11028	**离子化模式**	电子轰击电离(EI)
分子式	$C_{11}H_{15}NO_2$	**保留时间**	10.57min		

总离子流色谱图

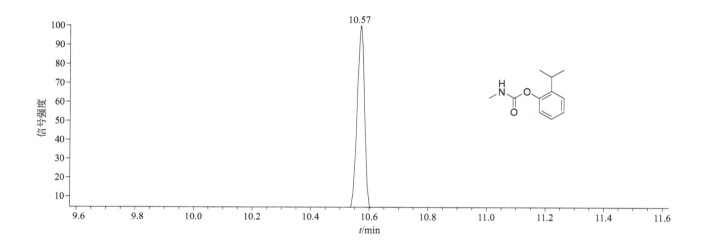

质谱图

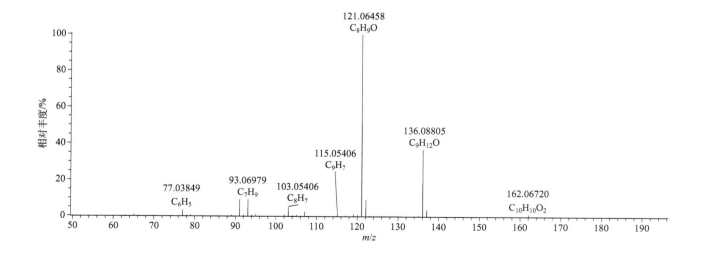

isopropalin（异丙乐灵）

基本信息

CAS 登录号	33820-53-0	分子量	309.16886	离子化模式	电子轰击电离（EI）
分子式	$C_{15}H_{23}N_3O_4$	保留时间	19.77min		

总离子流色谱图

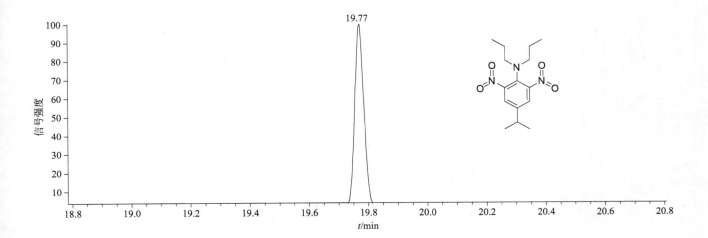

质谱图

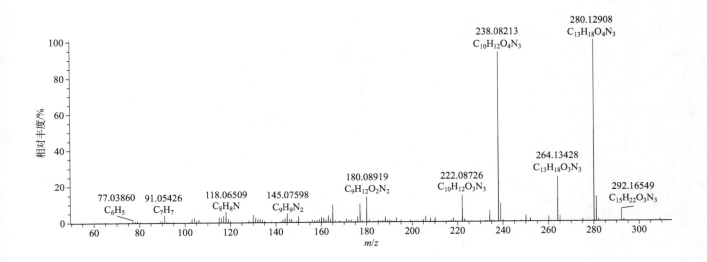

isoprothiolane(稻瘟灵)

基本信息

CAS 登录号	50512-35-1	分子量	290.06465	离子化模式	电子轰击电离(EI)
分子式	$C_{12}H_{18}O_4S_2$	保留时间	22.15min		

总离子流色谱图

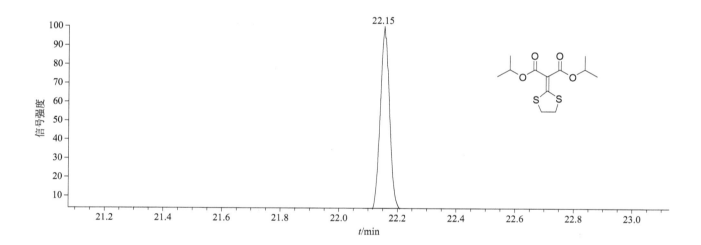

质谱图

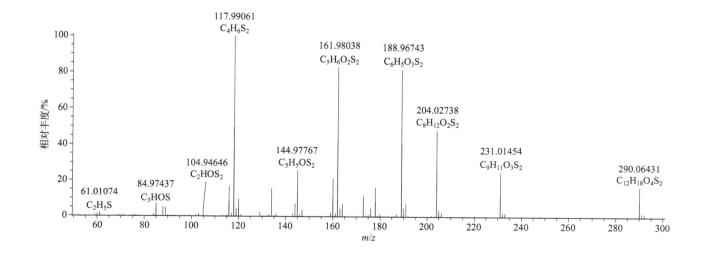

isoproturon（异丙隆）

基本信息

CAS 登录号	34123-59-6	分子量	206.14191	离子化模式	电子轰击电离（EI）
分子式	$C_{12}H_{18}N_2O$	保留时间	17.47min		

总离子流色谱图

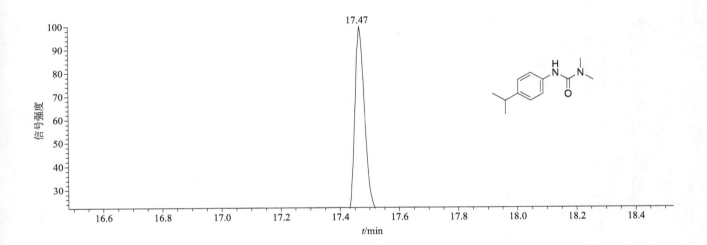

质谱图

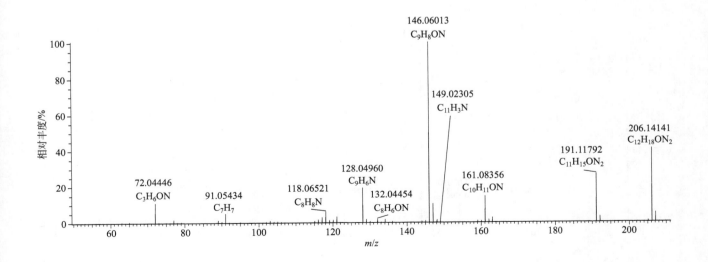

isopyrazam（吡唑萘菌胺）

基本信息

CAS 登录号	881685-58-1	分子量	360.18874	离子化模式	电子轰击电离（EI）
分子式	$C_{20}H_{24}F_2N_3O$	保留时间	29.55min		

总离子流色谱图

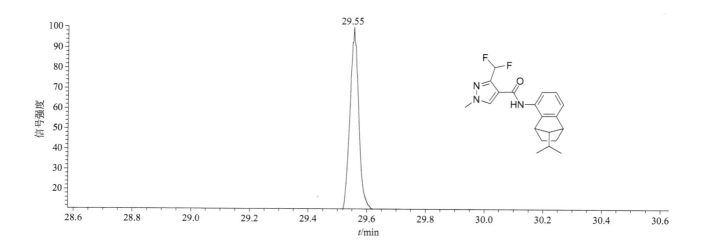

质谱图

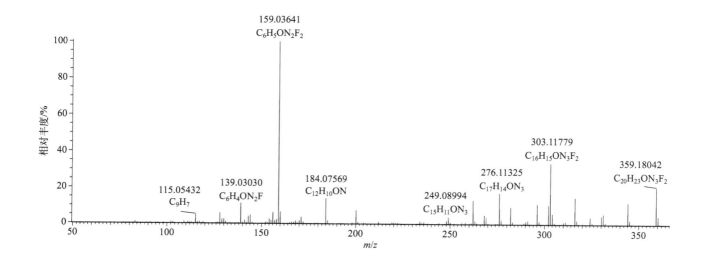

isoxadifen-ethyl（双苯噁唑酸）

基本信息

CAS 登录号	163520-33-0	分子量	295.12084	离子化模式	电子轰击电离（EI）
分子式	$C_{18}H_{17}NO_3$	保留时间	24.74min		

总离子流色谱图

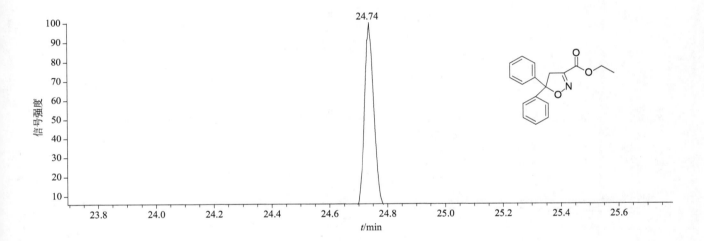

质谱图

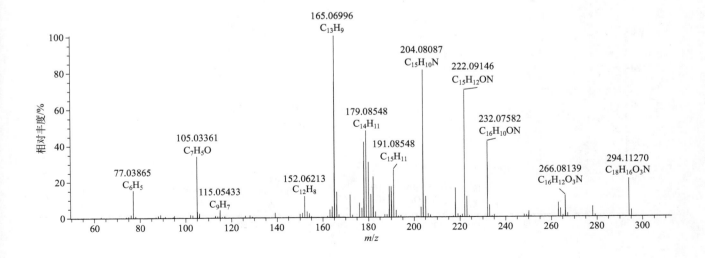

isoxaflutole（异䜁氟草）

基本信息

CAS 登录号	141112-29-0	分子量	359.04391	离子化模式	电子轰击电离（EI）
分子式	$C_{15}H_{12}F_3NO_4S$	保留时间	21.78min		

总离子流色谱图

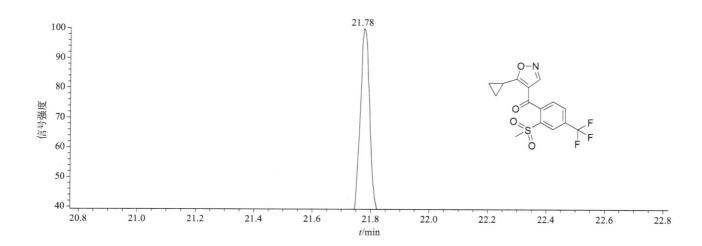

质谱图

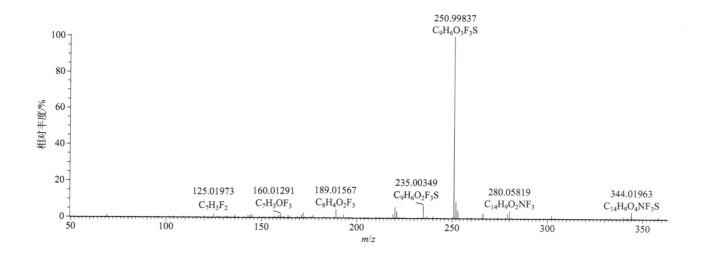

isoxathion(噁唑磷)

基本信息

CAS 登录号	18854-01-8	分子量	313.05377	离子化模式	电子轰击电离(EI)
分子式	$C_{13}H_{16}NO_4PS$	保留时间	23.11min		

总离子流色谱图

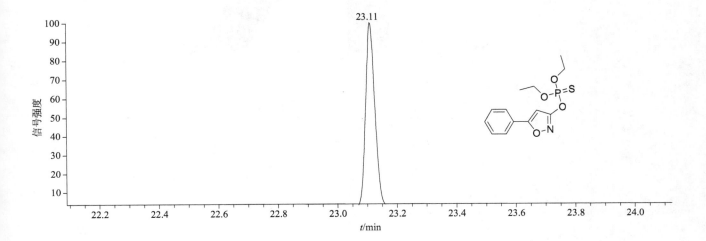

质谱图

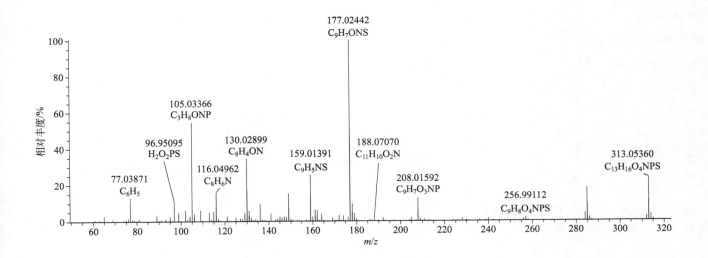

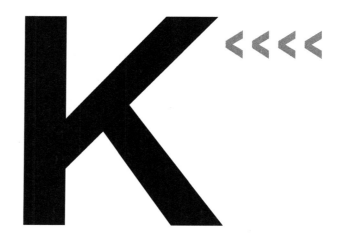

kadethrin(噻嗯菊酯)

基本信息

CAS 登录号	58769-20-3	**分子量**	396.13953	**离子化模式**	电子轰击电离(EI)
分子式	$C_{23}H_{24}O_4S$	**保留时间**	35.72min		

总离子流色谱图

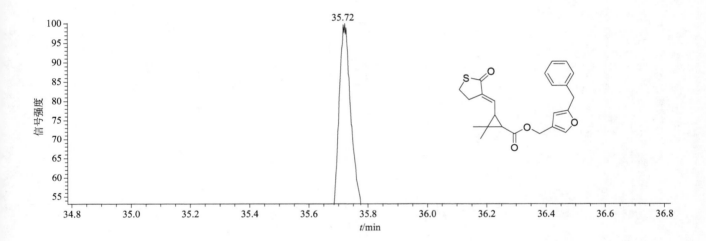

质谱图

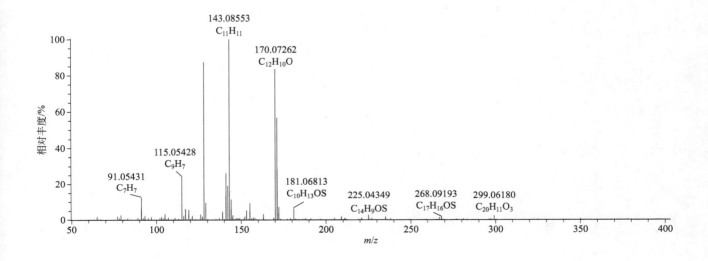

kinoprene(烯虫炔酯)

基本信息

CAS 登录号	42588-37-4	分子量	276.20893	离子化模式	电子轰击电离(EI)
分子式	$C_{18}H_{28}O_2$	保留时间	18.96min		

总离子流色谱图

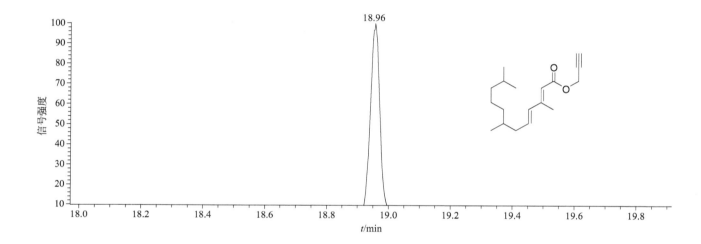

质谱图

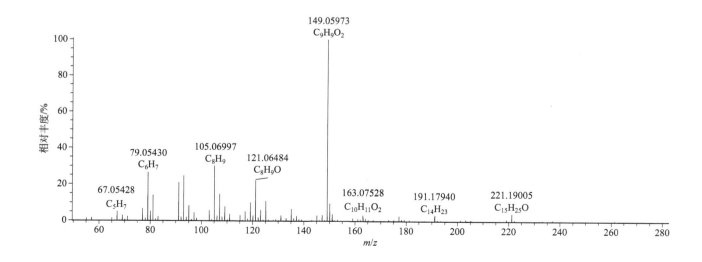

kresoxim-methyl（醚菌酯）

基本信息

CAS 登录号	143390-89-0	分子量	313.13141	离子化模式	电子轰击电离（EI）
分子式	$C_{18}H_{19}NO_4$	保留时间	22.78min		

总离子流色谱图

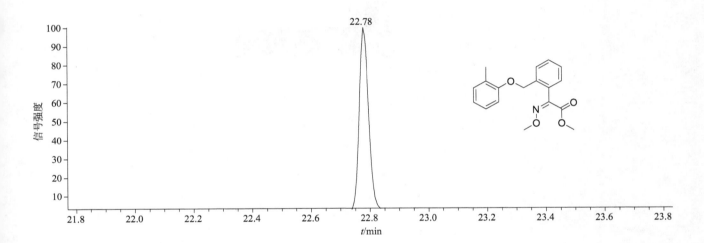

质谱图

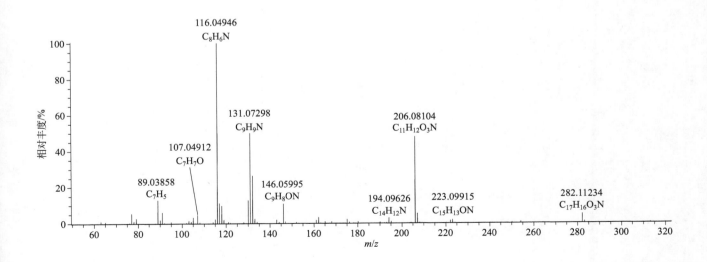

lactofen(乳氟禾草灵)

基本信息

CAS 登录号	77501-63-4	分子量	461.04891	离子化模式	电子轰击电离（EI）
分子式	$C_{19}H_{15}ClF_3NO_7$	保留时间	29.08min		

总离子流色谱图

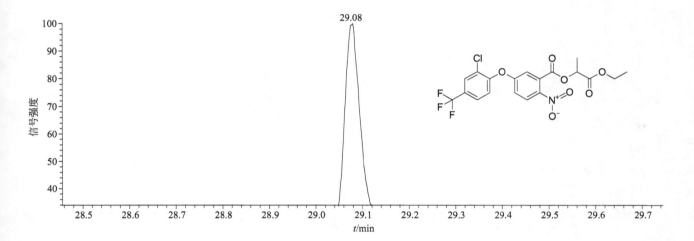

质谱图

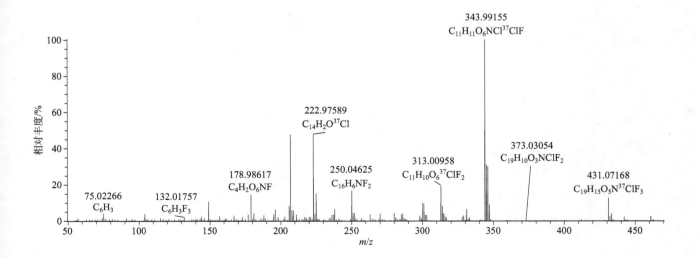

lenacil（环草啶）

基本信息

CAS 登录号	2164-08-1	**分子量**	234.13683	**离子化模式**	电子轰击电离（EI）
分子式	$C_{13}H_{18}N_2O_2$	**保留时间**	25.03min		

总离子流色谱图

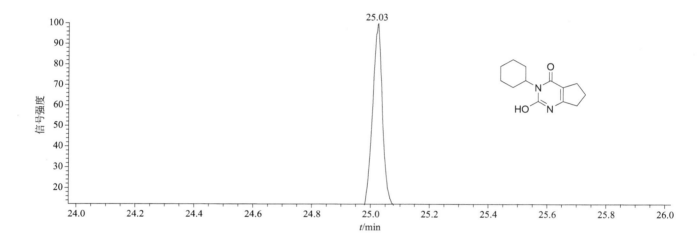

质谱图

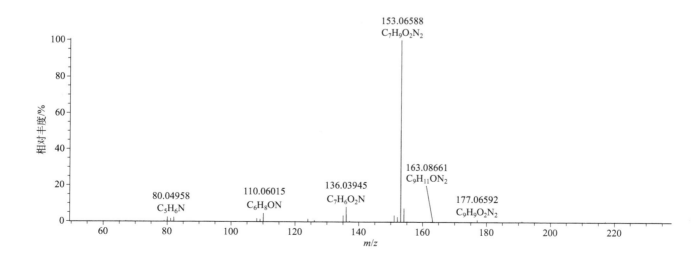

leptophos（溴苯磷）

基本信息

CAS 登录号	21609-90-5	分子量	409.86996	离子化模式	电子轰击电离（EI）
分子式	$C_{13}H_{10}BrCl_2O_2PS$	保留时间	28.27min		

总离子流色谱图

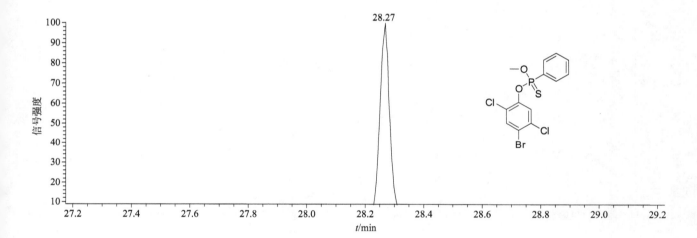

质谱图

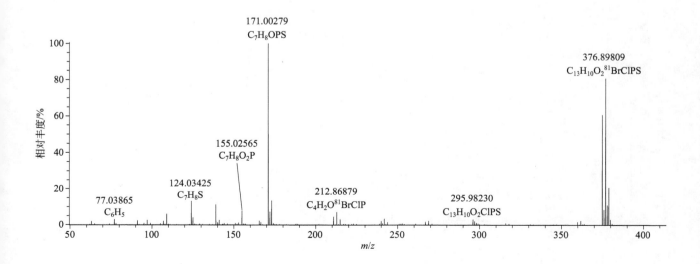

lindane（林丹）

基本信息

CAS 登录号	58-89-9	分子量	287.86007	离子化模式	电子轰击电离（EI）
分子式	$C_6H_6Cl_6$	保留时间	14.74min		

总离子流色谱图

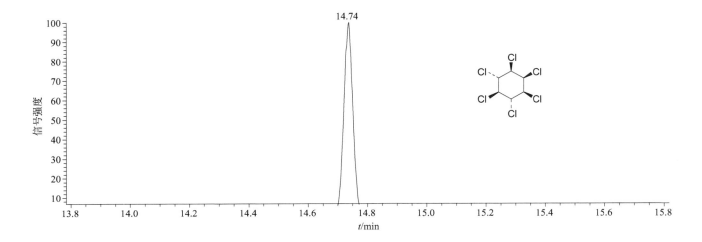

质谱图

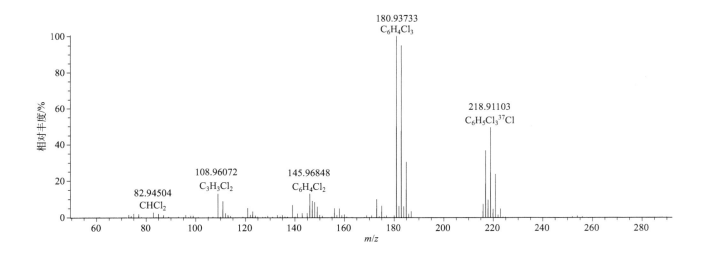

linuron（利谷隆）

基本信息

CAS 登录号	330-55-2	分子量	248.01193	离子化模式	电子轰击电离（EI）
分子式	$C_9H_{10}Cl_2N_2O_2$	保留时间	18.27min		

总离子流色谱图

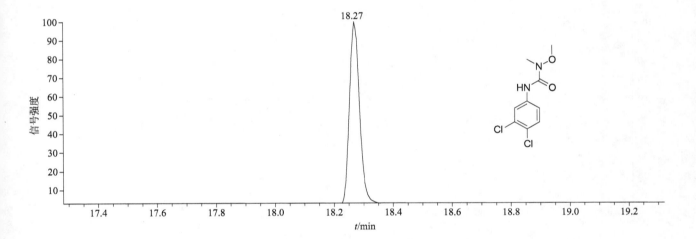

质谱图

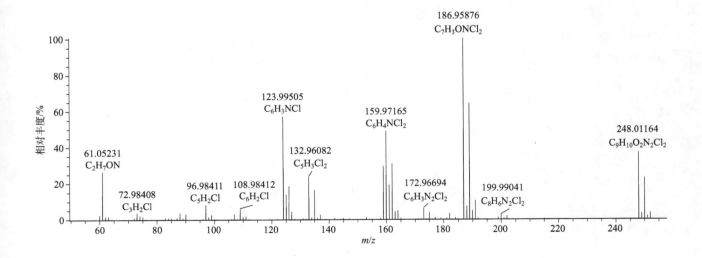

lufenuron（虱螨脲）

基本信息

CAS 登录号	103055-07-8	分子量	509.97787	离子化模式	电子轰击电离（EI）
分子式	$C_{17}H_8Cl_2F_8N_2O_3$	保留时间	8.60min		

总离子流色谱图

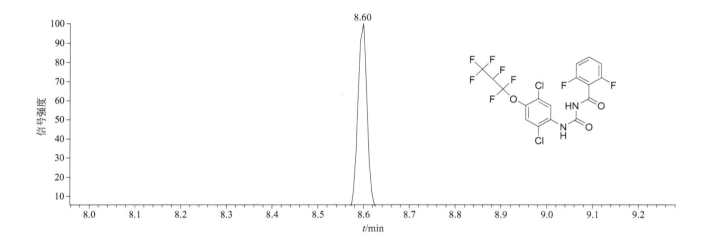

质谱图

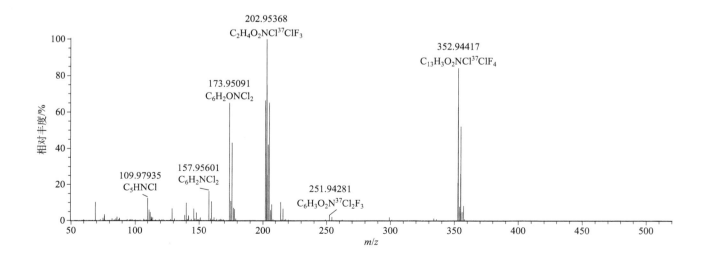

>>>> M

malaoxon(马拉氧磷)

基本信息

CAS 登录号	1634-78-2	**分子量**	314.05891	**离子化模式**	电子轰击电离(EI)
分子式	$C_{10}H_{19}O_7PS$	**保留时间**	17.09min		

总离子流色谱图

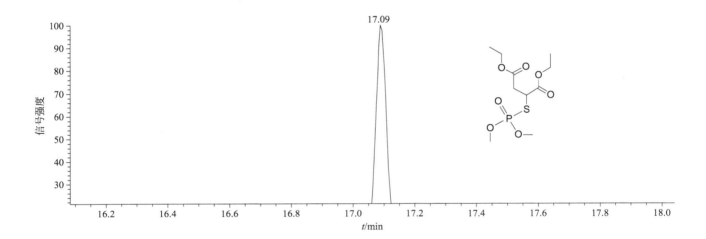

质谱图

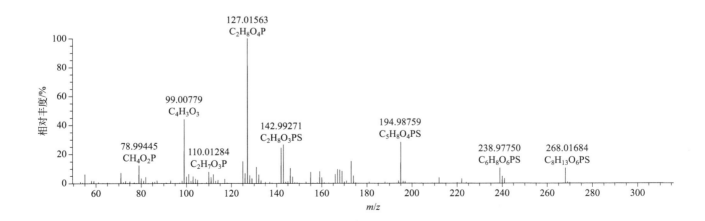

malathion（马拉硫磷）

基本信息

CAS 登录号	121-75-5	分子量	330.03607	离子化模式	电子轰击电离（EI）
分子式	$C_{10}H_{19}O_6PS_2$	保留时间	18.48min		

总离子流色谱图

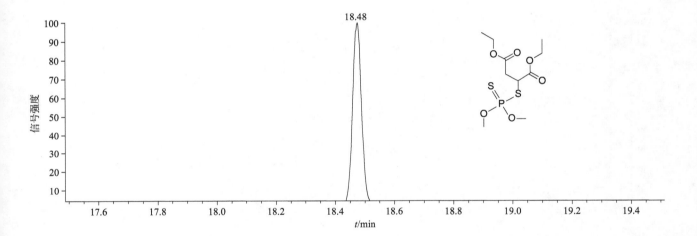

质谱图

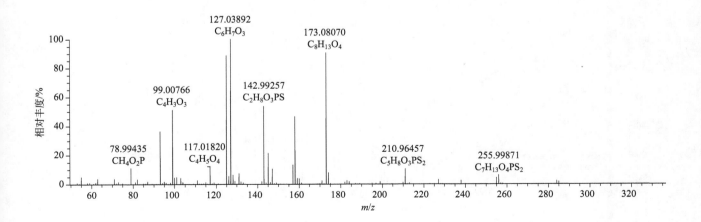

matrine（苦参碱）

基本信息

CAS 登录号	519-02-8	**分子量**	248.18886	**离子化模式**	电子轰击电离（EI）
分子式	C₁₅H₂₄N₂O	**保留时间**	25.16min		

总离子流色谱图

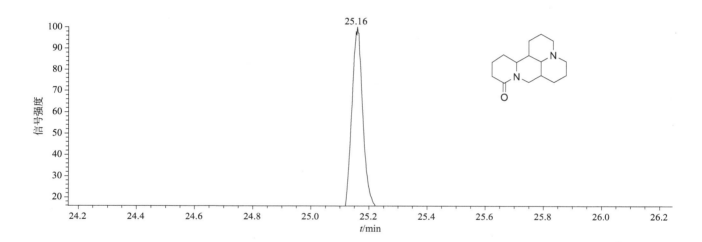

质谱图

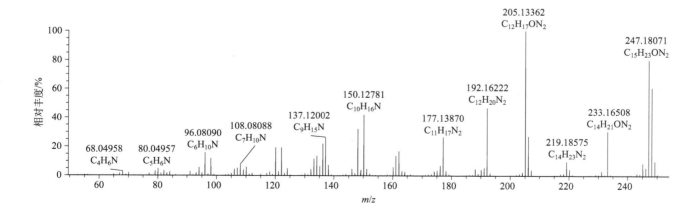

MCPA butoxyethyl ester（2-甲-4-氯丁氧乙基酯）

基本信息

CAS 登录号	19480-43-4	分子量	300.11284	离子化模式	电子轰击电离（EI）
分子式	$C_{15}H_{21}ClO_4$	保留时间	20.70min		

总离子流色谱图

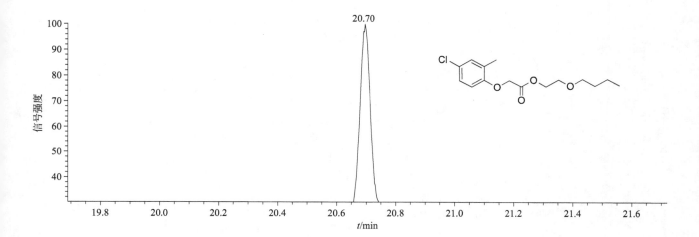

质谱图

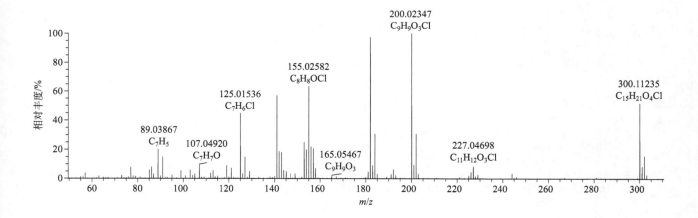

MCPA 2-ethylhexyl ester（2-甲-4-氯-2-乙基己基酯）

基本信息

CAS 登录号	29450-45-1	分子量	312.14922	离子化模式	电子轰击电离（EI）
分子式	$C_{17}H_{25}ClO_3$	保留时间	21.48min		

总离子流色谱图

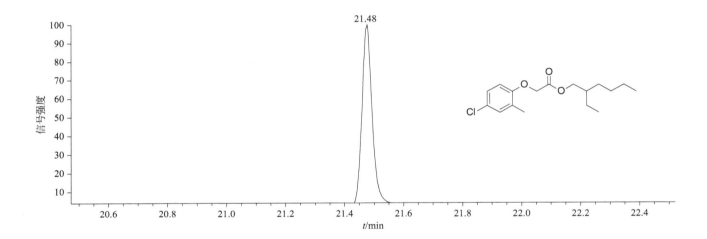

质谱图

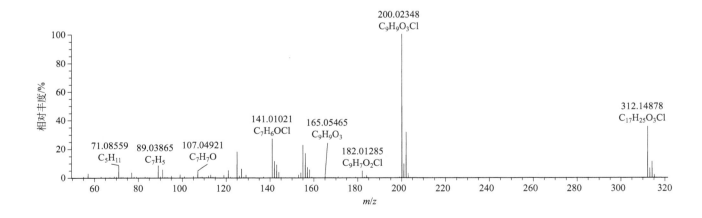

MCPA-isooctyl（2-甲-4-氯异辛酯）

基本信息

CAS 登录号	26544-20-7	分子量	312.14867	离子化模式	电子轰击电离（EI）
分子式	$C_{17}H_{25}ClO_3$	保留时间	22.24min		

总离子流色谱图

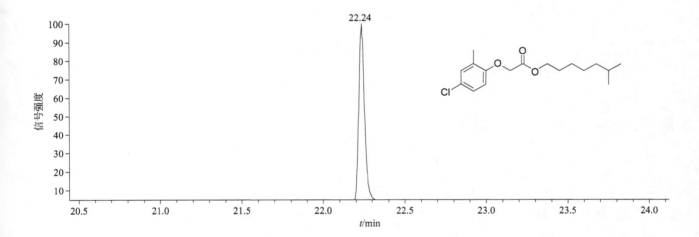

质谱图

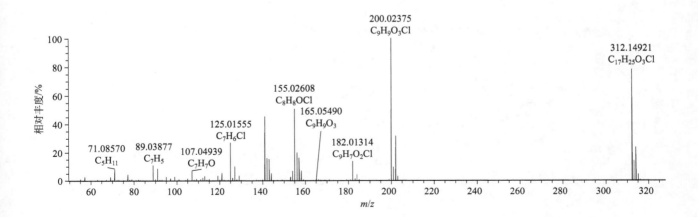

mecarbam（灭蚜磷）

基本信息

CAS 登录号	2595-54-2	分子量	329.05205	离子化模式	电子轰击电离（EI）
分子式	$C_{10}H_{20}NO_5PS_2$	保留时间	20.42min		

总离子流色谱图

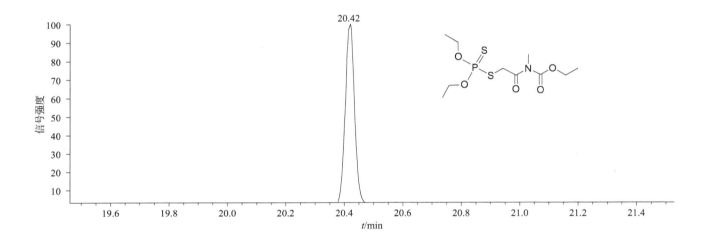

质谱图

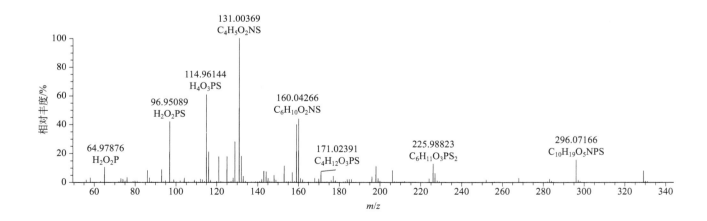

mecoprop methyl ester（2-甲基-4-氯丙酸甲酯）

基本信息

CAS 登录号	23844-56-6	分子量	228.05532
分子式	C₁₁H₁₃ClO₃	保留时间	10.73min

离子化模式：电子轰击电离（EI）

总离子流色谱图

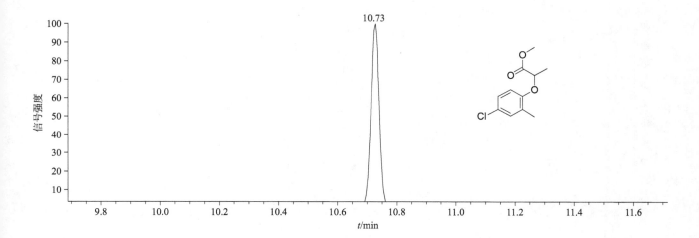

质谱图

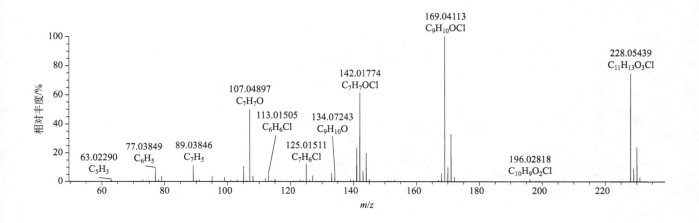

mefenacet（苯噻酰草胺）

基本信息

CAS 登录号	73250-68-7	分子量	298.07760	离子化模式	电子轰击电离（EI）
分子式	$C_{16}H_{14}N_2O_2S$	保留时间	28.65min		

总离子流色谱图

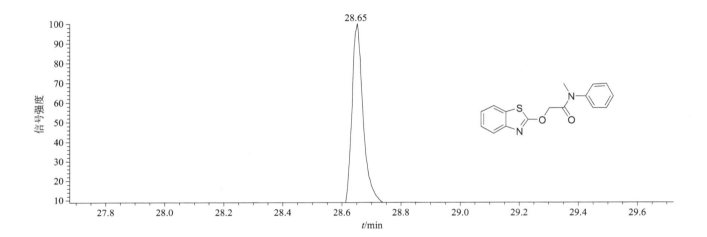

质谱图

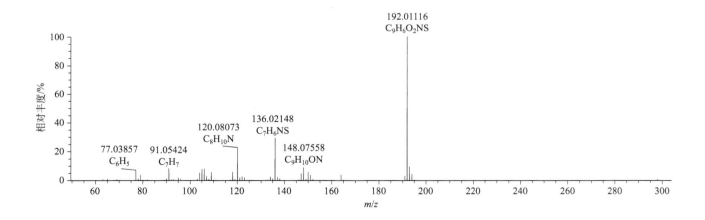

mefenpyr-diethyl（吡唑解草酯）

基本信息

CAS 登录号	135590-91-9	分子量	372.06436	离子化模式	电子轰击电离（EI）
分子式	$C_{16}H_{18}Cl_2N_2O_4$	保留时间	26.42min		

总离子流色谱图

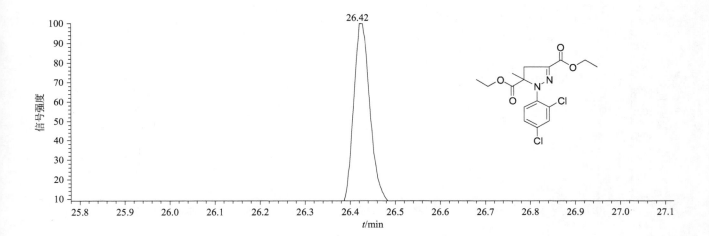

质谱图

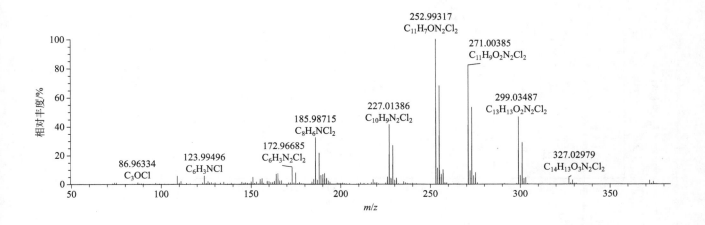

mefluidide（氟磺酰草胺）

基本信息

CAS 登录号	53780-34-0	分子量	310.05990	离子化模式	电子轰击电离（EI）
分子式	$C_{11}H_{13}F_3N_2O_3S$	保留时间	19.58min		

总离子流色谱图

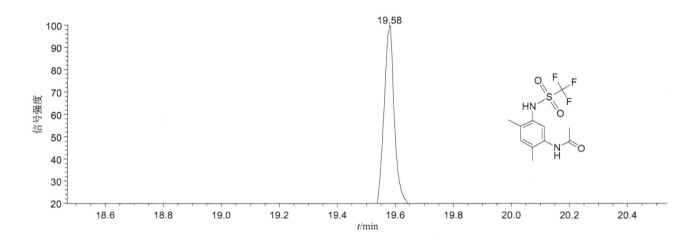

质谱图

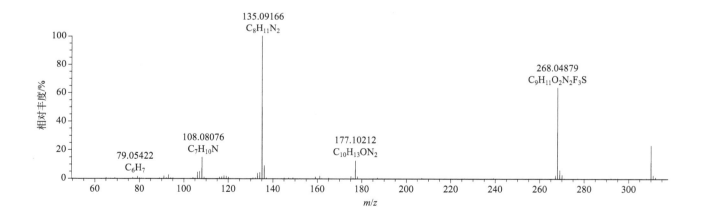

mepanipyrim(嘧菌胺)

基本信息

CAS 登录号	110235-47-7	分子量	223.11095	离子化模式	电子轰击电离(EI)
分子式	$C_{14}H_{13}N_3$	保留时间	21.66min		

总离子流色谱图

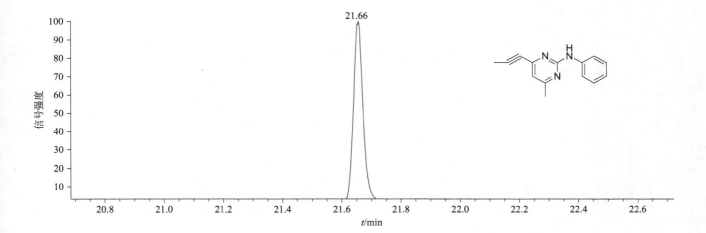

质谱图

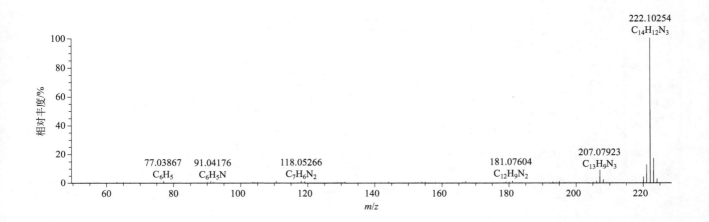

mephosfolan(地胺磷)

基本信息

CAS 登录号	950-10-7	分子量	269.03092	离子化模式	电子轰击电离(EI)
分子式	$C_8H_{16}NO_3PS_2$	保留时间	20.34min		

总离子流色谱图

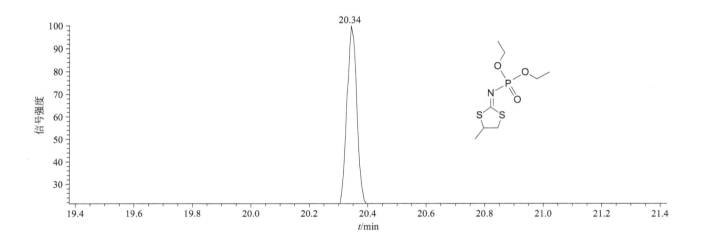

质谱图

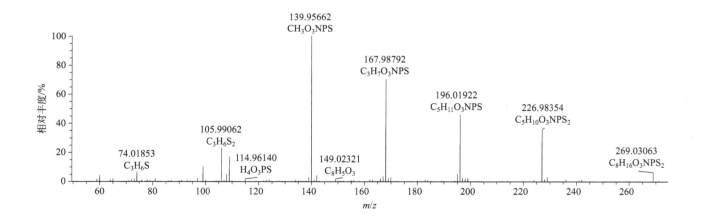

mepronil（灭锈胺）

基本信息

CAS 登录号	55814-41-0	分子量	269.14158
分子式	$C_{17}H_{19}NO_2$	保留时间	24.48min

离子化模式	电子轰击电离（EI）

总离子流色谱图

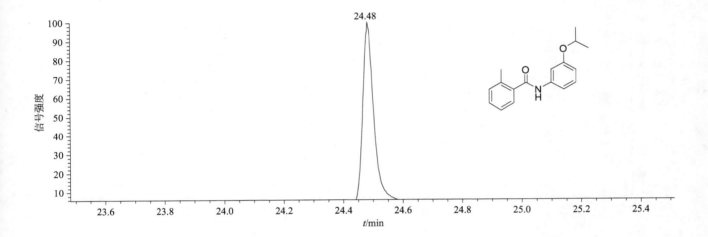

质谱图

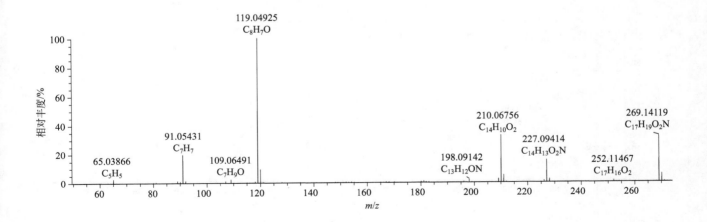

merphos（脱叶亚磷）

基本信息

CAS 登录号	150-50-5	**分子量**	298.10125	**离子化模式**	电子轰击电离（EI）
分子式	$C_{12}H_{27}PS_3$	**保留时间**	20.40min		

总离子流色谱图

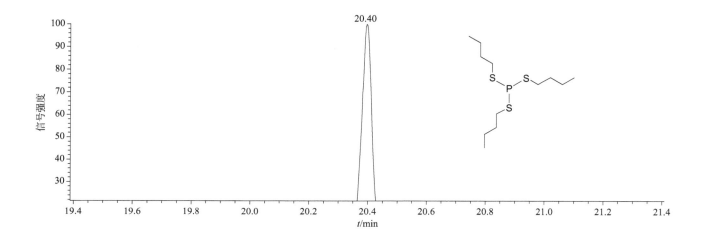

质谱图

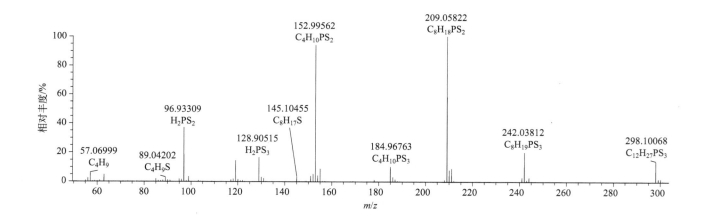

metalaxyl（甲霜灵）

基本信息

CAS 登录号	57837-19-1	分子量	279.14706	离子化模式	电子轰击电离（EI）
分子式	$C_{15}H_{21}NO_4$	保留时间	17.47min		

总离子流色谱图

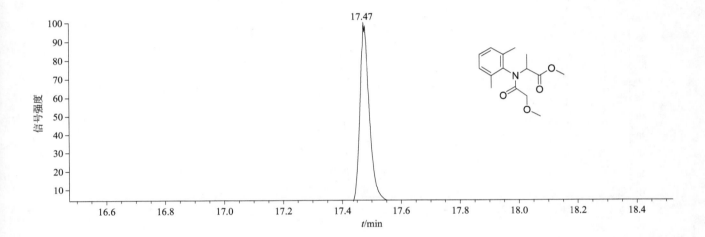

质谱图

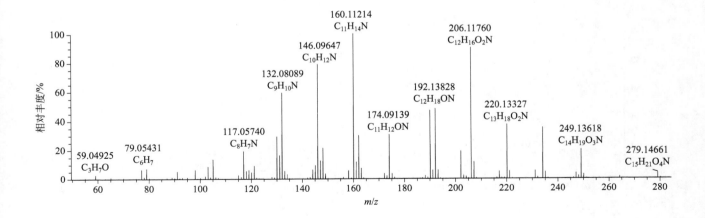

metamitron（苯嗪草酮）

基本信息

CAS 登录号	41394-05-2	分子量	202.08546	离子化模式	电子轰击电离（EI）
分子式	$C_{10}H_{10}N_4O$	保留时间	22.78min		

总离子流色谱图

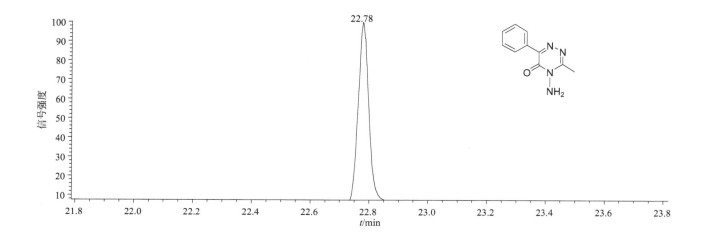

质谱图

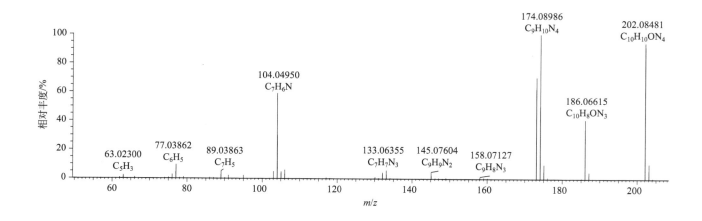

metazachlor（吡唑草胺）

基本信息

CAS 登录号	67129-08-2	分子量	277.09819	离子化模式	电子轰击电离（EI）
分子式	$C_{14}H_{16}ClN_3O$	保留时间	19.93min		

总离子流色谱图

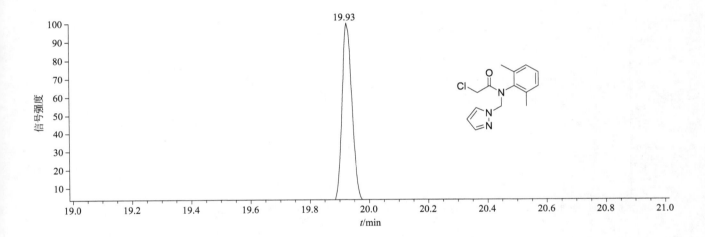

质谱图

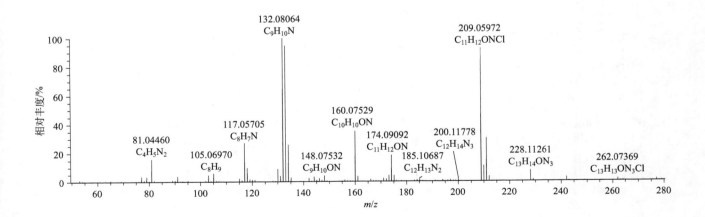

metconazole(叶菌唑)

基本信息

CAS 登录号	125116-23-6	分子量	319.14514	离子化模式	电子轰击电离(EI)
分子式	$C_{17}H_{22}ClN_3O$	保留时间	27.64min		

总离子流色谱图

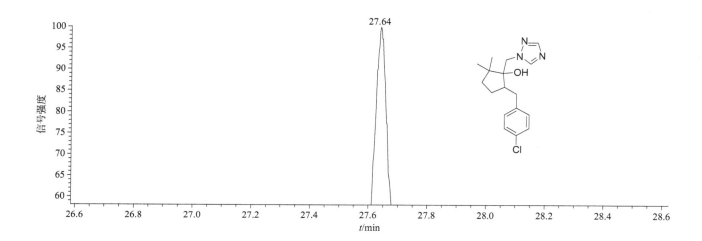

质谱图

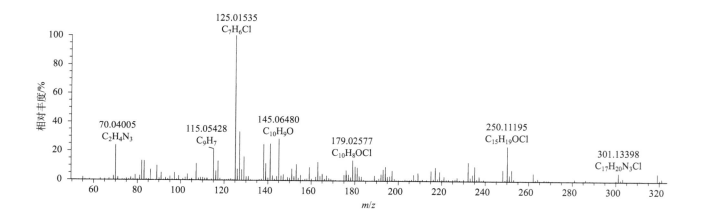

methabenzthiazuron（甲基苯噻隆）

基本信息

CAS 登录号	18691-97-9	分子量	221.06228	离子化模式	电子轰击电离（EI）
分子式	$C_{10}H_{11}N_3OS$	保留时间	12.88min		

总离子流色谱图

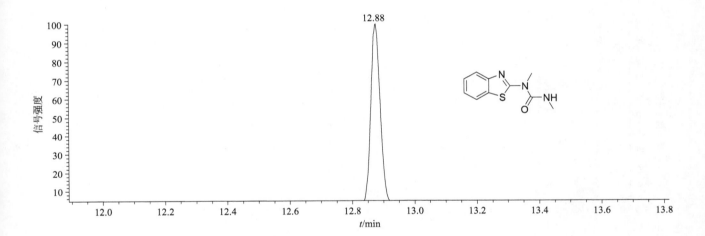

质谱图

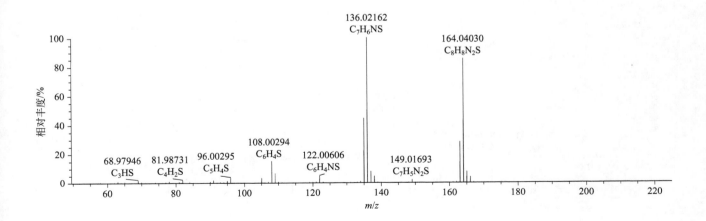

methacrifos（虫螨畏）

基本信息

CAS 登录号	62610-77-9	分子量	240.02213	离子化模式	电子轰击电离（EI）
分子式	$C_7H_{13}O_5PS$	保留时间	9.89min		

总离子流色谱图

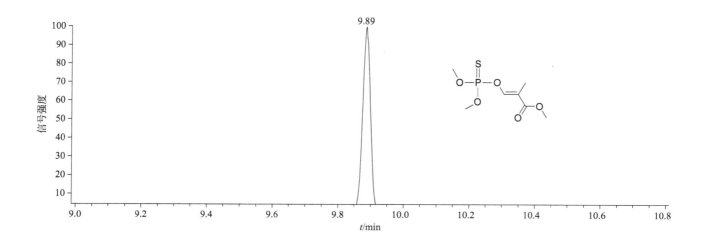

质谱图

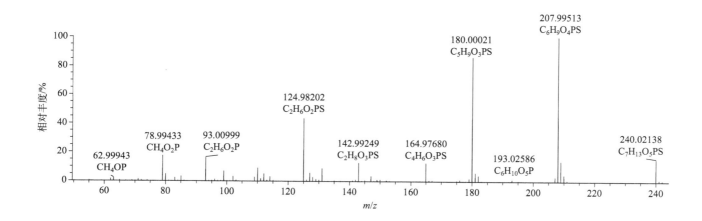

methamidophos（甲胺磷）

基本信息

CAS 登录号	10265-92-6	分子量	141.00134	离子化模式	电子轰击电离（EI）
分子式	$C_2H_8NO_2PS$	保留时间	6.22min		

总离子流色谱图

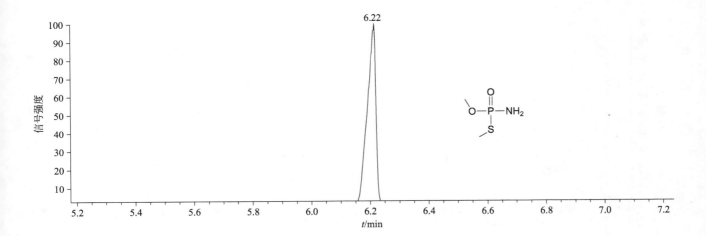

质谱图

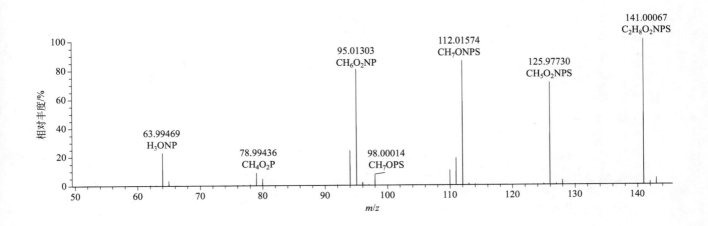

methfuroxam(呋菌胺)

基本信息

CAS 登录号	28730-17-8	分子量	229.11028	离子化模式	电子轰击电离(EI)
分子式	$C_{14}H_{15}NO_2$	保留时间	19.08min		

总离子流色谱图

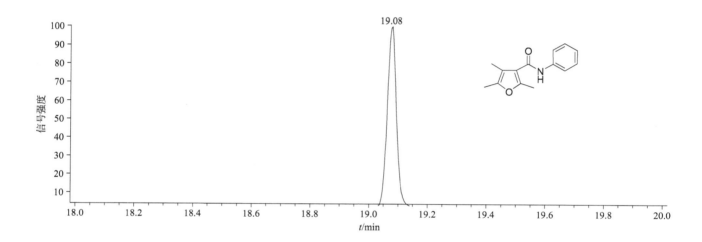

质谱图

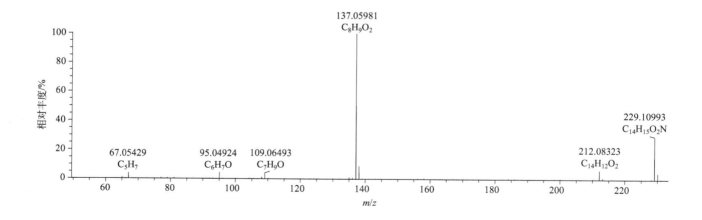

methidathion（杀扑磷）

基本信息

CAS 登录号	950-37-8	分子量	301.96186	离子化模式	电子轰击电离（EI）
分子式	$C_6H_{11}N_2O_4PS_3$	保留时间	20.99min		

总离子流色谱图

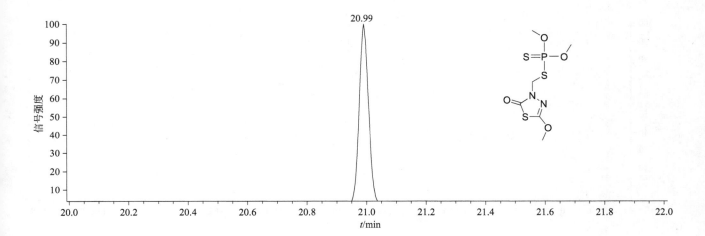

质谱图

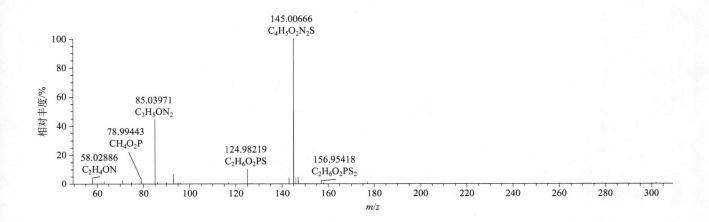

methiocarb（甲硫威）

基本信息

CAS 登录号	2032-65-7	分子量	225.08235	离子化模式	电子轰击电离（EI）
分子式	$C_{11}H_{15}NO_2S$	保留时间	10.74min		

总离子流色谱图

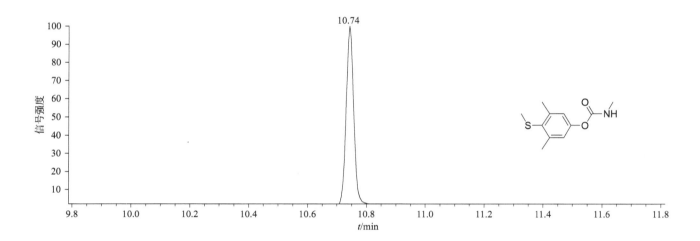

质谱图

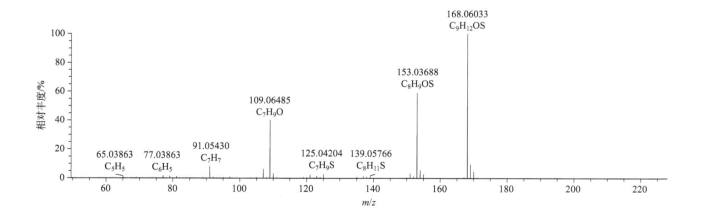

methiocarb-sulfoxide(甲硫威亚砜)

基本信息

CAS 登录号	2635-10-1	分子量	241.07727	离子化模式	电子轰击电离(EI)
分子式	$C_{11}H_{15}NO_3S$	保留时间	17.13min		

总离子流色谱图

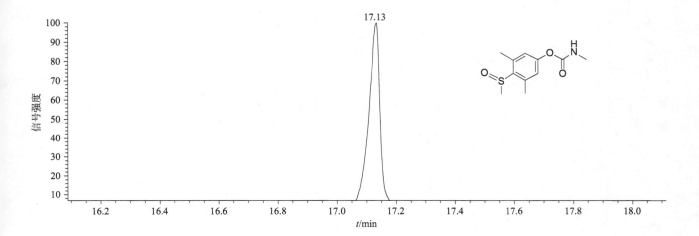

质谱图

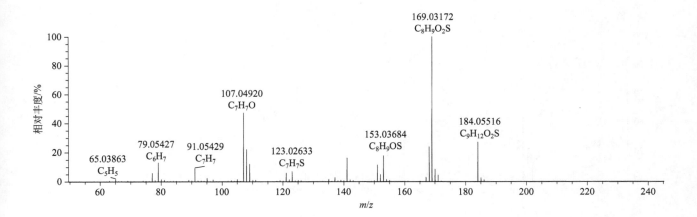

methoprene（烯虫丙酯）

基本信息

CAS 登录号	40596-69-8	分子量	310.25080	离子化模式	电子轰击电离（EI）
分子式	$C_{19}H_{34}O_3$	保留时间	21.05min		

总离子流色谱图

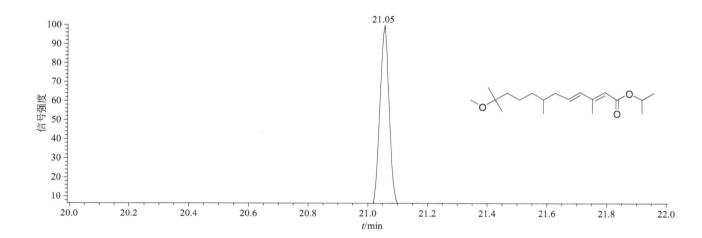

质谱图

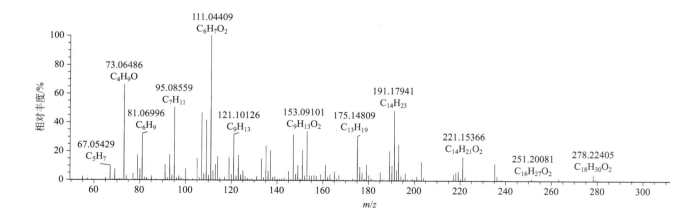

methoprotryne(盖草津)

基本信息

CAS 登录号	841-06-5	分子量	271.14668	离子化模式	电子轰击电离(EI)
分子式	$C_{11}H_{21}N_5OS$	保留时间	22.89min		

总离子流色谱图

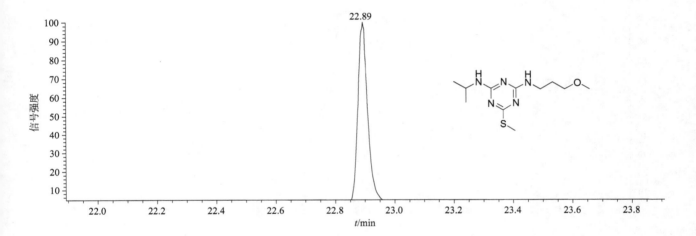

质谱图

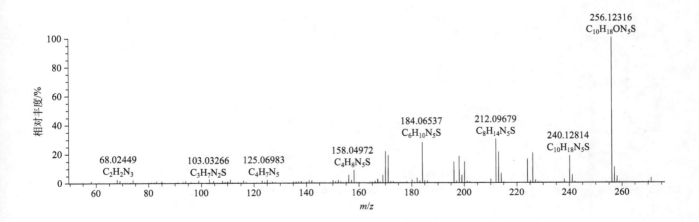

methothrin（甲醚菊酯）

基本信息

CAS 登录号	34388-29-9	**分子量**	302.18819	**离子化模式**	电子轰击电离（EI）
分子式	$C_{19}H_{26}O_3$	**保留时间**	21.87min		

总离子流色谱图

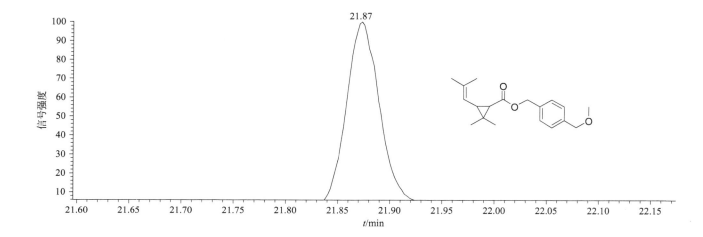

质谱图

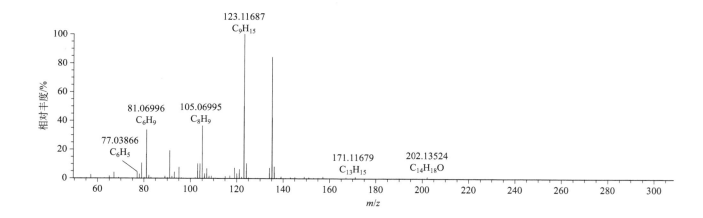

methoxychlor（甲氧滴滴涕）

基本信息

CAS 登录号	72-43-5	分子量	344.01376	离子化模式	电子轰击电离（EI）
分子式	$C_{16}H_{15}Cl_3O_2$	保留时间	27.33min		

总离子流色谱图

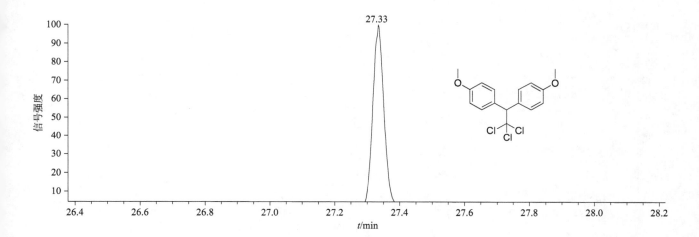

质谱图

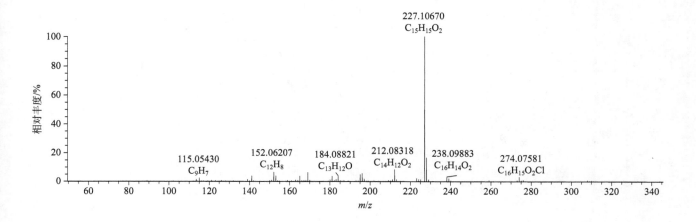

metobromuron（溴谷隆）

基本信息

CAS 登录号	3060-89-7	分子量	258.00039	离子化模式	电子轰击电离（EI）
分子式	$C_9H_{11}BrN_2O_2$	保留时间	16.36min		

总离子流色谱图

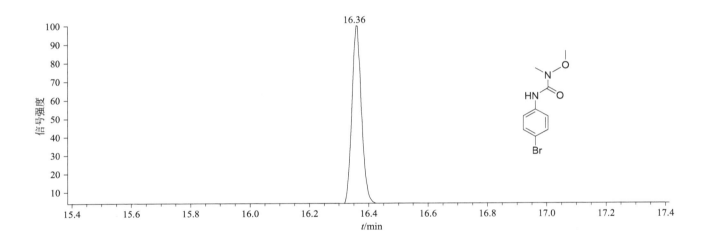

质谱图

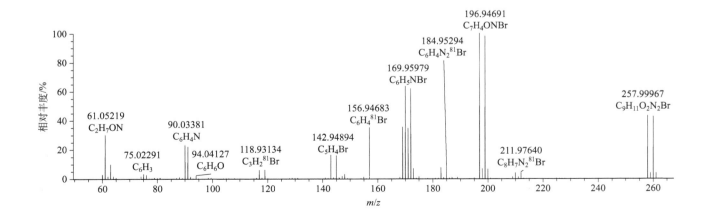

metofluthrin（甲氧苄氟菊酯）

基本信息

CAS 登录号	240494-70-6	分子量	360.13486	离子化模式	电子轰击电离（EI）
分子式	$C_{18}H_{20}F_4O_3$	保留时间	18.92min		

总离子流色谱图

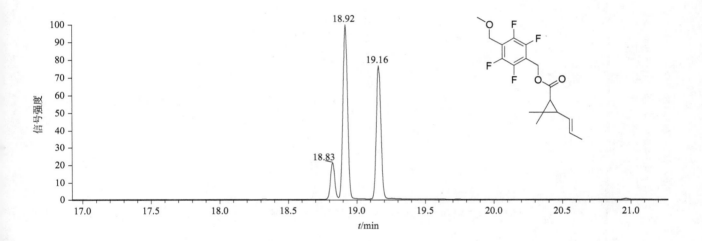

质谱图

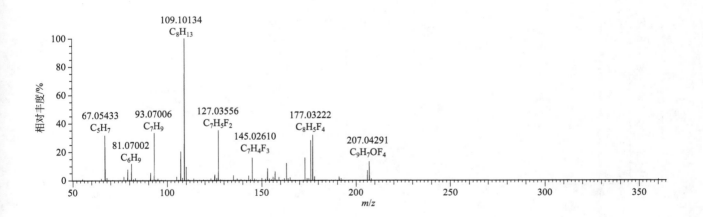

metolachlor（异丙甲草胺）

基本信息

CAS 登录号	51218-45-2	**分子量**	283.13391	**离子化模式**	电子轰击电离（EI）
分子式	C₁₅H₂₂ClNO₂	**保留时间**	18.62min		

总离子流色谱图

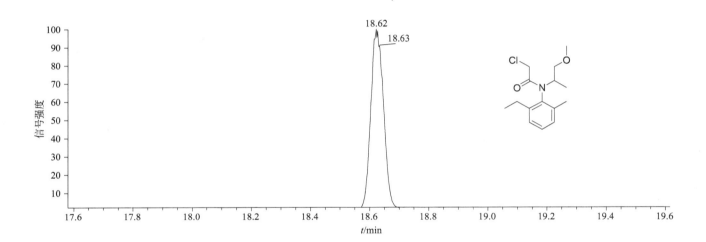

质谱图

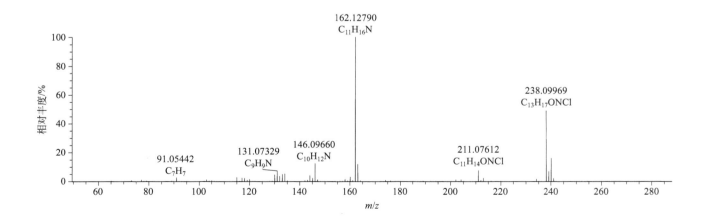

metolcarb(速灭威)

基本信息

CAS 登录号	1129-41-5	分子量	165.07898	离子化模式	电子轰击电离(EI)
分子式	$C_9H_{11}NO_2$	保留时间	9.32min		

总离子流色谱图

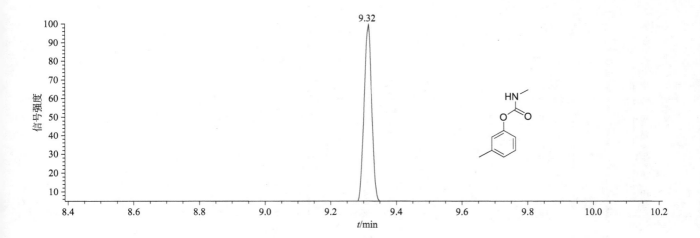

质谱图

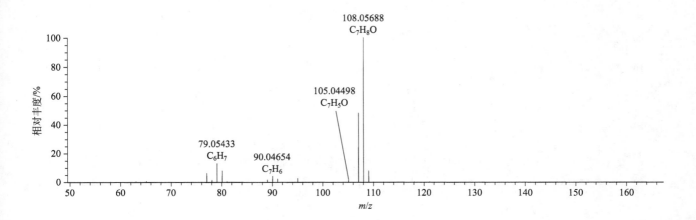

metribuzin（嗪草酮）

基本信息

CAS 登录号	21087-64-9	分子量	214.08883	离子化模式	电子轰击电离（EI）
分子式	$C_8H_{14}N_4OS$	保留时间	16.90min		

总离子流色谱图

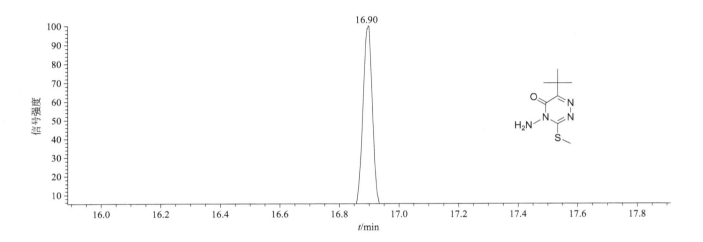

质谱图

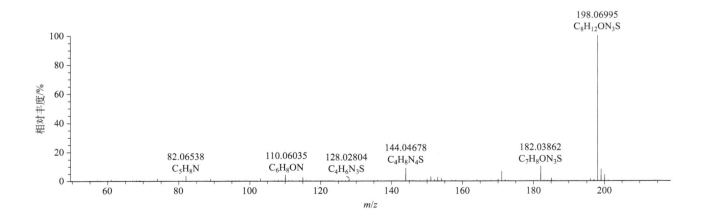

mevinphos（速灭磷）

基本信息

CAS 登录号	7786-34-7	分子量	224.04497	离子化模式	电子轰击电离（EI）
分子式	$C_7H_{13}O_6P$	保留时间	8.69min		

总离子流色谱图

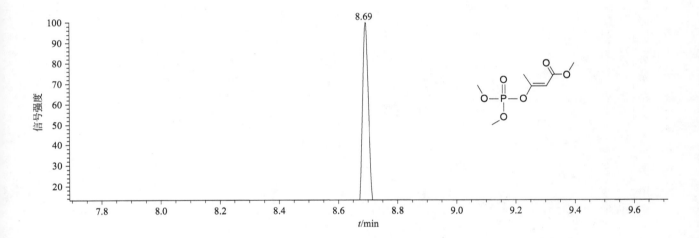

质谱图

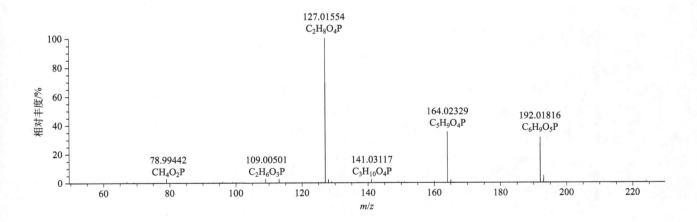

mexacarbate（兹克威）

基本信息

CAS 登录号	315-18-4	**分子量**	222.13683	**离子化模式**	电子轰击电离（EI）
分子式	$C_{12}H_{18}N_2O_2$	**保留时间**	15.75min		

总离子流色谱图

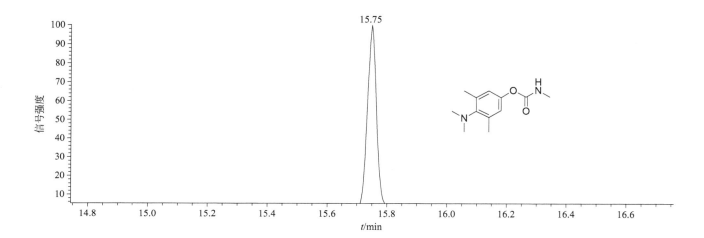

质谱图

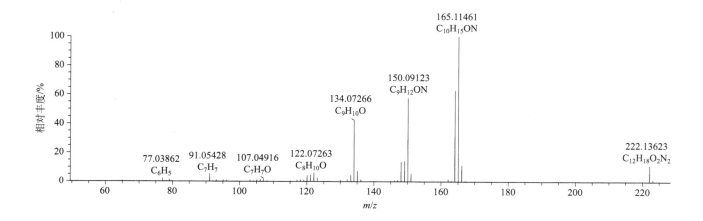

mgk 264（增效胺）

基本信息

CAS 登录号	113-48-4	分子量	275.18853	离子化模式	电子轰击电离（EI）
分子式	$C_{17}H_{25}NO_2$	保留时间	20.03min		

总离子流色谱图

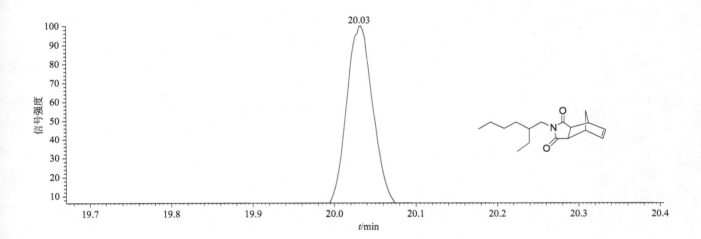

质谱图

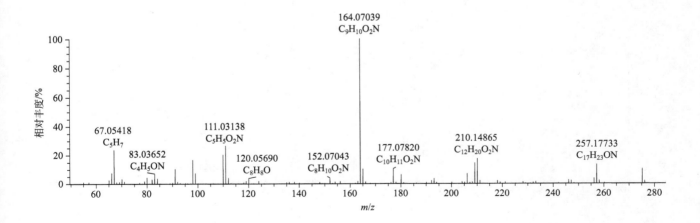

mirex（灭蚁灵）

基本信息

CAS 登录号	2385-85-5	**分子量**	539.62623	**离子化模式**	电子轰击电离（EI）
分子式	$C_{10}Cl_{12}$	**保留时间**	28.86min		

总离子流色谱图

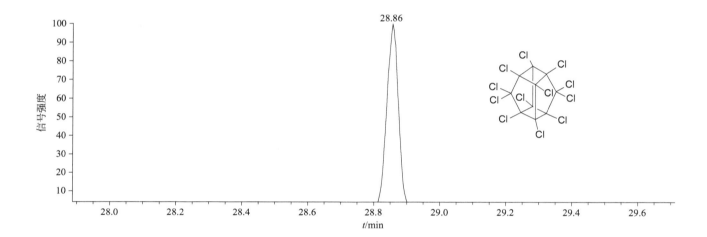

质谱图

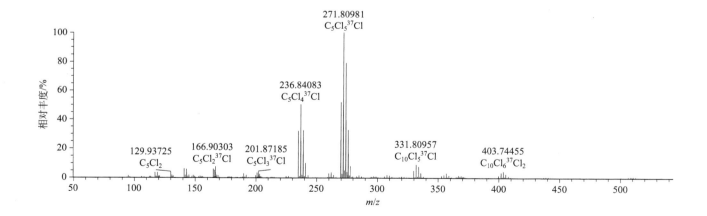

molinate（禾草敌）

基本信息

CAS 登录号	2212-67-1	分子量	187.10309	离子化模式	电子轰击电离（EI）
分子式	$C_9H_{17}NOS$	保留时间	10.67min		

总离子流色谱图

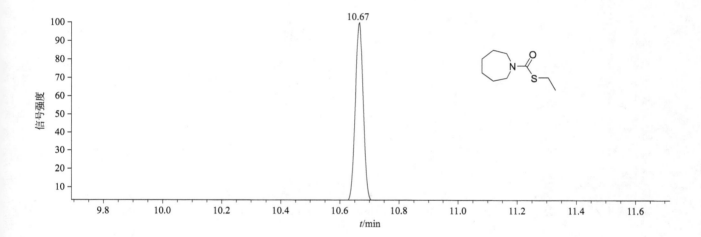

质谱图

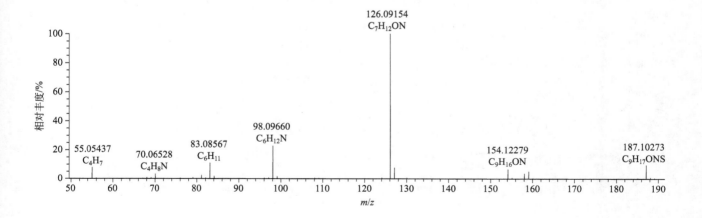

monalide（庚酰草胺）

基本信息

CAS 登录号	7287-36-7	分子量	239.10769	离子化模式	电子轰击电离（EI）
分子式	$C_{13}H_{18}ClNO$	保留时间	16.33min		

总离子流色谱图

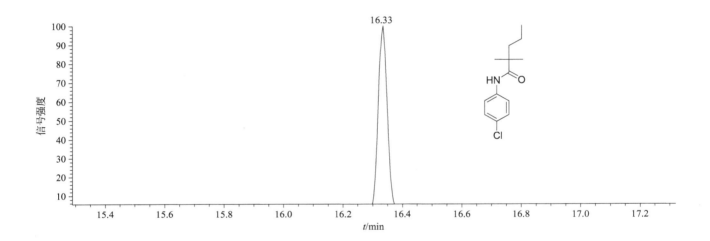

质谱图

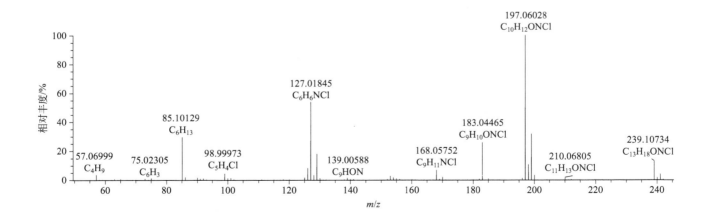

monolinuron（绿谷隆）

基本信息

CAS 登录号	1746-81-2	分子量	214.05091	离子化模式	电子轰击电离（EI）
分子式	$C_9H_{11}ClN_2O_2$	保留时间	14.42min		

总离子流色谱图

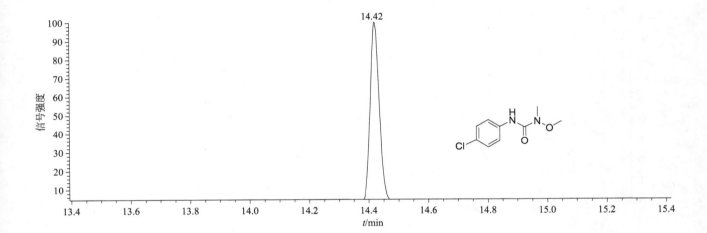

质谱图

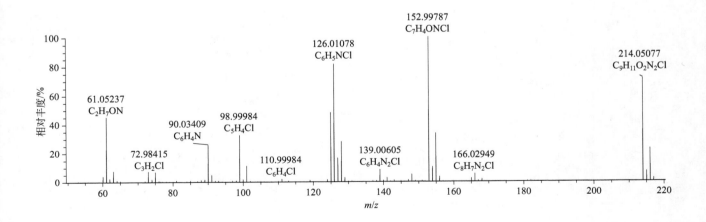

monuron（灭草隆）

基本信息

CAS 登录号	150-68-5	**分子量**	198.05599	**离子化模式**	电子轰击电离（EI）
分子式	$C_9H_{11}ClN_2O$	**保留时间**	16.30min		

总离子流色谱图

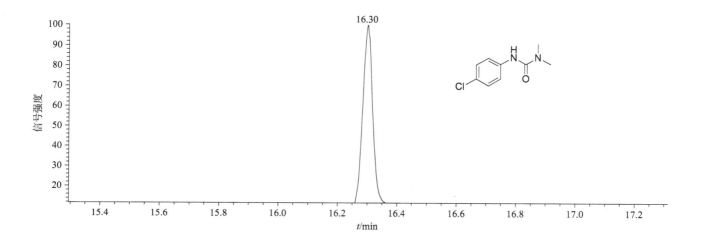

质谱图

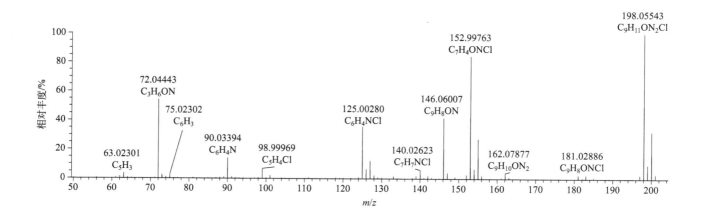

musk ambrette（葵子麝香）

基本信息

CAS 登录号	83-66-9	分子量	268.10592	离子化模式	电子轰击电离（EI）
分子式	$C_{12}H_{16}N_2O_5$	保留时间	15.92min		

总离子流色谱图

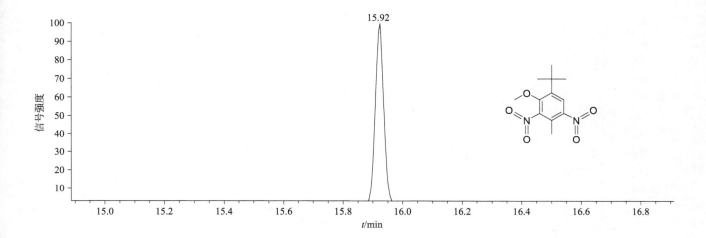

质谱图

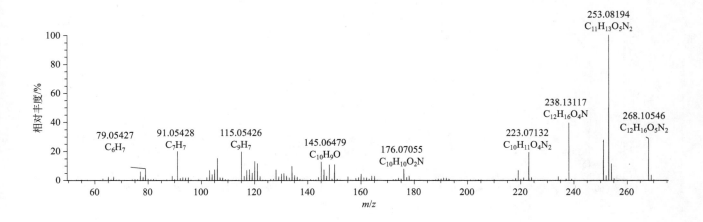

musk ketone(酮麝香)

基本信息

CAS 登录号	81-14-1	分子量	294.12157	离子化模式	电子轰击电离(EI)
分子式	C₁₄H₁₈N₂O₅	保留时间	18.58min		

总离子流色谱图

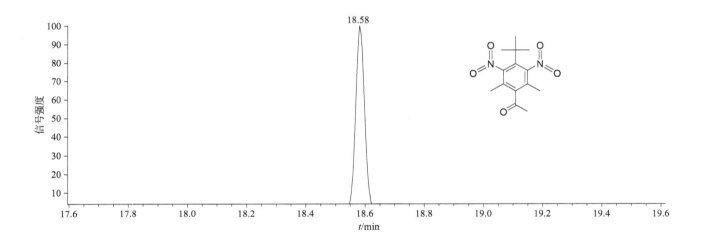

质谱图

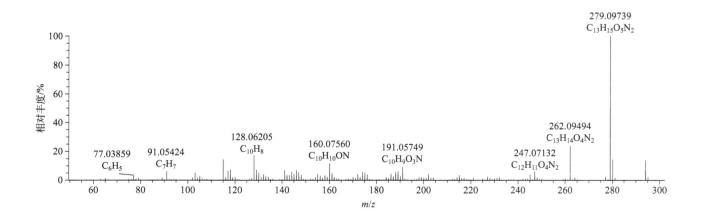

musk moskene(麝香)

基本信息

CAS 登录号	116-66-5	分子量	278.12666	离子化模式	电子轰击电离(EI)
分子式	$C_{14}H_{18}N_2O_4$	保留时间	16.87min		

总离子流色谱图

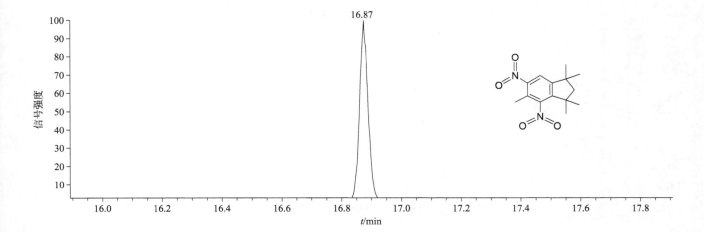

质谱图

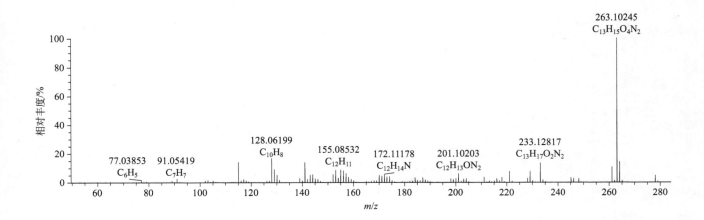

musk tibetene（西藏麝香）

基本信息

CAS 登录号	145-39-1	**分子量**	266.12666	**离子化模式**	电子轰击电离（EI）
分子式	$C_{13}H_{18}N_2O_4$	**保留时间**	17.74min		

总离子流色谱图

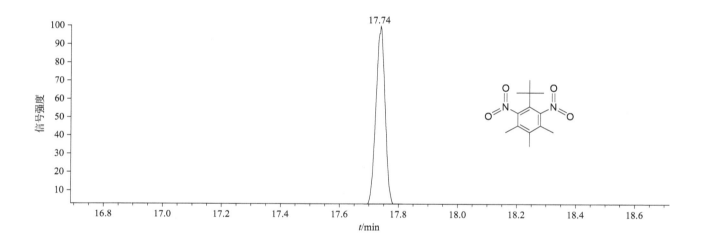

质谱图

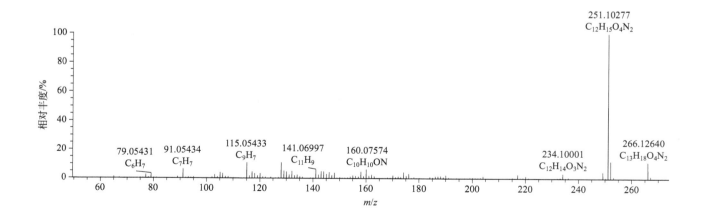

musk xylene（二甲苯麝香）

基本信息

CAS 登录号	81-15-2	分子量	297.09609	离子化模式	电子轰击电离（EI）
分子式	$C_{12}H_{15}N_3O_6$	保留时间	16.39min		

总离子流色谱图

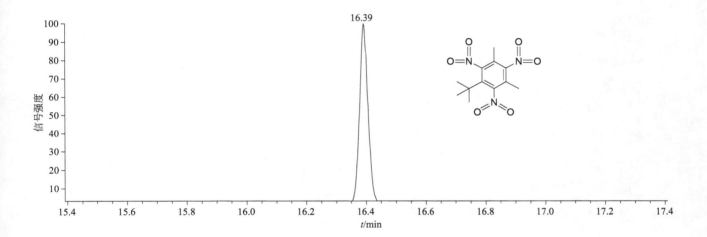

质谱图

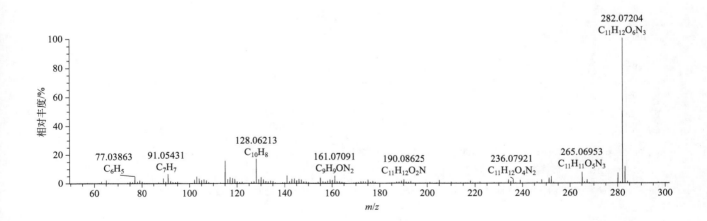

myclobutanil（腈菌唑）

基本信息

CAS 登录号	88671-89-0	**分子量**	288.11417	**离子化模式**	电子轰击电离（EI）
分子式	$C_{15}H_{17}ClN_4$	**保留时间**	22.55min		

总离子流色谱图

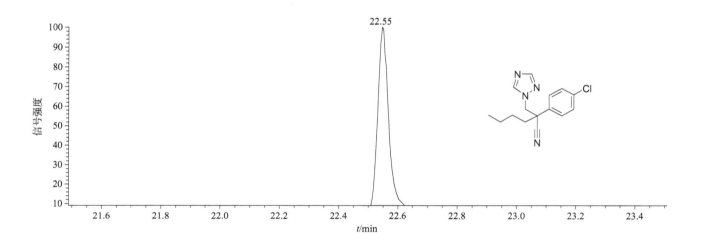

质谱图

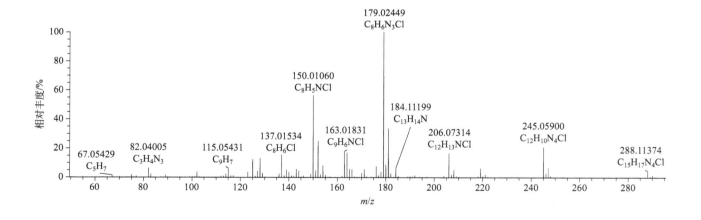

>>>> **N**

naled（二溴磷）

基本信息

CAS 登录号	300-76-5	分子量	377.78258	离子化模式	电子轰击电离（EI）
分子式	$C_4H_7Br_2Cl_2O_4P$	保留时间	12.67min		

总离子流色谱图

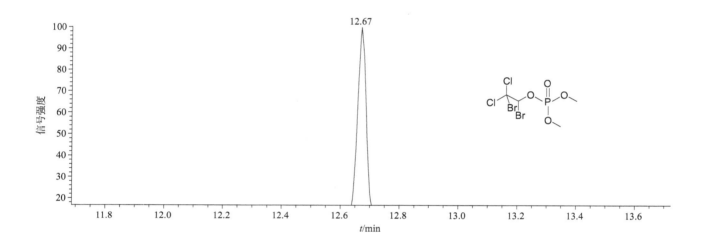

质谱图

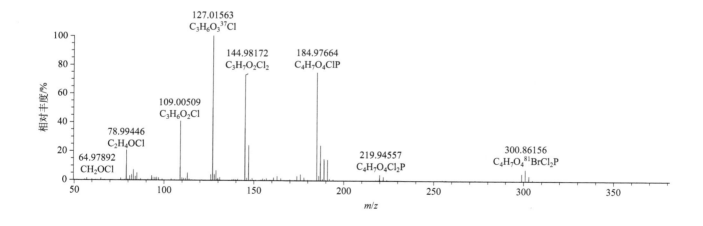

1-naphthaleneacetic acid methyl ester
（1-萘乙酸甲酯）

基本信息

CAS 登录号	2876-78-0	分子量	200.08373	离子化模式	电子轰击电离（EI）
分子式	$C_{13}H_{12}O_2$	保留时间	13.59min		

总离子流色谱图

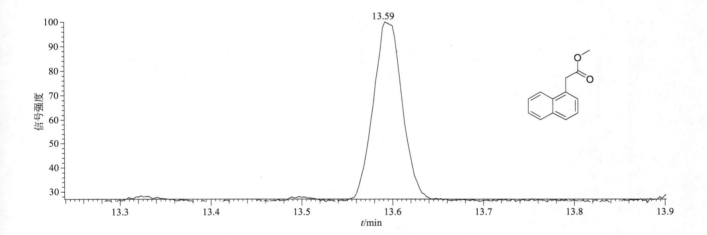

质谱图

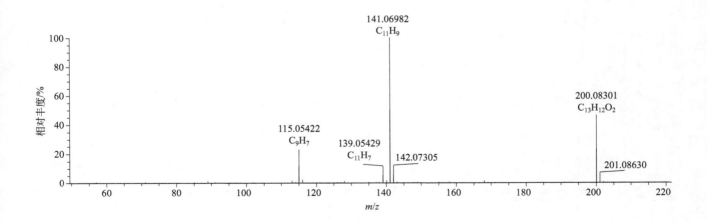

1-naphthyl acetamide（萘乙酰胺）

基本信息

CAS 登录号	86-86-2	分子量	185.08406	离子化模式	电子轰击电离（EI）
分子式	$C_{12}H_{11}NO$	保留时间	17.88min		

总离子流色谱图

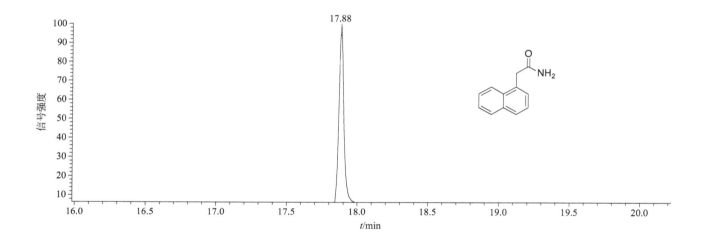

质谱图

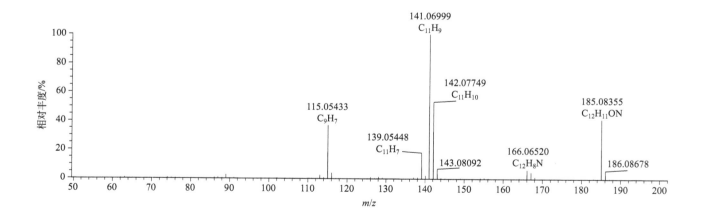

napropamide（敌草胺）

基本信息

CAS 登录号	15299-99-7	分子量	271.15723	离子化模式	电子轰击电离（EI）
分子式	$C_{17}H_{21}NO_2$	保留时间	21.83min		

总离子流色谱图

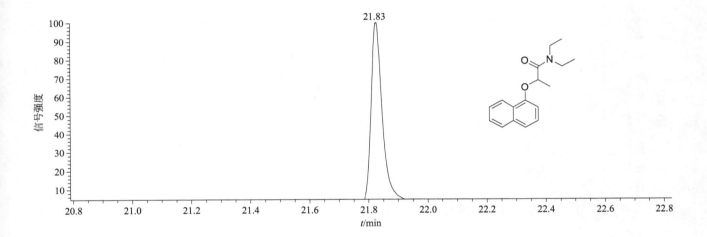

质谱图

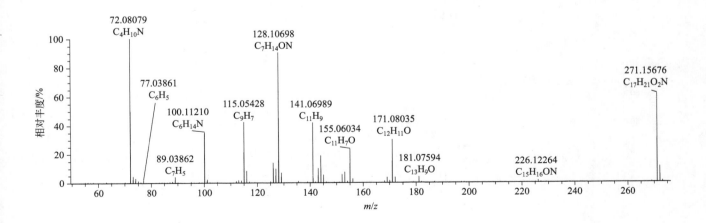

nicotine（烟碱）

基本信息

CAS 登录号	54-11-5	分子量	162.11570	离子化模式	电子轰击电离（EI）
分子式	$C_{10}H_{14}N_2$	保留时间	7.72min		

总离子流色谱图

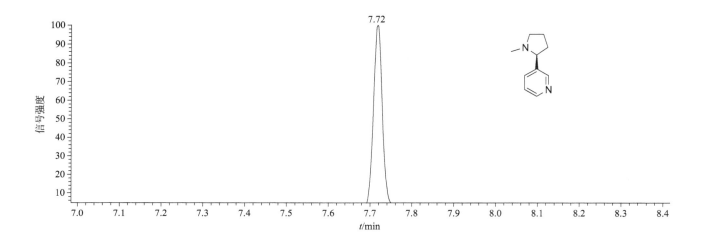

质谱图

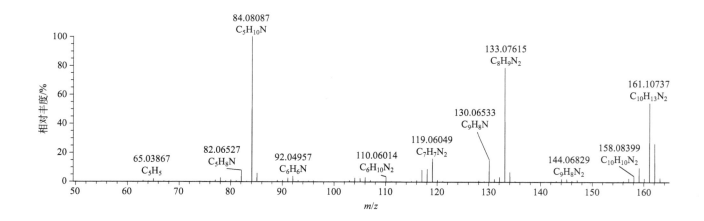

nitralin（甲磺乐灵）

基本信息

CAS 登录号	4726-14-1	分子量	345.09946	离子化模式	电子轰击电离（EI）
分子式	$C_{13}H_{19}N_3O_6S$	保留时间	26.21min		

总离子流色谱图

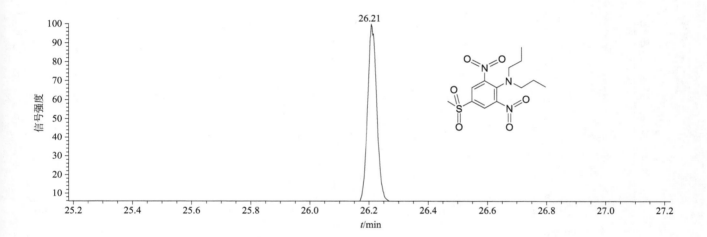

质谱图

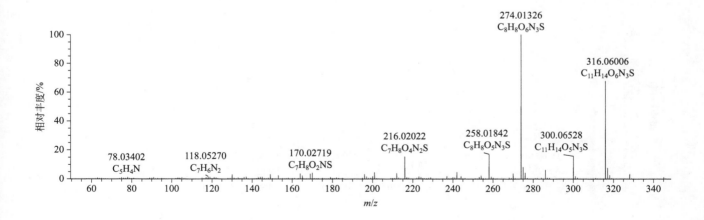

nitrapyrin（2-氯-6-三氯甲基吡啶）

基本信息

CAS 登录号	1929-82-4	分子量	228.90196	离子化模式	电子轰击电离（EI）
分子式	$C_6H_3Cl_4N$	保留时间	9.08min		

总离子流色谱图

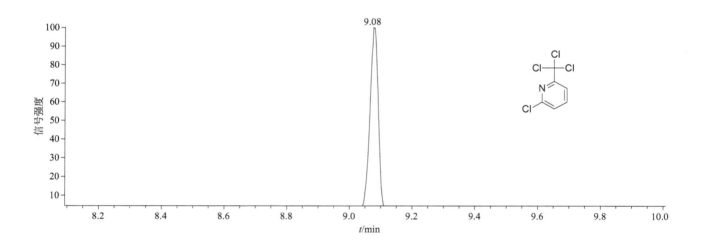

质谱图

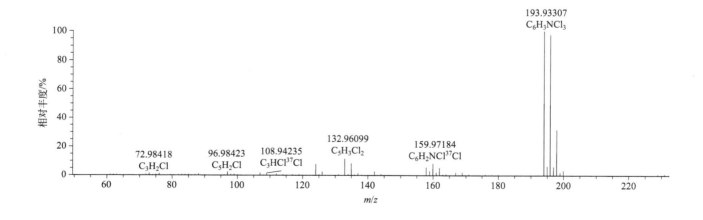

nitrofen（2,4-二氯-4'-硝基二苯醚）

基本信息

CAS 登录号	1836-75-5	分子量	282.98030	离子化模式	电子轰击电离（EI）
分子式	$C_{12}H_7Cl_2NO_3$	保留时间	23.21min		

总离子流色谱图

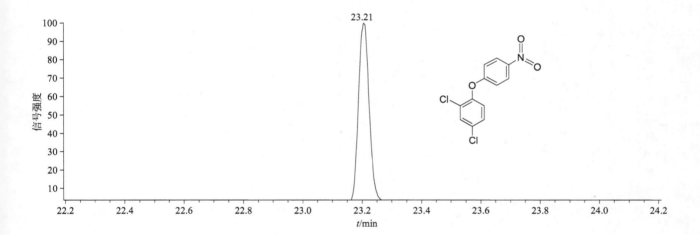

质谱图

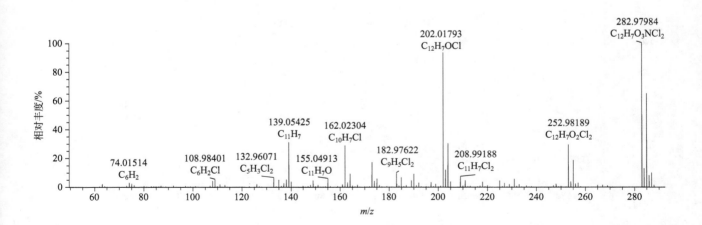

nitrothal-isopropyl（酞菌酯）

基本信息

CAS 登录号	10552-74-6	分子量	295.10559	离子化模式	电子轰击电离（EI）
分子式	$C_{14}H_{17}NO_6$	保留时间	19.38min		

总离子流色谱图

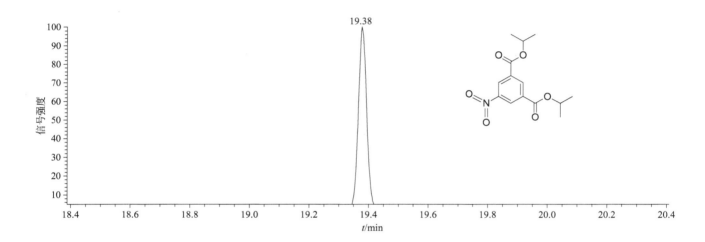

质谱图

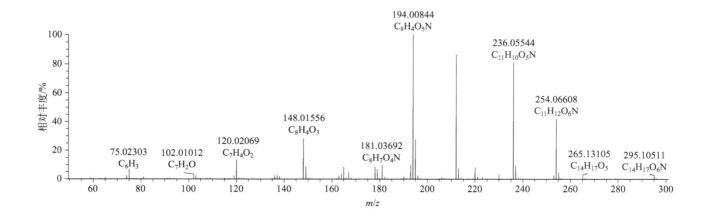

trans-nonachlor（反式九氯）

基本信息

CAS 登录号	39765-80-5	分子量	439.75880	离子化模式	电子轰击电离（EI）
分子式	$C_{10}H_5Cl_9$	保留时间	21.60min		

总离子流色谱图

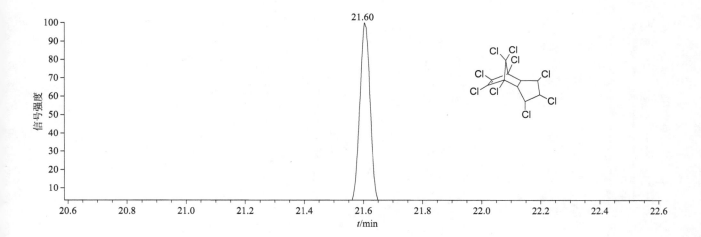

质谱图

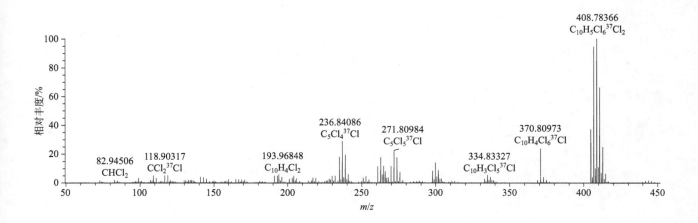

norflurazon（氟草敏）

基本信息

CAS 登录号	27314-13-2	分子量	303.03862	离子化模式	电子轰击电离（EI）
分子式	$C_{12}H_9ClF_3N_3O$	保留时间	24.93min		

总离子流色谱图

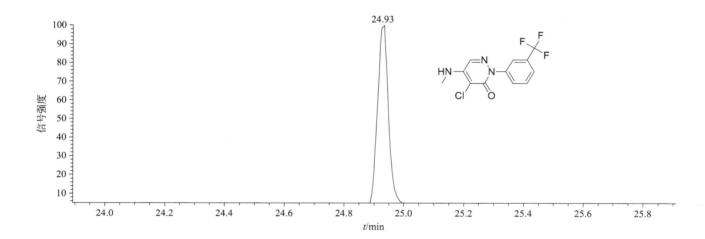

质谱图

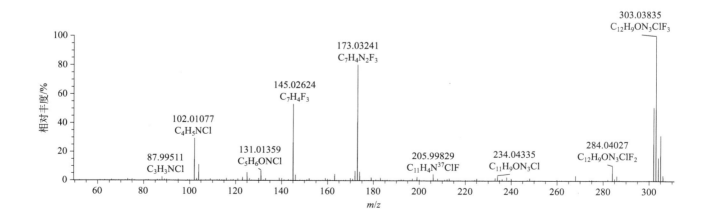

noruron(草完隆)

基本信息

CAS 登录号	18530-56-8	分子量	222.17321	离子化模式	电子轰击电离(EI)
分子式	$C_{13}H_{22}N_2O$	保留时间	18.34min		

总离子流色谱图

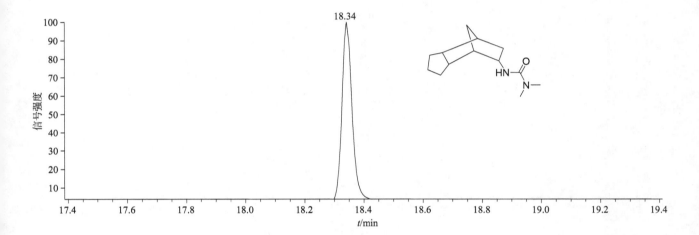

质谱图

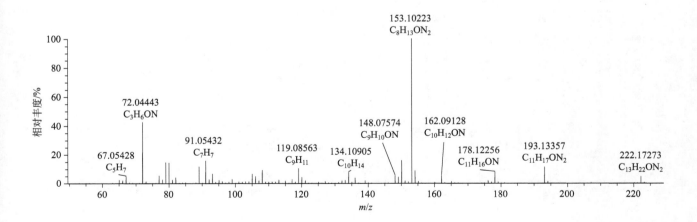

noviflumuron(多氟脲)

基本信息

CAS 登录号	121451-02-3	**分子量**	527.96845	**离子化模式**	电子轰击电离(EI)
分子式	$C_{17}H_7Cl_2F_9N_2O_3$	**保留时间**	10.91min		

总离子流色谱图

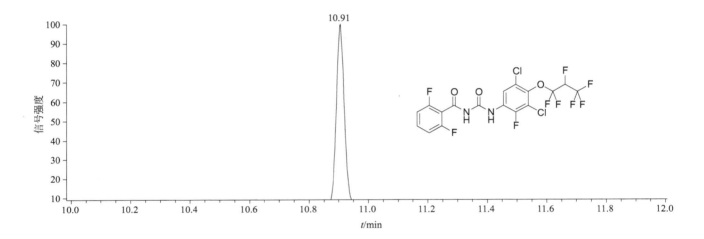

质谱图

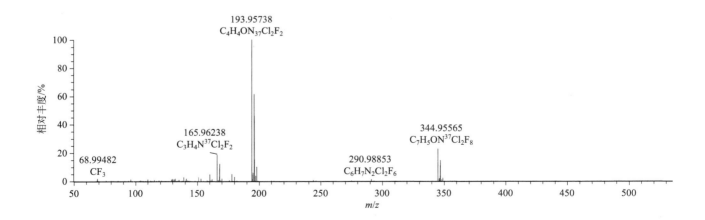

nuarimol（氟苯嘧啶醇）

基本信息

CAS 登录号	63284-71-9	分子量	314.06222	离子化模式	电子轰击电离（EI）
分子式	$C_{17}H_{12}ClFN_2O$	保留时间	25.68min		

总离子流色谱图

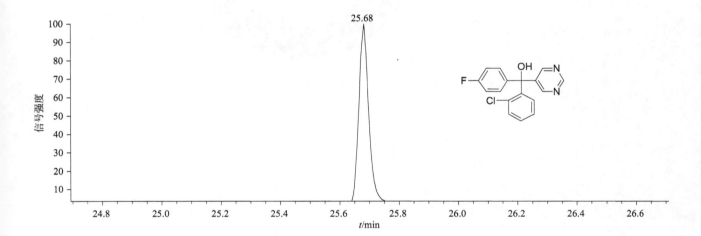

质谱图

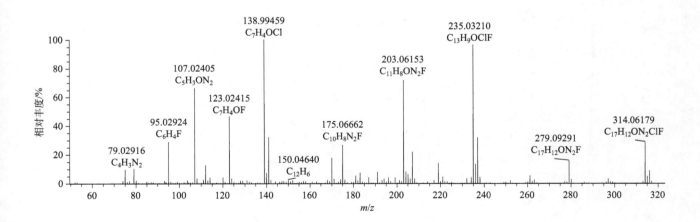

octachlorostyrene（八氯苯乙烯）

基本信息

CAS 登录号	29082-74-4	分子量	375.75082	离子化模式	电子轰击电离（EI）
分子式	C_8Cl_8	保留时间	19.85min		

总离子流色谱图

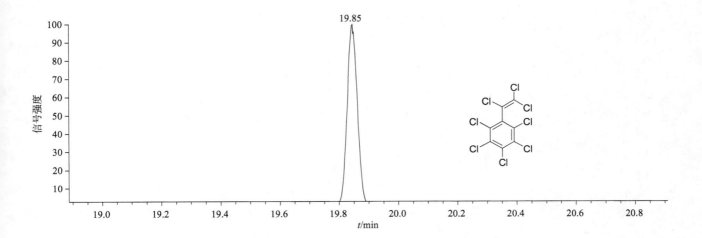

质谱图

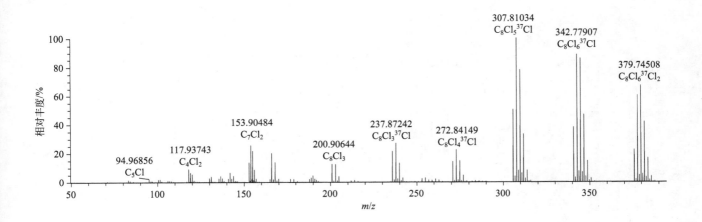

octhilinone（辛噻酮）

基本信息

CAS 登录号	26530-20-1	分子量	213.11874	离子化模式	电子轰击电离（EI）
分子式	$C_{11}H_{19}NOS$	保留时间	16.23min		

总离子流色谱图

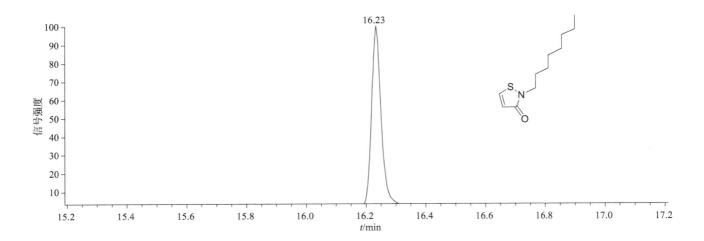

质谱图

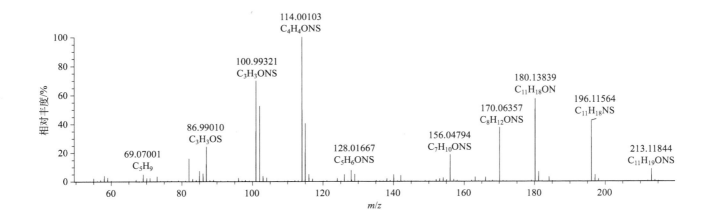

ofurace(呋酰胺)

基本信息

CAS 登录号	58810-48-3	分子量	281.08187	离子化模式	电子轰击电离(EI)
分子式	$C_{14}H_{16}ClNO_3$	保留时间	24.50min		

总离子流色谱图

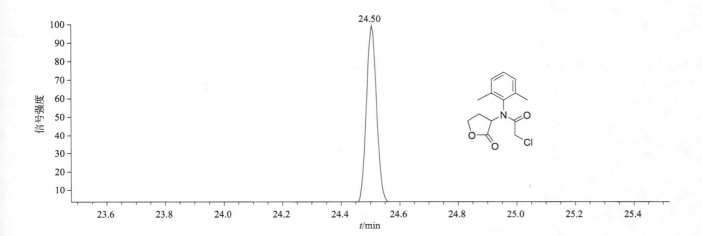

质谱图

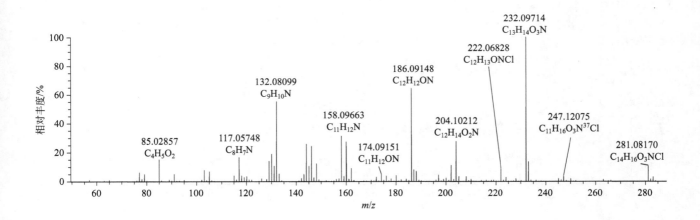

orbencarb(坪草丹)

基本信息

CAS 登录号	34622-58-7	分子量	257.06411	离子化模式	电子轰击电离(EI)
分子式	$C_{12}H_{16}ClNOS$	保留时间	18.10min		

总离子流色谱图

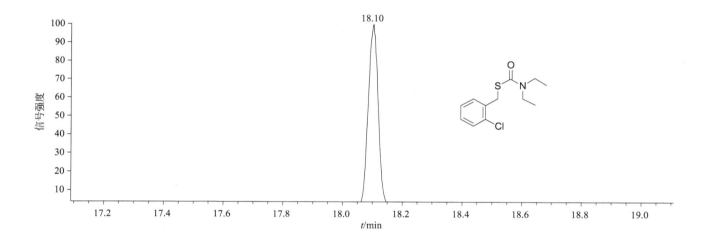

质谱图

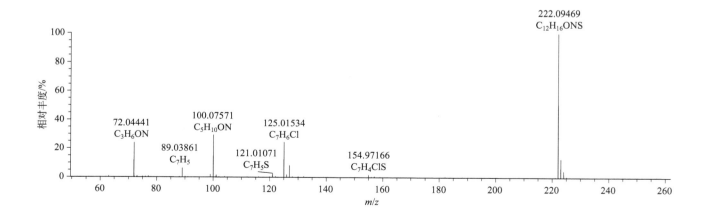

orysastrobin（肟醚菌胺）

基本信息

CAS 登录号	248593-16-0	分子量	391.18502	离子化模式	电子轰击电离（EI）
分子式	$C_{18}H_{25}N_5O_5$	保留时间	27.63min		

总离子流色谱图

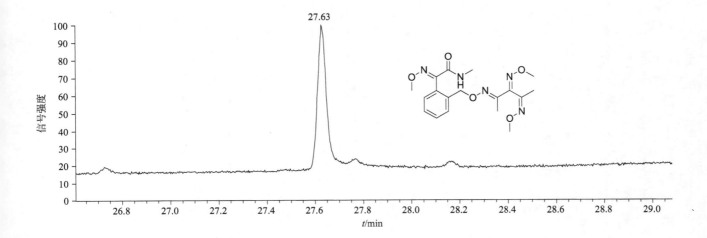

质谱图

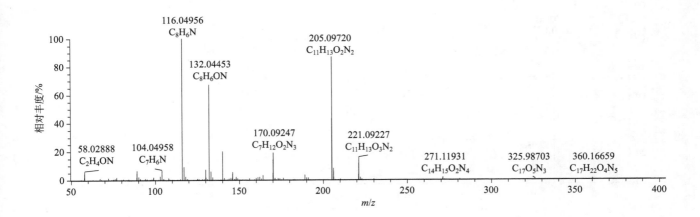

oxabetrinil（解草腈）

基本信息

CAS 登录号	74782-23-3	分子量	232.08479	离子化模式	电子轰击电离（EI）
分子式	$C_{12}H_{12}N_2O_3$	保留时间	16.18min		

总离子流色谱图

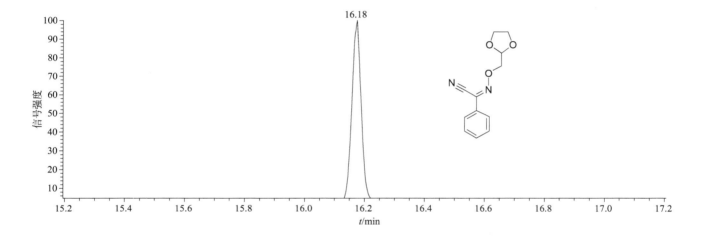

质谱图

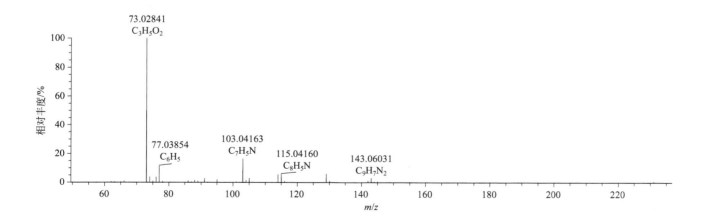

oxadiazon（噁草酮）

基本信息

CAS 登录号	19666-30-9	**分子量**	344.06945	**离子化模式**	电子轰击电离（EI）
分子式	$C_{15}H_{18}Cl_2N_2O_3$	**保留时间**	22.52min		

总离子流色谱图

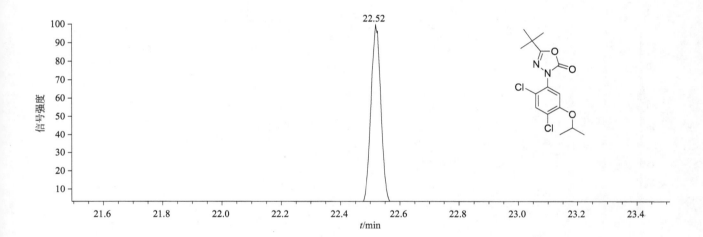

质谱图

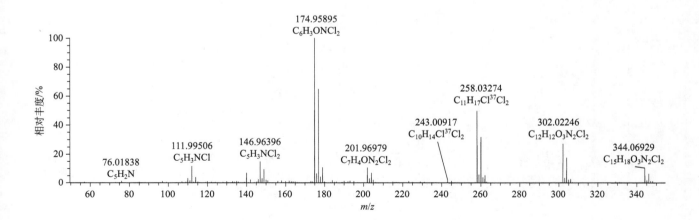

oxadixyl(噁霜灵)

基本信息

CAS 登录号	77732-09-3	分子量	278.12666	离子化模式	电子轰击电离(EI)
分子式	$C_{14}H_{18}N_2O_4$	保留时间	23.83min		

总离子流色谱图

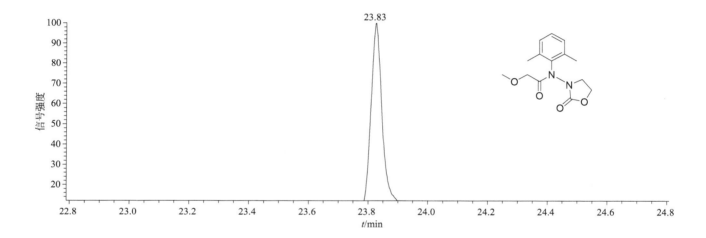

质谱图

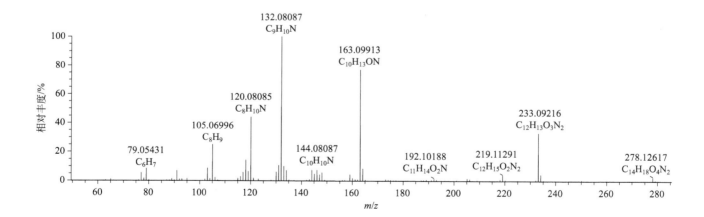

oxycarboxin（氧化萎锈灵）

基本信息

CAS 登录号	5259-88-1	分子量	267.05653	离子化模式	电子轰击电离（EI）
分子式	$C_{12}H_{13}NO_4S$	保留时间	26.07min		

总离子流色谱图

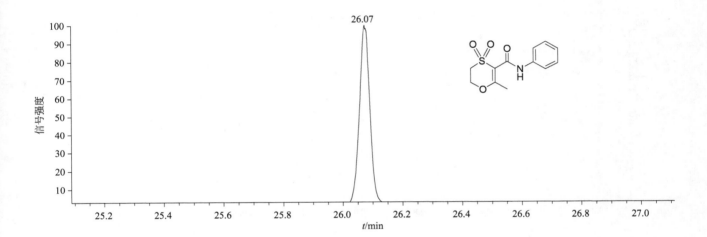

质谱图

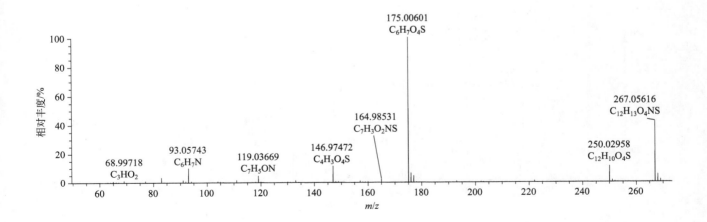

oxychlordane（氧化氯丹）

基本信息

CAS 登录号	27304-13-8	**分子量**	419.77704	**离子化模式**	电子轰击电离（EI）
分子式	$C_{10}H_4Cl_8O$	**保留时间**	20.14min		

总离子流色谱图

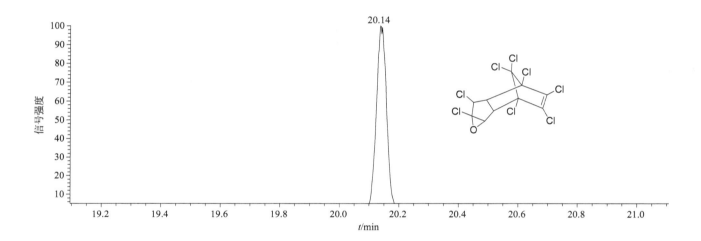

质谱图

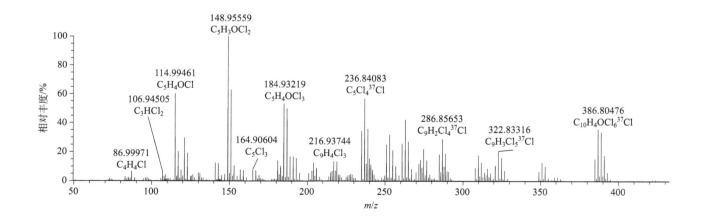

oxyfluorfen（乙氧氟草醚）

基本信息

CAS 登录号	42874-03-3	分子量	361.03287	离子化模式	电子轰击电离（EI）
分子式	$C_{15}H_{11}ClF_3NO_4$	保留时间	22.71min		

总离子流色谱图

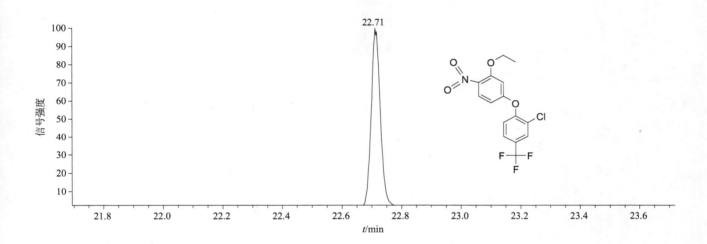

质谱图

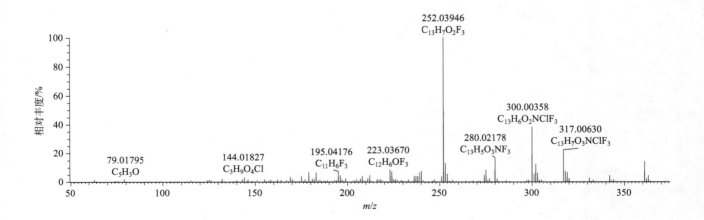

P <<<<

paclobutrazol（多效唑）

基本信息

CAS 登录号	76738-62-0	分子量	293.12949	离子化模式	电子轰击电离（EI）
分子式	$C_{15}H_{20}ClN_3O$	保留时间	21.26min		

总离子流色谱图

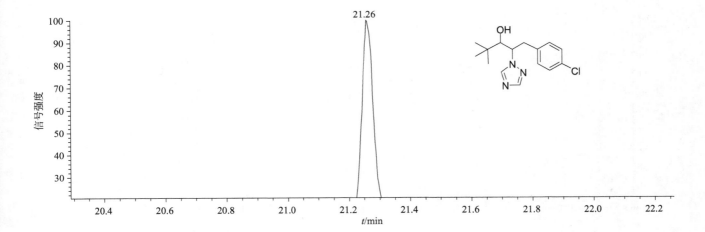

质谱图

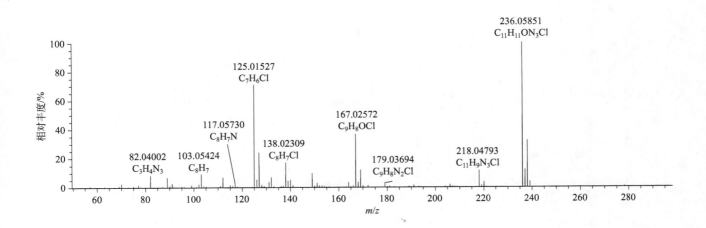

paraoxon-ethyl（对氧磷）

基本信息

CAS 登录号	311-45-5	分子量	275.05587	离子化模式	电子轰击电离（EI）
分子式	$C_{10}H_{14}NO_6P$	保留时间	17.64min		

总离子流色谱图

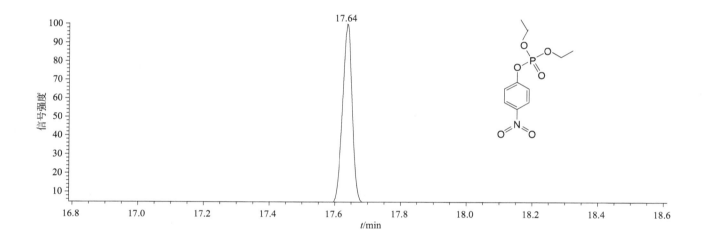

质谱图

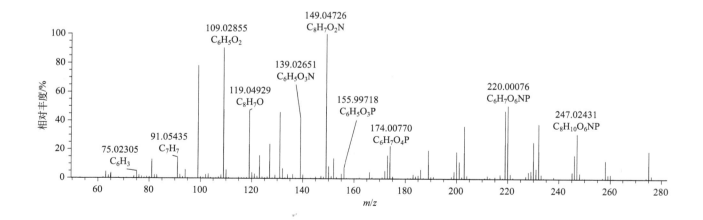

paraoxon-methyl（甲基对氧磷）

基本信息

CAS 登录号	950-35-6	分子量	247.02457	离子化模式	电子轰击电离（EI）
分子式	$C_8H_{10}NO_6P$	保留时间	15.58min		

总离子流色谱图

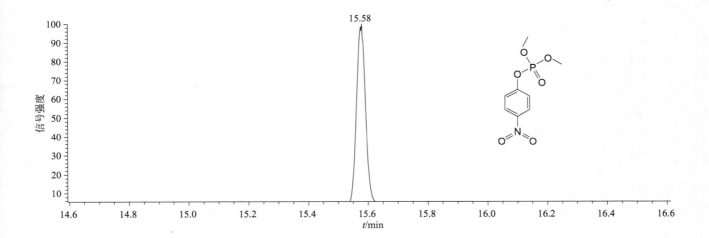

质谱图

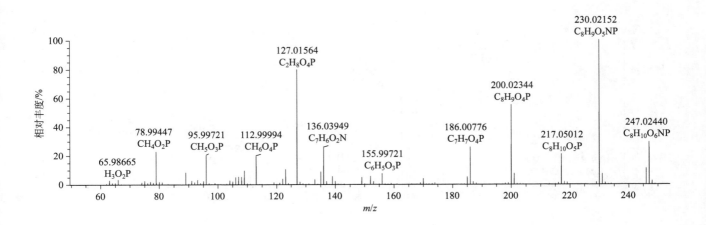

parathion（对硫磷）

基本信息

CAS 登录号	56-38-2	分子量	291.03303	离子化模式	电子轰击电离（EI）
分子式	$C_{10}H_{14}NO_5PS$	保留时间	19.00min		

总离子流色谱图

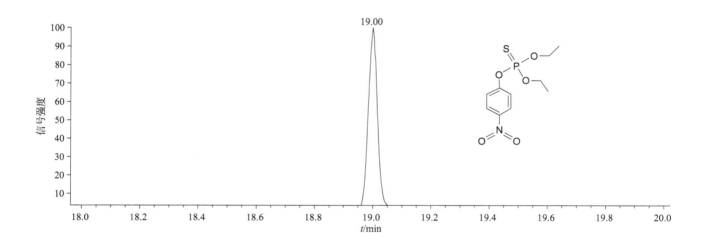

质谱图

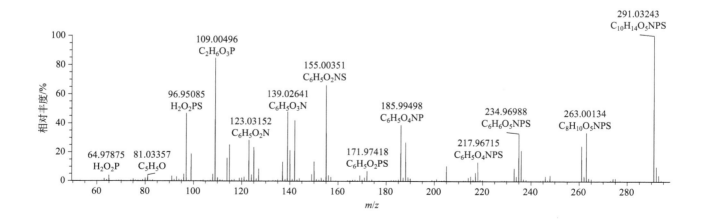

parathion-methyl（甲基对硫磷）

基本信息

CAS 登录号	298-00-0	分子量	263.00173	离子化模式	电子轰击电离（EI）
分子式	$C_8H_{10}NO_5PS$	保留时间	17.14min		

总离子流色谱图

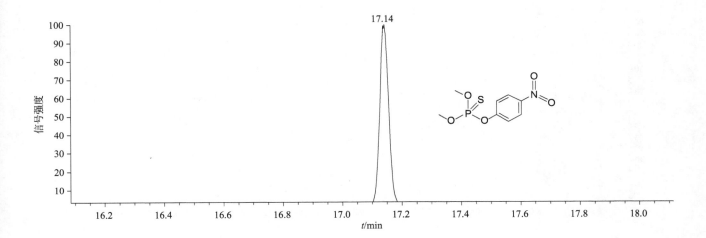

质谱图

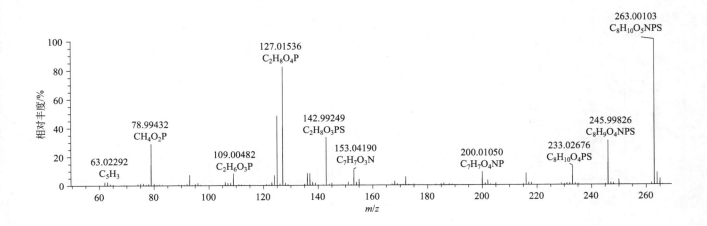

pebulate(克草敌)

基本信息

CAS 登录号	1114-71-2	**分子量**	203.13439	**离子化模式**	电子轰击电离(EI)
分子式	$C_{10}H_{21}NOS$	**保留时间**	9.31min		

总离子流色谱图

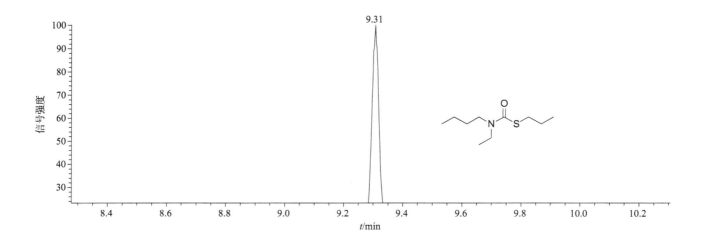

质谱图

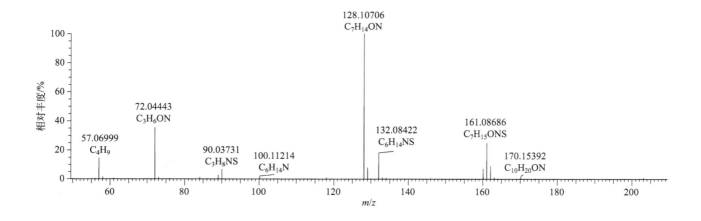

penconazole（戊菌唑）

基本信息

CAS 登录号	66246-88-6	分子量	283.06430	离子化模式	电子轰击电离（EI）
分子式	$C_{13}H_{15}Cl_2N_3$	保留时间	20.14min		

总离子流色谱图

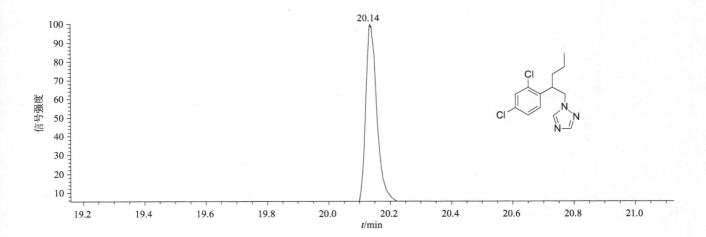

质谱图

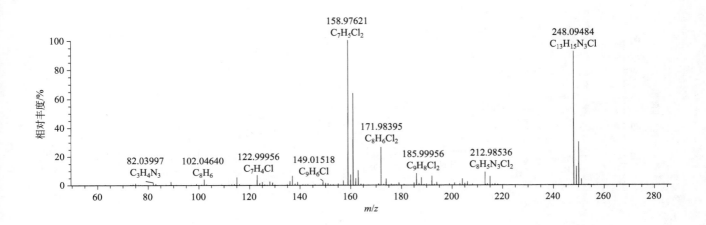

pendimethalin（胺硝草）

基本信息

CAS 登录号	40487-42-1	分子量	281.13756	离子化模式	电子轰击电离（EI）
分子式	$C_{13}H_{19}N_3O_4$	保留时间	19.92min		

总离子流色谱图

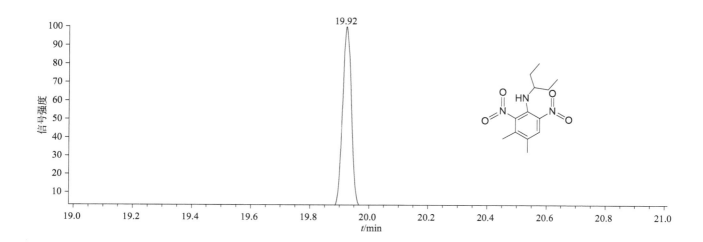

质谱图

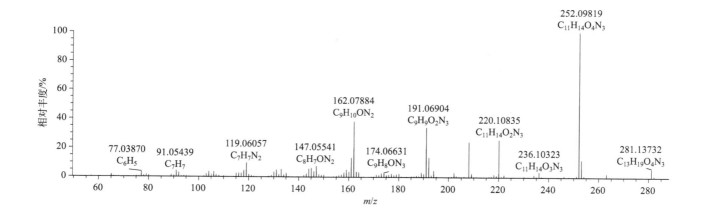

pentachloroaniline（五氯苯胺）

基本信息

CAS 登录号	527-20-8	分子量	262.86299	离子化模式	电子轰击电离（EI）
分子式	$C_6H_2Cl_5N$	保留时间	16.32min		

总离子流色谱图

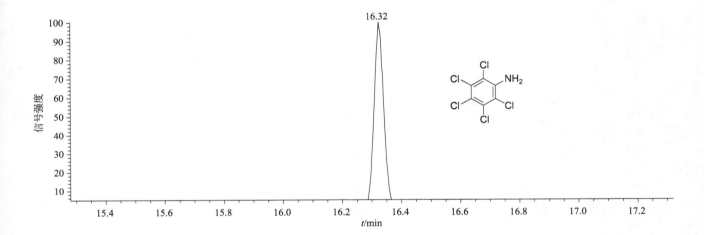

质谱图

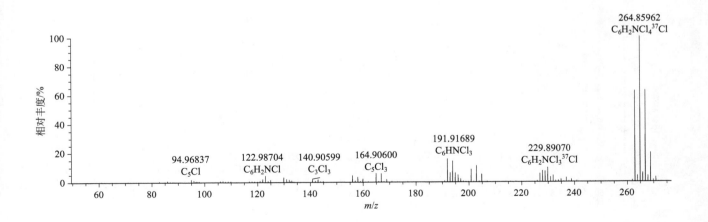

pentachloroanisole（五氯苯甲醚）

基本信息

CAS 登录号	1825-21-4	分子量	277.86265	离子化模式	电子轰击电离（EI）
分子式	$C_7H_3Cl_5O$	保留时间	13.85min		

总离子流色谱图

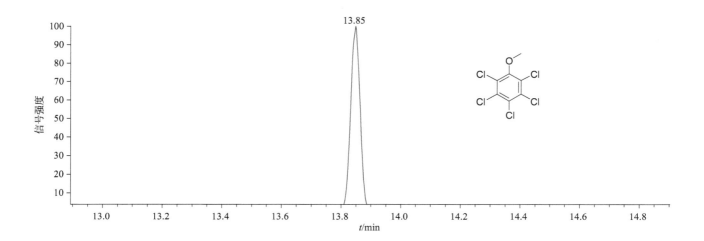

质谱图

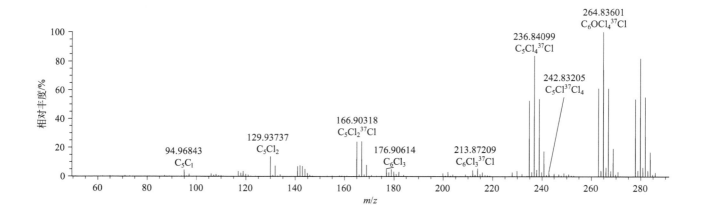

pentachlorobenzene（五氯苯）

基本信息

CAS 登录号	608-93-5	分子量	247.85209	离子化模式	电子轰击电离（EI）
分子式	C_6HCl_5	保留时间	10.31min		

总离子流色谱图

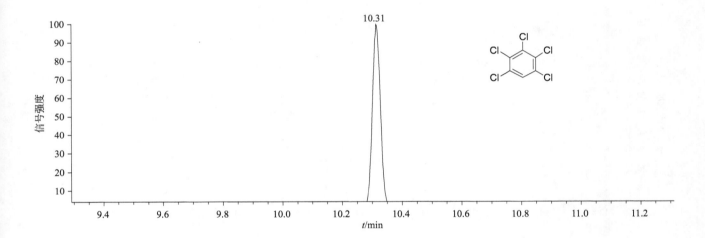

质谱图

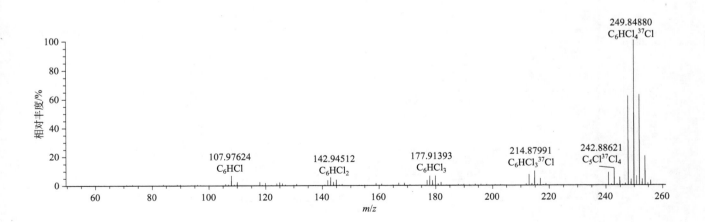

pentachlorocyanobenzene（五氯苯甲腈）

基本信息

CAS 登录号	20925-85-3	分子量	272.84734	离子化模式	电子轰击电离（EI）
分子式	C_7Cl_5N	保留时间	14.68min		

总离子流色谱图

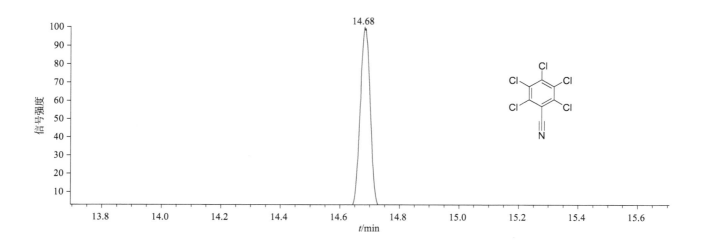

质谱图

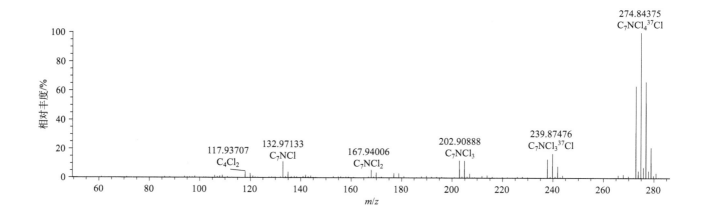

pentachlorophenol（五氯酚）

基本信息

CAS 登录号	87-86-5	分子量	263.84700	离子化模式	电子轰击电离（EI）
分子式	C_6HCl_5O	保留时间	14.50min		

总离子流色谱图

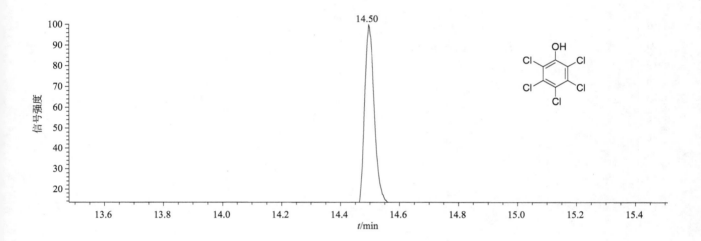

质谱图

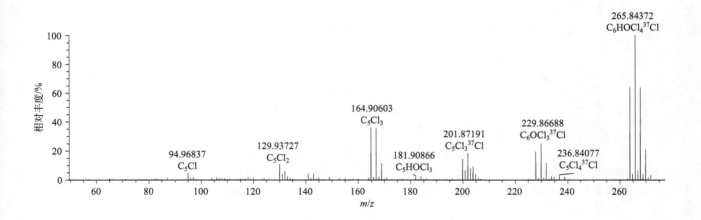

pentanochlor(甲氯酰草胺)

基本信息

CAS 登录号	2307-68-8	分子量	239.10769	离子化模式	电子轰击电离(EI)
分子式	$C_{13}H_{18}ClNO$	保留时间	18.38min		

总离子流色谱图

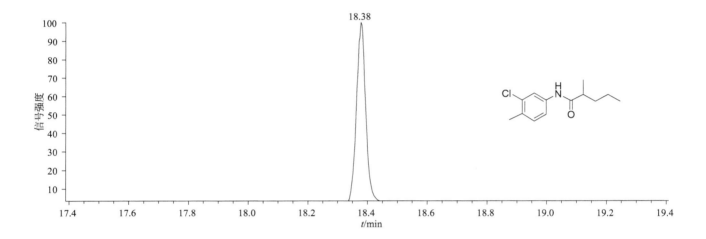

质谱图

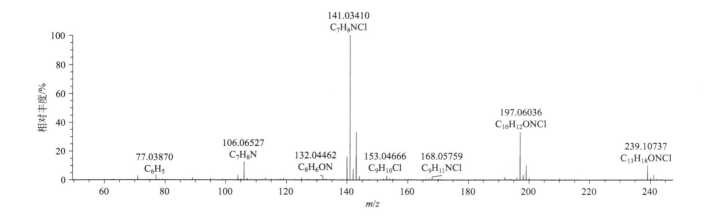

penthiopyrad(吡噻菌胺)

基本信息

CAS 登录号	183675-82-3	分子量	359.12737	离子化模式	电子轰击电离(EI)
分子式	$C_{16}H_{20}F_3N_3OS$	保留时间	23.86min		

总离子流色谱图

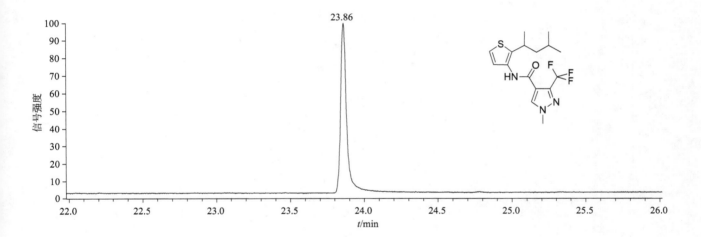

质谱图

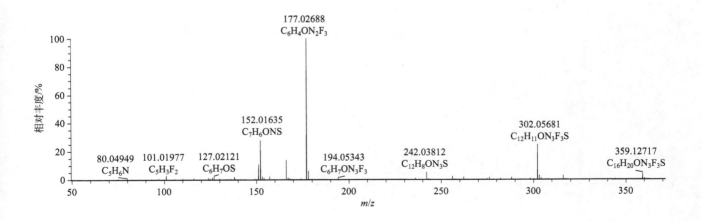

pentoxazone（环戊噁草酮）

基本信息

CAS 登录号	110956-75-7	分子量	353.08301	离子化模式	电子轰击电离（EI）
分子式	$C_{17}H_{17}ClFNO_4$	保留时间	28.31min		

总离子流色谱图

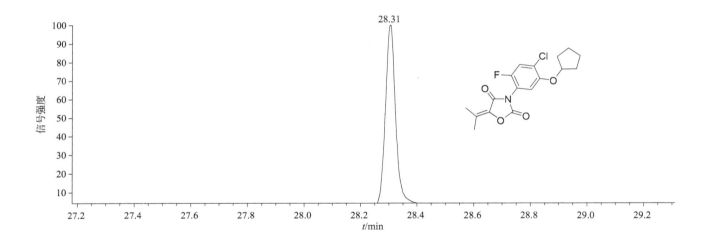

质谱图

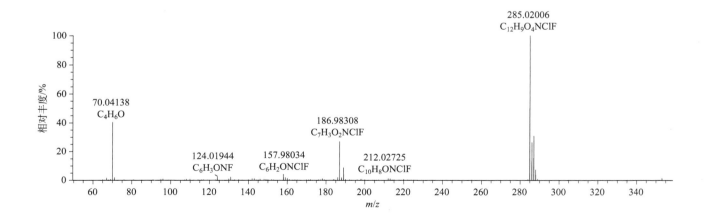

cis-Permethrin（顺式氯菊酯）

基本信息

CAS 登录号	61949-76-6	分子量	390.07895	离子化模式	电子轰击电离（EI）
分子式	$C_{21}H_{20}Cl_2O_3$	保留时间	30.26min		

总离子流色谱图

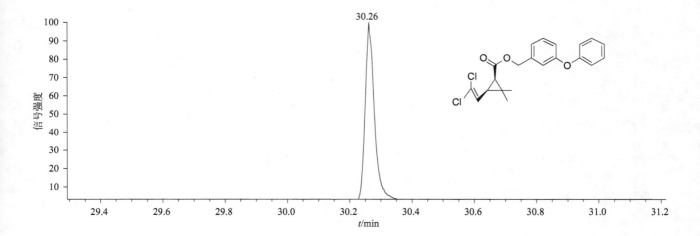

质谱图

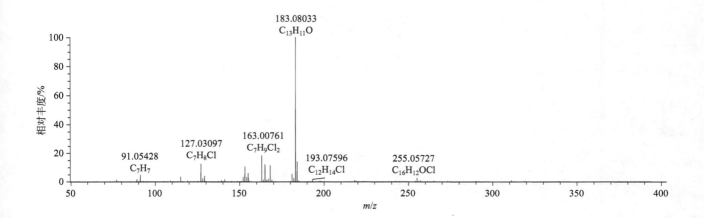

permethrin（氯菊酯）

基本信息

CAS 登录号	52645-53-1	分子量	390.07895	离子化模式	电子轰击电离（EI）
分子式	$C_{21}H_{20}Cl_2O_3$	保留时间	30.25/30.44min		

总离子流色谱图

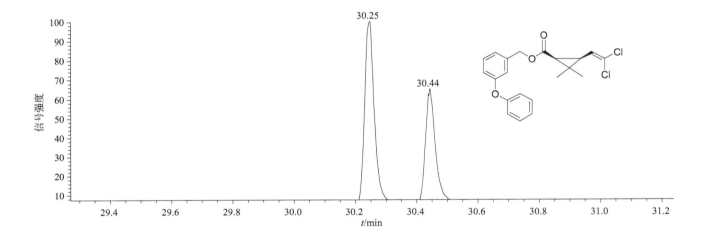

质谱图

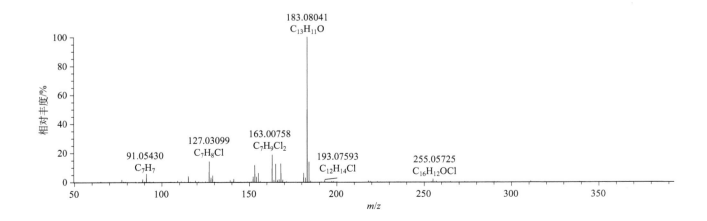

trans-permethrin(反式氯菊酯)

基本信息

CAS 登录号	61949-77-7	分子量	390.07895	离子化模式	电子轰击电离(EI)
分子式	$C_{21}H_{20}Cl_2O_3$	保留时间	30.45min		

总离子流色谱图

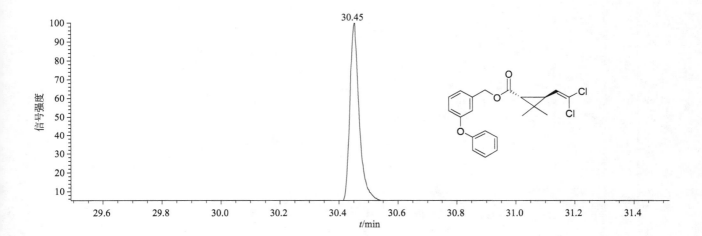

质谱图

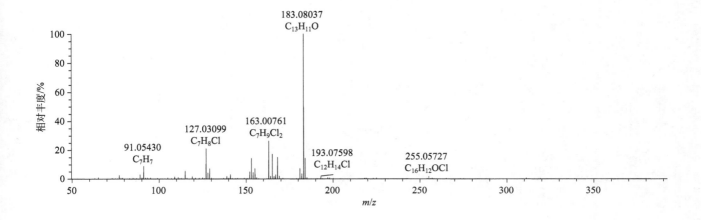

perthane（乙滴涕）

基本信息

CAS 登录号	72-56-0	分子量	306.09421	离子化模式	电子轰击电离（EI）
分子式	$C_{18}H_{20}Cl_2$	保留时间	23.33min		

总离子流色谱图

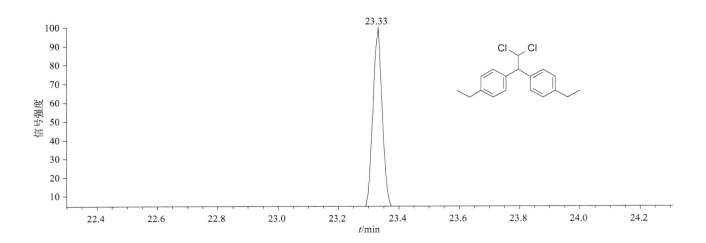

质谱图

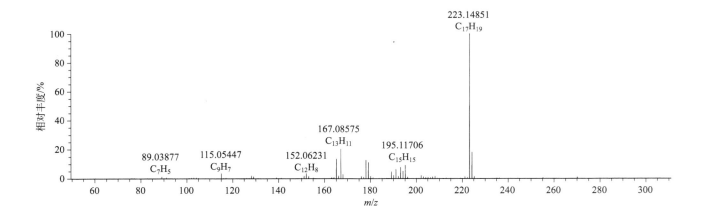

pethoxamid（烯草胺）

基本信息

CAS 登录号	106700-29-2	分子量	295.13391	离子化模式	电子轰击电离（EI）
分子式	$C_{16}H_{22}ClNO_2$	保留时间	20.55min		

总离子流色谱图

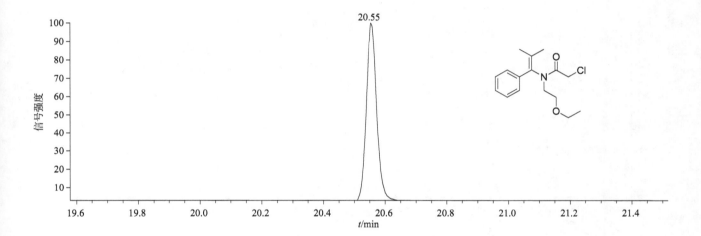

质谱图

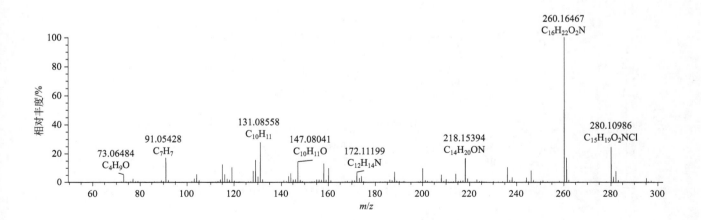

phenamacril（氰烯菌酯）

基本信息

CAS 登录号	39491-78-6	**分子量**	216.08933	**离子化模式**	电子轰击电离（EI）
分子式	$C_{12}H_{12}N_2O_2$	**保留时间**	19.74min		

总离子流色谱图

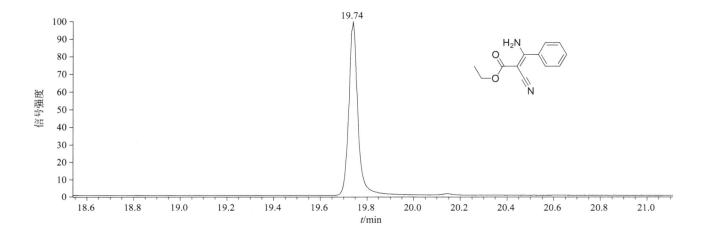

质谱图

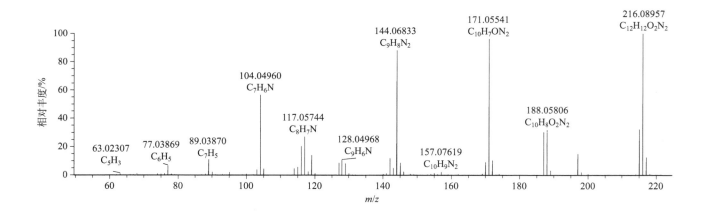

phenanthrene（菲）

基本信息

CAS 登录号	85-01-8	分子量	178.07825	离子化模式	电子轰击电离（EI）
分子式	$C_{14}H_{10}$	保留时间	15.23min		

总离子流色谱图

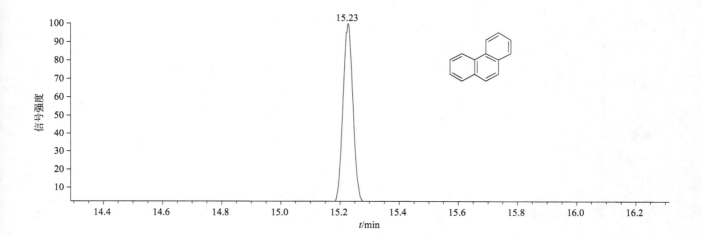

质谱图

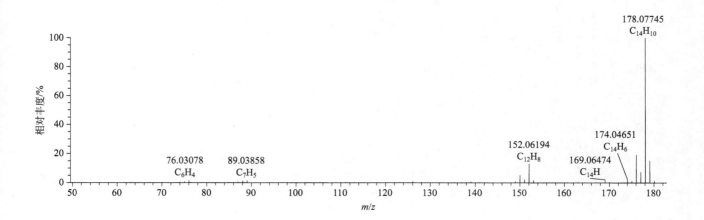

phenothrin(苯醚菊酯)

基本信息

CAS 登录号	26002-80-2	**分子量**	350.18819	**离子化模式**	电子轰击电离(EI)
分子式	$C_{23}H_{26}O_3$	**保留时间**	28.22min		

总离子流色谱图

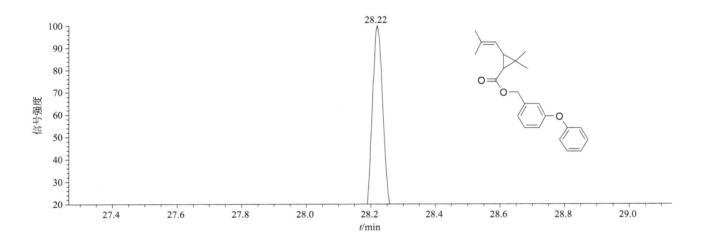

质谱图

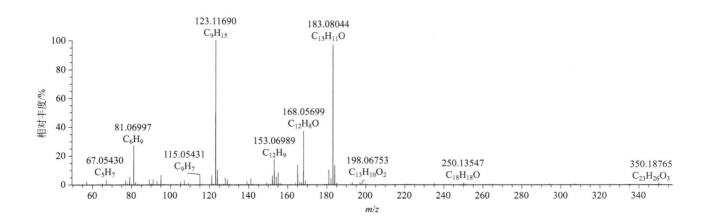

phenthoate(稻丰散)

基本信息

CAS 登录号	2597-03-7	分子量	320.03059	离子化模式	电子轰击电离(EI)
分子式	$C_{12}H_{17}O_4PS_2$	保留时间	20.49min		

总离子流色谱图

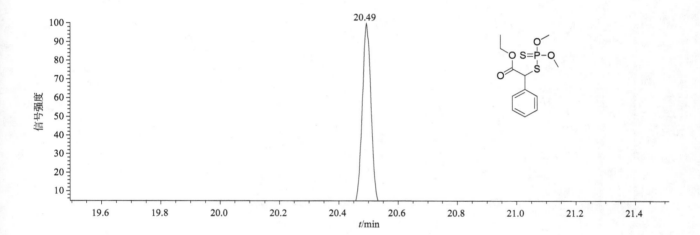

质谱图

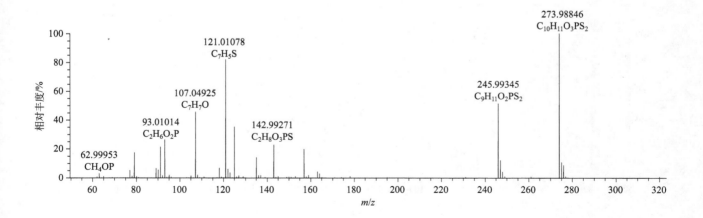

2-phenyl phenol（邻苯基苯酚）

基本信息

CAS 登录号	90-43-7	分子量	170.07317	离子化模式	电子轰击电离（EI）
分子式	$C_{12}H_{10}O$	保留时间	10.31min		

总离子流色谱图

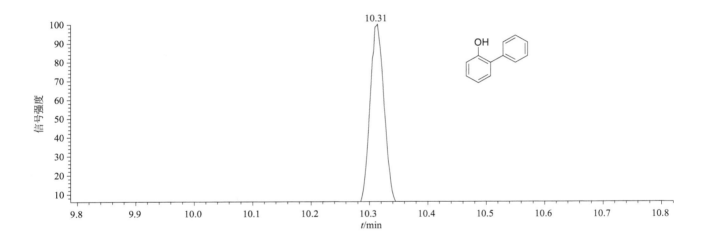

质谱图

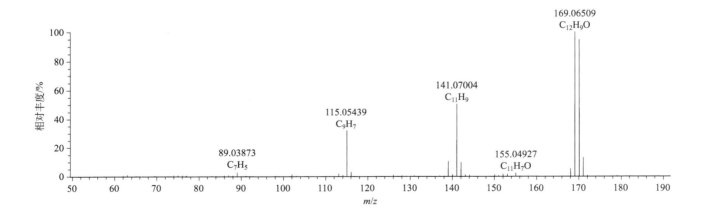

3-phenyl phenol（3-苯基苯酚）

基本信息

CAS 登录号	580-51-8	分子量	170.07317	离子化模式	电子轰击电离（EI）
分子式	$C_{12}H_{10}O$	保留时间	13.69min		

总离子流色谱图

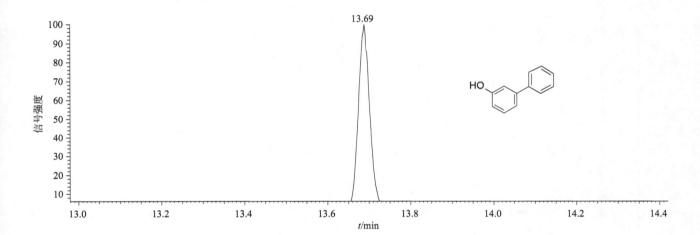

质谱图

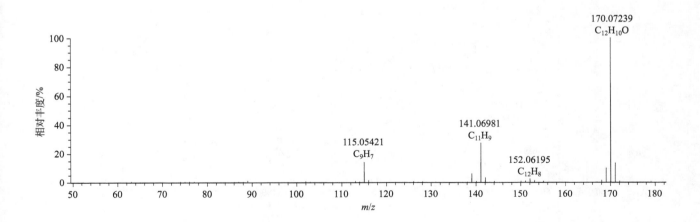

phorate（甲拌磷）

基本信息

CAS 登录号	298-02-2	分子量	260.01283	离子化模式	电子轰击电离（EI）
分子式	$C_7H_{17}O_2PS_3$	保留时间	13.39min		

总离子流色谱图

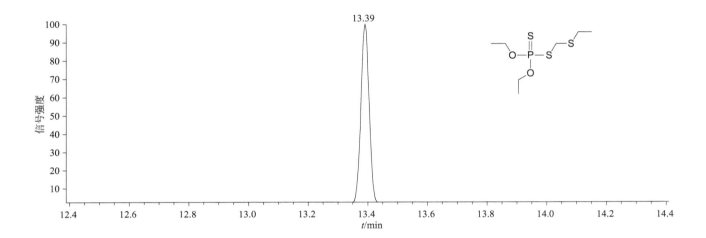

质谱图

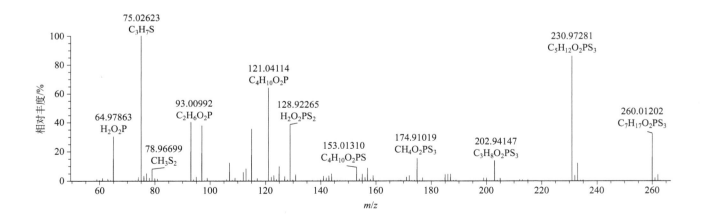

phorate oxon sulfone（氧甲拌磷砜）

基本信息

CAS 登录号	2588-06-9	分子量	276.02550	离子化模式	电子轰击电离（EI）
分子式	$C_7H_{17}O_5PS_2$	保留时间	16.96min		

总离子流色谱图

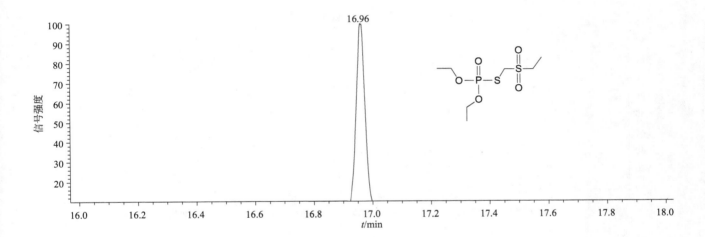

质谱图

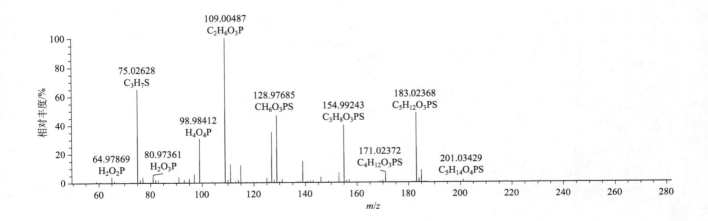

phorate sulfone（甲拌磷砜）

基本信息

CAS 登录号	2588-04-7	分子量	292.00266	离子化模式	电子轰击电离（EI）
分子式	$C_7H_{17}O_4PS_3$	保留时间	18.70min		

总离子流色谱图

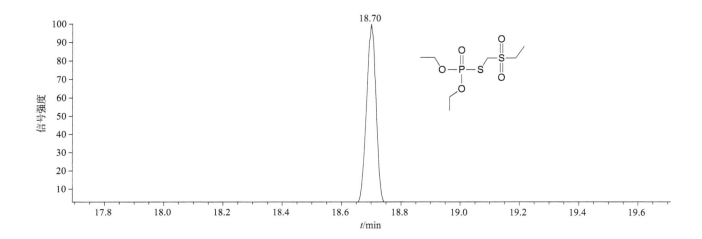

质谱图

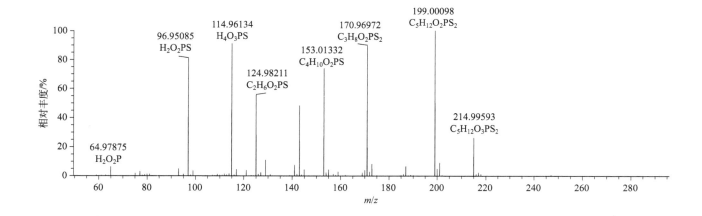

phorate sulfoxide(甲拌磷亚砜)

基本信息

CAS 登录号	2588-03-6	分子量	276.00774	离子化模式	电子轰击电离(EI)
分子式	$C_7H_{17}O_3PS_3$	保留时间	18.40min		

总离子流色谱图

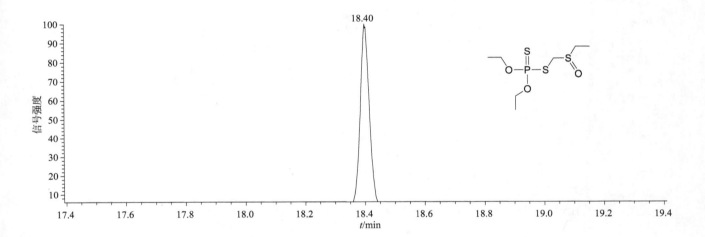

质谱图

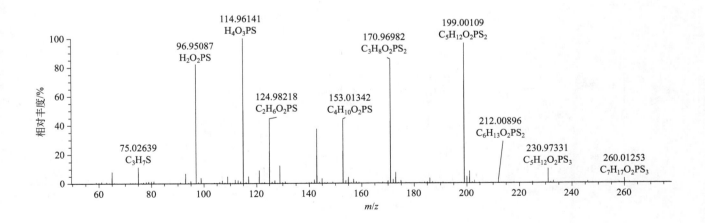

phorate-oxon(氧甲拌磷)

基本信息

CAS 登录号	2600-69-3	**分子量**	244.03567	**离子化模式**	电子轰击电离(EI)
分子式	C$_7$H$_{17}$O$_3$PS$_2$	**保留时间**	11.95min		

总离子流色谱图

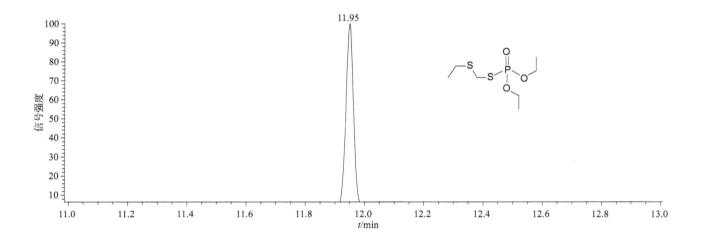

质谱图

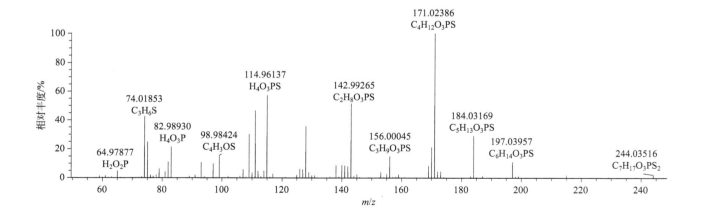

phosalone（伏杀硫磷）

基本信息

CAS 登录号	2310-17-0	分子量	366.98686	离子化模式	电子轰击电离（EI）
分子式	$C_{12}H_{15}ClNO_4PS_2$	保留时间	28.23min		

总离子流色谱图

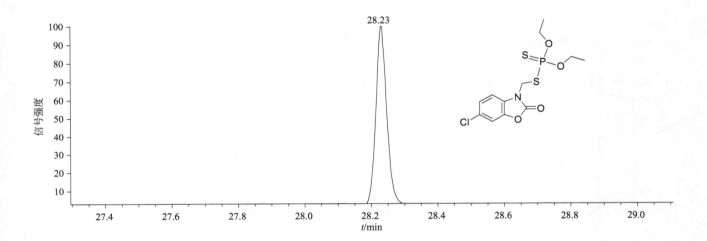

质谱图

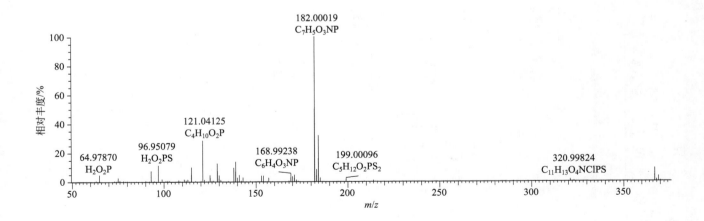

phosfolan（硫环磷）

基本信息

CAS 登录号	947-02-4	**分子量**	255.01527	**离子化模式**	电子轰击电离（EI）
分子式	$C_7H_{14}NO_3PS_2$	**保留时间**	20.21min		

总离子流色谱图

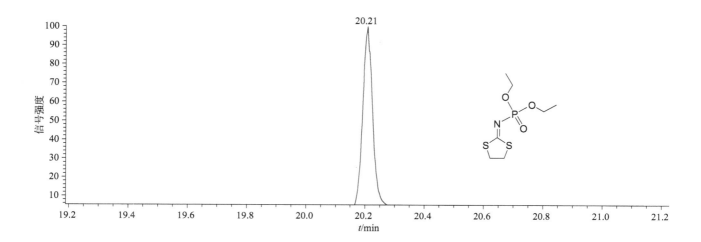

质谱图

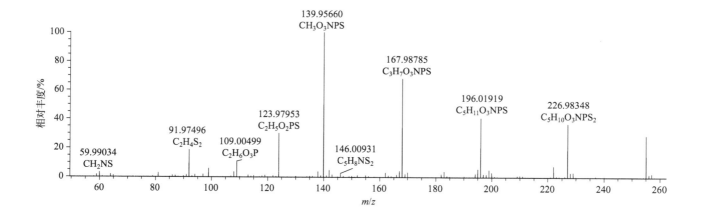

phosmet（亚胺硫磷）

基本信息

CAS 登录号	732-11-6	分子量	316.99454	离子化模式	电子轰击电离（EI）
分子式	$C_{11}H_{12}NO_4PS_2$	保留时间	26.87min		

总离子流色谱图

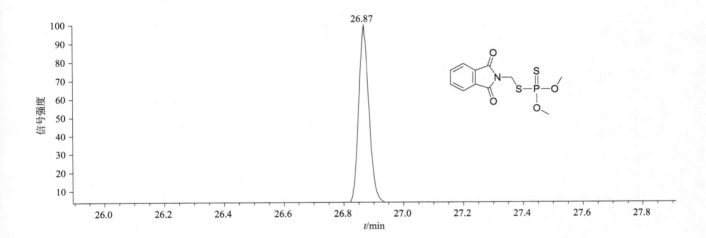

质谱图

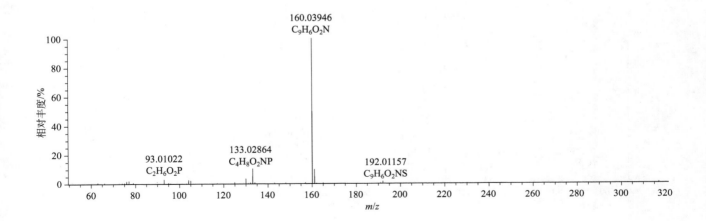

phosphamidon（磷胺）

基本信息

CAS 登录号	13171-21-6	分子量	299.06894	离子化模式	电子轰击电离（EI）
分子式	$C_{10}H_{19}ClNO_5P$	保留时间	16.63min		

总离子流色谱图

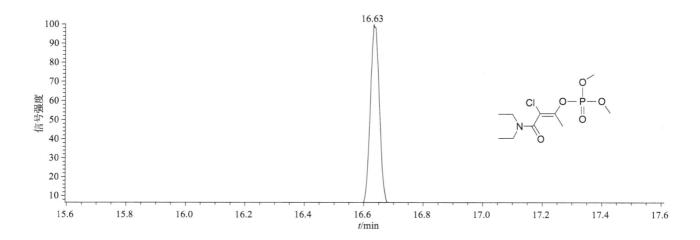

质谱图

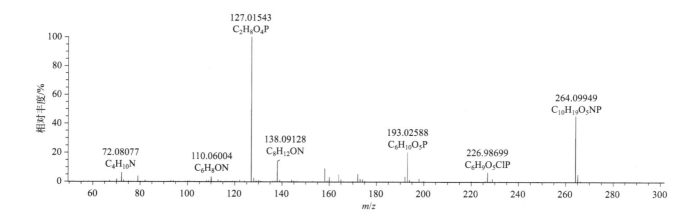

phthalate acid dibutyl ester（邻苯二甲酸二丁酯）

基本信息

CAS 登录号	84-74-2	分子量	278.15181	离子化模式	电子轰击电离（EI）
分子式	$C_{16}H_{22}O_4$	保留时间	18.36min		

总离子流色谱图

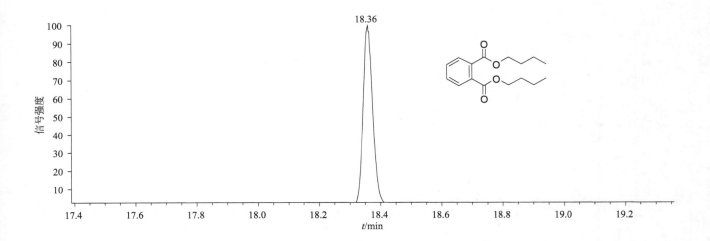

质谱图

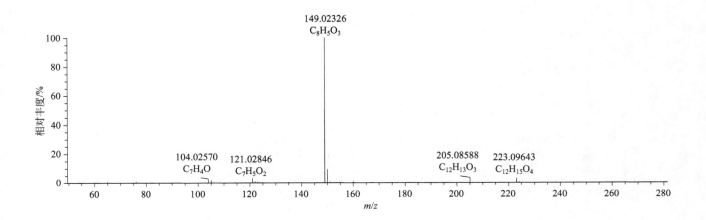

phthalic acid benzyl butyl ester（邻苯二甲酸丁苄酯）

基本信息

CAS 登录号	85-68-7	分子量	312.13616	离子化模式	电子轰击电离（EI）
分子式	$C_{19}H_{20}O_4$	保留时间	25.18min		

总离子流色谱图

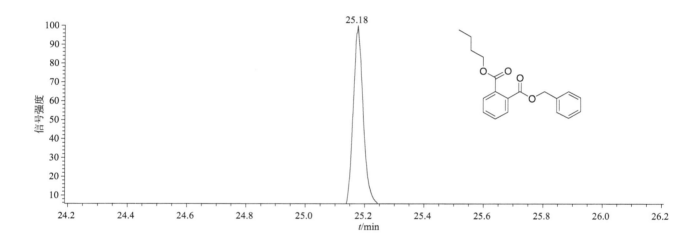

质谱图

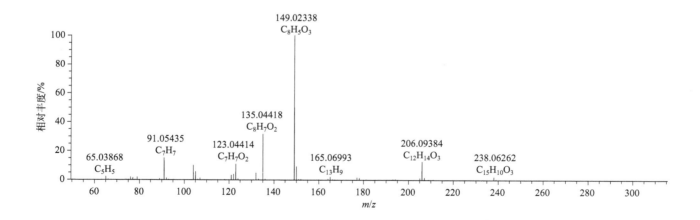

phthalic acid bis-2-ethylhexyl ester [邻苯二甲酸二（2-乙基己）酯]

基本信息

CAS 登录号	117-81-7	分子量	390.27701	离子化模式	电子轰击电离（EI）
分子式	$C_{24}H_{38}O_4$	保留时间	28.17min		

总离子流色谱图

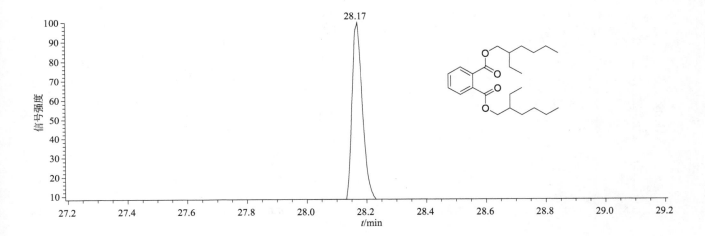

质谱图

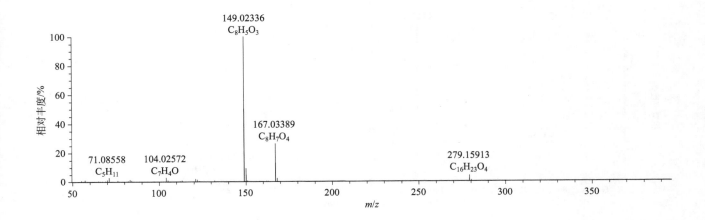

phthalic acid dicyclohexyl ester（邻苯二甲酸二环己酯）

基本信息

CAS 登录号	84-61-7	分子量	330.18311	离子化模式	电子轰击电离（EI）
分子式	$C_{20}H_{26}O_4$	保留时间	27.82min		

总离子流色谱图

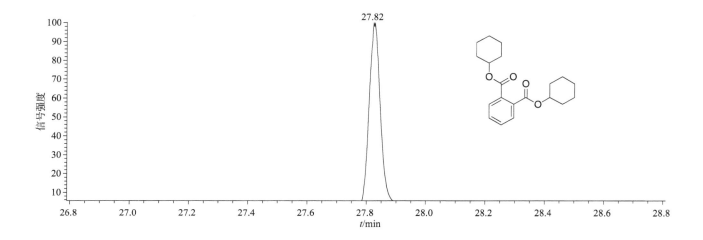

质谱图

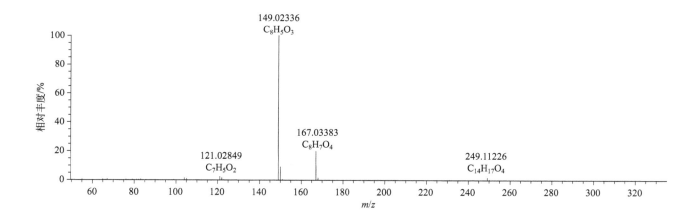

4,5,6,7-tetrachloro-phthalide（四氯苯酞）

基本信息

CAS 登录号	27355-22-2	分子量	269.88089	离子化模式	电子轰击电离（EI）
分子式	$C_8H_2Cl_4O_2$	保留时间	19.20min		

总离子流色谱图

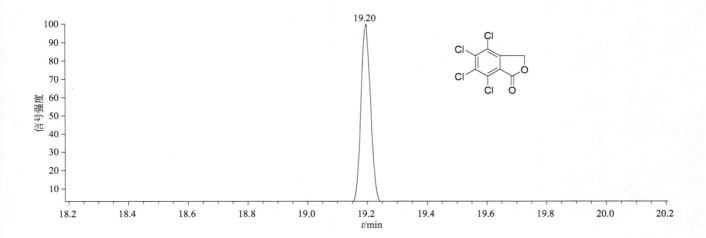

质谱图

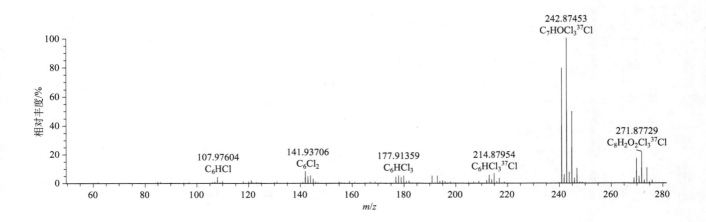

phthalimide（邻苯二甲酰亚胺）

基本信息

CAS 登录号	85-41-6	分子量	147.03203	离子化模式	电子轰击电离（EI）
分子式	$C_8H_5NO_2$	保留时间	9.40min		

总离子流色谱图

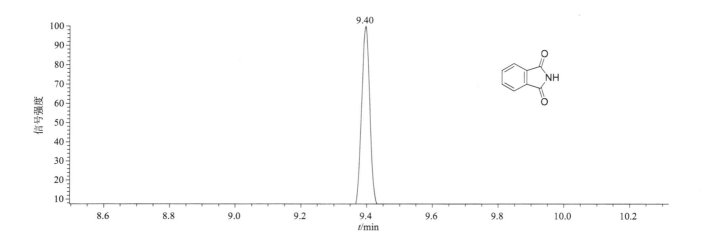

质谱图

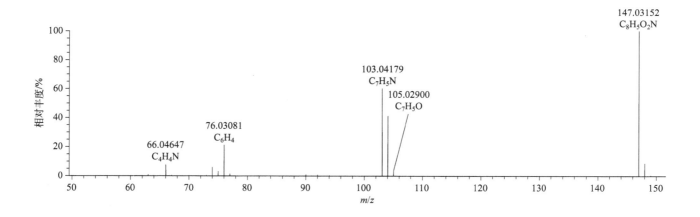

picolinafen（氟吡酰草胺）

基本信息

CAS 登录号	137641-05-5	分子量	376.08349	离子化模式	电子轰击电离（EI）
分子式	$C_{19}H_{12}F_4N_2O_2$	保留时间	27.23min		

总离子流色谱图

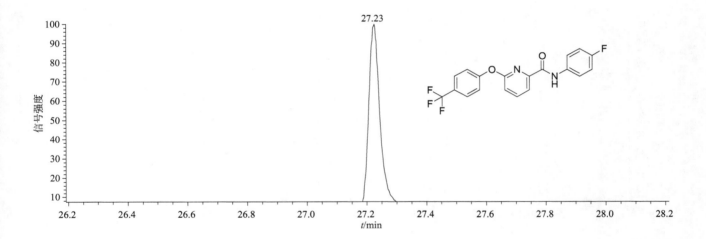

质谱图

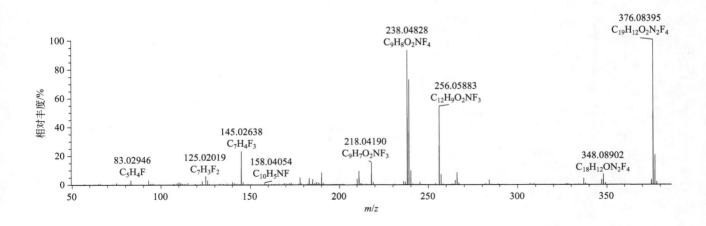

picoxystrobin（啶氧菌酯）

基本信息

CAS 登录号	117428-22-5	分子量	367.10314	离子化模式	电子轰击电离（EI）
分子式	$C_{18}H_{16}F_3NO_4$	保留时间	21.72min		

总离子流色谱图

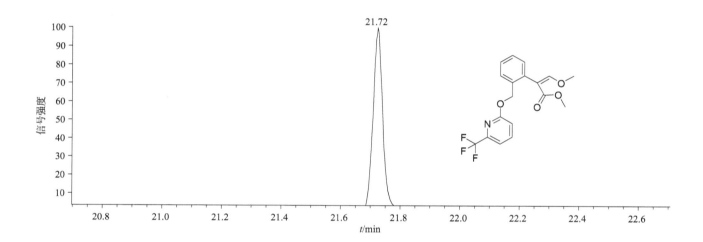

质谱图

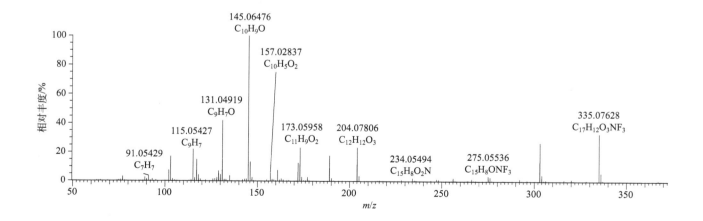

piperalin（哌丙灵）

基本信息

CAS 登录号	3478-94-2	分子量	329.09493	离子化模式	电子轰击电离（EI）
分子式	$C_{16}H_{21}Cl_2NO_2$	保留时间	25.58min		

总离子流色谱图

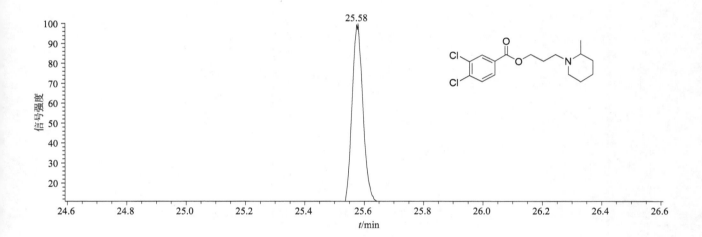

质谱图

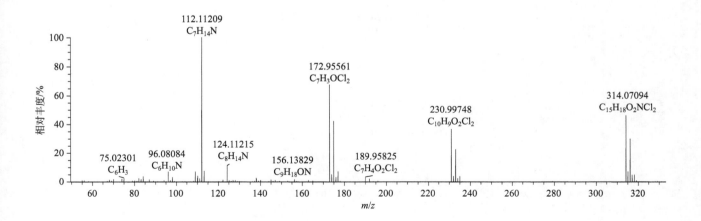

piperonyl butoxide（增效醚）

基本信息

CAS 登录号	51-03-6	分子量	338.20932	离子化模式	电子轰击电离（EI）
分子式	$C_{19}H_{30}O_5$	保留时间	26.21min		

总离子流色谱图

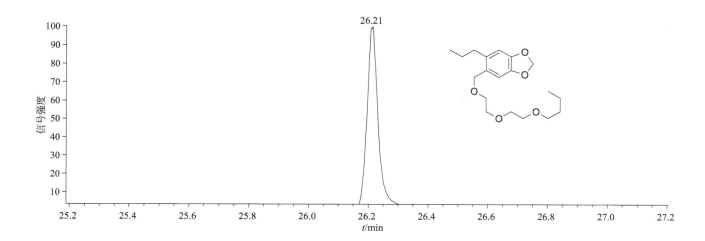

质谱图

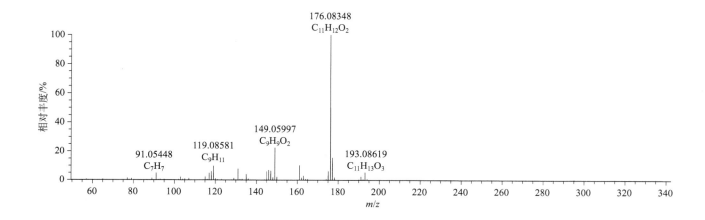

piperophos（哌草磷）

基本信息

CAS 登录号	24151-93-7	分子量	353.12482	离子化模式	电子轰击电离（EI）
分子式	$C_{14}H_{28}NO_3PS_2$	保留时间	27.17min		

总离子流色谱图

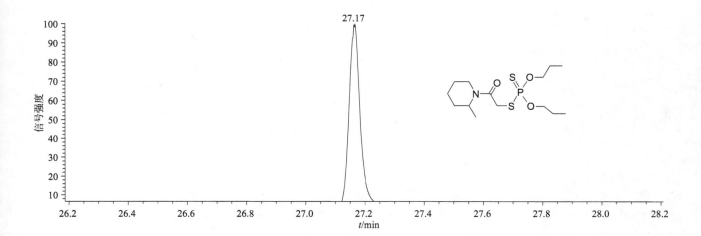

质谱图

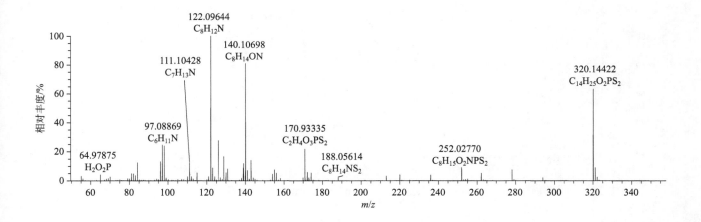

pirimicarb(抗蚜威)

基本信息

CAS 登录号	23103-98-2	分子量	238.14298	离子化模式	电子轰击电离(EI)
分子式	$C_{11}H_{18}N_4O_2$	保留时间	16.15min		

总离子流色谱图

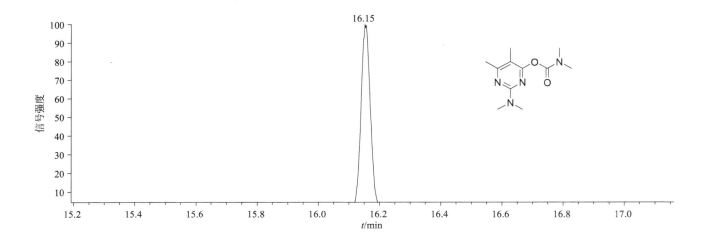

质谱图

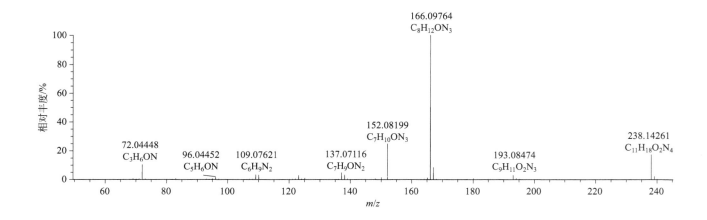

pirimicarb-desmethyl（脱甲基抗蚜威）

基本信息

CAS 登录号	30614-22-3	分子量	224.12733	离子化模式	电子轰击电离（EI）
分子式	$C_{10}H_{16}N_4O_2$	保留时间	16.50min		

总离子流色谱图

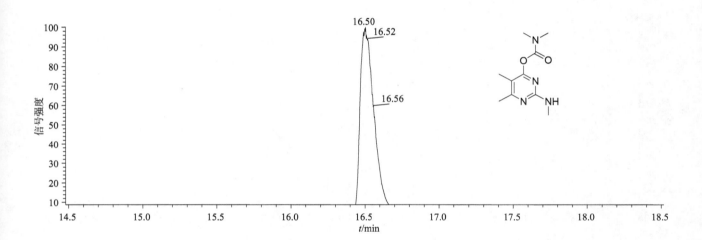

质谱图

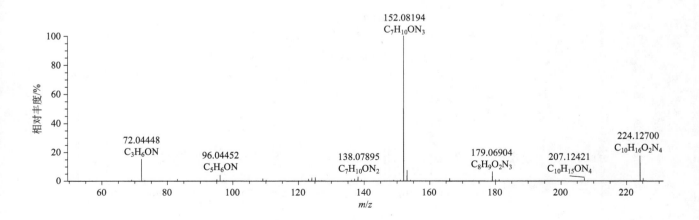

pirimiphos-ethyl（乙基嘧啶磷）

基本信息

CAS 登录号	23505-41-1	分子量	333.12760	离子化模式	电子轰击电离（EI）
分子式	$C_{13}H_{24}N_3O_3PS$	保留时间	19.61min		

总离子流色谱图

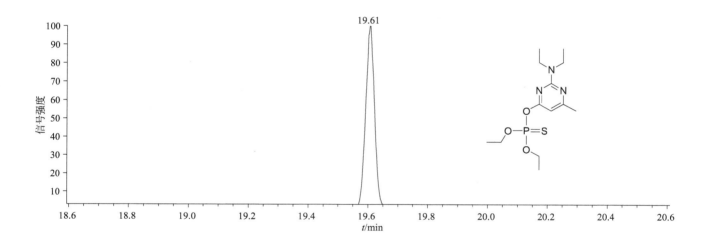

质谱图

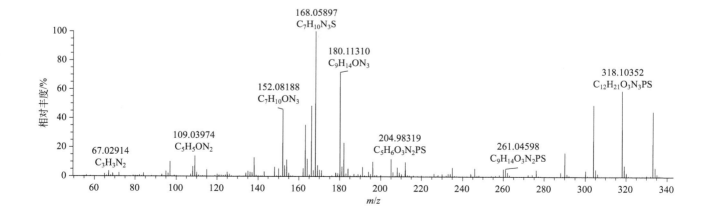

pirimiphos-methyl（甲基嘧啶磷）

基本信息

CAS 登录号	29232-93-7	分子量	305.09630	离子化模式	电子轰击电离（EI）
分子式	$C_{11}H_{20}N_3O_3PS$	保留时间	18.05min		

总离子流色谱图

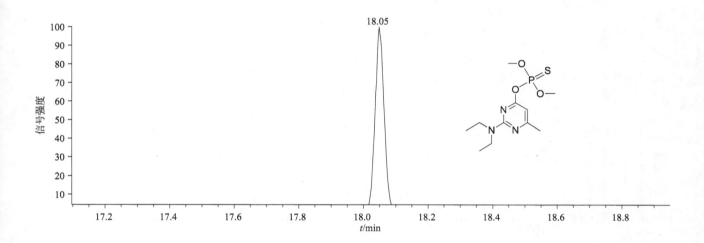

质谱图

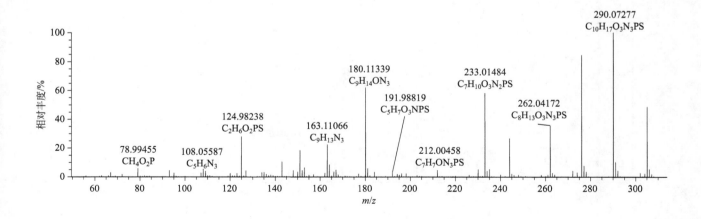

pirimiphos-methyl-*N*-desethyl（甲基嘧啶磷-*N*-去乙基）

基本信息

CAS 登录号	67018-59-1	分子量	277.06500	离子化模式	电子轰击电离（EI）
分子式	$C_9H_{16}N_3O_3PS$	保留时间	17.44min		

总离子流色谱图

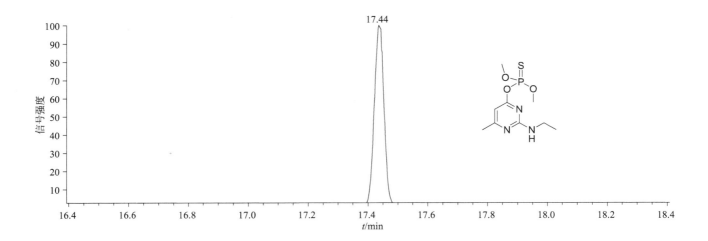

质谱图

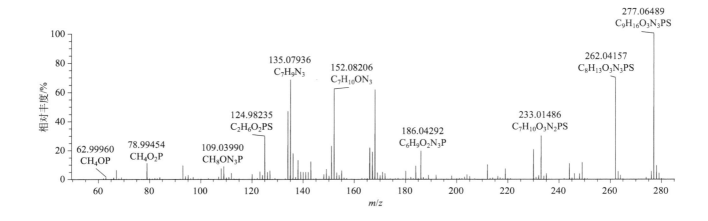

plifenate（三氯杀虫酯）

基本信息

CAS 登录号	21757-82-4	分子量	333.88887	离子化模式	电子轰击电离（EI）
分子式	$C_{10}H_7Cl_5O_2$	保留时间	17.04min		

总离子流色谱图

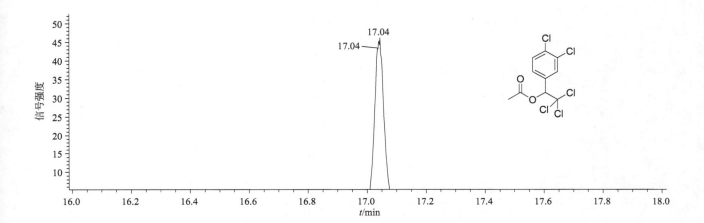

质谱图

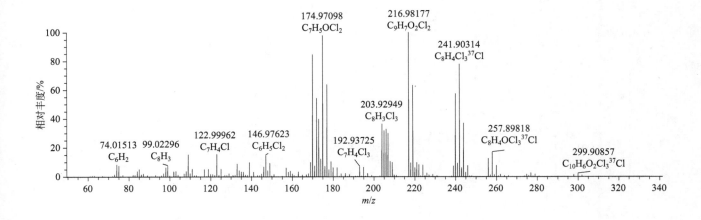

prallethrin（炔丙菊酯）

基本信息

CAS 登录号	23031-36-9	分子量	300.17254	离子化模式	电子轰击电离（EI）
分子式	$C_{19}H_{24}O_3$	保留时间	21.06min		

总离子流色谱图

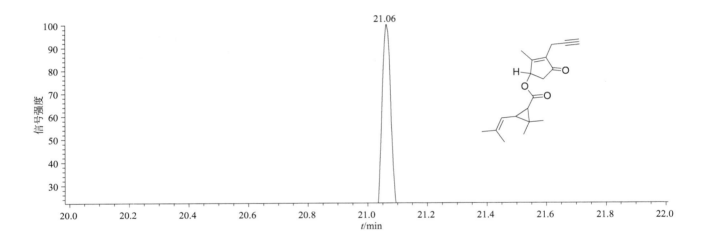

质谱图

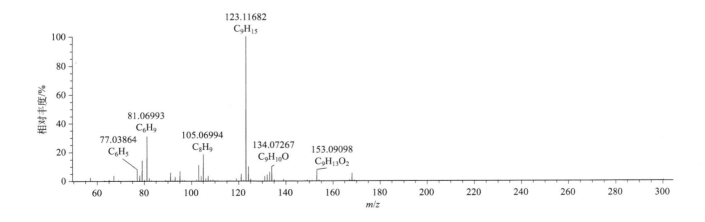

pretilachlor（丙草胺）

基本信息

CAS 登录号	51218-49-6	分子量	311.16521	离子化模式	电子轰击电离（EI）
分子式	$C_{17}H_{26}ClNO_2$	保留时间	22.22min		

总离子流色谱图

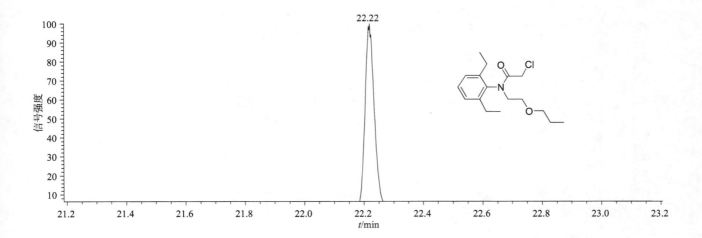

质谱图

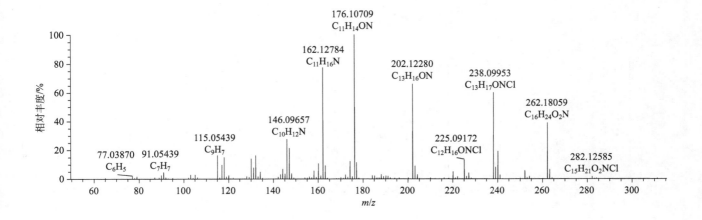

probenazole（烯丙苯噻唑）

基本信息

CAS 登录号	27605-76-1	分子量	223.03031	离子化模式	电子轰击电离（EI）
分子式	$C_{10}H_9NO_3S$	保留时间	15.45min		

总离子流色谱图

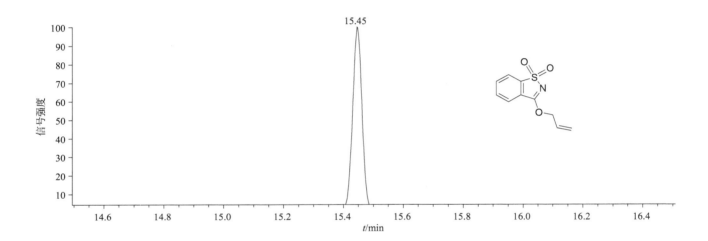

质谱图

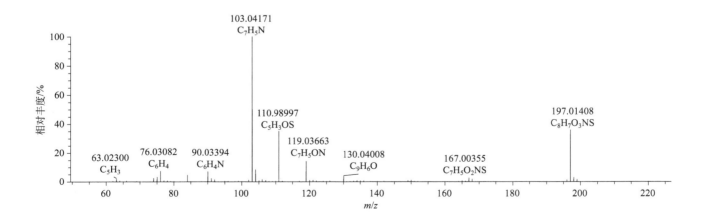

prochloraz（咪鲜胺）

基本信息

CAS 登录号	67747-09-5	分子量	375.03081	离子化模式	电子轰击电离（EI）
分子式	$C_{15}H_{16}Cl_3N_3O_2$	保留时间	30.45min		

总离子流色谱图

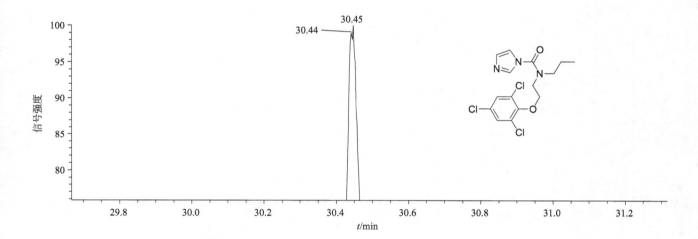

质谱图

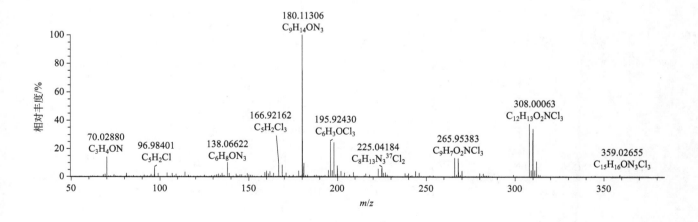

procyazine（环丙腈津）

基本信息

CAS 登录号	32889-48-8	**分子量**	252.08902	**离子化模式**	电子轰击电离（EI）
分子式	C₁₀H₁₃ClN₆	**保留时间**	21.14min		

总离子流色谱图

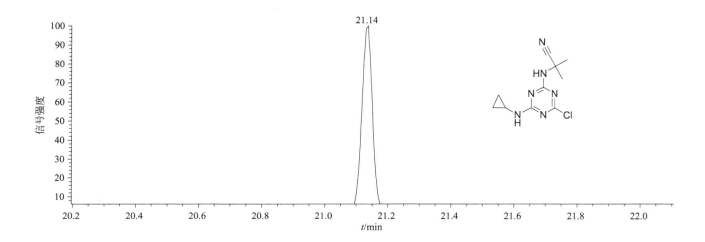

质谱图

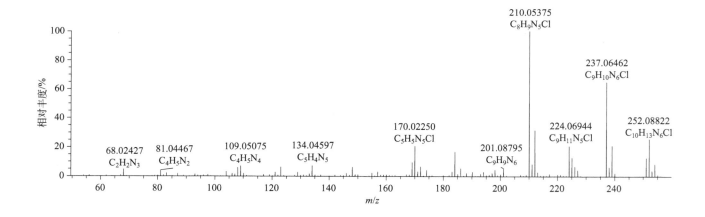

procymidone（腐霉利）

基本信息

CAS 登录号	32809-16-8	分子量	283.01668	离子化模式	电子轰击电离（EI）
分子式	$C_{13}H_{11}Cl_2NO_2$	保留时间	20.64min		

总离子流色谱图

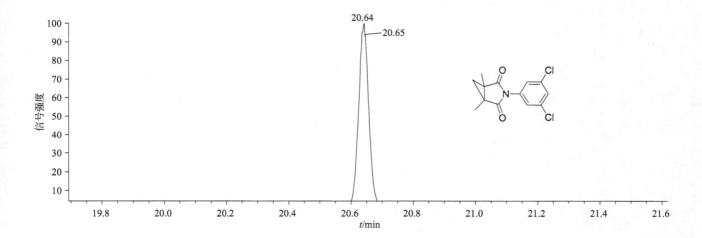

质谱图

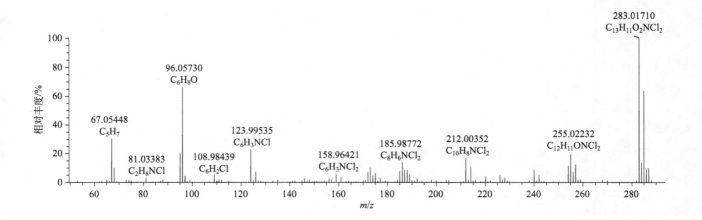

prodiamine（氨基丙氟灵）

基本信息

CAS 登录号	29091-21-2	分子量	350.12019	离子化模式	电子轰击电离（EI）
分子式	$C_{13}H_{17}F_3N_4O_4$	保留时间	18.21min		

总离子流色谱图

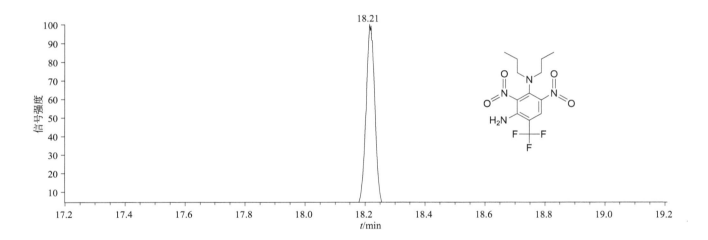

质谱图

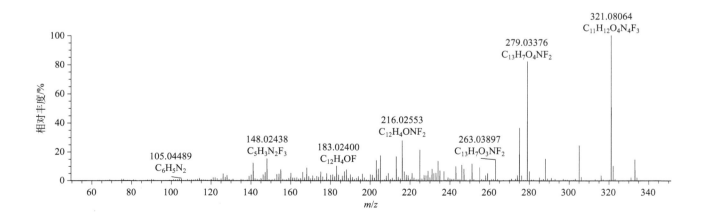

profenofos（丙溴磷）

基本信息

CAS 登录号	41198-08-7	分子量	371.93514	离子化模式	电子轰击电离（EI）
分子式	$C_{11}H_{15}BrClO_3PS$	保留时间	22.25min		

总离子流色谱图

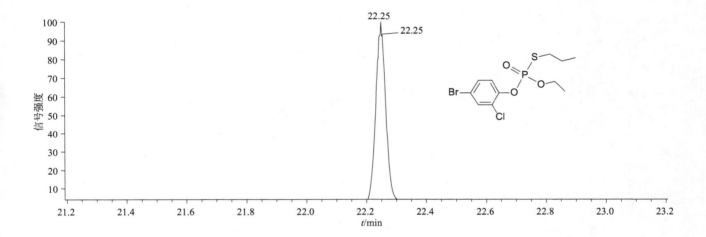

质谱图

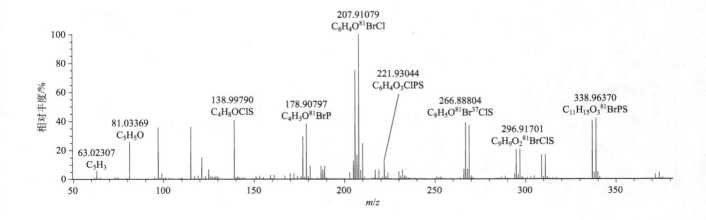

541

profluralin(环丙氟)

基本信息

CAS 登录号	26399-36-0	分子量	347.10929	离子化模式	电子轰击电离(EI)
分子式	$C_{14}H_{16}F_3N_3O_4$	保留时间	14.91min		

总离子流色谱图

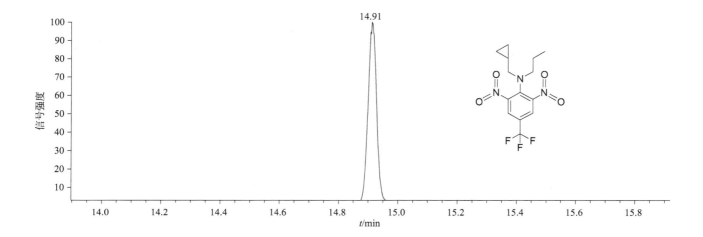

质谱图

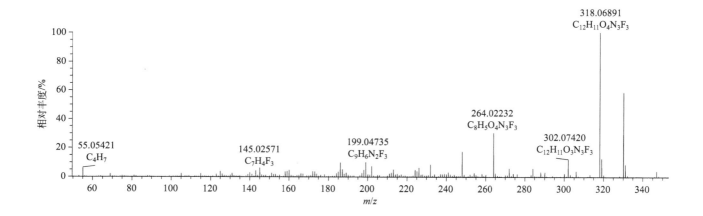

profoxydim（环苯草酮）

基本信息

CAS 登录号	139001-49-3	分子量	465.17351	离子化模式	电子轰击电离（EI）
分子式	$C_{24}H_{32}ClNO_4S$	保留时间	29.87min		

总离子流色谱图

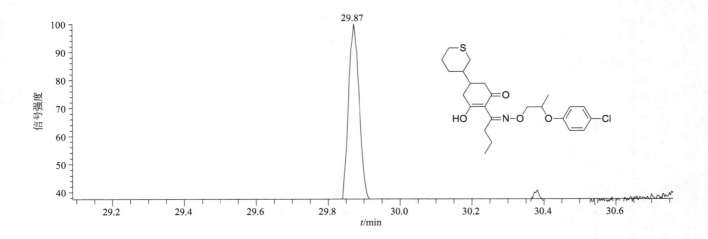

质谱图

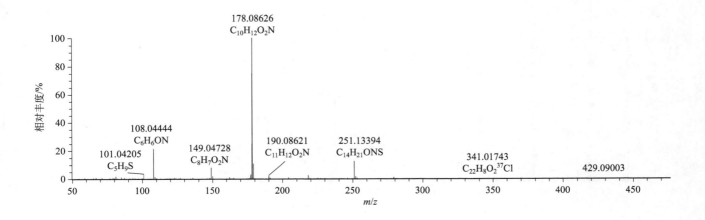

prohydrojasmon（茉莉酮）

基本信息

CAS 登录号	158474-72-7	**分子量**	254.18819	**离子化模式**	电子轰击电离（EI）
分子式	$C_{15}H_{26}O_3$	**保留时间**	15.65min		

总离子流色谱图

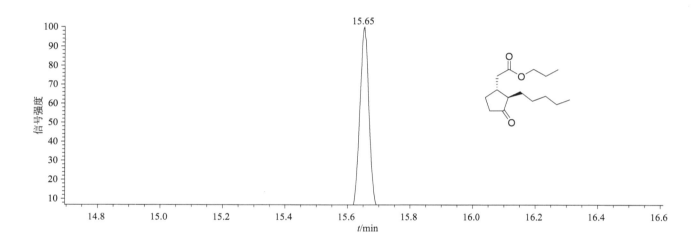

质谱图

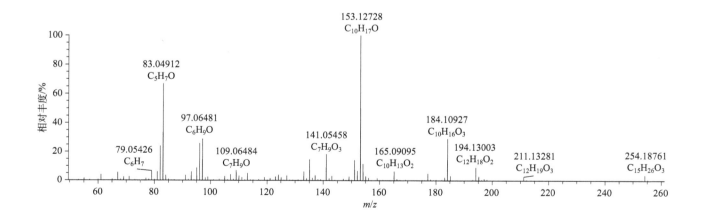

promecarb（猛杀威）

基本信息

CAS 登录号	2631-37-0	分子量	207.12593	离子化模式	电子轰击电离（EI）
分子式	$C_{12}H_{17}NO_2$	保留时间	13.36min		

总离子流色谱图

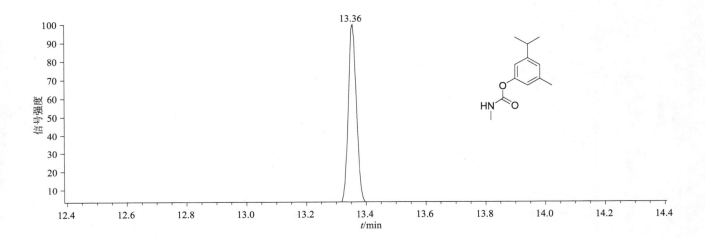

质谱图

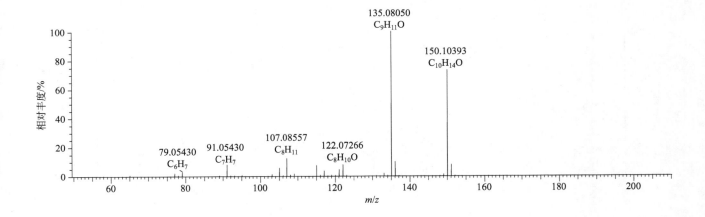

prometon（扑灭通）

基本信息

CAS 登录号	1610-18-0	**分子量**	225.15896	**离子化模式**	电子轰击电离（EI）
分子式	$C_{10}H_{19}N_5O$	**保留时间**	14.30min		

总离子流色谱图

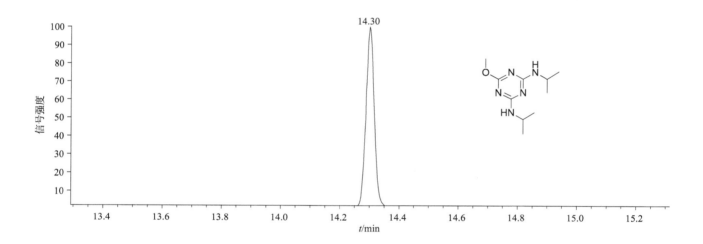

质谱图

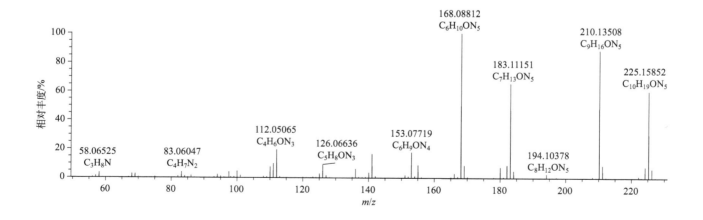

prometryne(扑草净)

基本信息

CAS 登录号	7287-19-6	分子量	241.13612	离子化模式	电子轰击电离(EI)
分子式	$C_{10}H_{19}N_5S$	保留时间	17.65min		

总离子流色谱图

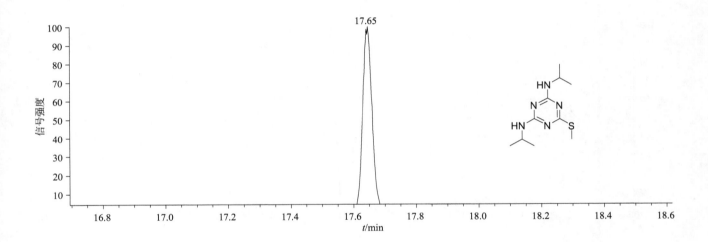

质谱图

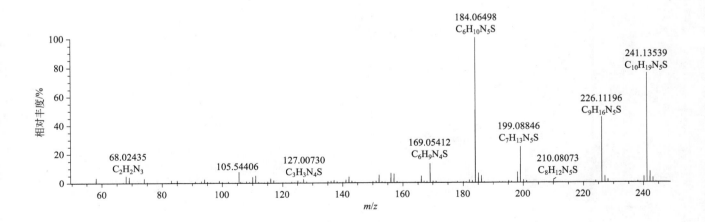

propachlor（毒草胺）

基本信息

CAS 登录号	1918-16-7	**分子量**	211.07639	**离子化模式**	电子轰击电离（EI）
分子式	$C_{11}H_{14}ClNO$	**保留时间**	11.82min		

总离子流色谱图

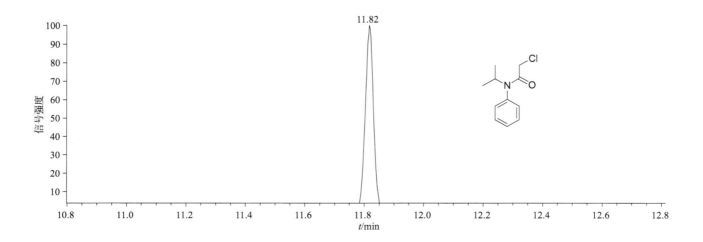

质谱图

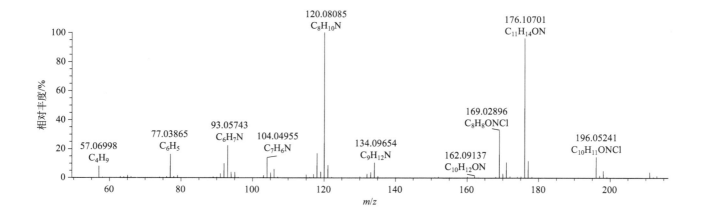

propamocarb（霜霉威）

基本信息

CAS 登录号	24579-73-5	分子量	188.15248	离子化模式	电子轰击电离（EI）
分子式	$C_9H_{20}N_2O_2$	保留时间	8.24min		

总离子流色谱图

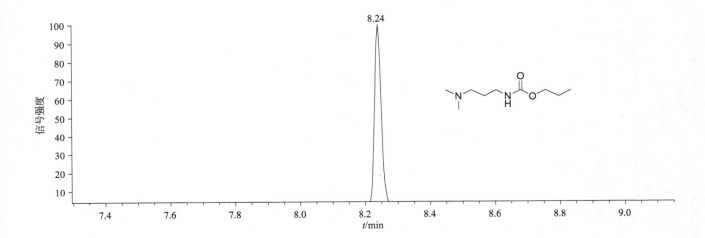

质谱图

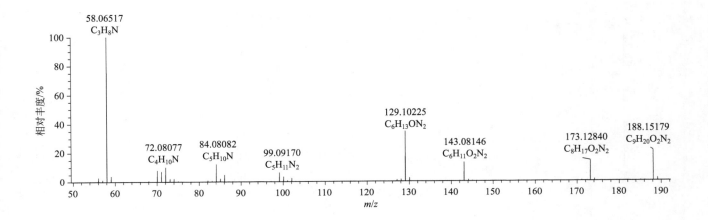

propanil（敌稗）

基本信息

CAS 登录号	709-98-8	分子量	217.00612	离子化模式	电子轰击电离（EI）
分子式	$C_9H_9Cl_2NO$	保留时间	16.77min		

总离子流色谱图

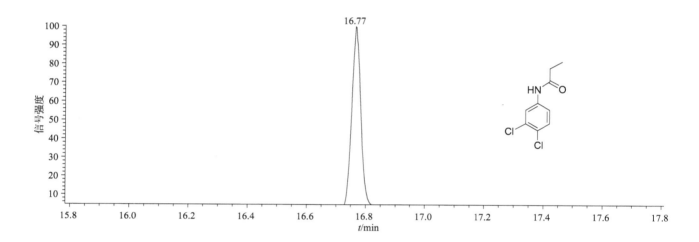

质谱图

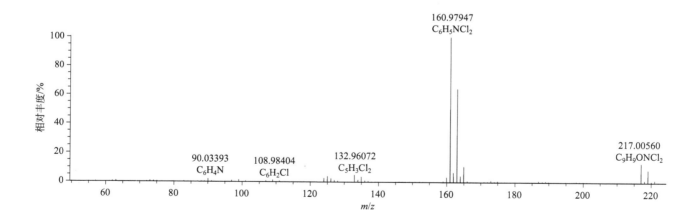

propaphos（丙虫磷）

基本信息

CAS 登录号	7292-16-2	分子量	304.08982	离子化模式	电子轰击电离（EI）
分子式	$C_{13}H_{21}O_4PS$	保留时间	21.17min		

总离子流色谱图

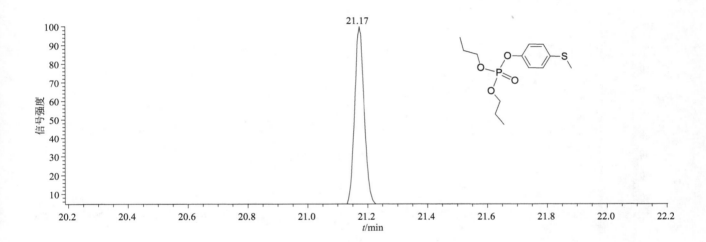

质谱图

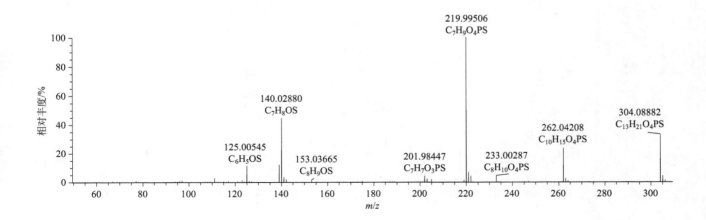

propargite(炔螨特)

基本信息

CAS 登录号	2312-35-8	分子量	350.15518	离子化模式	电子轰击电离(EI)
分子式	C₁₉H₂₆O₄S	保留时间	25.96min		

总离子流色谱图

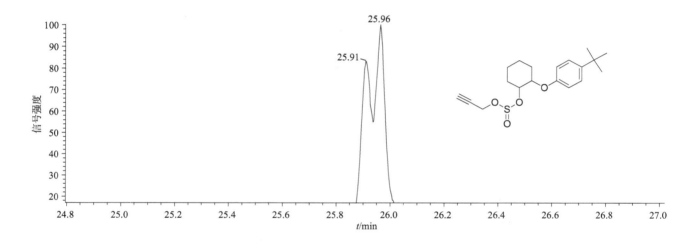

质谱图

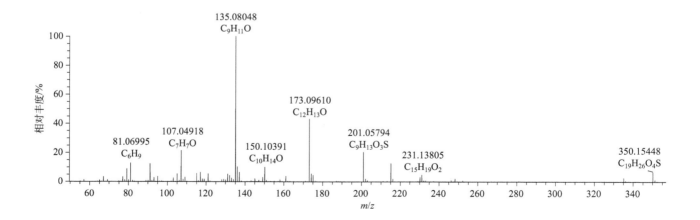

propazine(扑灭津)

基本信息

CAS 登录号	139-40-2	分子量	229.10942	离子化模式	电子轰击电离(EI)
分子式	$C_9H_{16}ClN_5$	保留时间	14.59min		

总离子流色谱图

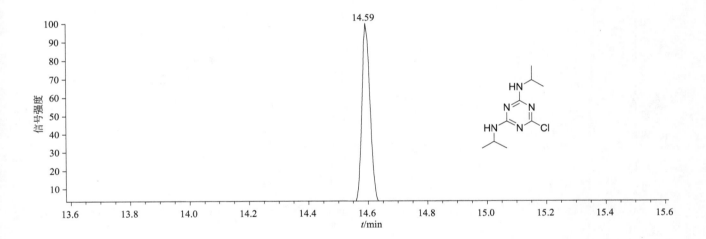

质谱图

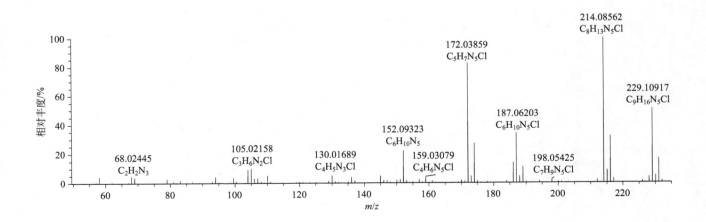

propetamphos（异丙氧磷）

基本信息

CAS 登录号	31218-83-4	分子量	281.08507	离子化模式	电子轰击电离（EI）
分子式	$C_{10}H_{20}NO_4PS$	保留时间	14.99min		

总离子流色谱图

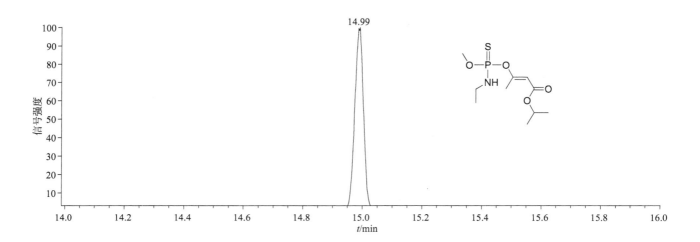

质谱图

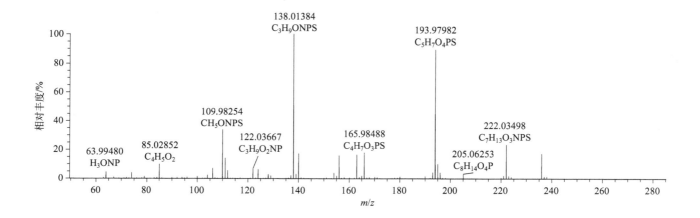

propham（苯胺灵）

基本信息

CAS 登录号	122-42-9	分子量	179.09463	离子化模式	电子轰击电离（EI）
分子式	C$_{10}$H$_{13}$NO$_2$	保留时间	9.24min		

总离子流色谱图

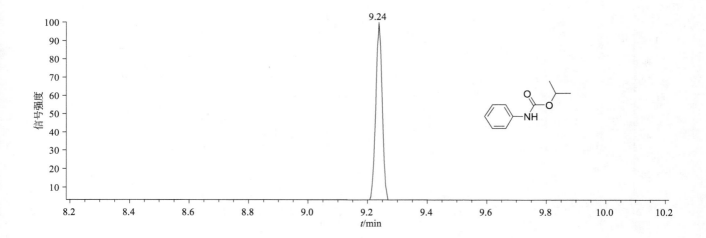

质谱图

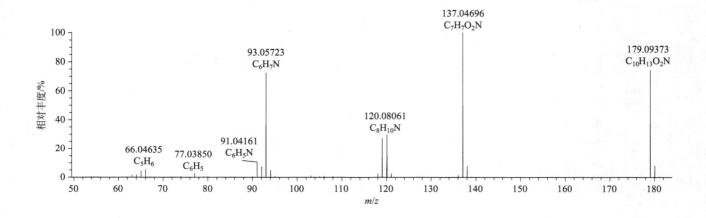

propiconazole（丙环唑）

基本信息

CAS 登录号	60207-90-1	分子量	341.06978	离子化模式	电子轰击电离（EI）
分子式	$C_{15}H_{17}Cl_2N_3O_2$	保留时间	25.00min		

总离子流色谱图

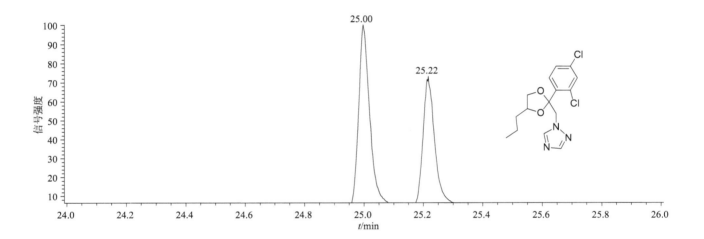

质谱图

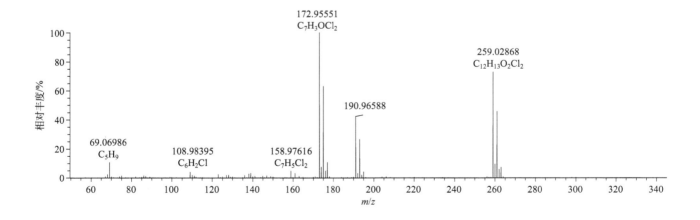

propisochlor（异丙草胺）

基本信息

CAS 登录号	86763-47-5	分子量	283.13391	离子化模式	电子轰击电离（EI）
分子式	$C_{15}H_{22}ClNO_2$	保留时间	17.40min		

总离子流色谱图

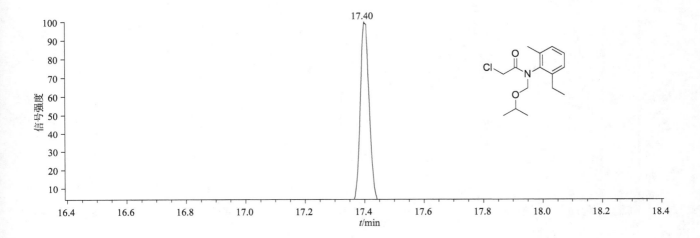

质谱图

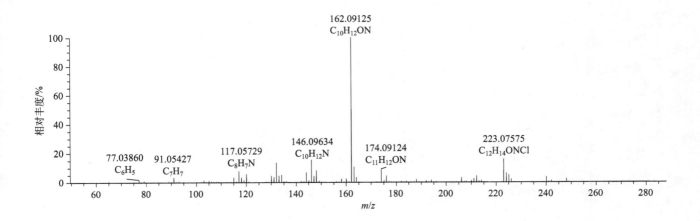

propoxur(残杀威)

基本信息

CAS 登录号	114-26-1	分子量	209.10519	离子化模式	电子轰击电离(EI)
分子式	$C_{11}H_{15}NO_3$	保留时间	11.77min		

总离子流色谱图

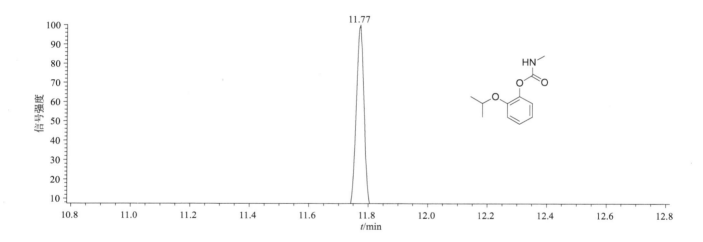

质谱图

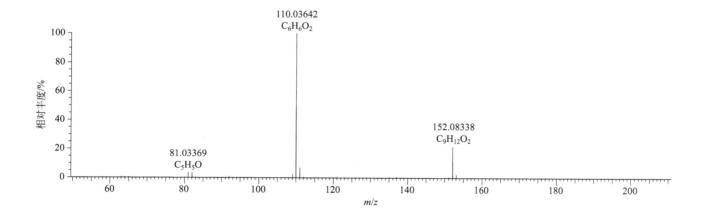

propylene thiourea（丙烯硫脲）

基本信息

CAS 登录号	2122-19-2	分子量	116.04082	离子化模式	电子轰击电离（EI）
分子式	$C_4H_8N_2S$	保留时间	10.83min		

总离子流色谱图

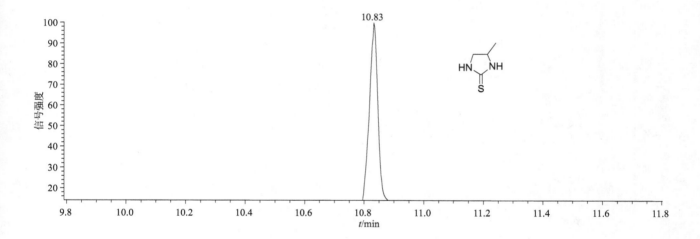

质谱图

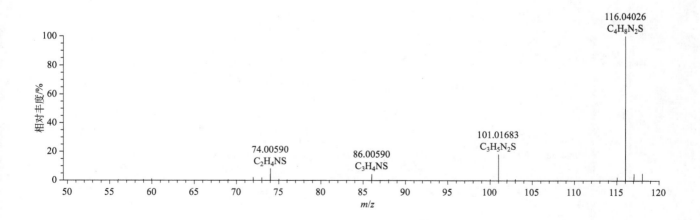

propyzamide(炔苯酰草胺)

基本信息

CAS 登录号	23950-58-5	分子量	255.02177	离子化模式	电子轰击电离(EI)
分子式	$C_{12}H_{11}Cl_2NO$	保留时间	15.13min		

总离子流色谱图

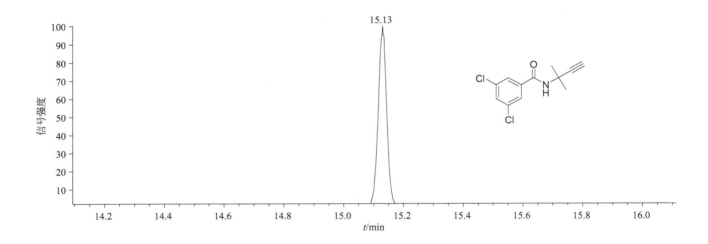

质谱图

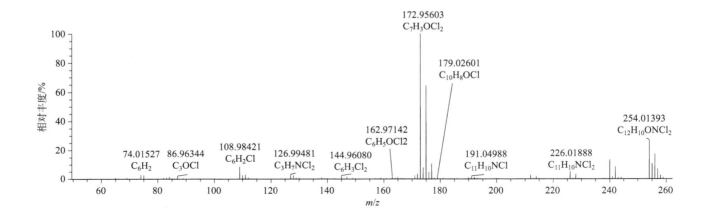

prosulfocarb（苄草丹）

基本信息

CAS 登录号	52888-80-9	分子量	251.13439	离子化模式	电子轰击电离（EI）
分子式	$C_{14}H_{21}NOS$	保留时间	17.88min		

总离子流色谱图

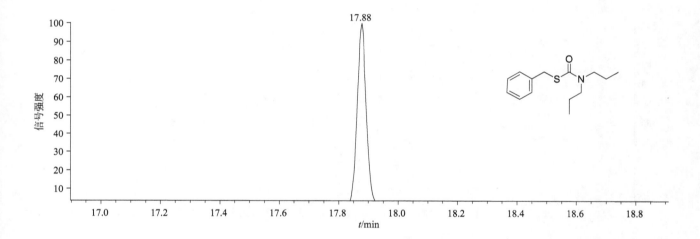

质谱图

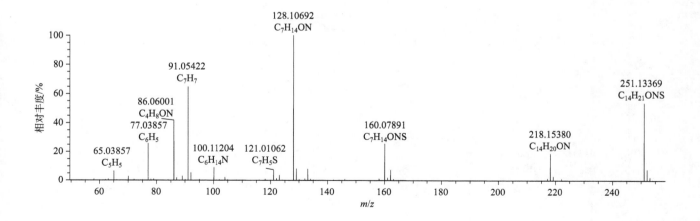

prothioconazole-desthio（脱硫丙硫菌唑）

基本信息

CAS 登录号	120983-64-4	分子量	311.05922	离子化模式	电子轰击电离（EI）
分子式	$C_{14}H_{15}Cl_2N_3O$	保留时间	22.90min		

总离子流色谱图

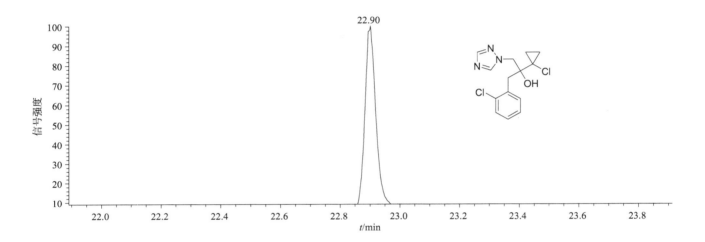

质谱图

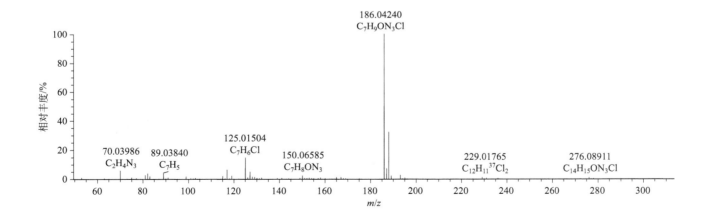

prothiofos（丙硫磷）

基本信息

CAS 登录号	34643-46-4	分子量	343.96281	离子化模式	电子轰击电离（EI）
分子式	$C_{11}H_{15}Cl_2O_2PS_2$	保留时间	22.08min		

总离子流色谱图

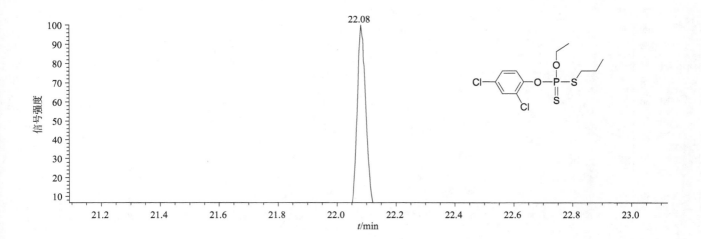

质谱图

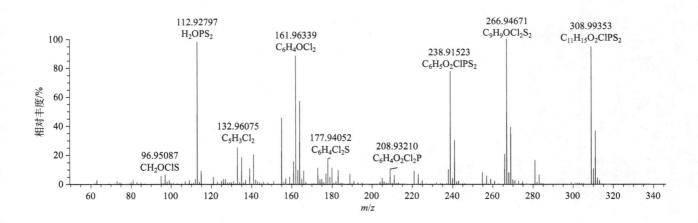

pyracarbolid（吡喃灵）

基本信息

CAS 登录号	24691-76-7	**分子量**	217.11028	**离子化模式**	电子轰击电离（EI）
分子式	$C_{13}H_{15}NO_2$	**保留时间**	19.54min		

总离子流色谱图

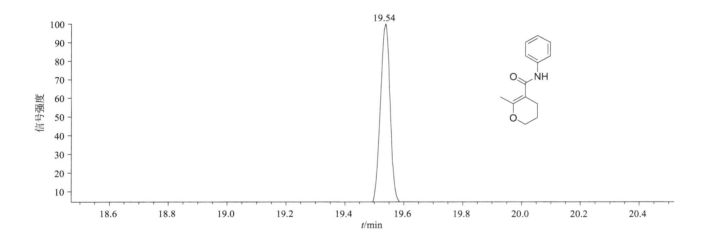

质谱图

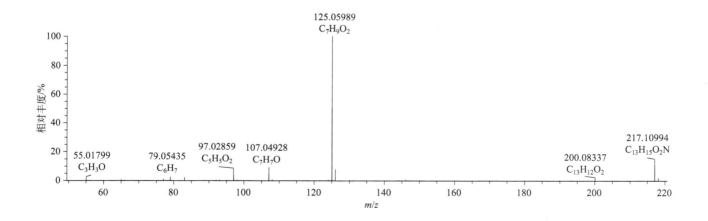

pyraclostrobin（百克敏）

基本信息

CAS 登录号	175013-18-0	分子量	387.09858	离子化模式	电子轰击电离（EI）
分子式	$C_{19}H_{18}ClN_3O_4$	保留时间	32.75min		

总离子流色谱图

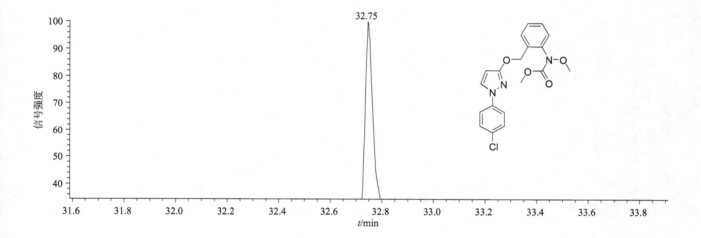

质谱图

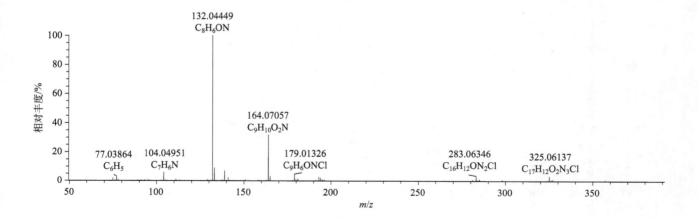

pyrazophos（吡菌磷）

基本信息

CAS 登录号	13457-18-6	分子量	373.08613	离子化模式	电子轰击电离（EI）
分子式	$C_{14}H_{20}N_3O_5PS$	保留时间	29.28min		

总离子流色谱图

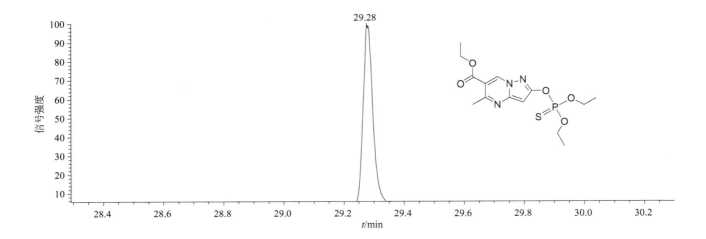

质谱图

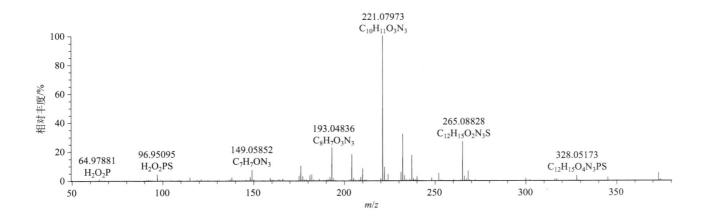

pyrethrin I（除虫菊素I）

基本信息

CAS 登录号	121-21-1	分子量	328.20384	离子化模式	电子轰击电离（EI）
分子式	$C_{21}H_{28}O_3$	保留时间	24.70min		

总离子流色谱图

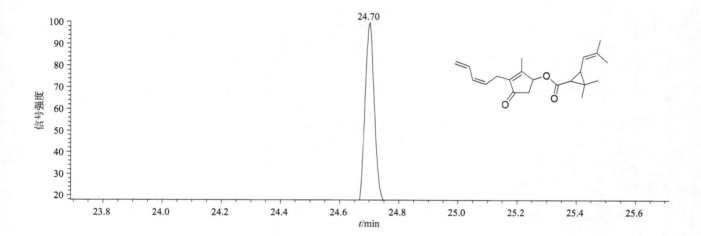

质谱图

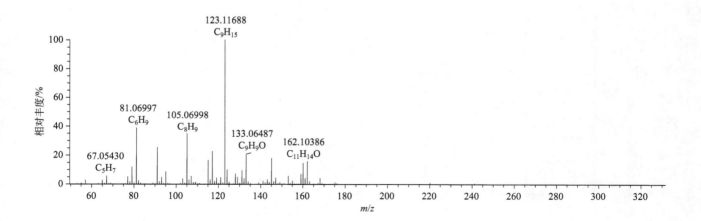

pyrethrin Ⅱ（除虫菊素Ⅱ）

基本信息

CAS 登录号	121-29-9	分子量	372.19367	离子化模式	电子轰击电离（EI）
分子式	C₂₂H₂₈O₅	保留时间	29.50min		

总离子流色谱图

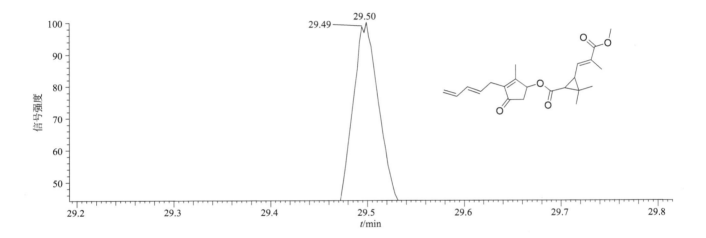

质谱图

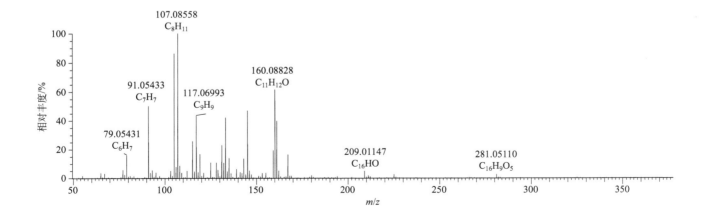

pyributicarb（稗草丹）

基本信息

CAS 登录号	88678-67-5	分子量	330.14020	离子化模式	电子轰击电离（EI）
分子式	$C_{18}H_{22}N_2O_2S$	保留时间	26.56min		

总离子流色谱图

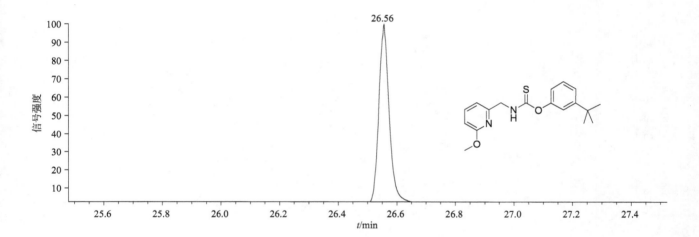

质谱图

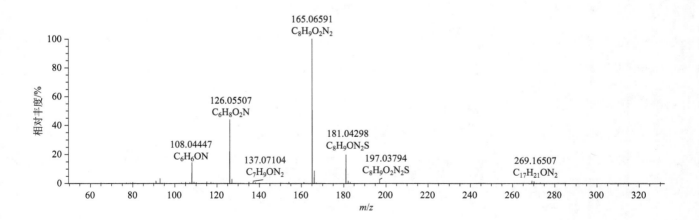

pyridaben（哒螨灵）

基本信息

CAS 登录号	96489-71-3	分子量	364.13761	离子化模式	电子轰击电离（EI）
分子式	$C_{19}H_{25}ClN_2OS$	保留时间	30.44min		

总离子流色谱图

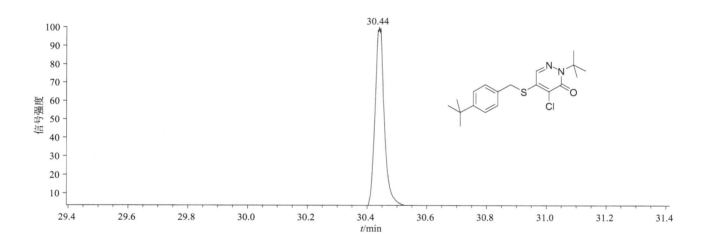

质谱图

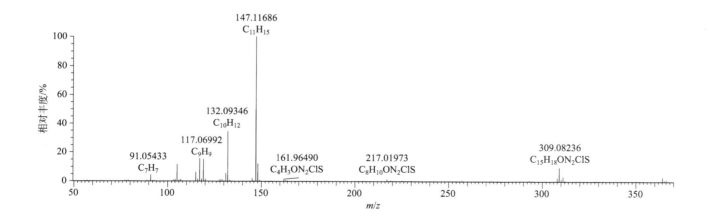

pyridalyl（三氟甲吡醚）

基本信息

CAS 登录号	179101-81-6	分子量	488.96799	离子化模式	电子轰击电离（EI）
分子式	$C_{18}H_{14}Cl_4F_3NO_3$	保留时间	32.00min		

总离子流色谱图

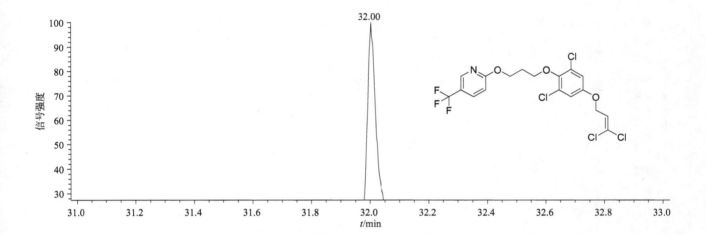

质谱图

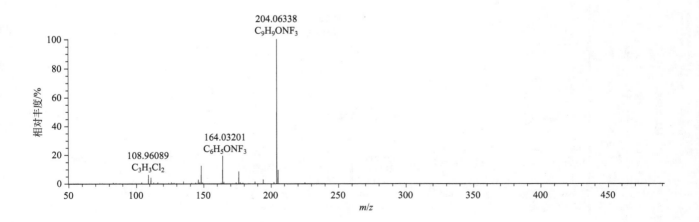

pyridaphenthion（哒嗪硫磷）

基本信息

CAS 登录号	119-12-0	分子量	340.06467	离子化模式	电子轰击电离（EI）
分子式	$C_{14}H_{17}N_2O_4PS$	保留时间	26.73min		

总离子流色谱图

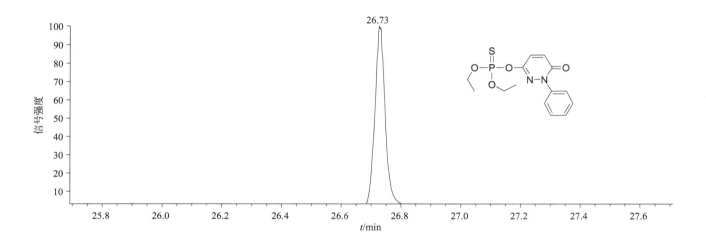

质谱图

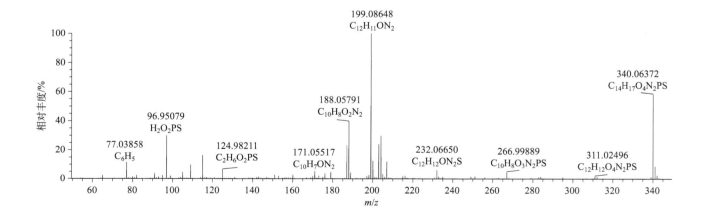

pyrifenox（啶斑肟）

基本信息

CAS 登录号	88283-41-4	分子量	294.03267	离子化模式	电子轰击电离（EI）
分子式	$C_{14}H_{12}Cl_2N_2O$	保留时间	21.23min		

总离子流色谱图

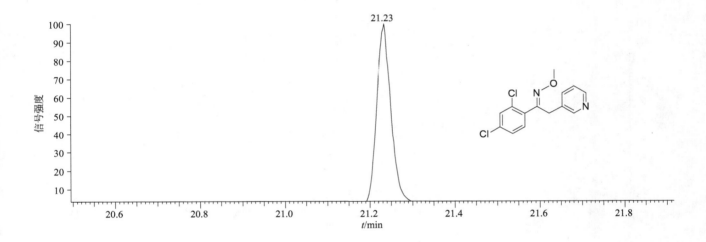

质谱图

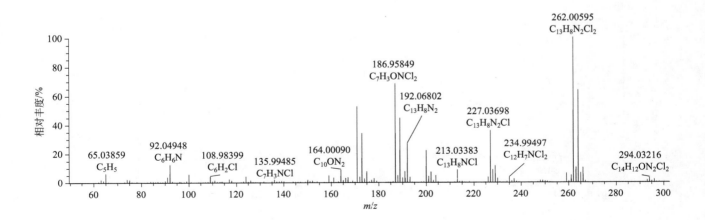

pyriftalid（环酯草醚）

基本信息

CAS 登录号	135186-78-6	分子量	318.06743	离子化模式	电子轰击电离（EI）
分子式	$C_{15}H_{14}N_2O_4S$	保留时间	29.27min		

总离子流色谱图

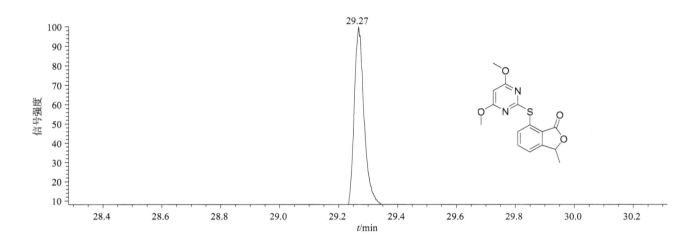

质谱图

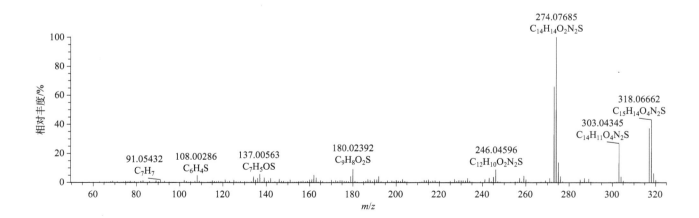

pyrimethanil（嘧霉胺）

基本信息

CAS 登录号	53112-28-0	分子量	199.11095	离子化模式	电子轰击电离（EI）
分子式	$C_{12}H_{13}N_3$	保留时间	15.36min		

总离子流色谱图

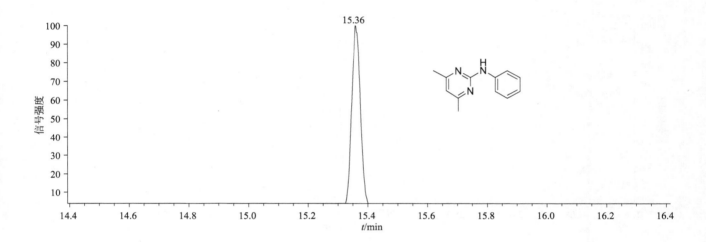

质谱图

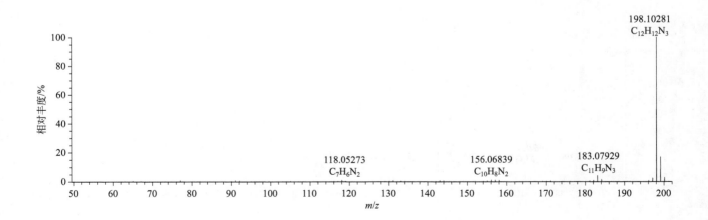

pyriproxyfen（吡丙醚）

基本信息

CAS 登录号	95737-68-1	分子量	321.13649	离子化模式	电子轰击电离（EI）
分子式	$C_{20}H_{19}NO_3$	保留时间	28.60min		

总离子流色谱图

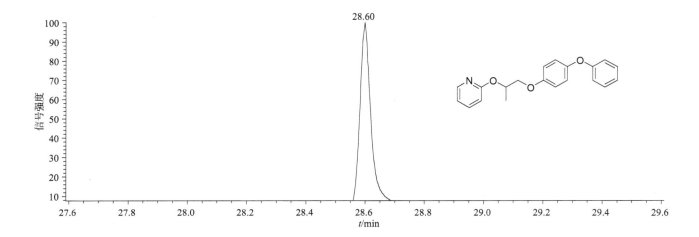

质谱图

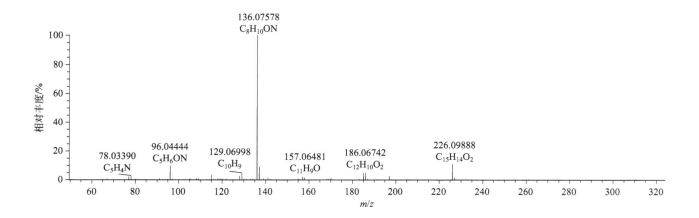

pyroquilon（乐喹酮）

基本信息

CAS 登录号	57369-32-1	分子量	173.08406	离子化模式	电子轰击电离（EI）
分子式	$C_{11}H_{11}NO$	保留时间	15.07min		

总离子流色谱图

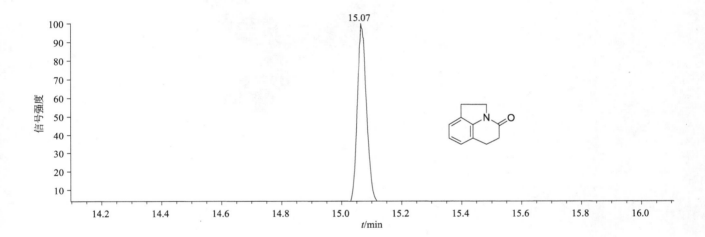

质谱图

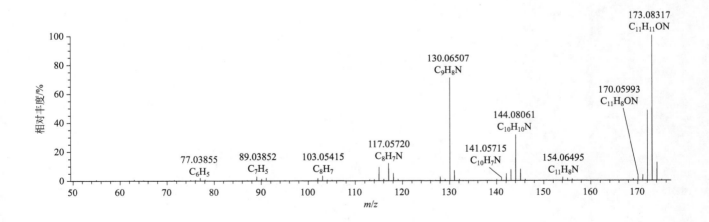

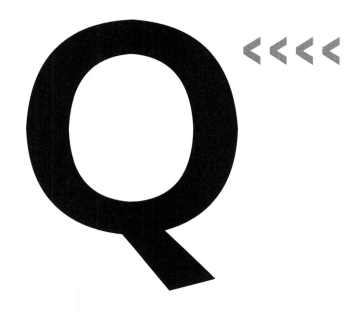

quinalphos（喹硫磷）

基本信息

CAS 登录号	13593-03-8	分子量	298.05410	离子化模式	电子轰击电离（EI）
分子式	$C_{12}H_{15}N_2O_3PS$	保留时间	20.51min		

总离子流色谱图

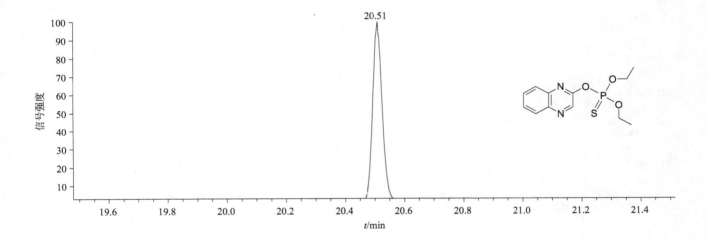

质谱图

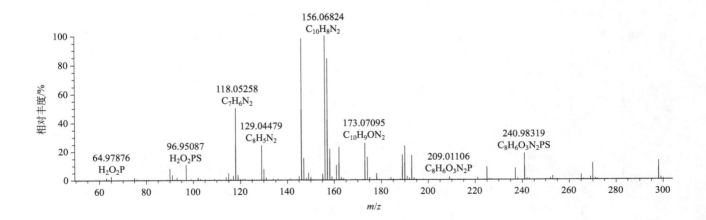

quinoclamine（灭藻醌）

基本信息

CAS 登录号	2797-51-5	分子量	207.00871	离子化模式	电子轰击电离（EI）
分子式	$C_{10}H_6ClNO_2$	保留时间	18.36min		

总离子流色谱图

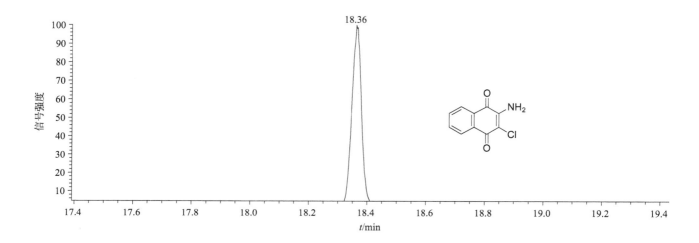

质谱图

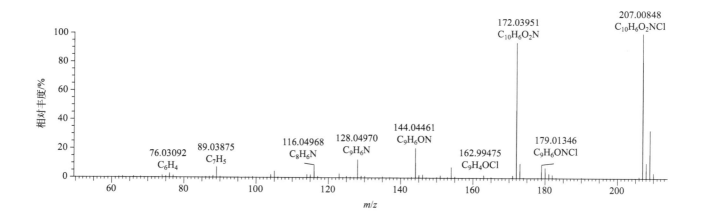

quinoxyfen（苯氧喹啉）

基本信息

CAS 登录号	124495-18-7	分子量	306.99670	离子化模式	电子轰击电离（EI）
分子式	$C_{15}H_8Cl_2FNO$	保留时间	25.04min		

总离子流色谱图

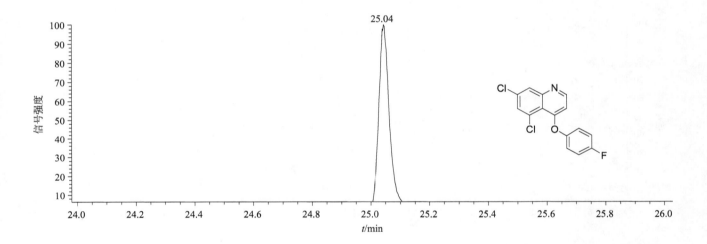

质谱图

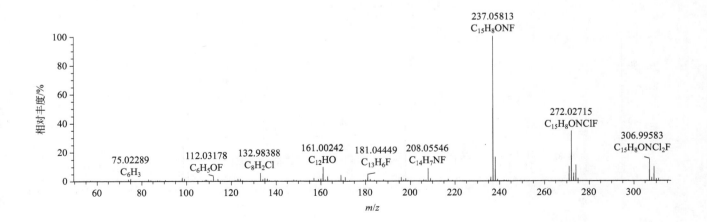

quintozene（五氯硝基苯）

基本信息

CAS 登录号	82-68-8	分子量	292.83717	离子化模式	电子轰击电离（EI）
分子式	$C_6Cl_5NO_2$	保留时间	14.54min		

总离子流色谱图

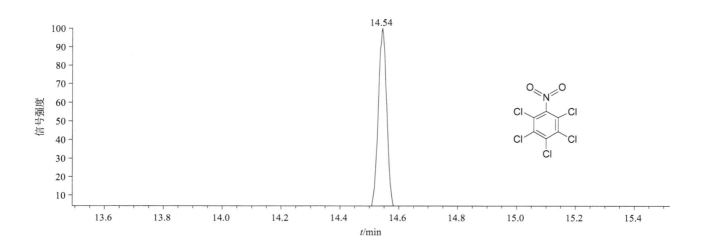

质谱图

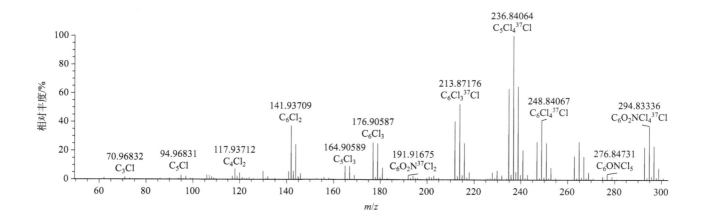

quizalofop-ethyl（喹禾灵）

基本信息

CAS 登记号	76578-14-8	分子量	372.08769	离子化模式	电子轰击电离（EI）
分子式	$C_{19}H_{17}ClN_2O_4$	保留时间	31.71min		

总离子流色谱图

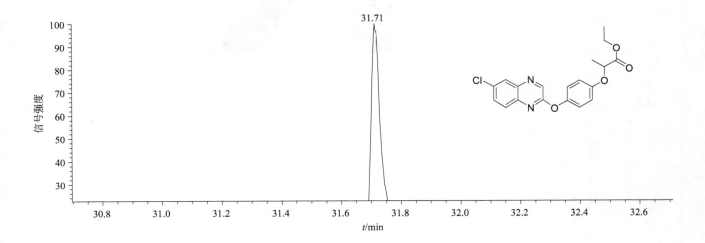

质谱图

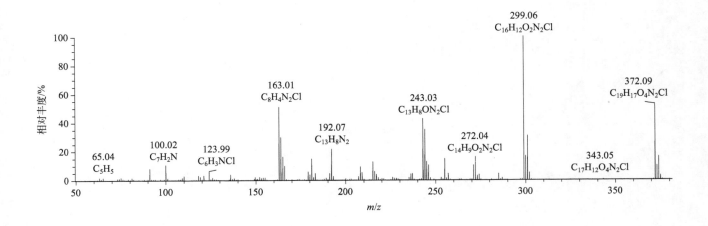

R ‹‹‹‹

rabenzazole（吡咪唑）

基本信息

CAS 登录号	40341-04-6	分子量	212.10620	离子化模式	电子轰击电离（EI）
分子式	$C_{12}H_{12}N_4$	保留时间	19.10min		

总离子流色谱图

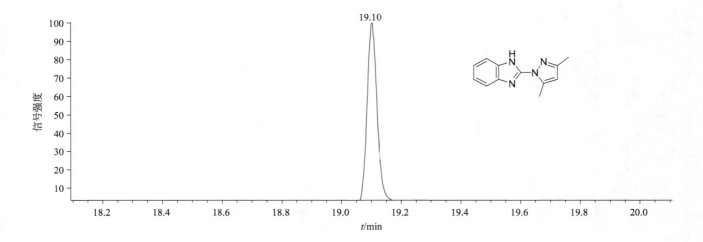

质谱图

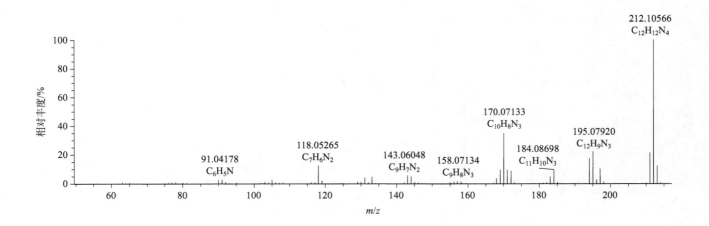

resmethrin（苄呋菊酯）

基本信息

CAS 登录号	10453-86-8	分子量	338.18819	离子化模式	电子轰击电离（EI）
分子式	$C_{22}H_{26}O_3$	保留时间	26.30min		

总离子流色谱图

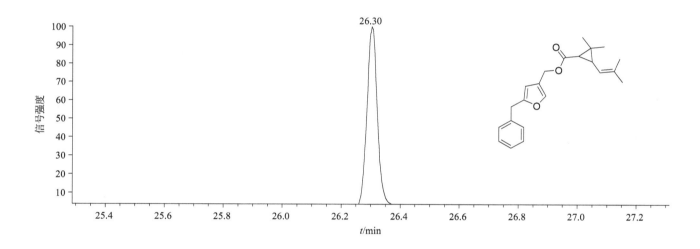

质谱图

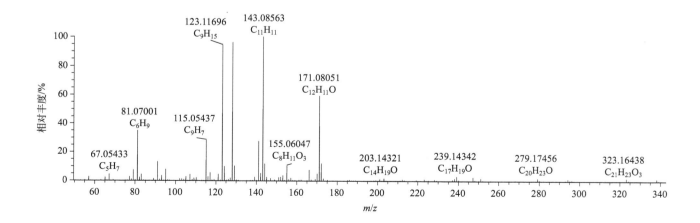

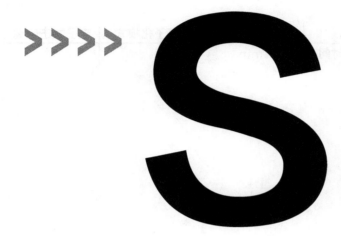

S 421（八氯二丙醚）

基本信息

CAS 登录号	127-90-2	分子量	373.79269	离子化模式	电子轰击电离（EI）
分子式	$C_6H_6Cl_8O$	保留时间	17.82min		

总离子流色谱图

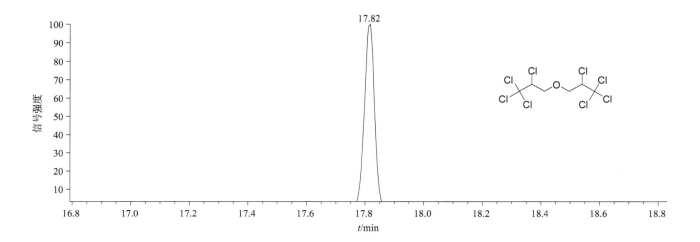

质谱图

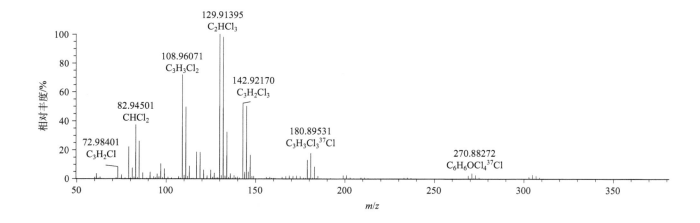

schradan（八甲磷）

基本信息

CAS 登录号	152-16-9	**分子量**	286.13236	**离子化模式**	电子轰击电离（EI）
分子式	$C_8H_{24}N_4O_3P_2$	**保留时间**	14.05min		

总离子流色谱图

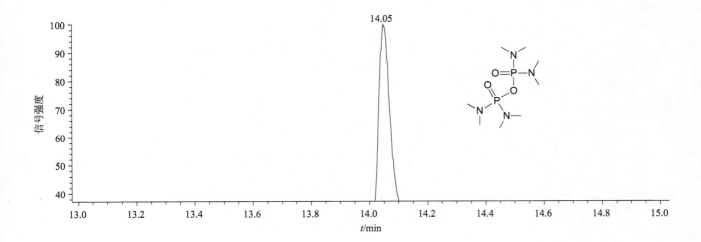

质谱图

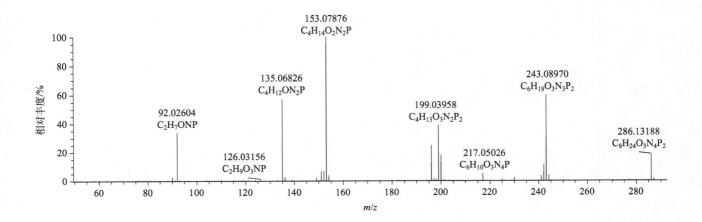

sebuthylazine(另丁津)

基本信息

CAS 登录号	7286-69-3	分子量	229.10942	离子化模式	电子轰击电离（EI）
分子式	C₉H₁₆ClN₅	保留时间	16.13min		

总离子流色谱图

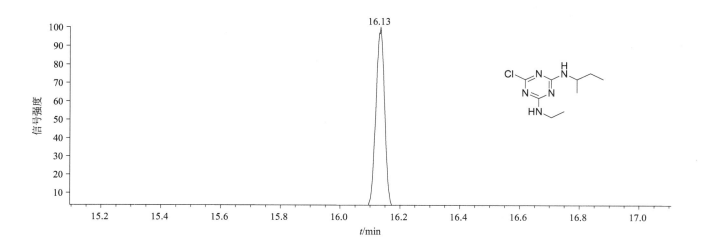

质谱图

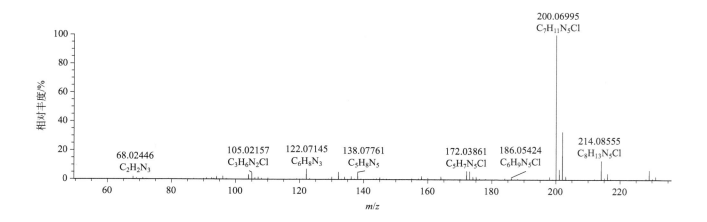

sebuthylazine-desethyl（去乙基另丁津）

基本信息

CAS 登录号	37019-18-4	分子量	201.07812	离子化模式	电子轰击电离（EI）
分子式	$C_7H_{12}ClN_5$	保留时间	14.44min		

总离子流色谱图

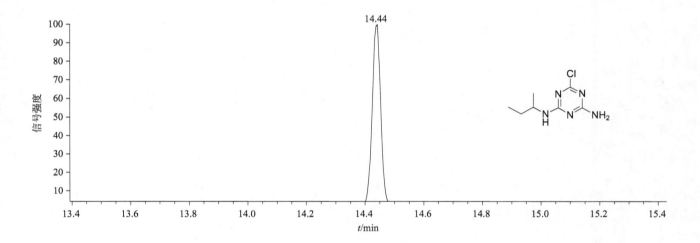

质谱图

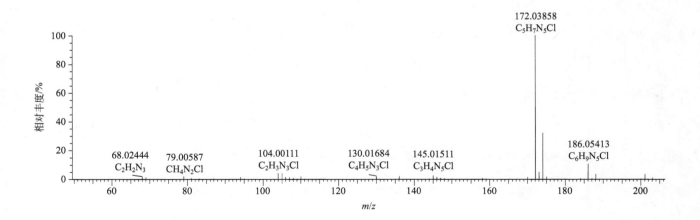

secbumeton（密草通）

基本信息

CAS 登录号	26259-45-0	分子量	225.15896	离子化模式	电子轰击电离（EI）
分子式	$C_{10}H_{19}N_5O$	保留时间	15.72min		

总离子流色谱图

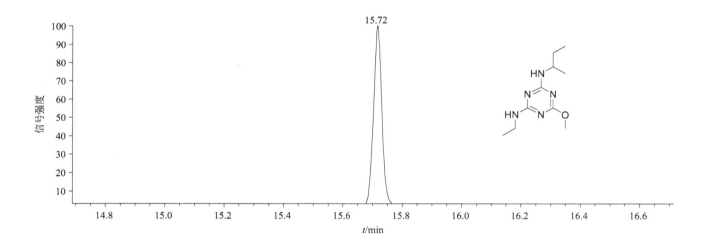

质谱图

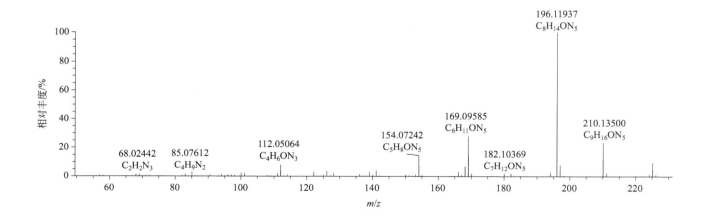

sedaxane（氟唑环菌胺）

基本信息

CAS 登录号	874967-67-6	分子量	331.14907	离子化模式	电子轰击电离（EI）
分子式	$C_{18}H_{19}F_2N_3O$	保留时间	28.93min		

总离子流色谱图

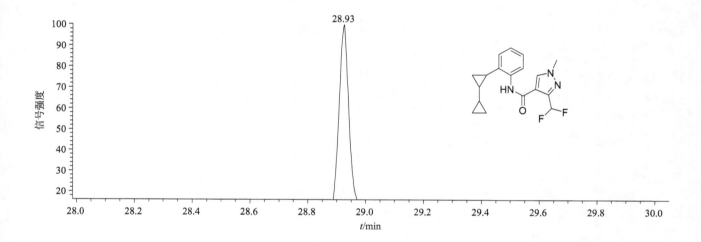

质谱图

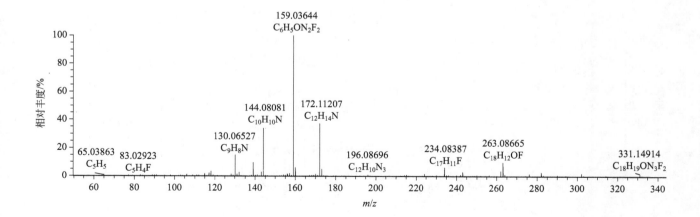

semiamitraz（单甲脒）

基本信息

CAS 登录号	33089-74-6	分子量	162.11570	离子化模式	电子轰击电离（EI）
分子式	$C_{10}H_{14}N_2$	保留时间	10.68min		

总离子流色谱图

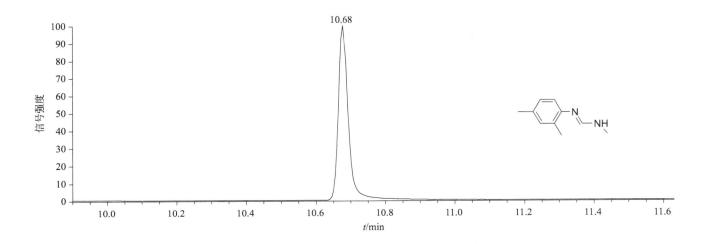

质谱图

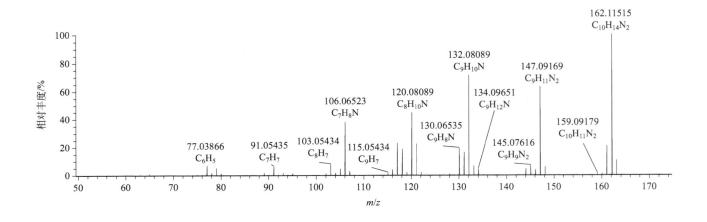

siduron(环草隆)

基本信息

CAS 登录号	1982-49-6	分子量	232.15756	离子化模式	电子轰击电离(EI)
分子式	$C_{14}H_{20}N_2O$	保留时间	21.91min		

总离子流色谱图

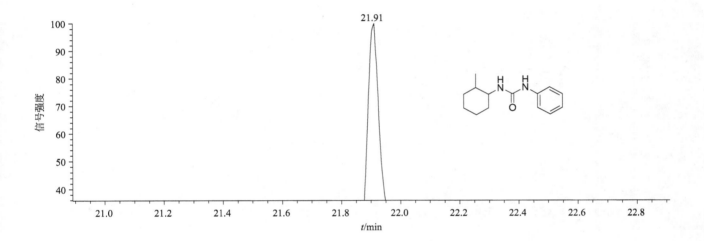

质谱图

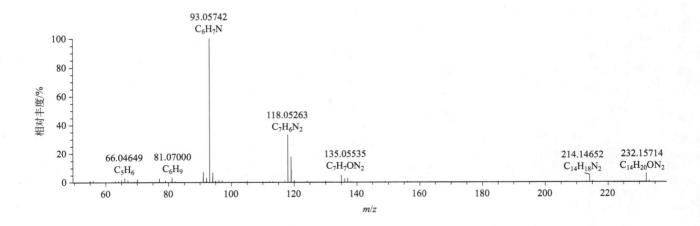

silafluofen（白蚁灵）

基本信息

CAS 登录号	105024-66-6	分子量	408.19209	离子化模式	电子轰击电离（EI）
分子式	$C_{25}H_{29}FO_2Si$	保留时间	32.11min		

总离子流色谱图

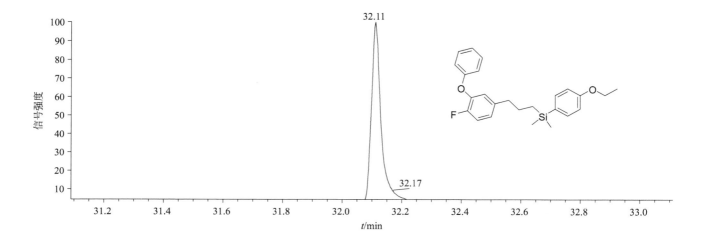

质谱图

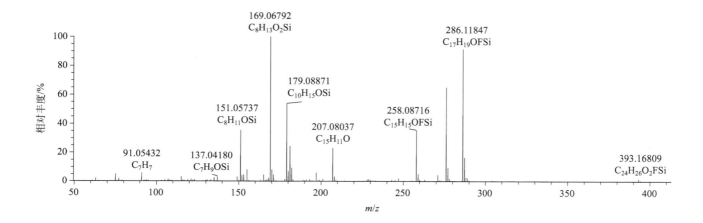

silthiofam（硅噻菌胺）

基本信息

CAS 登录号	175217-20-6	分子量	267.11131	离子化模式	电子轰击电离（EI）
分子式	$C_{13}H_{21}NOSSi$	保留时间	16.32min		

总离子流色谱图

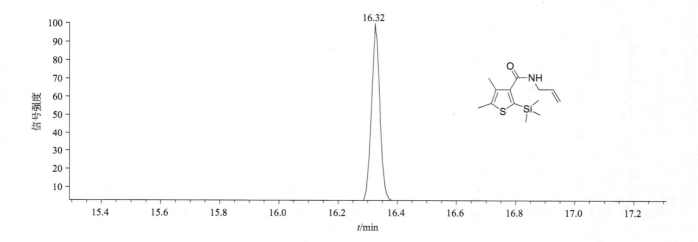

质谱图

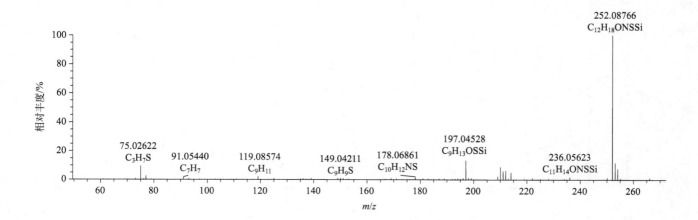

simazine（西玛津）

基本信息

CAS 登录号	122-34-9	分子量	201.07812	离子化模式	电子轰击电离（EI）
分子式	$C_7H_{12}ClN_5$	保留时间	14.29min		

总离子流色谱图

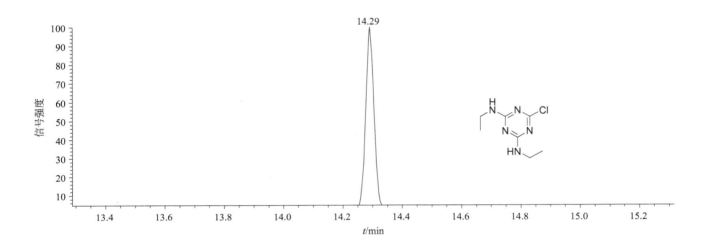

质谱图

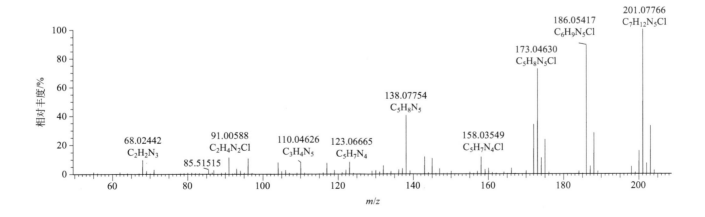

simeconazole（硅氟唑）

基本信息

CAS 登录号	149508-90-7	分子量	293.13597	离子化模式	电子轰击电离（EI）
分子式	$C_{14}H_{20}FN_3OSi$	保留时间	17.20min		

总离子流色谱图

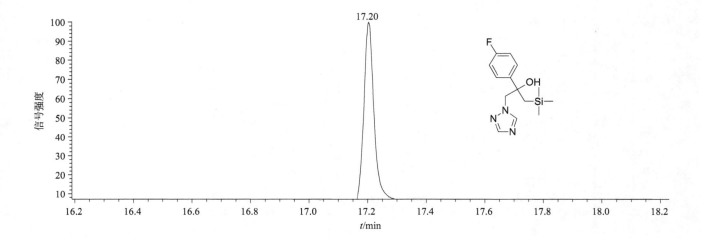

质谱图

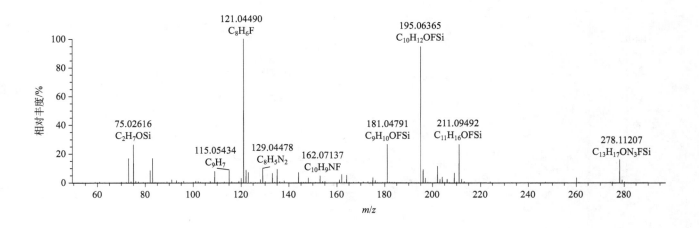

simeton（西玛通）

基本信息

CAS 登录号	673-04-1	分子量	197.12766	离子化模式	电子轰击电离（EI）
分子式	$C_8H_{15}N_5O$	保留时间	13.82min		

总离子流色谱图

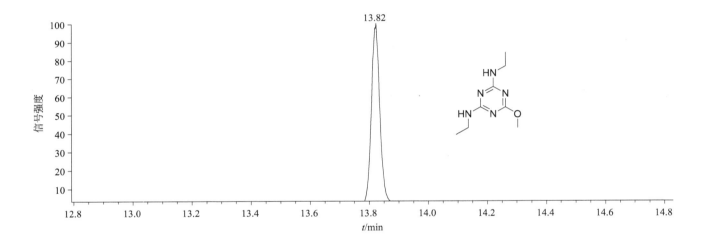

质谱图

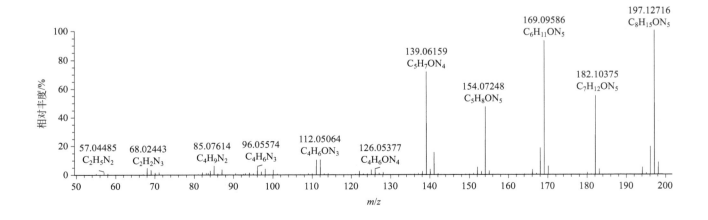

simetryn(西草净)

基本信息

CAS 登录号	1014-70-6	分子量	213.10482	离子化模式	电子轰击电离（EI）
分子式	$C_8H_{15}N_5S$	保留时间	17.34min		

总离子流色谱图

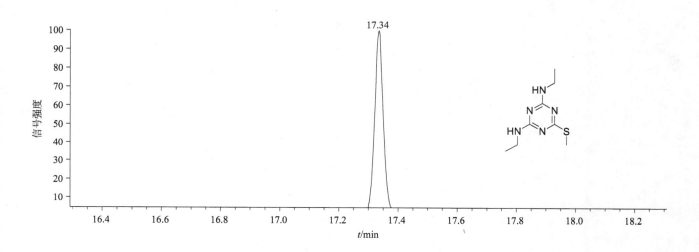

质谱图

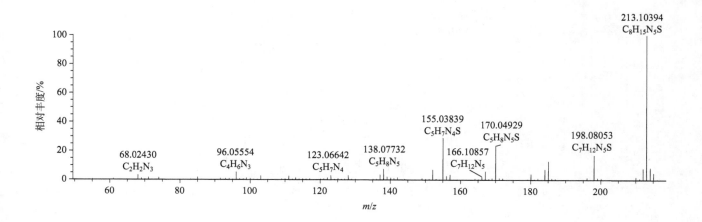

spirodiclofen(螺螨酯)

基本信息

CAS 登录号	148477-71-8	分子量	410.10517	离子化模式	电子轰击电离(EI)
分子式	$C_{21}H_{24}Cl_2O_4$	保留时间	30.01min		

总离子流色谱图

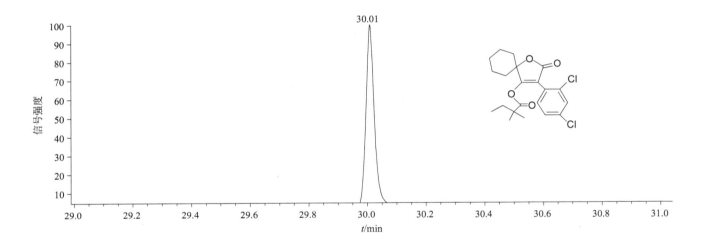

质谱图

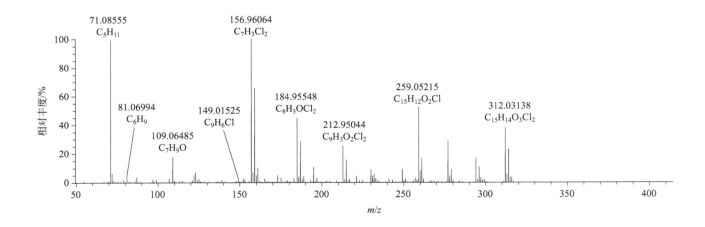

spiromesifen(螺甲螨酯)

基本信息

CAS 登录号	283594-90-1	分子量	370.21441	离子化模式	电子轰击电离(EI)
分子式	$C_{23}H_{30}O_4$	保留时间	26.48min		

总离子流色谱图

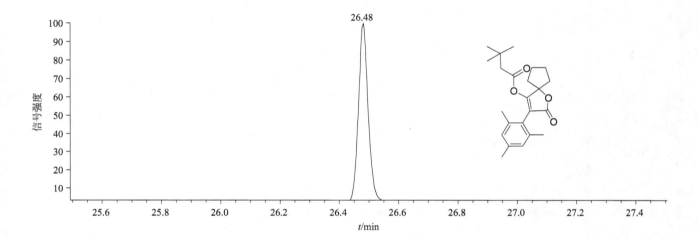

质谱图

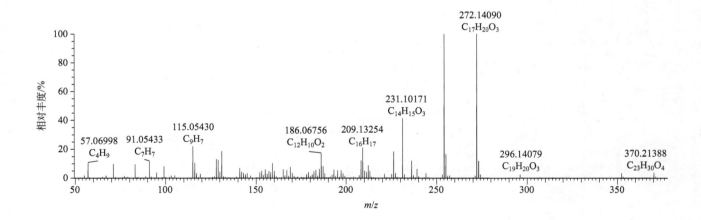

spirotetramat-mono-hydroxy（螺虫乙酯 - 单 - 羟基）

基本信息

CAS 登录号	1172134-12-1	分子量	303.18344	离子化模式	电子轰击电离（EI）
分子式	$C_{18}H_{25}NO_3$	保留时间	29.98min		

总离子流色谱图

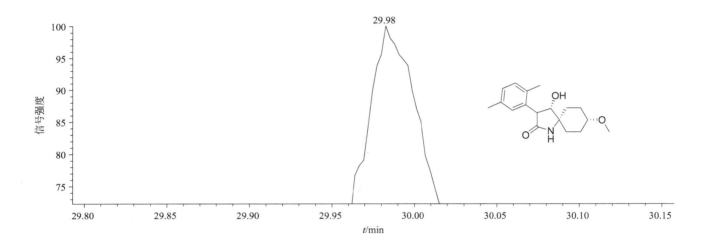

质谱图

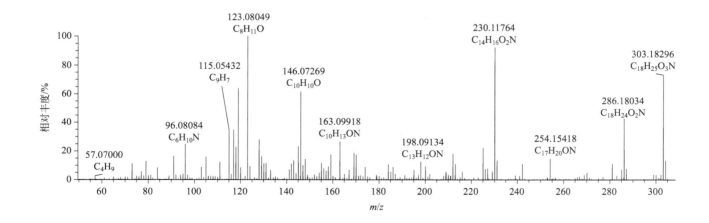

spiroxamine（螺环菌胺）

基本信息

CAS 登录号	118134-30-8	分子量	297.26678	离子化模式	电子轰击电离（EI）
分子式	$C_{18}H_{35}NO_2$	保留时间	17.22min		

总离子流色谱图

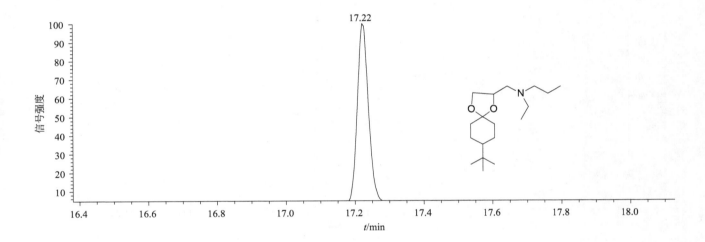

质谱图

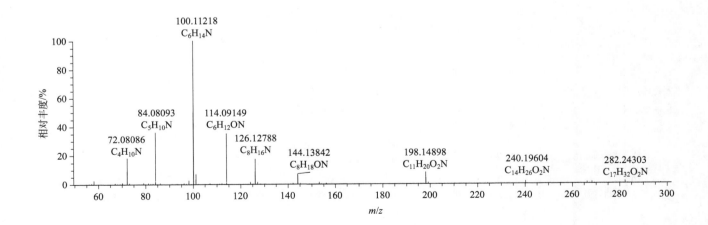

sulfallate(菜草畏)

基本信息

CAS 登录号	95-06-7	分子量	223.02562	离子化模式	电子轰击电离(EI)
分子式	$C_8H_{14}ClNS_2$	保留时间	13.53min		

总离子流色谱图

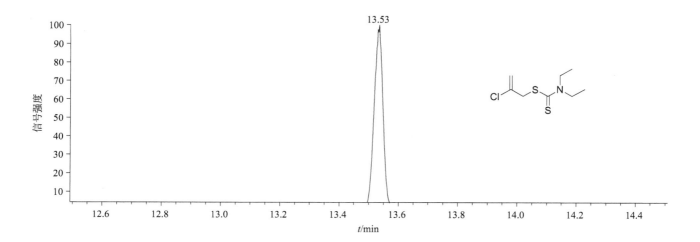

质谱图

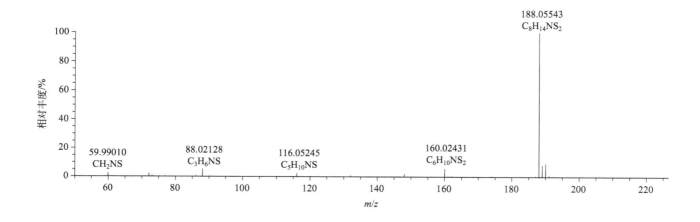

sulfotep（治螟磷）

基本信息

CAS 登录号	3689-24-5	分子量	322.02274	离子化模式	电子轰击电离（EI）
分子式	$C_8H_{20}O_5P_2S_2$	保留时间	13.04min		

总离子流色谱图

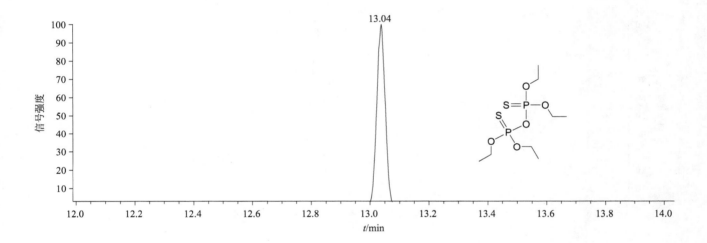

质谱图

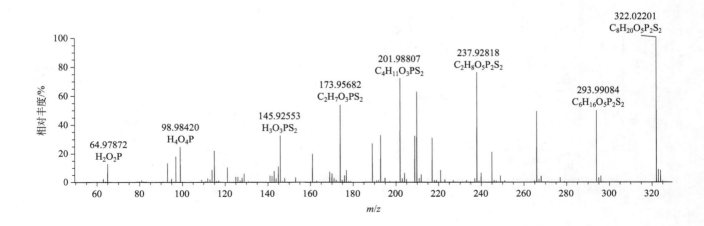

sulprofos（硫丙磷）

基本信息

CAS 登录号	35400-43-2	分子量	322.02848	离子化模式	电子轰击电离（EI）
分子式	$C_{12}H_{19}O_2PS_3$	保留时间	24.54min		

总离子流色谱图

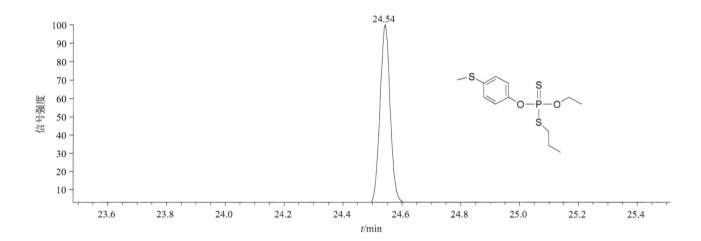

质谱图

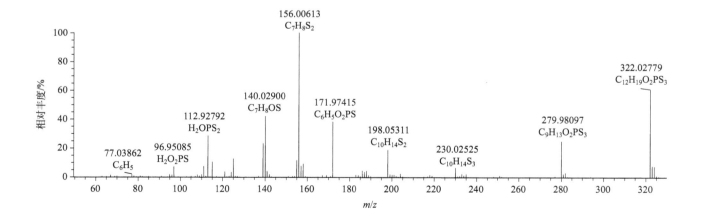

>>>>> T

TCMTB（2-苯并噻唑）

基本信息

CAS 登录号	21564-17-0	分子量	237.96931	离子化模式	电子轰击电离（EI）
分子式	$C_9H_6N_2S_3$	保留时间	21.81min		

总离子流色谱图

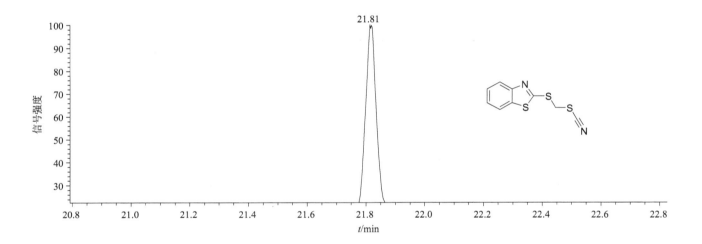

质谱图

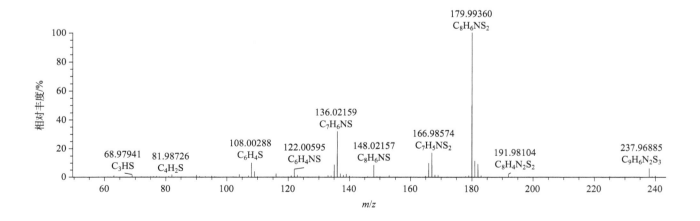

tebuconazole（戊唑醇）

基本信息

CAS 登录号	107534-96-3	分子量	307.14514	离子化模式	电子轰击电离（EI）
分子式	$C_{16}H_{22}ClN_3O$	保留时间	25.76min		

总离子流色谱图

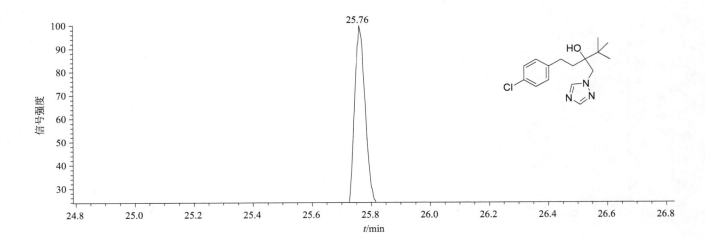

质谱图

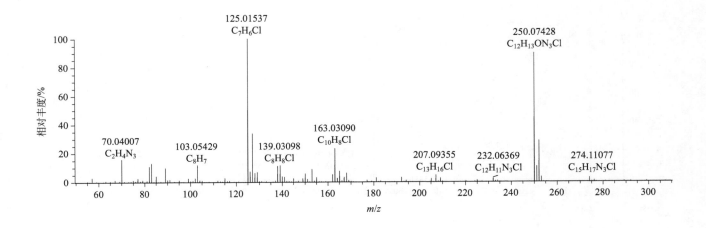

tebufenpyrad（吡螨胺）

基本信息

CAS 登录号	119168-77-3	分子量	333.16079	离子化模式	电子轰击电离（EI）
分子式	$C_{18}H_{24}ClN_3O$	保留时间	27.66min		

总离子流色谱图

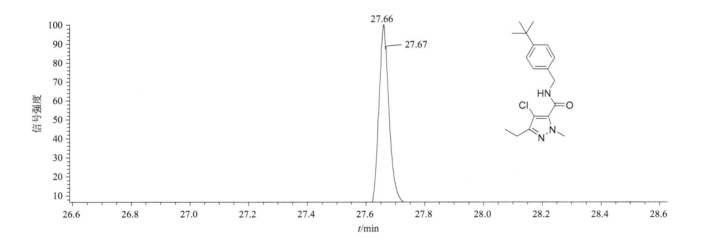

质谱图

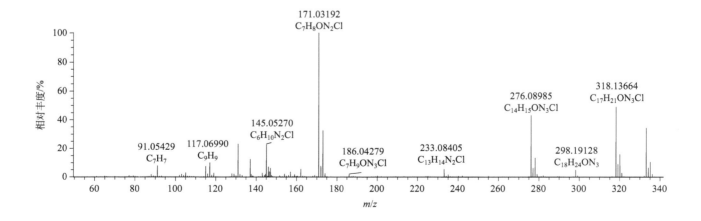

tebupirimfos（丁基嘧啶磷）

基本信息

CAS 登录号	96182-53-5	分子量	318.11670	离子化模式	电子轰击电离（EI）
分子式	$C_{13}H_{23}N_2O_3PS$	保留时间	16.13min		

总离子流色谱图

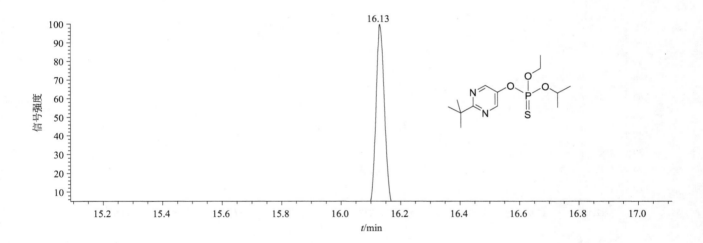

质谱图

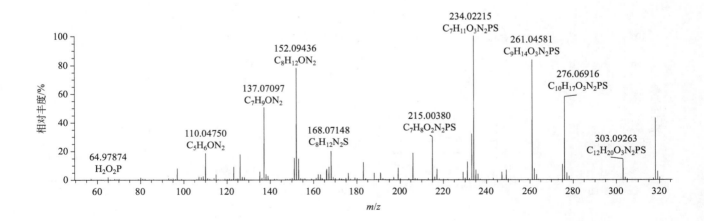

tebutam（牧草胺）

基本信息

CAS 登录号	35256-85-0	**分子量**	233.17796	**离子化模式**	电子轰击电离（EI）
分子式	$C_{15}H_{23}NO$	**保留时间**	13.27min		

总离子流色谱图

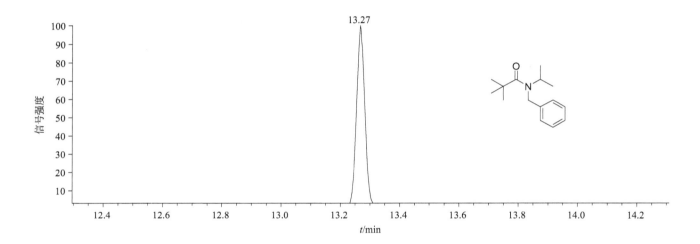

质谱图

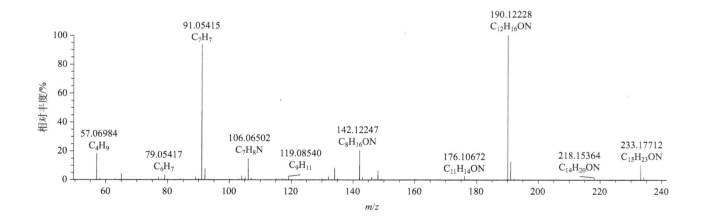

tebuthiuron（丁噻隆）

基本信息

CAS 登录号	34014-18-1	分子量	228.10448	离子化模式	电子轰击电离（EI）
分子式	$C_9H_{16}N_4OS$	保留时间	10.25min		

总离子流色谱图

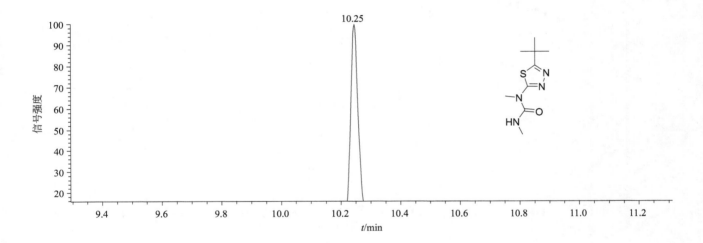

质谱图

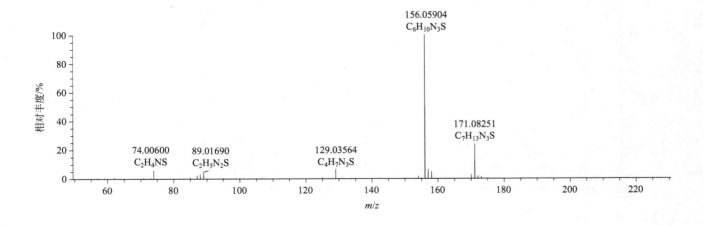

tecnazene（四氯硝基苯）

基本信息

CAS 登录号	117-18-0	分子量	258.87614	离子化模式	电子轰击电离（EI）
分子式	$C_6HCl_4NO_2$	保留时间	11.54min		

总离子流色谱图

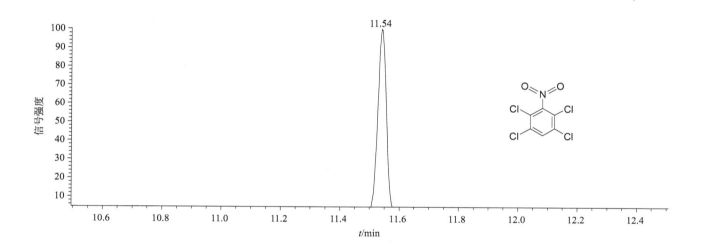

质谱图

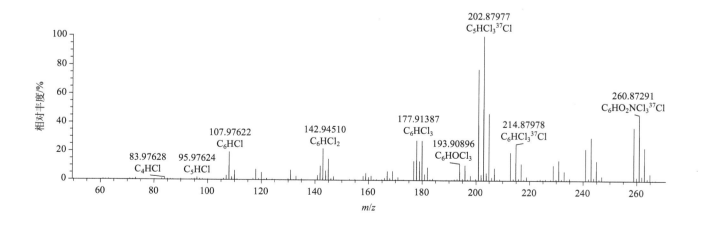

teflubenzuron（氟苯脲）

基本信息

CAS 登录号	83121-18-0	分子量	379.97425	离子化模式	电子轰击电离（EI）
分子式	$C_{14}H_6Cl_2F_4N_2O_2$	保留时间	8.03min		

总离子流色谱图

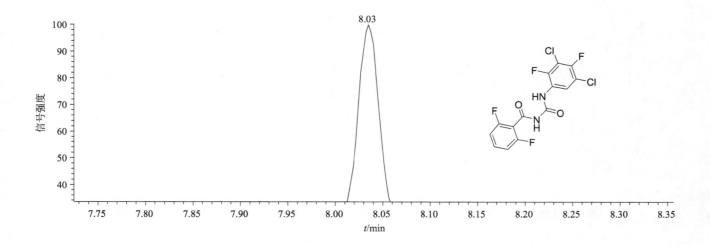

质谱图

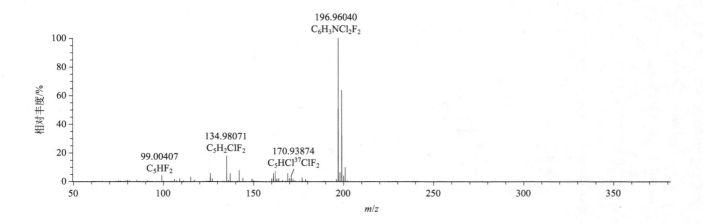

tefluthrin（七氟菊酯）

基本信息

CAS 登录号	79538-32-2	分子量	418.05706	离子化模式	电子轰击电离（EI）
分子式	$C_{17}H_{14}ClF_7O_2$	保留时间	15.88min		

总离子流色谱图

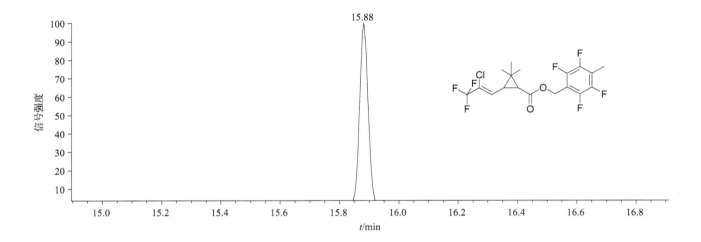

质谱图

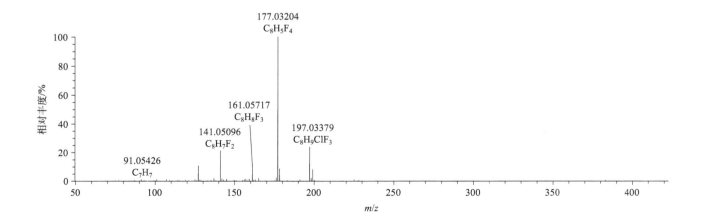

temephos（双硫磷）

基本信息

CAS 登录号	3383-96-8	分子量	465.98973	离子化模式	电子轰击电离（EI）
分子式	$C_{16}H_{20}O_6P_2S_3$	保留时间	36.08min		

总离子流色谱图

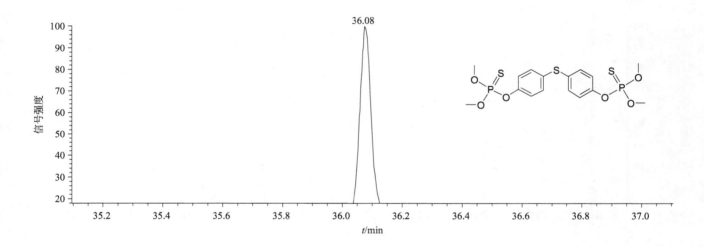

质谱图

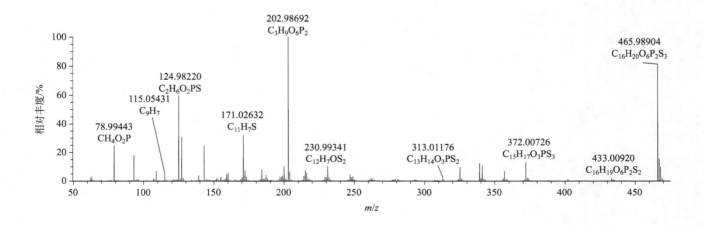

tepraloxydim（吡喃草酮）

基本信息

CAS 登录号	149979-41-9	分子量	341.13939	离子化模式	电子轰击电离（EI）
分子式	$C_{17}H_{24}ClNO_4$	保留时间	24.93min		

总离子流色谱图

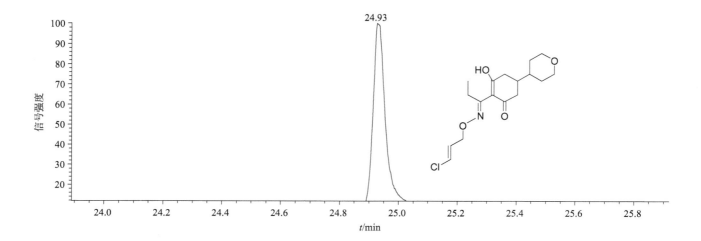

质谱图

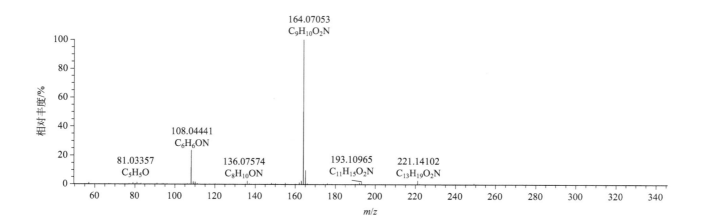

terbacil（特草定）

基本信息

CAS 登录号	5902-51-2	分子量	216.06656	离子化模式	电子轰击电离（EI）
分子式	$C_9H_{13}ClN_2O_2$	保留时间	15.60min		

总离子流色谱图

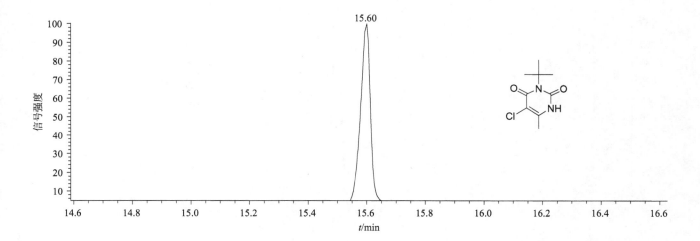

质谱图

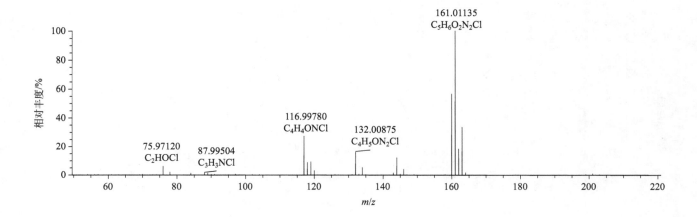

terbucarb（特草灵）

基本信息

CAS 登录号	1918-11-2	分子量	277.20418	离子化模式	电子轰击电离（EI）
分子式	$C_{17}H_{27}NO_2$	保留时间	16.89min		

总离子流色谱图

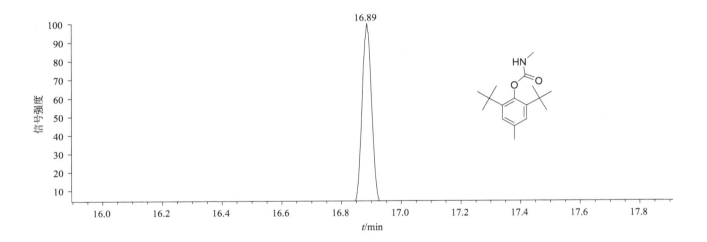

质谱图

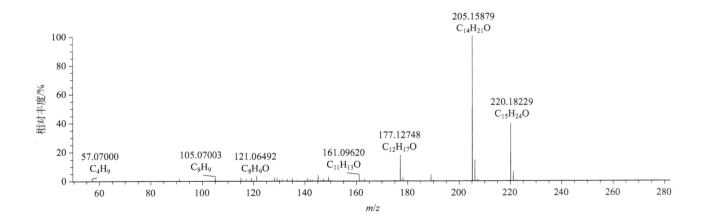

terbufos（特丁硫磷）

基本信息

CAS 登录号	13071-79-9	分子量	288.04413	离子化模式	电子轰击电离（EI）
分子式	$C_9H_{21}O_2PS_3$	保留时间	14.97min		

总离子流色谱图

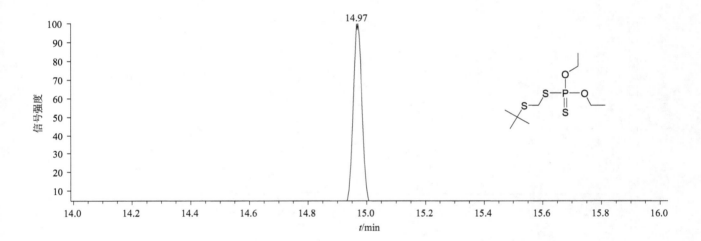

质谱图

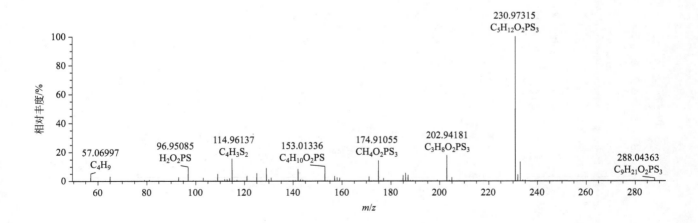

terbufos-oxon（氧特丁硫磷）

基本信息

CAS 登录号	56070-14-5	分子量	272.06642	离子化模式	电子轰击电离（EI）
分子式	$C_9H_{21}O_3PS_2$	保留时间	13.62min		

总离子流色谱图

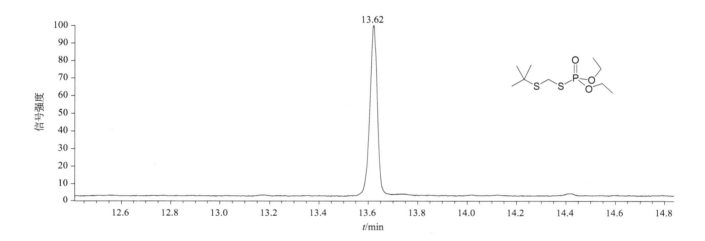

质谱图

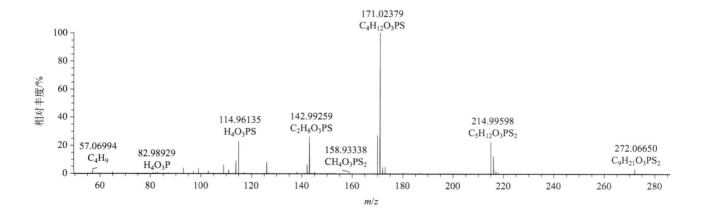

terbufos-sulfone（特丁硫磷砜）

基本信息

CAS 登录号	56070-16-7	分子量	320.03396	离子化模式	电子轰击电离（EI）
分子式	$C_9H_{21}O_4PS_3$	保留时间	20.10min		

总离子流色谱图

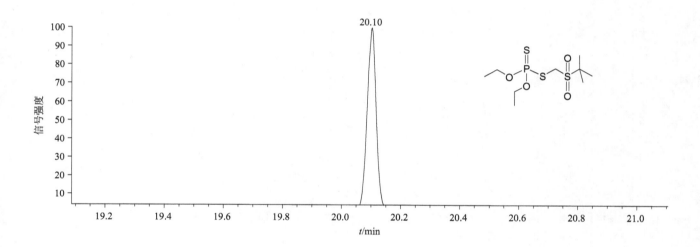

质谱图

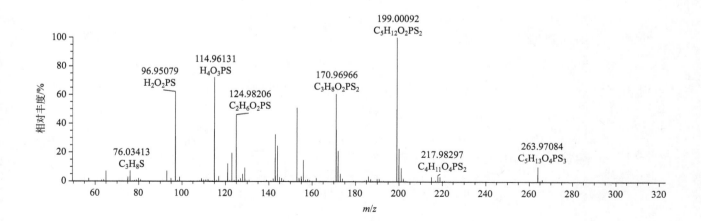

terbumeton（特丁通）

基本信息

CAS 登录号	33693-04-8	分子量	225.15896	离子化模式	电子轰击电离（EI）
分子式	$C_{10}H_{19}N_5O$	保留时间	14.69min		

总离子流色谱图

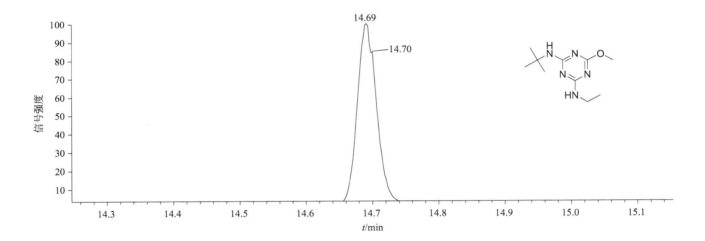

质谱图

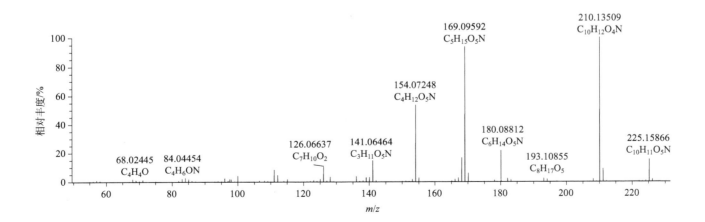

terbuthylazine(特丁津)

基本信息

CAS 登录号	5915-41-3	分子量	229.10942	离子化模式	电子轰击电离(EI)
分子式	$C_9H_{16}ClN_5$	保留时间	14.97min		

总离子流色谱图

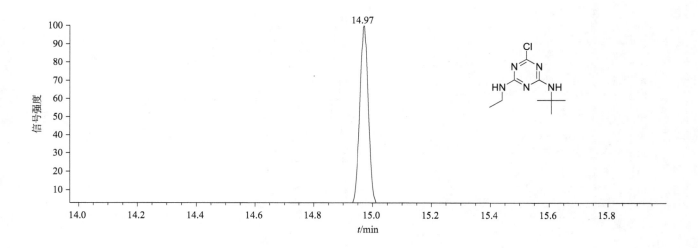

质谱图

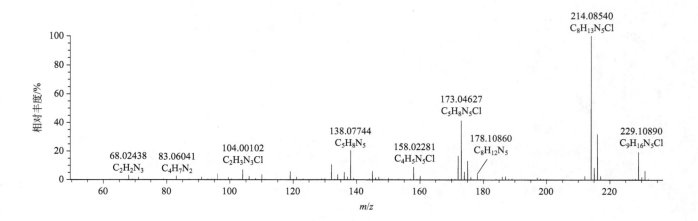

terbutryne（特丁净）

基本信息

CAS 登录号	886-50-0	**分子量**	241.13612	**离子化模式**	电子轰击电离（EI）
分子式	$C_{10}H_{19}N_5S$	**保留时间**	18.08min		

总离子流色谱图

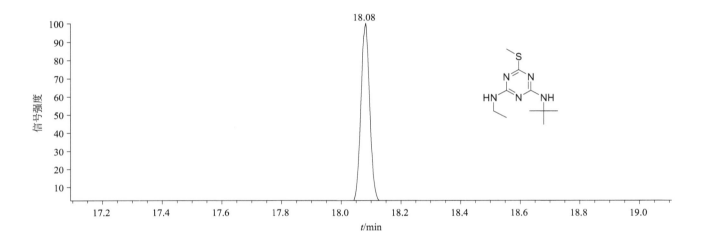

质谱图

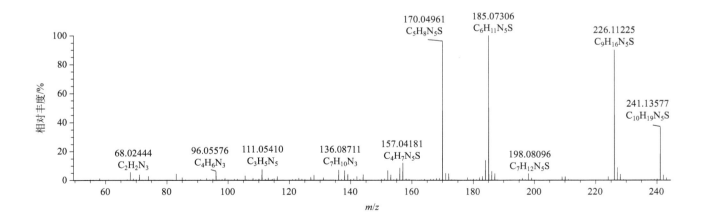

2,3,4,5-tetrachloroaniline（2,3,4,5-四氯苯胺）

基本信息

CAS 登录号	634-83-3	分子量	228.90196	离子化模式	电子轰击电离（EI）
分子式	$C_6H_3Cl_4N$	保留时间	14.89min		

总离子流色谱图

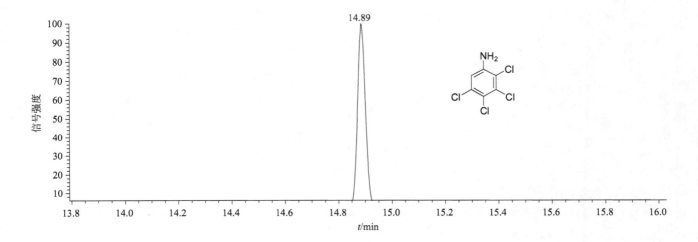

质谱图

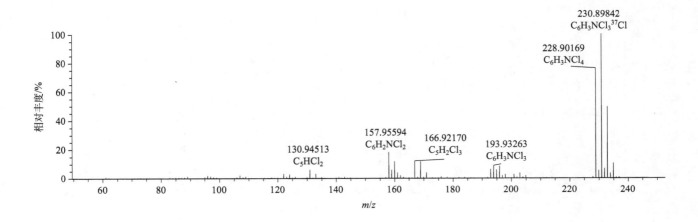

2,3,5,6-tetrachloroaniline(2,3,5,6-四氯苯胺)

基本信息

CAS 登录号	3481-20-7	分子量	228.90196	离子化模式	电子轰击电离(EI)
分子式	$C_6H_3Cl_4N$	保留时间	12.13min		

总离子流色谱图

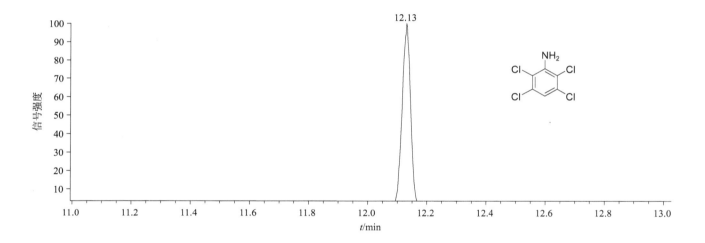

质谱图

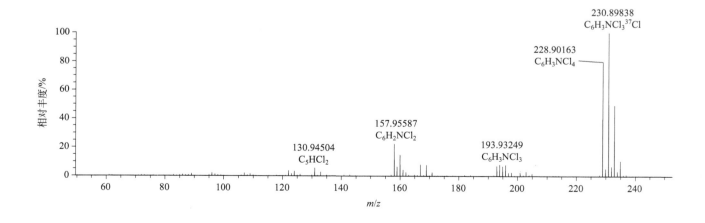

2,3,4,5-tetrachloroanisole（2,3,4,5-四氯甲氧基苯）

基本信息

CAS 登录号	938-86-3	分子量	243.90163	离子化模式	电子轰击电离（EI）
分子式	$C_7H_4Cl_4O$	保留时间	12.71min		

总离子流色谱图

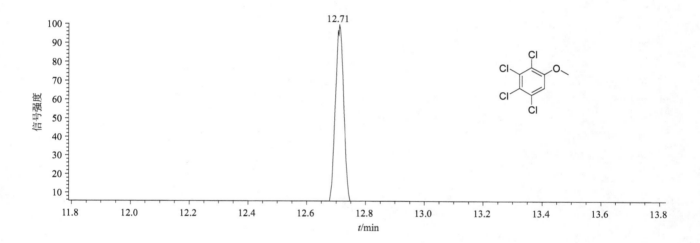

质谱图

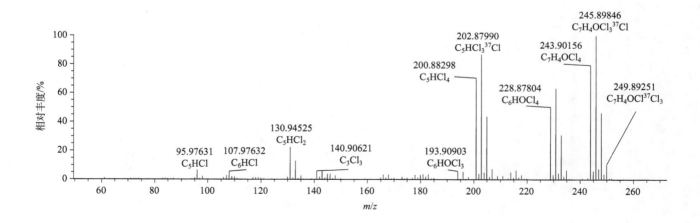

tetrachlorvinphos(杀虫畏)

基本信息

CAS 登录号	22248-79-9	分子量	363.89926	离子化模式	电子轰击电离（EI）
分子式	$C_{10}H_9Cl_4O_4P$	保留时间	21.30min		

总离子流色谱图

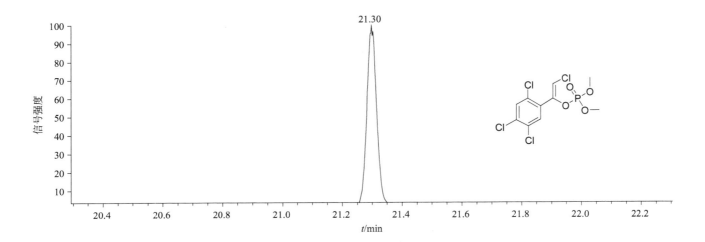

质谱图

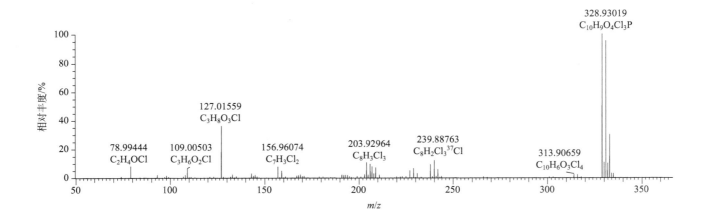

tetraconazole(氟醚唑)

基本信息

CAS 登录号	112281-77-3	分子量	371.02153	离子化模式	电子轰击电离（EI）
分子式	$C_{13}H_{11}Cl_2F_4N_3O$	保留时间	19.14min		

总离子流色谱图

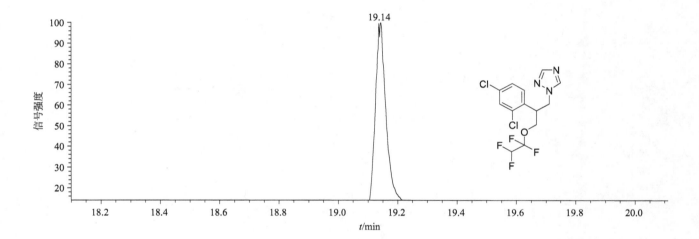

质谱图

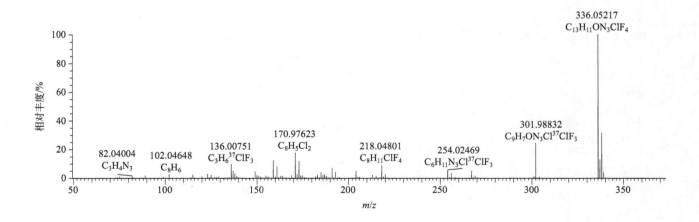

tetradifon（三氯杀螨砜）

基本信息

CAS 登录号	116-29-0	分子量	353.88426	离子化模式	电子轰击电离（EI）
分子式	$C_{12}H_6Cl_4O_2S$	保留时间	28.02min		

总离子流色谱图

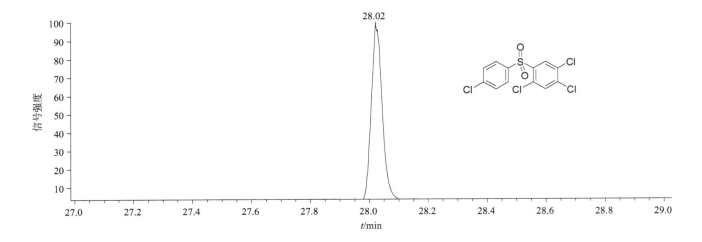

质谱图

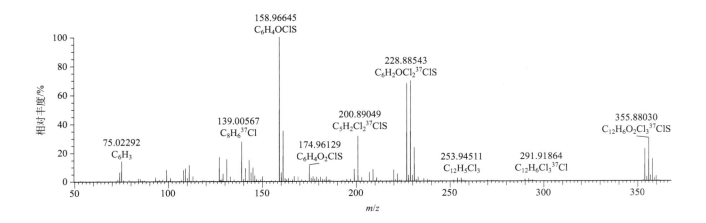

cis-1,2,3,6-tetrahydrophthalimide
（1,2,3,6-四氢邻苯二甲酰亚胺）

基本信息

CAS 登录号	1469-48-3	分子量	151.06333	离子化模式	电子轰击电离（EI）
分子式	$C_8H_9NO_2$	保留时间	9.79min		

总离子流色谱图

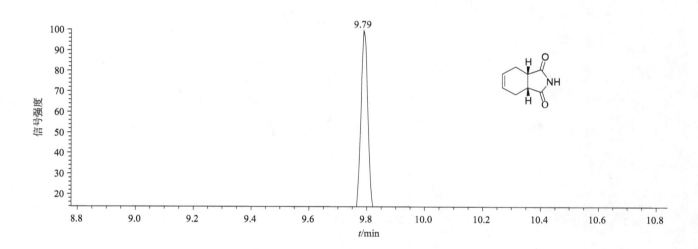

质谱图

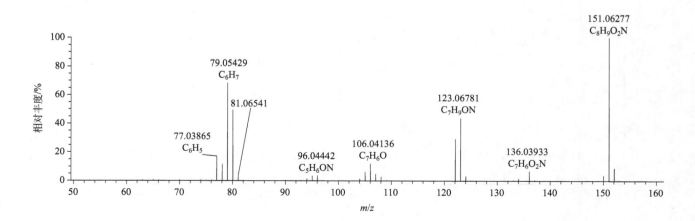

tetramethrin(胺菊酯)

基本信息

CAS 登录号	7696-12-0	分子量	331.17836	离子化模式	电子轰击电离(EI)
分子式	$C_{19}H_{25}NO_4$	保留时间	27.23min		

总离子流色谱图

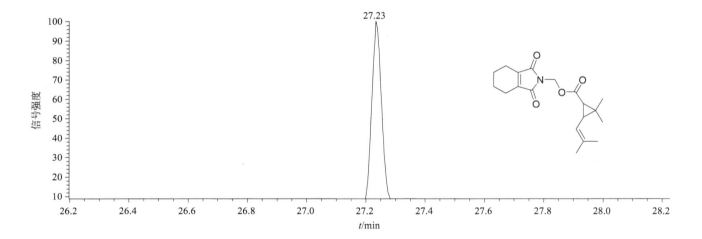

质谱图

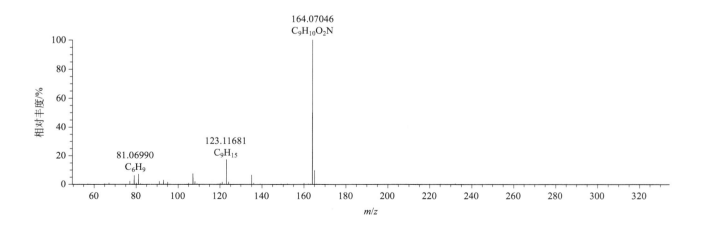

tetrasul（杀螨好）

基本信息

CAS 登录号	2227-13-6	分子量	321.89443	离子化模式	电子轰击电离（EI）
分子式	$C_{12}H_6Cl_4S$	保留时间	24.38min		

总离子流色谱图

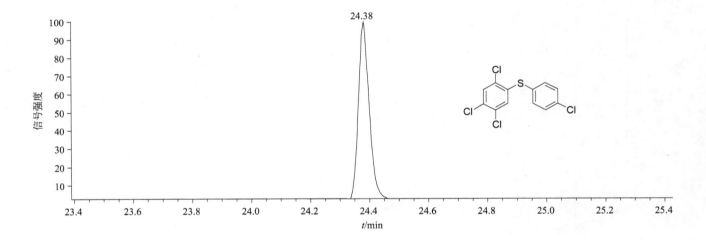

质谱图

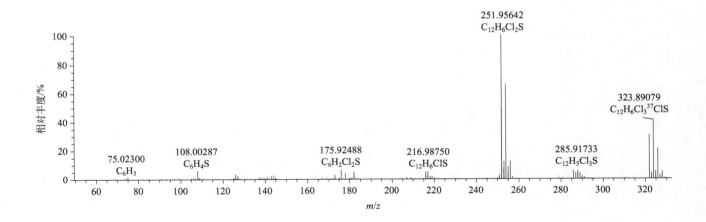

thenylchlor(噻吩草胺)

基本信息

CAS 登录号	96491-05-3	分子量	323.07468	离子化模式	电子轰击电离(EI)
分子式	$C_{16}H_{18}ClNO_2S$	保留时间	25.59min		

总离子流色谱图

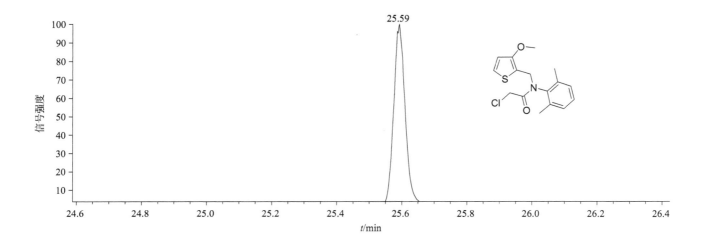

质谱图

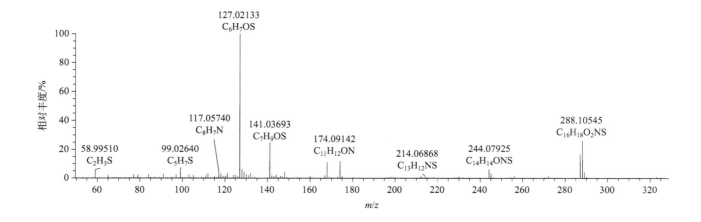

thiabendazole（噻菌灵）

基本信息

CAS 登录号	148-79-8	分子量	201.03607	离子化模式	电子轰击电离（EI）
分子式	$C_{10}H_7N_3S$	保留时间	20.39min		

总离子流色谱图

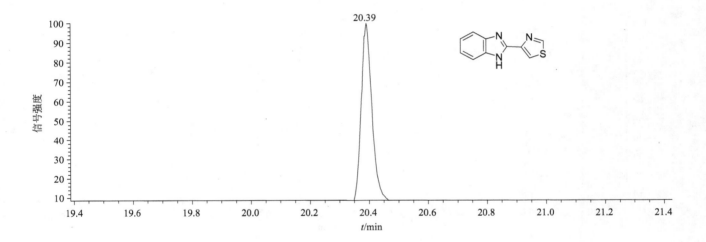

质谱图

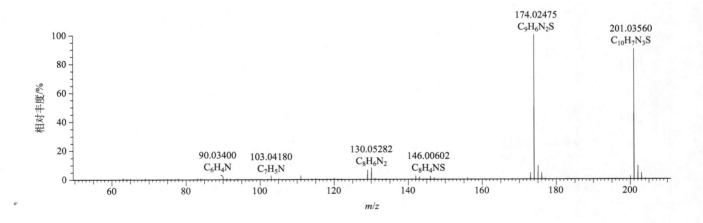

thiazafluron（噻氟隆）

基本信息

CAS 登录号	25366-23-8	分子量	240.02927	离子化模式	电子轰击电离（EI）
分子式	$C_6H_7F_3N_4OS$	保留时间	6.44min		

总离子流色谱图

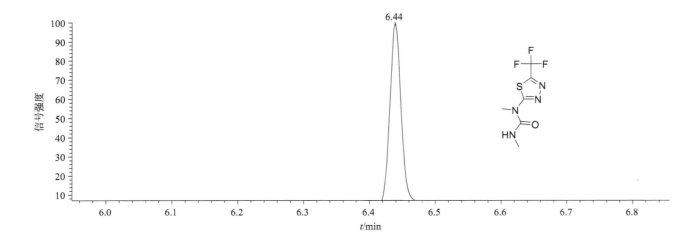

质谱图

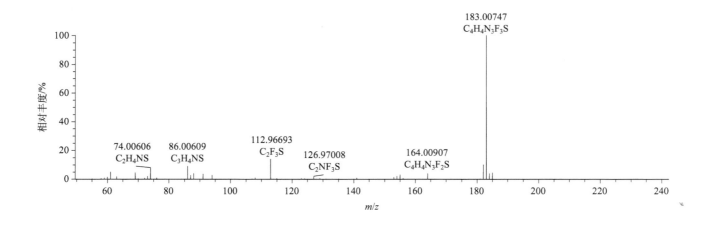

thiazopyr（噻唑烟酸）

基本信息

CAS 登录号	117718-60-2	分子量	396.09309
分子式	$C_{16}H_{17}F_5N_2O_2S$	保留时间	18.59min

离子化模式：电子轰击电离（EI）

总离子流色谱图

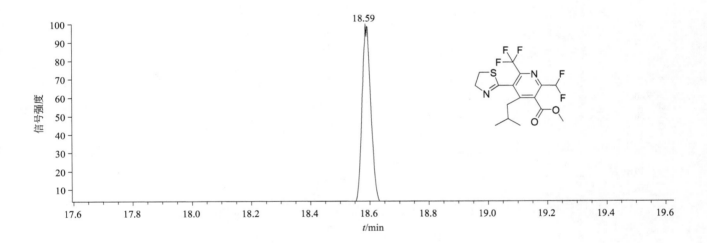

质谱图

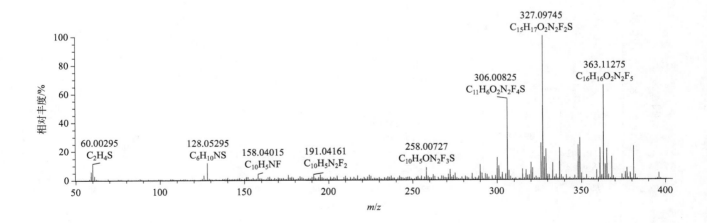

thiobencarb(杀草丹)

基本信息

CAS 登录号	28249-77-6	**分子量**	257.06411	**离子化模式**	电子轰击电离(EI)
分子式	$C_{12}H_{16}ClNOS$	**保留时间**	18.71min		

总离子流色谱图

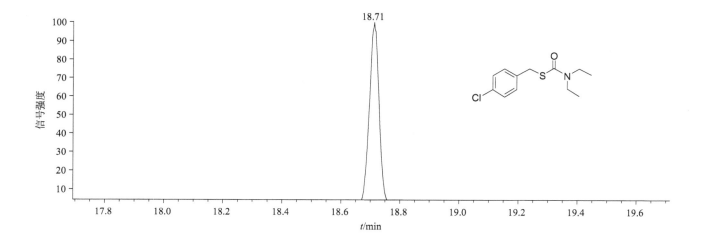

质谱图

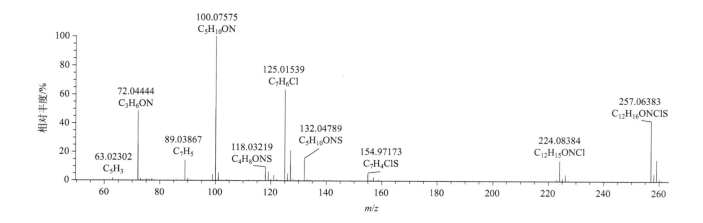

thiocyclam（杀虫环）

基本信息

CAS 登录号	31895-21-3	分子量	181.00536	离子化模式	电子轰击电离（EI）
分子式	$C_5H_{11}NS_3$	保留时间	10.02min		

总离子流色谱图

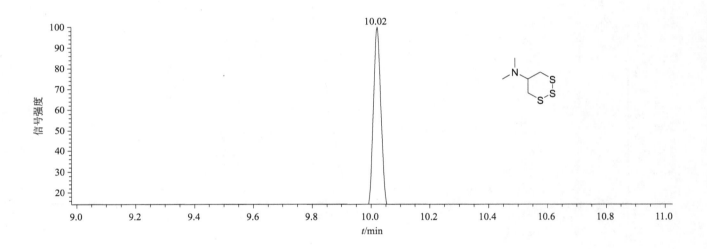

质谱图

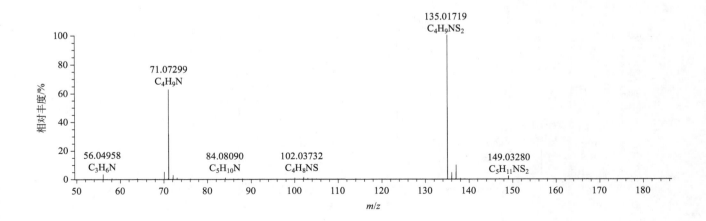

thiofanox(久效威)

基本信息

CAS 登录号	39196-18-4	分子量	218.10890	离子化模式	电子轰击电离(EI)
分子式	$C_9H_{18}N_2O_2S$	保留时间	6.76min		

总离子流色谱图

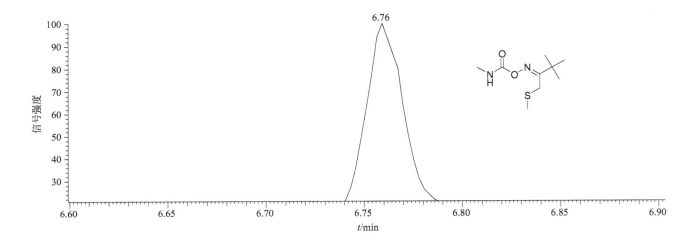

质谱图

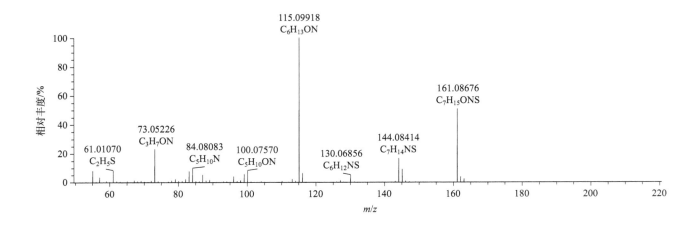

thiometon（甲基乙拌磷）

基本信息

CAS 登录号	640-15-3	分子量	245.99718	离子化模式	电子轰击电离（EI）
分子式	$C_6H_{15}O_2PS_3$	保留时间	13.80min		

总离子流色谱图

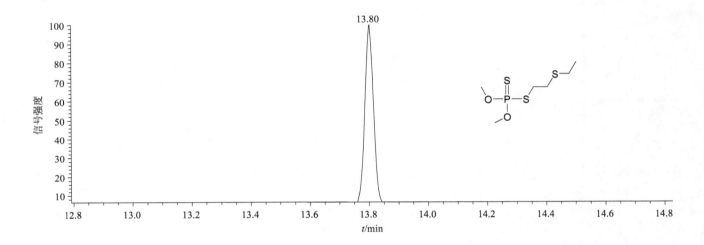

质谱图

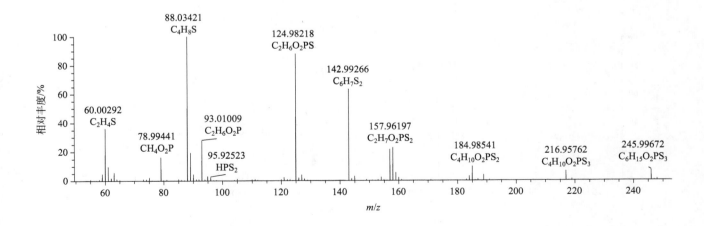

thionazin（虫线磷）

基本信息

CAS 登录号	297-97-2	分子量	248.03845	离子化模式	电子轰击电离（EI）
分子式	$C_8H_{13}N_2O_3PS$	保留时间	11.73min		

总离子流色谱图

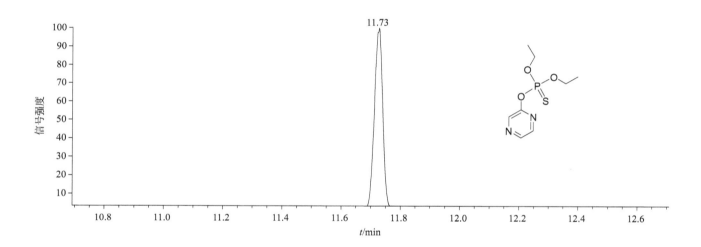

质谱图

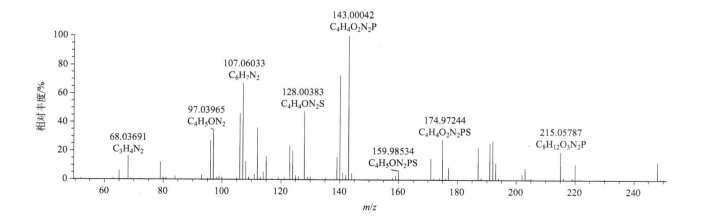

tiocarbazil（仲草丹）

基本信息

CAS 登录号	36756-79-3	分子量	279.16569	离子化模式	电子轰击电离（EI）
分子式	C₁₆H₂₅NOS	保留时间	19.34min		

总离子流色谱图

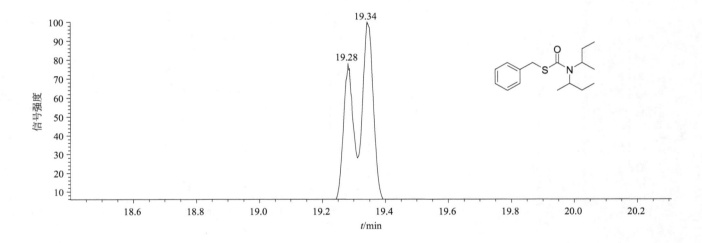

质谱图

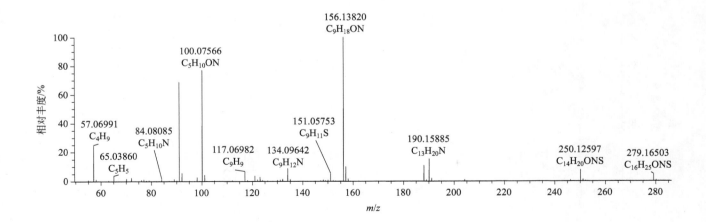

tolclofos-methyl（甲基立枯磷）

基本信息

CAS 登录号	57018-04-9	分子量	299.95436	离子化模式	电子轰击电离（EI）
分子式	$C_9H_{11}Cl_2O_3PS$	保留时间	17.19min		

总离子流色谱图

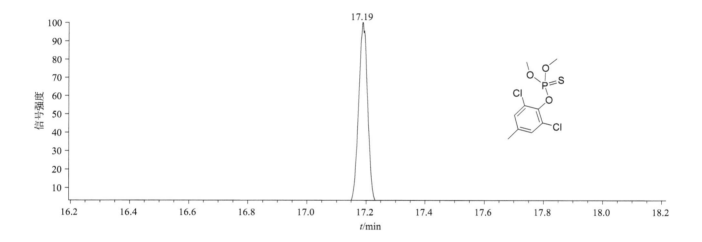

质谱图

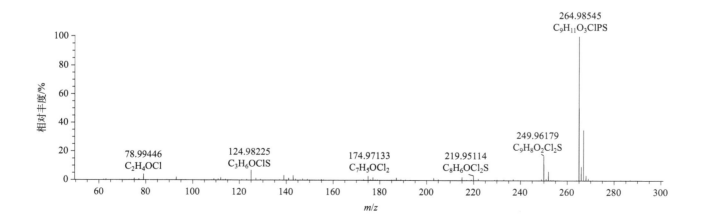

tolfenpyrad(唑虫酰胺)

基本信息

CAS 登录号	129558-76-5	分子量	383.14006	离子化模式	电子轰击电离(EI)
分子式	$C_{21}H_{22}ClN_3O_2$	保留时间	34.17min		

总离子流色谱图

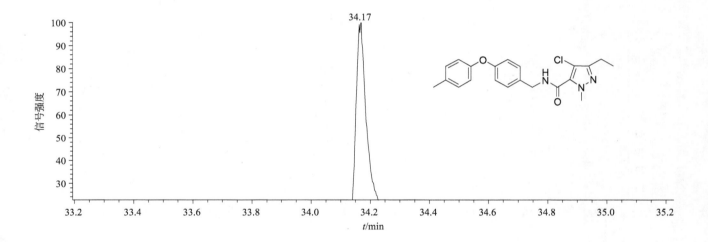

质谱图

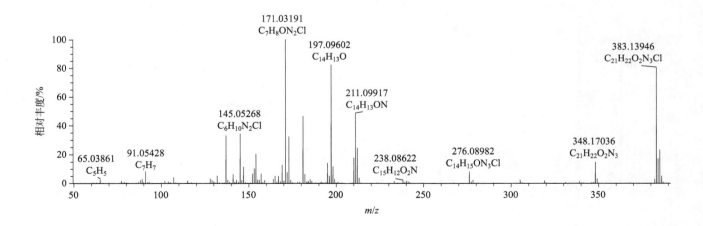

tolylfluanid（对甲抑菌灵）

基本信息

CAS 登录号	731-27-1	分子量	345.97795	离子化模式	电子轰击电离（EI）
分子式	$C_{10}H_{13}Cl_2FN_2O_2S_2$	保留时间	20.25min		

总离子流色谱图

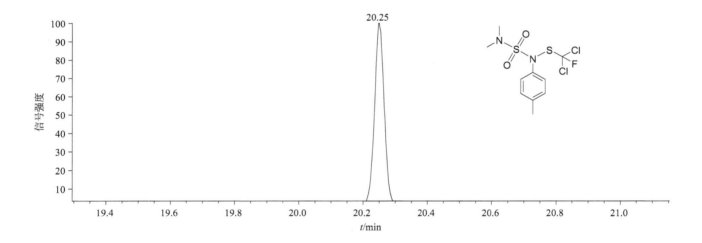

质谱图

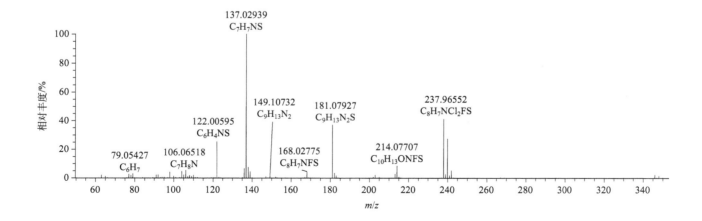

tralkoxydim（三甲苯草酮）

基本信息

CAS 登录号	87820-88-0	分子量	329.19909	离子化模式	电子轰击电离（EI）
分子式	$C_{20}H_{27}NO_3$	保留时间	28.77min		

总离子流色谱图

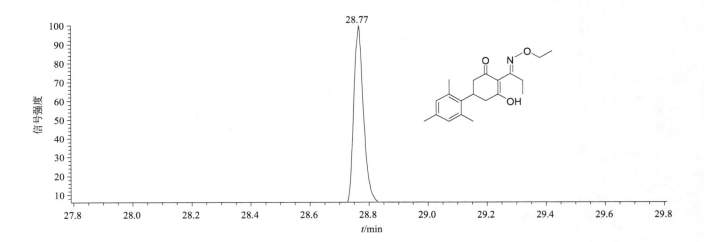

质谱图

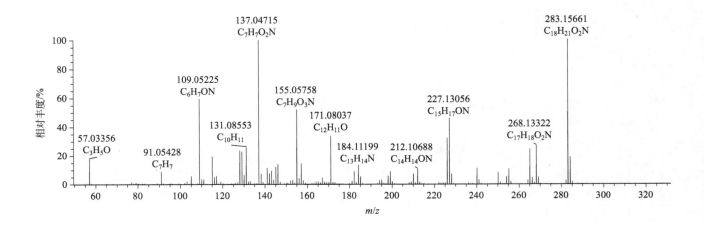

transfluthrin（四氟苯菊酯）

基本信息

CAS 登录号	118712-89-3	分子量	370.01505	离子化模式	电子轰击电离（EI）
分子式	$C_{15}H_{12}Cl_2F_4O_2$	保留时间	17.49min		

总离子流色谱图

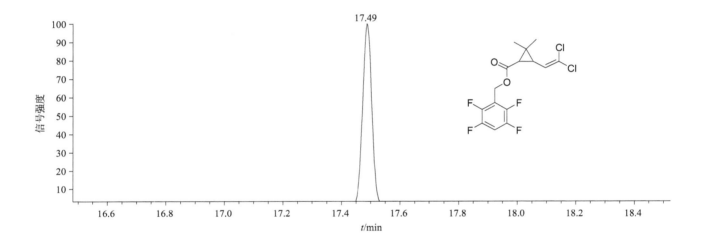

质谱图

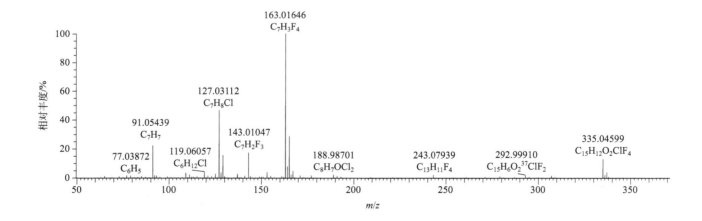

triadimefon（三唑酮）

基本信息

CAS 登录号	43121-43-3	分子量	293.09311	离子化模式	电子轰击电离（EI）
分子式	$C_{14}H_{16}ClN_3O_2$	保留时间	19.09min		

总离子流色谱图

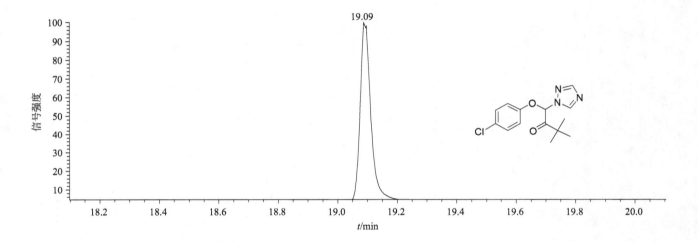

质谱图

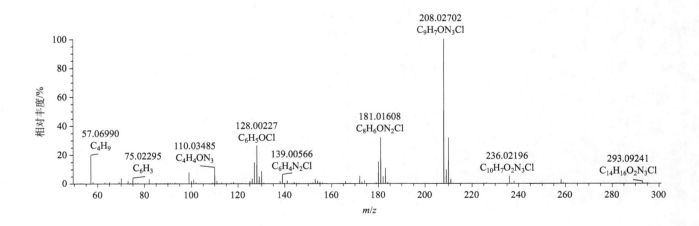

triadimenol（三唑醇）

基本信息

CAS 登录号	55219-65-3	分子量	295.10876	离子化模式	电子轰击电离（EI）
分子式	$C_{14}H_{18}ClN_3O_2$	保留时间	20.91min		

总离子流色谱图

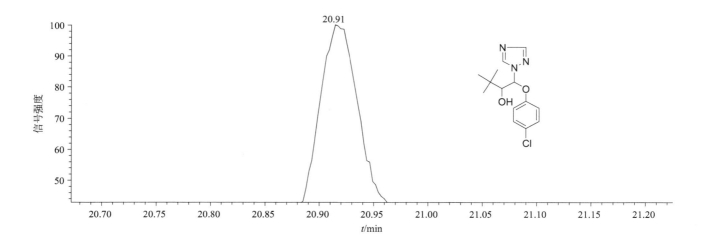

质谱图

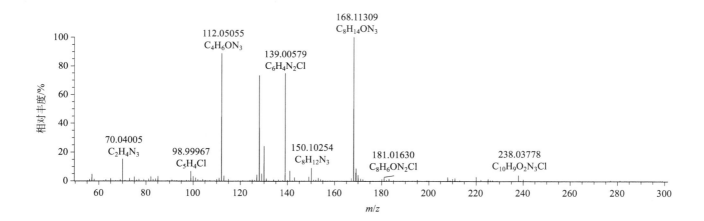

triallate（野麦畏）

基本信息

CAS 登录号	2303-17-5	分子量	303.00182	离子化模式	电子轰击电离（EI）
分子式	$C_{10}H_{16}Cl_3NOS$	保留时间	15.88min		

总离子流色谱图

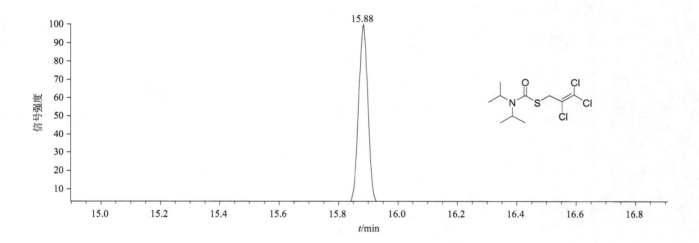

质谱图

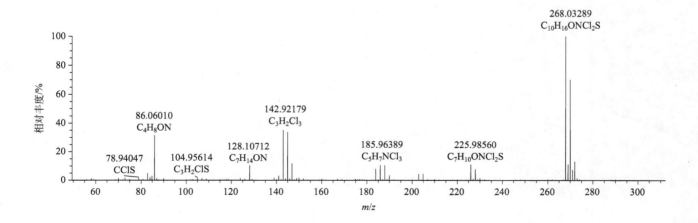

triamiphos（威菌磷）

基本信息

CAS 登录号	1031-47-6	分子量	294.13580	离子化模式	电子轰击电离（EI）
分子式	$C_{12}H_{19}N_6OP$	保留时间	24.00min		

总离子流色谱图

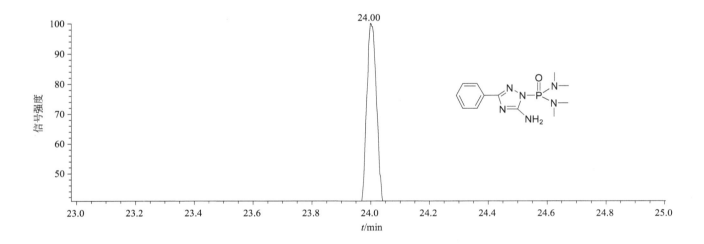

质谱图

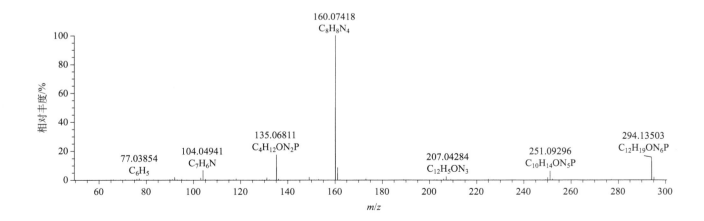

triapenthenol（抑芽唑）

基本信息

CAS 登录号	76608-88-3	分子量	263.19976	离子化模式	电子轰击电离（EI）
分子式	$C_{15}H_{25}N_3O$	保留时间	18.39min		

总离子流色谱图

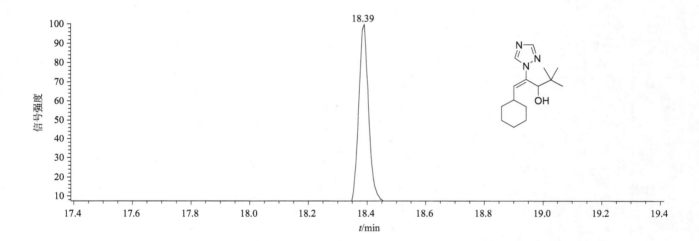

质谱图

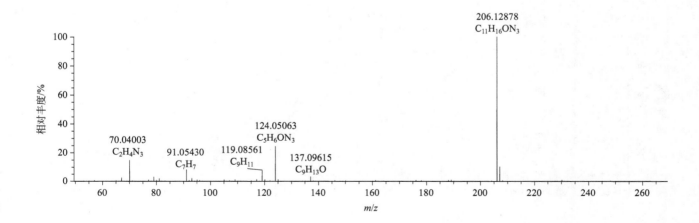

triazophos（三唑磷）

基本信息

CAS 登录号	24017-47-8	**分子量**	313.06500	**离子化模式**	电子轰击电离（EI）
分子式	$C_{12}H_{16}N_3O_3PS$	**保留时间**	24.49min		

总离子流色谱图

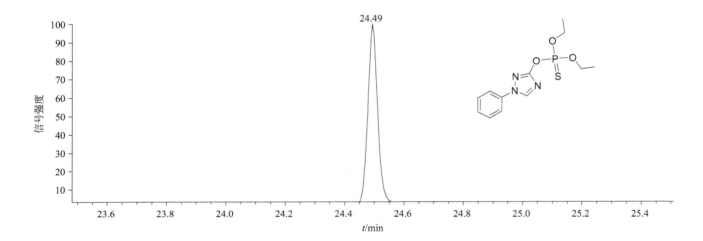

质谱图

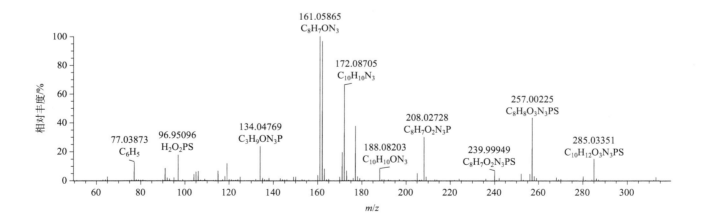

tribufos（脱叶磷）

基本信息

CAS 登录号	78-48-8	分子量	314.09617	离子化模式	电子轰击电离（EI）
分子式	$C_{12}H_{27}OPS_3$	保留时间	22.56min		

总离子流色谱图

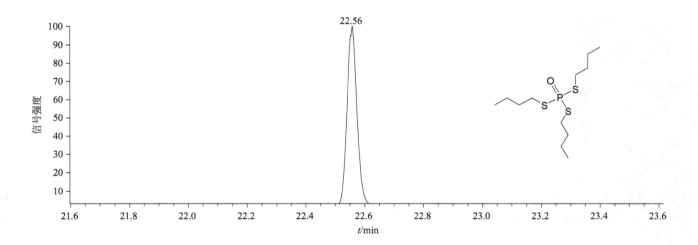

质谱图

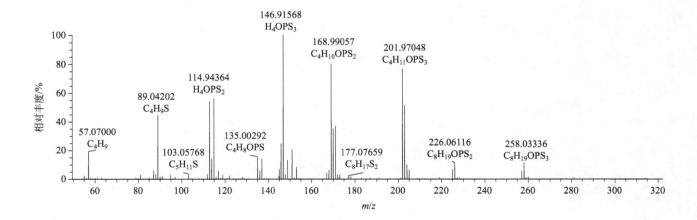

tributyl phosphate（三正丁基磷酸盐）

基本信息

CAS 登录号	126-73-8	分子量	266.16470	离子化模式	电子轰击电离（EI）
分子式	$C_{12}H_{27}O_4P$	保留时间	12.43min		

总离子流色谱图

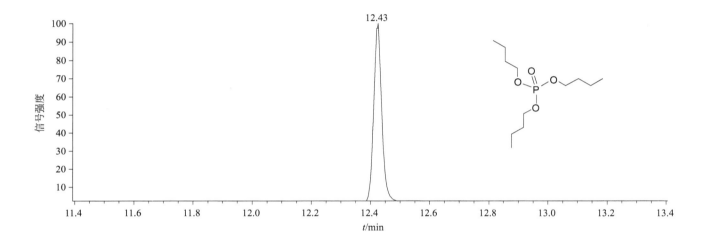

质谱图

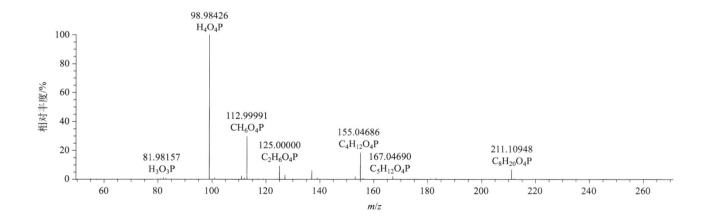

2,4',5-trichlorobiphenyl（2,4',5-三氯联苯醚）

基本信息

CAS 登录号	16606-02-3	分子量	255.96133	离子化模式	电子轰击电离（EI）
分子式	$C_{12}H_7Cl_3$	保留时间	16.85min		

总离子流色谱图

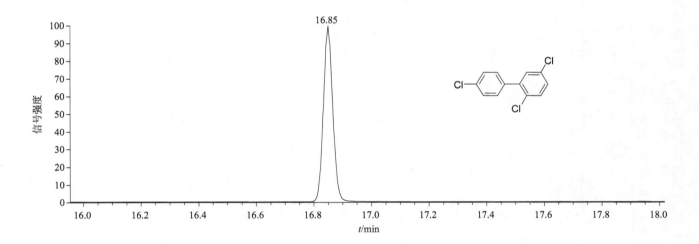

质谱图

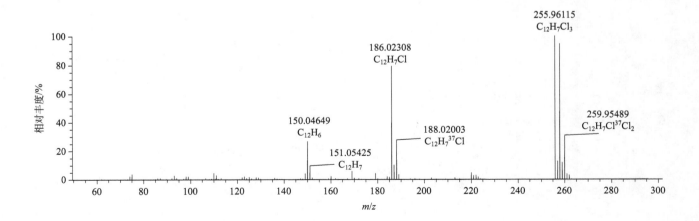

trichloronat（壤虫磷）

基本信息

CAS 登录号	327-98-0	分子量	331.93612	离子化模式	电子轰击电离（EI）
分子式	$C_{10}H_{12}Cl_3O_2PS$	保留时间	19.28min		

总离子流色谱图

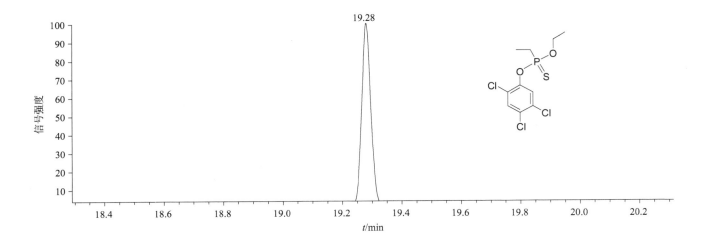

质谱图

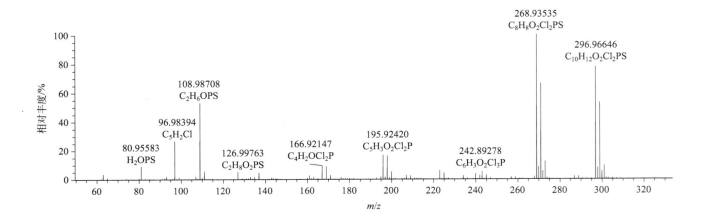

2,4,6-trichlorophenol(2,4,6-三氯苯酚)

基本信息

CAS 登录号	88-06-2	分子量	195.92495	离子化模式	电子轰击电离（EI）
分子式	$C_6H_3Cl_3O$	保留时间	7.80min		

总离子流色谱图

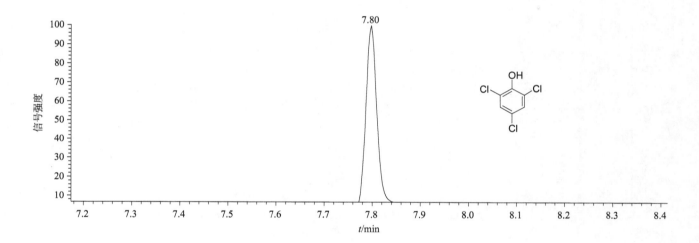

质谱图

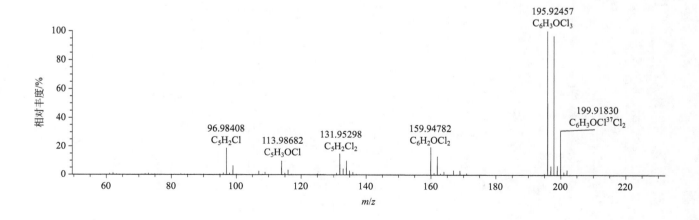

triclopyr(绿草定)

基本信息

CAS 登录号	55335-06-3	**分子量**	254.92568	**离子化模式**	电子轰击电离(EI)
分子式	$C_7H_4Cl_3NO_3$	**保留时间**	15.62min		

总离子流色谱图

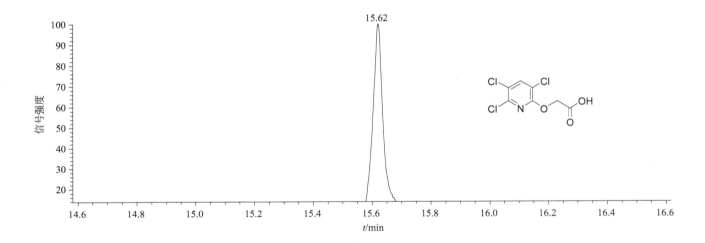

质谱图

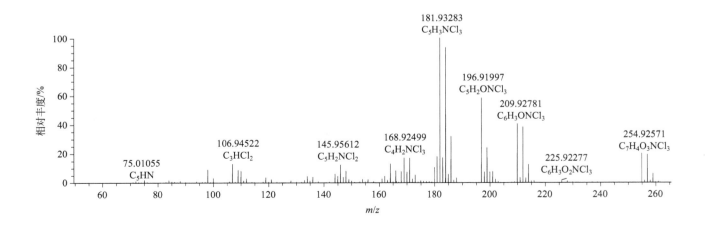

tricyclazole（三环唑）

基本信息

CAS 登录号	41814-78-2	分子量	189.03607	离子化模式	电子轰击电离（EI）
分子式	$C_9H_7N_3S$	保留时间	22.03min		

总离子流色谱图

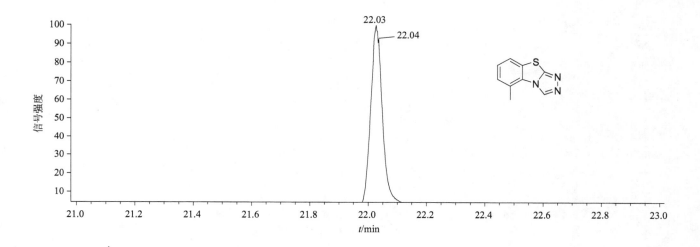

质谱图

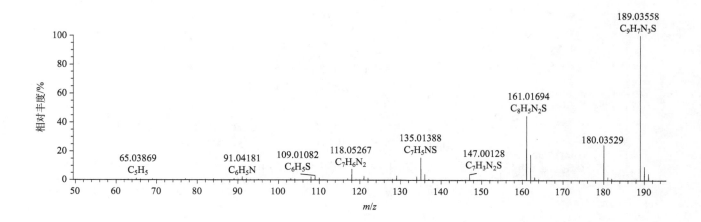

tridiphane(灭草环)

基本信息

CAS 登录号	58138-08-2	**分子量**	317.89395	**离子化模式**	电子轰击电离(EI)
分子式	$C_{10}H_7Cl_5O$	**保留时间**	17.60min		

总离子流色谱图

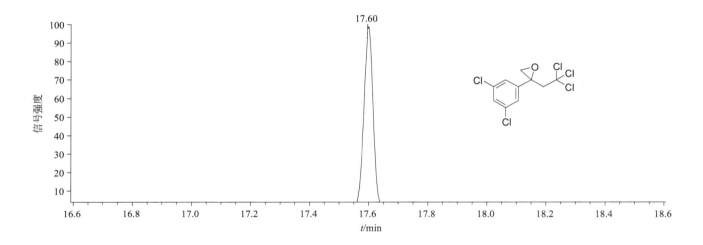

质谱图

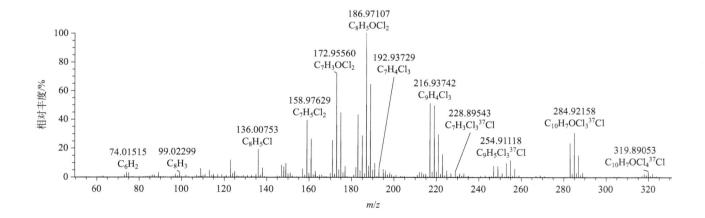

trietazine(草达津)

基本信息

CAS 登录号	1912-26-1	分子量	229.10942	离子化模式	电子轰击电离(EI)
分子式	C$_9$H$_{16}$ClN$_5$	保留时间	14.92min		

总离子流色谱图

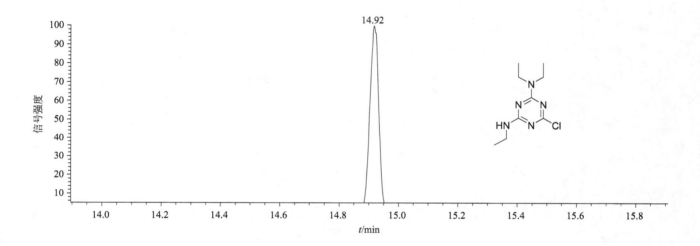

质谱图

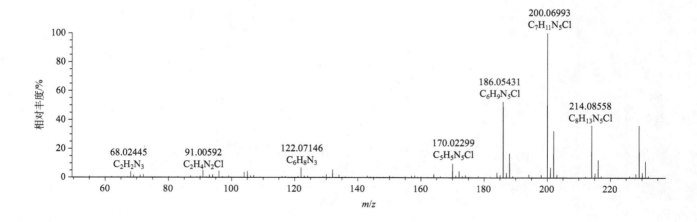

trifenmorph（杀螺吗啉）

基本信息

CAS 登录号	1420-06-0	分子量	329.17797	离子化模式	电子轰击电离（EI）
分子式	$C_{23}H_{23}NO$	保留时间	29.02min		

总离子流色谱图

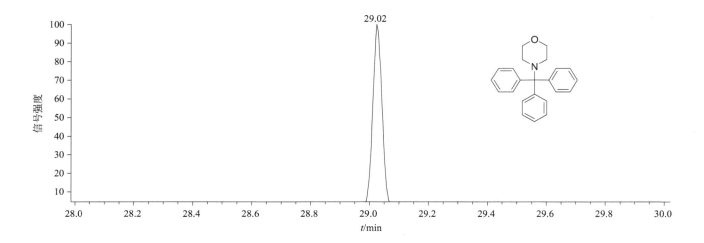

质谱图

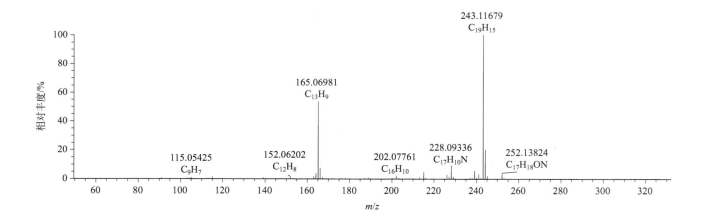

trifloxystrobin（肟菌酯）

基本信息

CAS 登录号	141517-21-7	**分子量**	408.12969	**离子化模式**	电子轰击电离（EI）
分子式	$C_{20}H_{19}F_3N_2O_4$	**保留时间**	25.13min		

总离子流色谱图

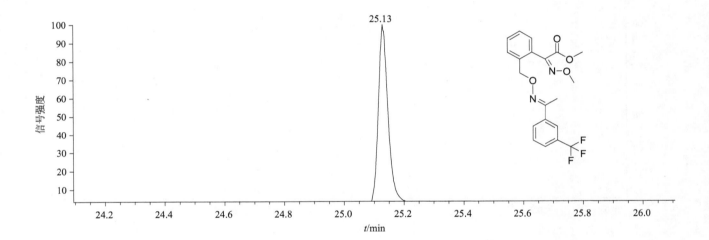

质谱图

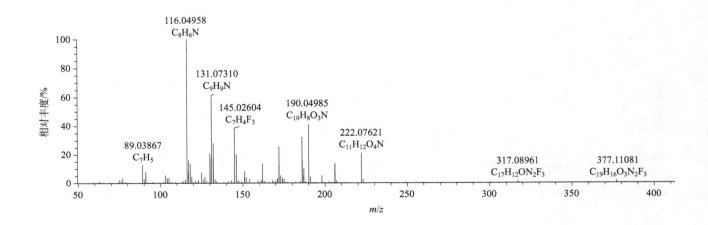

triflumizole（氟菌唑）

基本信息

CAS 登录号	99387-89-0	分子量	345.08557	离子化模式	电子轰击电离（EI）
分子式	$C_{15}H_{15}ClF_3N_3O$	保留时间	20.78min		

总离子流色谱图

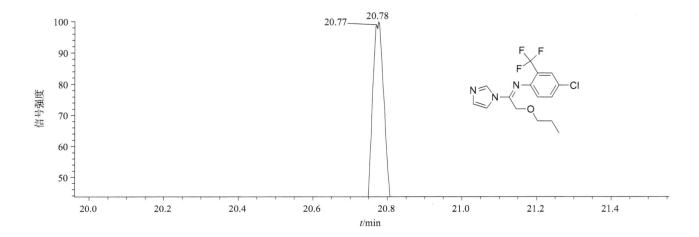

质谱图

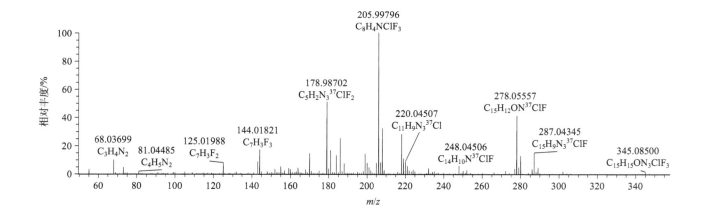

trifluralin（氟乐灵）

基本信息

CAS 登录号	1582-09-8	分子量	335.10929
分子式	$C_{13}H_{16}F_3N_3O_4$	保留时间	12.95min

离子化模式：电子轰击电离（EI）

总离子流色谱图

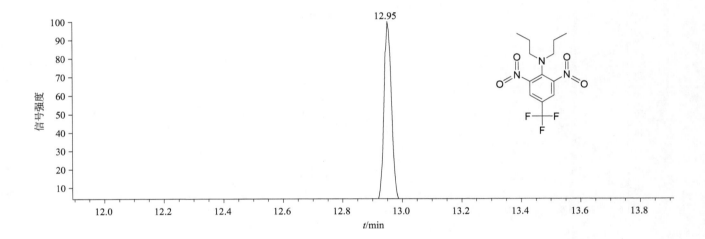

质谱图

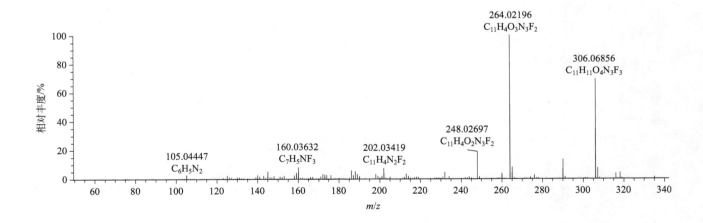

2,3,5-trimethacarb（2,3,5-混杀威）

基本信息

CAS 登录号	2655-15-4	**分子量**	193.11028	**离子化模式**	电子轰击电离（EI）
分子式	$C_{11}H_{15}NO_2$	**保留时间**	12.64min		

总离子流色谱图

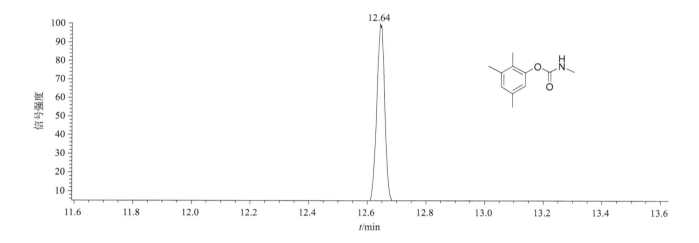

质谱图

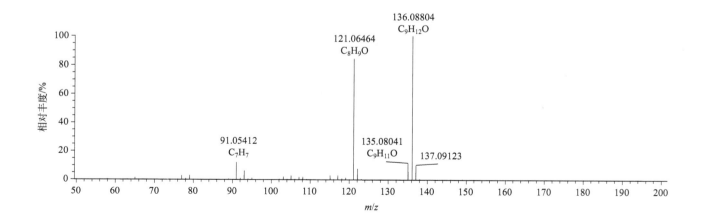

3,4,5-trimethacarb（3,4,5-三甲威）

基本信息

CAS 登录号	2686-99-9	分子量	193.11028	离子化模式	电子轰击电离（EI）
分子式	$C_{11}H_{15}NO_2$	保留时间	14.09min		

总离子流色谱图

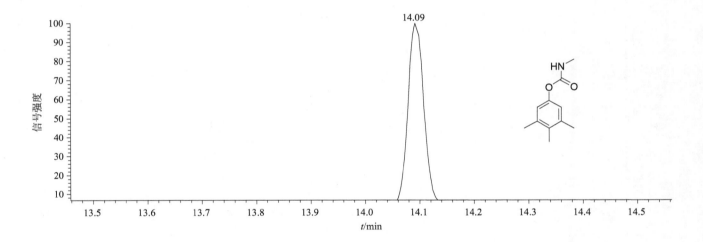

质谱图

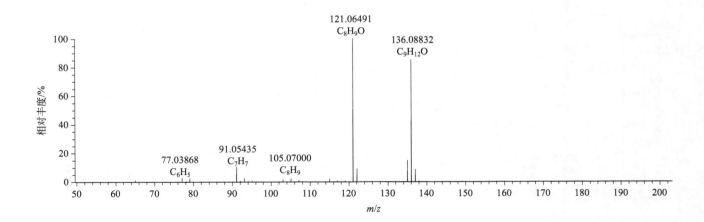

trinexapac-ethyl（抗倒酯）

基本信息

CAS 登录号	95266-40-3	分子量	252.09977	离子化模式	电子轰击电离（EI）
分子式	$C_{13}H_{16}O_5$	保留时间	18.09min		

总离子流色谱图

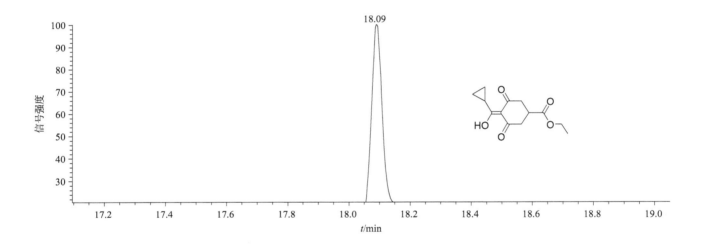

质谱图

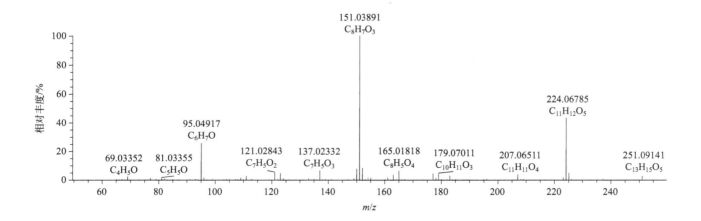

triphenyl phosphate（磷酸三苯酯）

基本信息

CAS 登录号	115-86-6	分子量	326.0708	离子化模式	电子轰击电离（EI）
分子式	$C_{18}H_{15}O_4P$	保留时间	25.94min		

总离子流色谱图

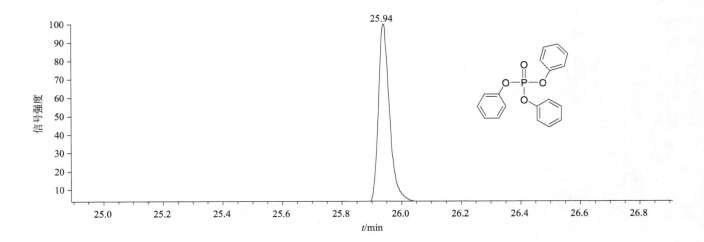

质谱图

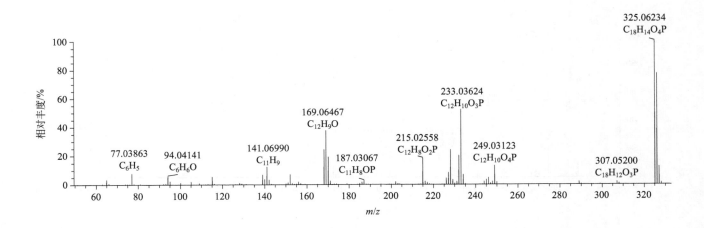

triticonazole（灭菌唑）

基本信息

CAS 登录号	131983-72-7	**分子量**	317.12894	**离子化模式**	电子轰击电离（EI）
分子式	$C_{17}H_{20}ClN_3O$	**保留时间**	28.20min		

总离子流色谱图

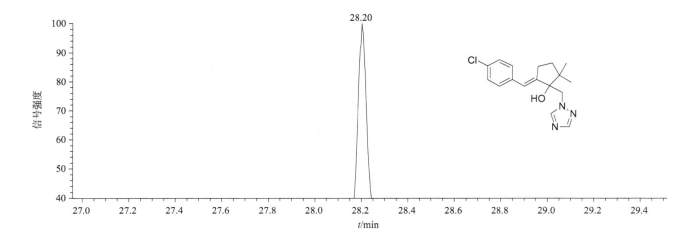

质谱图

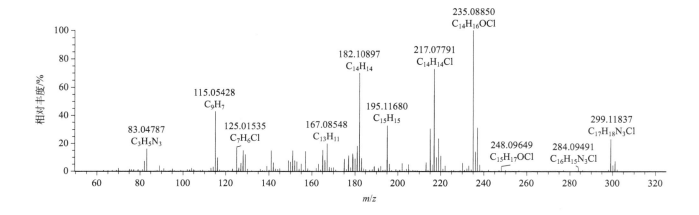

uniconazole(烯效唑)

基本信息

CAS 登录号	83657-22-1	分子量	291.11384	离子化模式	电子轰击电离(EI)
分子式	$C_{15}H_{18}ClN_3O$	保留时间	22.39min		

总离子流色谱图

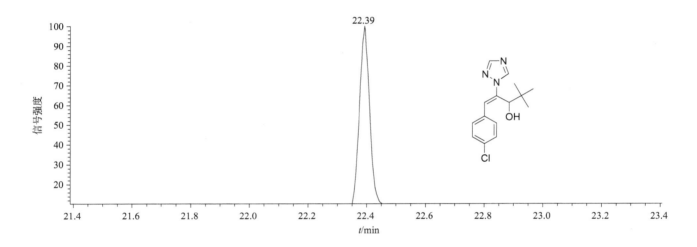

质谱图

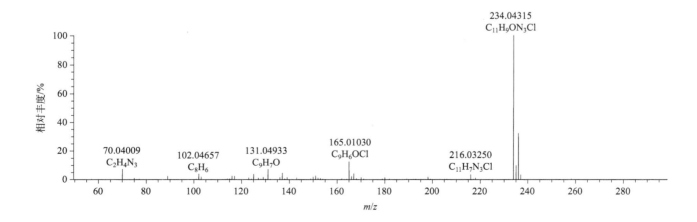

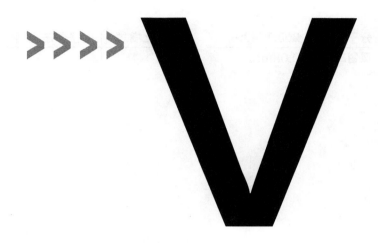

vernolate(灭草猛)

基本信息

CAS 登录号	1929-77-7	**分子量**	203.13439	**离子化模式**	电子轰击电离（EI）
分子式	$C_{10}H_{21}NOS$	**保留时间**	9.08min		

总离子流色谱图

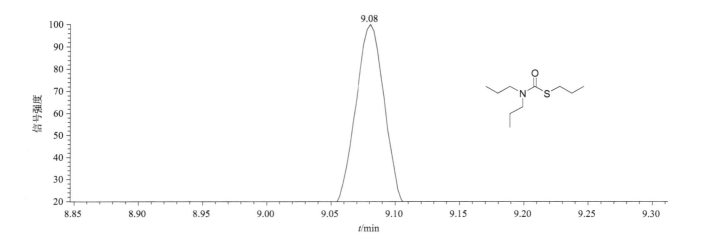

质谱图

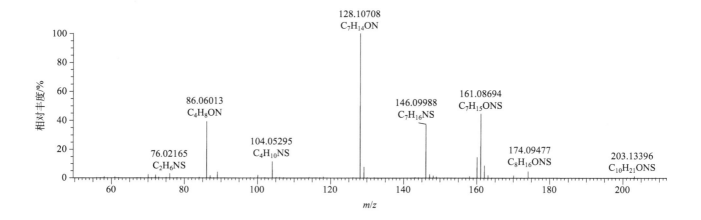

vinclozolin（乙烯菌核利）

基本信息

CAS 登录号	50471-44-8	分子量	284.99595	离子化模式	电子轰击电离（EI）
分子式	$C_{12}H_9Cl_2NO_3$	保留时间	17.11min		

总离子流色谱图

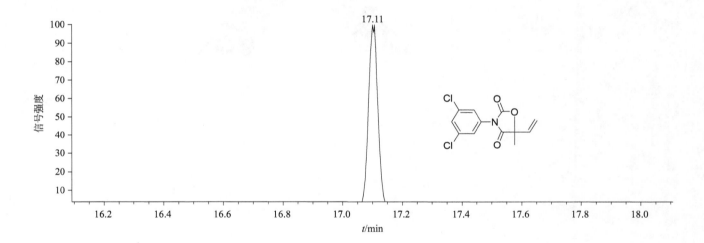

质谱图

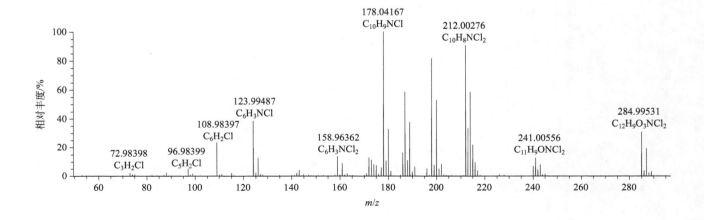

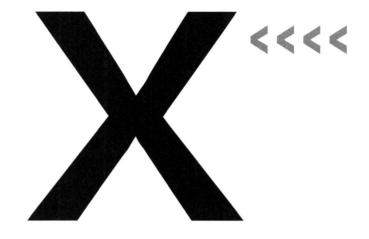

XMC（3,5-xylyl methylcarbamate）（灭除威）

基本信息

CAS 登录号	2655-14-3	分子量	179.09463	离子化模式	电子轰击电离（EI）
分子式	$C_{10}H_{13}NO_2$	保留时间	10.94min		

总离子流色谱图

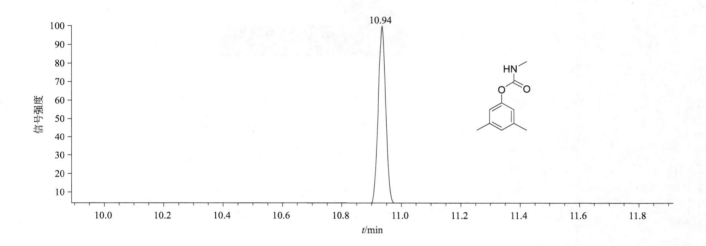

质谱图

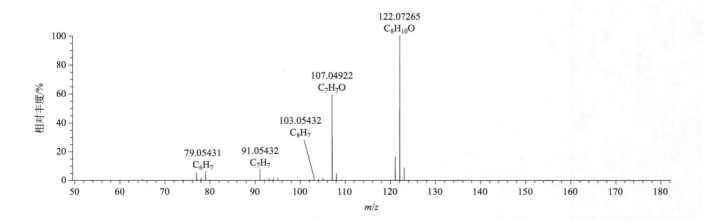

Z

zoxamide（苯酰菌胺）

基本信息

CAS 登记号	156052-68-5	分子量	335.02466	离子化模式	电子轰击电离（EI）
分子式	$C_{14}H_{16}Cl_3NO_2$	保留时间	26.35min		

总离子流色谱图

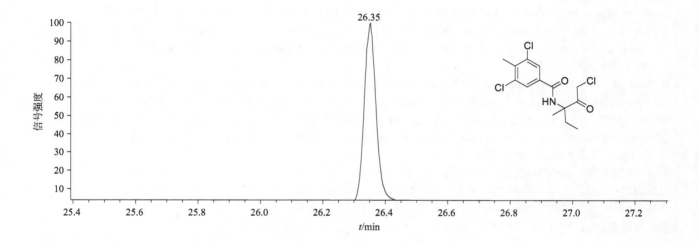

质谱图

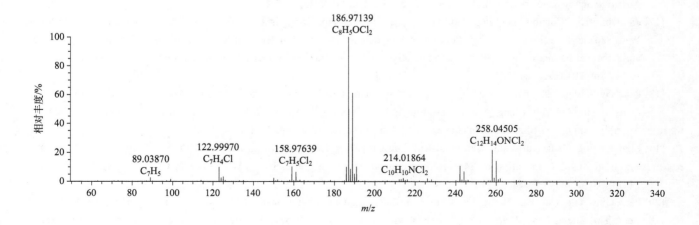

参考文献

[1] GB 2763—016.

[2] MacBean C. 农药手册. 胡笑形等译. 北京：化学工业出版社，2015.

[3] Hernández F, Portolés T, Pitarch E, López F J. Gas chromatography coupled to high-resolution time-of-flight mass spectrometry to analyze trace-level organic compounds in the environment, food safety and toxicology. TrAC-Trend Anal Chem, 2011, 30(2): 388.

[4] Zhang F, Wang H, Zhang L, Zhang J, Fan R, Yu C, Guo Y. Suspected-target pesticide screening using gas chromatography–quadrupole time-of-flight mass spectrometry with high resolution deconvolution and retention index/mass spectrum library. Talanta, 2014, 128: 156.

[5] Portolés T, Pitarch E, López F J, Sancho J V, Hernández F. Methodical approach for the use of GC-TOF MS for screening and confirmation of organic pollutants in environmental water. J Mass Spectrom, 2007, 42(9): 1175.

[6] Nácher-Mestre J, Serrano R, Portolés T, Berntssen M H, Pérez-Sánchez J, Hernández F. Screening of pesticides and polycyclic aromatic hydrocarbons in feeds and fish tissues by gas chromatography coupled to high-resolution mass spectrometry using atmospheric pressure chemical ionization. J Agric Food Chem, 2014, 62(10): 2165.

[7] Hakme E, Lozano A, Gómez-Ramos M M, Hernando M D, Fernández-Alba A R. Non-target evaluation of contaminants in honey bees and pollen samples by gas chromatography time-of-flight mass spectrometry. Chemosphere, 2017, 184: 1310.

[8] Cheng Z, Dong F, Xu J, Liu X, Wu X, Chen Z, Zheng Y. Simultaneous determination of organophosphorus pesticides in fruits and vegetables using atmospheric pressure gas chromatography quadrupole-time-of-flight mass spectrometry. Food Chem, 2017, 231: 365.

[9] Cheng Z, Dong F, Xu J, Liu X, Wu X, Chen Z, Zheng Y. Atmospheric pressure gas chromatography quadrupole-time-of-flight mass spectrometry for simultaneous determination of fifteen organochlorine pesticides in soil and water. J Chromatogr A, 2016, 1435: 115.

[10] Geng D, Jogsten I E, Dunstan J, Hagberg J, Wang T, Ruzzin J, van Bavel B. Gas chromatography/atmospheric pressure chemical ionization/mass spectrometry for the analysis of organochlorine pesticides and polychlorinated biphenyls in human serum. J Chromatogr A, 2016, 1453: 88.

[11] 庞国芳，等. 农药残留高通量检测技术. 北京：科学出版社，2012.

[12] 庞国芳，等. 农药兽药残留现代分析技术. 北京：科学出版社，2007.

[13] 庞国芳，等. 常用农药残留量检测方法标准选编. 北京：中国标准出版社，2009.

[14] 庞国芳，等. 常用兽药残留量检测方法标准选编. 北京：中国标准出版社，2009.

[15] Pang Guo-Fang, et al. Compilation of Official Methods Used in the People's Republic of China for the Analysis of over 800 Pesticide and Veterinary Drug Residues in Foods of Plant and Animal Origin. Beijing: Elsevier & Science Press of China, 2007.

[16] Pang Guo-Fang, Fan Chun-Lin, Chang Qiao-Ying, Li Yan, Kang Jian, Wang Wen-Wen, Cao Jing, Zhao Yan-Bin, Li Nan, Li Zeng-Yin, Chen Zong-Mao, Luo Feng-Jian, Lou Zheng-Yun. High-throughput analytical techniques for multiresidue, multiclass determination of 653 pesticides and chemical pollutants in tea. Part Ⅲ: Evaluation of the cleanup efficiency of an SPE cartridge newly developed for multiresidues in tea. J AOAC Int, 2013, 96(4): 887.

[17] Fan Chun-Lin, Chang Qiao-Ying, Pang Guo-Fang, Li Zeng-Yin, Kang Jian, Pan Guo-Qing, Zheng Shu-Zhan, Wang Wen-Wen, Yao Cui-Cui, Ji Xin-Xin. High-throughput analytical techniques for determination of residues of 653 multiclass pesticides and chemical pollutants in tea. Part Ⅱ: comparative study of extraction efficiencies of three sample preparation techniques. J AOAC Int, 2013, 96(2): 432.

[18] Pang Guo-Fang, Fan Chun-Lin, Zhang Feng, Li Yan, Chang Qiao-Ying, Cao Yan-Zhong, Liu Yong-Ming, Li Zeng-Yin, Wang Qun-Jie, Hu Xue-Yan, Liang Ping. High-throughput GC/MS and HPLC/MS/MS techniques for the multiclass, multiresidue determination of 653 pesticides and chemical pollutants in tea. J AOAC Int, 2011, 94(4): 1253.

[19] Lian Yu-Jing, Pang Guo-Fang, Shu Huai-Rui, Fan Chun-Lin, Liu Yong-Ming, Feng Jie, Wu Yan-Ping, Chang Qiao-Ying. Simultaneous determination of 346 multiresidue pesticides in grapes by PSA-MSPD and GC-MS-SIM. J Agric Food Chem, 2010, 58(17): 9428.

[20] Pang Guo-Fang, Cao Yan-Zhong, Fan Chun-Lin, Jia Guang-Qun, Zhang Jin-Jie, Li Xue-Min, Liu Yong-Ming, Shi Yu-Qiu, Li Zeng-Yin, Zheng Feng, Lian Yu-Jing. Analysis method study on 839 pesticide and chemical contaminant multiresidues in animal muscles by gel permeation chromatography cleanup, GC/MS, and LC/MS/MS. J AOAC Int, 2009, 92(3): 933.

[21] Pang Guo-Fang, Fan Chun-Lin, Liu Yong-Ming, Cao Yan-Zhong, Zhang Jin-Jie, Li Xue-Min, Li Zeng-Yin, Wu Yan-Ping, Guo Tong-Tong. Determination of residues of 446 pesticides in fruits and vegetables by three-cartridge solid-phase extraction-gas

chromatography-mass spectrometry and liquid chromatography-tandem mass spectrometry. J AOAC Int, 2006,89(3):740.

[22] Pang Guo-Fang, Cao Yan-Zhong, Zhang Jin-Jie, Fan Chun-Lin, Liu Yong-Ming, Li Xue-Min, Jia Guang-Qun, Li Zeng-Yin, Shi YQ, Wu Yan-Ping, Guo Tong-Tong.Validation study on 660 pesticide residues in animal tissues by gel permeation chromatography cleanup/gas chromatography-mass spectrometry and liquid chromatography-tandem mass spectrometry. J Chromatogr A, 2006,1125(1):1.

[23] Pang Guo-Fang, Liu Yong-Ming, Fan Chun-Lin, Zhang Jin-Jie, Cao Yan-Zhong, Li Xue-Min, Li Zeng-Yin, Wu Yan-Ping, Guo Tong-Tong. Simultaneous determination of 405 pesticide residues in grain by accelerated solvent extraction then gas chromatography-mass spectrometry or liquid chromatography-tandem mass spectrometry. Anal Bioanal Chem, 2006,384(6):1366.

[24] Pang Guo-Fang, Fan Chun-Lin, Liu Yong-Ming, Cao Yan-Zhong, Zhang Jin-Jie, Fu Bao-Lian, Li Xue-Min, Li Zeng-Yin, Wu Yan-Ping. Multi-residue method for the determination of 450 pesticide residues in honey, fruit juice and wine by double-cartridge solid-phase extraction/gas chromatography-mass spectrometry and liquid chromatography-tandem mass spectrometry. Food Addit Contam, 2006 ,23(8):777.

[25] 李岩，郑锋，王明林，庞国芳．液相色谱－串联质谱法快速筛查测定浓缩果蔬汁中的156种农药残留．色谱，2009,02:127．

[26] 郑军红，庞国芳，范春林，王明林．液相色谱－串联四极杆质谱法测定牛奶中128种农药残留．色谱，2009,03:254．

[27] 郑锋，庞国芳，李岩，王明林，范春林．凝胶渗透色谱净化气相色谱－质谱法检测河豚鱼、鳗鱼和对虾中191种农药残留．色谱，2009,05:700．

[28] 纪欣欣，石志红，曹彦忠，石利利，王娜，庞国芳．凝胶渗透色谱净化／液相色谱－串联质谱法对动物脂肪中111种农药残留量的同时测定．分析测试学报，2009,12:1433．

[29] 姚翠翠，石志红，曹彦忠，石利利，王娜，庞国芳．凝胶渗透色谱－气相色谱串联质谱法测定动物脂肪中164种农药残留．分析试验室，2010,02:84．

[30] 曹静，庞国芳，王明林，范春林．液相色谱－电喷雾串联质谱法测定生姜中的215种农药残留．色谱，2010,06:579．

[31] 李南，石志红，庞国芳，范春林．坚果中185种农药残留的气相色谱－串联质谱法测定．分析测试学报，2011,05:513．

[32] 赵雁冰，庞国芳，范春林，石志红．气相色谱－串联质谱法快速测定禽蛋中203种农药及化学污染物残留．分析试验室，2011,05:8．

[33] 金春丽，石志红，范春林，庞国芳．LC-MS/MS法同时测定4种中草药中155种农药残留．分析试验室，2012,05:84．

[34] 庞国芳，范春林，李岩，康健，常巧英，卜明楠，金春丽，陈辉．茶叶中653种农药化学品残留GC-MS、GC-MS/MS与LC-MS/MS分析方法：国际AOAC方法评价预研究．分析测试学报，2012,09:1017．

[35] 赵志远，石志红，康健，彭兴，曹新悦，范春林，庞国芳，吕美玲．液相色谱－四极杆／飞行时间质谱快速筛查与确证苹果、番茄和甘蓝中的281种农药残留量．色谱，2013,04:372．

[36] GB 23200.15—2016.
[37] GB/T 23214—2008.
[38] GB/T 23211—2008.
[39] GB/T 23210—2008.
[40] GB/T 23208—2008.
[41] GB/T 23207—2008.
[42] GB 23200.14—2016.
[43] GB 23200.13—2016.
[44] GB/T 23204—2008.
[45] GB 23200.12—2016.
[46] GB 23200.11—2016.
[47] GB/T 23200—2008.
[48] GB/T 20772—2008.
[49] GB/T 20771—2008.
[50] GB/T 20770—2008.
[51] GB/T 20769—2008.
[52] GB/T 19650—2006.
[53] GB 23200.9—2016.
[54] GB 23200.8—2016.
[55] GB 23200.7—2016.

索引

化合物中文名称索引
Index of Compound Chinese Name

A

阿拉酸式-S-甲基　4
阿特拉津　25
阿特拉通　24
艾氏剂　11
安果　333
氨氟灵　214
氨基丙氟灵　540
胺菊酯　636
胺硝草　488

B

八甲磷　589
八氯苯乙烯　469
八氯二丙醚　588
巴毒磷　133
白蚁灵　596
百菌清　112
百克敏　565
百治磷　193
稗草丹　569
拌种胺　340
拌种咯　281
保棉磷　30
倍硫磷　289
倍硫磷砜　291
倍硫磷亚砜　292
苯胺灵　555
2-苯并噻唑　610
苯并烯氟菌唑　44
苯草醚　5
苯磺噁唑酸　279
3-苯基苯酚　507
苯腈磷　136
苯硫膦　242
苯硫威　277
苯螨特　45
苯醚甲环唑　198
苯醚菊酯　504
苯嗪草酮　420
苯氰菊酯　148
苯噻酰草胺　412
苯霜灵　36
苯酰菌胺　685
苯线磷　264

苯锈啶　283
苯氧喹啉　581
苯氧威　280
吡丙醚　576
吡啶酸双丙酯　225
吡氟禾草灵　304
吡氟酰草胺　200
吡菌磷　566
吡螨胺　612
吡咪唑　585
吡喃草酮　620
吡喃灵　564
吡噻菌胺　495
吡唑草胺　421
吡唑解草酯　413
吡唑萘菌胺　388
避蚊胺　197
避蚊酯　209
苄草丹　561
苄呋菊酯　586
苄氯三唑醇　187
苄螨醚　344
丙草胺　535
丙虫磷　551
丙环唑　556
丙硫克百威　40
丙硫磷　563
丙硫特普　23
丙炔氟草胺　315
丙森锌　372
丙烯硫脲　559
丙溴磷　541
丙酯杀螨醇　111

C

菜草畏　606
残杀威　558
草除灵　37
草达津　667
草克乐　120
草完隆　465
草消酚　217
虫螨腈　97
虫螨磷　122
虫螨畏　424
虫线磷　646

除草定　56
除虫菊素 I　567
除虫菊素 II　568
除螨酯　285
除线磷　178

D

哒螨灵　570
哒嗪硫磷　572
单甲脒　594
稻丰散　505
稻瘟灵　386
o,p'- 滴滴滴　159
p,p'- 滴滴滴　160
o,p'- 滴滴涕　163
p,p'- 滴滴涕　164
o,p'- 滴滴伊　162
p,p'- 滴滴伊　161
2,4- 滴丁酯　155
2,4- 滴异辛酯　156
狄氏剂　194
敌稗　550
敌草胺　457
敌草腈　177
敌草净　170
敌敌畏　186
敌噁磷　221
敌菌丹　78
敌螨通　215
敌瘟磷　234
敌蝇威　212
地胺磷　416
地虫硫磷　332
地乐酚　216
地茂散　108
碘硫磷　367
叠氮津　31
丁苯吗啉　284
丁草胺　69
丁草特　74
丁虫腈　313
丁基嘧啶磷　613
丁硫克百威　84
丁咪酰胺　376
丁嗪草酮　383
丁噻隆　615
丁烯氟灵　248
丁香酚　260
啶斑肟　573
啶酰菌胺　55
啶氧菌酯　524
毒草胺　548
毒虫畏　101
毒死蜱　115

对甲抑菌灵　650
对硫磷　484
对氧磷　482
多氟脲　466
多效唑　481

E

噁草酮　475
噁虫威　38
噁霜灵　476
噁唑禾草灵　278
噁唑磷　391
蒽 -D10　20
蒽醌　21
二苯胺　223
二苯丙醚　218
二丙烯草胺　13
二甲苯麝香　451
二甲草胺　203
二甲吩草胺　205
1,4- 二甲基萘　210
3,5- 二氯苯胺　181
2,6- 二氯苯甲酰胺　182
4-(2,4- 二氯苯氧基) 丁酸甲酯　158
二氯丙酸甲酯　185
二氯丙烯胺　180
4,4- 二氯二苯甲酮　184
2,4- 二氯 -4'- 硝基二苯醚　461
二嗪农　173
4,4- 二溴二苯甲酮　174
二溴磷　454
二氧威　220

F

伐灭磷　262
反式九氯　463
反式氯丹　94
反式氯菊酯　499
非草隆　294
菲　503
粉唑醇　328
丰索磷　286
丰索磷砜　288
砜拌磷　228
呋草黄　41
呋菌胺　426
呋嘧醇　325
呋霜灵　336
呋酰胺　471
呋线威　338
伏杀硫磷　513
氟胺氰菊酯　329
氟苯嘧啶醇　467
氟苯脲　617

氟吡草腙　201
氟吡甲禾灵　346
氟吡菌酰胺　316
氟吡酰草胺　523
氟吡乙禾灵　345
氟丙菊酯　6
氟丙嘧草酯　70
氟草敏　464
氟虫腈　297
氟虫腈砜　300
氟虫腈亚砜　299
氟丁酰草胺　35
氟啶胺　305
氟啶脲　102
氟啶酮　321
氟硅唑　326
氟环唑　243
氟磺酰草胺　414
氟甲腈　298
氟节胺　314
氟菌唑　670
氟乐灵　671
氟铃脲　356
氟硫草定　230
氟咯草酮　322
氟氯菌核利　319
氟氯氰菊酯　143
氟螨嗪　312
氟醚唑　633
氟氰戊菊酯　308
氟噻草胺　311
氟噻虫砜　310
氟酰胺　327
氟硝草　307
氟唑环菌胺　593
氟唑菌酰胺　330
福拉比　337
腐霉利　539

G

盖草津　431
庚烯磷　353
庚酰草胺　444
硅氟唑　599
硅噻菌胺　597

H

禾草敌　443
禾草灵　189
禾草畏　246
环苯草酮　543
环丙氟　542
环丙津　149
环丙腈津　538

环丙嘧啶醇　18
环丙唑醇　150
环草敌　138
环草啶　398
环草隆　595
环氟菌胺　142
环嗪酮　357
环戊噁草酮　496
环酰菌胺　272
环氧七氯　352
环莠隆　140
环酯草醚　574
灰黄霉素　342
2,3,5-混杀威　672

J

己唑醇　355
甲胺磷　425
甲拌磷　508
甲拌磷砜　510
甲拌磷亚砜　511
甲草胺　8
甲呋酰胺　271
甲磺乐灵　459
甲基苯噻隆　423
甲基毒虫畏　211
甲基毒死蜱　116
甲基对硫磷　485
甲基对氧磷　483
甲基立枯磷　648
2-甲基-4-氯丙酸甲酯　411
甲基嘧啶磷　531
甲基嘧啶磷-N-去乙基　532
甲基内吸磷　168
甲基溴芬松　58
甲基乙拌磷　645
甲基异柳磷　381
甲硫威　428
甲硫威亚砜　429
2-甲-4-氯丁氧乙基酯　407
甲氯酰草胺　494
2-甲-4-氯-2-乙基己基酯　408
2-甲-4-氯异辛酯　409
甲醚菊酯　432
甲萘威　80
甲氰菊酯　282
甲霜灵　419
甲氧苄氟菊酯　435
甲氧滴滴涕　433
解草噁唑　339
解草腈　474
解草嗪　43
腈苯唑　268
腈吡螨酯　141

腈菌唑　452
肼菌酮　232
久效威　644

K

糠菌唑　66
抗倒酯　674
抗螨唑　266
抗蚜威　528
克百威　81
克草敌　486
克菌丹　79
枯莠隆　199
苦参碱　406
葵子麝香　447
喹禾灵　583
喹硫磷　579
喹螨醚　267

L

乐果　207
乐喹酮　577
乐杀螨　50
利谷隆　401
联苯　52
联苯吡菌胺　54
联苯肼酯　47
联苯菊酯　49
联苯三唑醇　53
邻苯二甲酸丁苄酯　518
邻苯二甲酸二丁酯　517
邻苯二甲酸二环己酯　520
邻苯二甲酸二(2-乙基己)酯　519
邻苯二甲酰亚胺　522
邻苯基苯酚　506
邻二氯苯　183
林丹　400
磷胺　516
磷酸三苯酯　675
另丁津　590
硫丙磷　608
硫草敌　250
硫虫畏　7
α-硫丹　235
β-硫丹　236
硫丹硫酸酯　237
硫环磷　514
硫线磷　76
α-六六六　347
β-六六六　348
δ-六六六　349
ε-六六六　350
六氯苯　354
咯菌腈　309

绿草定　664
绿谷隆　445
绿麦隆　113
氯苯胺灵　114
氯苯嘧啶醇　265
4-氯苯氧基乙酸甲酯　110
氯草敏　104
氯丹　92
3-氯对甲苯胺　106
氯氟吡氧乙酸　323
氯氟吡氧乙酸异辛酯　324
氯氟氰菊酯　145
氯磺隆　118
氯甲磷　105
氯菊酯　498
氯硫磷　121
氯氰菊酯　147
氯炔灵　91
2-氯-6-三氯甲基吡啶　460
氯杀螨　88
氯杀螨砜　89
氯酞酸二甲酯　119
氯硝胺　190
氯溴隆　90
氯亚胺硫磷　171
氯氧磷　96
氯唑磷　373
螺虫乙酯-单-羟基　604
螺环菌胺　605
螺甲螨酯　603
螺螨酯　602

M

马拉硫磷　405
马拉氧磷　404
麦草氟甲酯　302
麦草氟异丙酯　301
麦穗灵　335
麦锈灵　42
螨蜱胺　146
猛杀威　545
咪草酸　362
咪鲜胺　537
咪唑菌酮　263
醚菊酯　256
醚菌酯　395
密草通　592
嘧菌胺　415
嘧菌环胺　151
嘧菌酯　32
嘧菌腙　296
嘧螨酯　303
嘧霉胺　575
嘧唑螨　306

棉铃威 9
棉隆 157
灭草环 666
灭草隆 446
灭草猛 680
灭除威 683
灭害威 15
灭菌丹 331
灭菌磷 229
灭菌唑 676
灭螨猛 87
灭线磷 253
灭锈胺 417
灭蚜磷 410
灭蚁灵 442
灭蝇胺 153
灭藻醌 580
茉莉酮 544
牧草胺 614

N

1-萘乙酸甲酯 455
萘乙酰胺 456
O-内吸磷 166
S-内吸磷 167

P

哌丙灵 525
哌草丹 202
哌草磷 527
皮蝇磷 269
坪草丹 472
扑草净 547
扑草灭 244
扑灭津 553
扑灭通 546

Q

七氟菊酯 618
七氯 351
3-羟基克百威 82
8-羟基喹啉 359
嗪草酮 438
氰草津 135
氰氟草酯 144
氰戊菊酯 295
氰烯菌酯 502
驱虫特 175
去乙基另丁津 591
去乙基特丁津 169
炔苯酰草胺 560
炔丙菊酯 534
炔草隆 73
炔草酸 125

炔草酯 126
炔螨特 552
炔咪菊酯 363

R

壤虫磷 662
乳氟禾草灵 397

S

噻吩草胺 638
噻氟隆 640
噻节因 206
噻菌灵 639
噻嗯菊酯 393
噻嗪酮 68
噻唑磷 334
噻唑烟酸 641
三苯基氢氧化锡 293
三氟苯唑 320
三氟甲吡醚 571
三环唑 665
三甲苯草酮 651
3,4,5-三甲威 673
三硫磷 83
2,4,6-三氯苯酚 663
2,4′,5-三氯联苯醚 661
三氯杀虫酯 533
2,4′-三氯杀螨醇 192
三氯杀螨醇 191
三氯杀螨砜 634
三嗪茚草胺 365
三异丁基磷酸盐 375
三正丁基磷酸盐 660
三唑醇 654
三唑磷 658
三唑酮 653
三唑酰草胺 369
杀草丹 642
杀虫环 643
杀虫脒 95
杀虫畏 632
杀螺吗啉 668
杀螨醇 98
杀螨好 637
杀螨特 22
杀螨酯 100
杀螟腈 137
杀螟硫磷 273
杀暝硫磷 270
杀扑磷 427
莎稗磷 19
麝香 449
生物苄呋菊酯 51
虱螨脲 402

693

十二环吗啉　231
4-十二烷基-2,6-二甲基吗啉　10
十氯酮　129
叔丁基-4-羟基苯甲醚　358
蔬果磷　219
鼠立死　132
双苯噁唑酸　389
双苯酰草胺　222
双甲脒　17
双硫磷　619
双氯氰菌胺　188
霜霉威　549
水胺硫磷　377
顺式氯丹　93
顺式氯菊酯　497
四氟苯菊酯　652
2,3,4,5-四氯苯胺　629
2,3,5,6-四氯苯胺　630
四氯苯酞　521
2,3,4,5-四氯甲氧基苯　631
四氯硝基苯　616
1,2,3,6-四氢邻苯二甲酰亚胺　635
速灭磷　439
速灭威　437

T

酞菌酯　462
碳氯灵　374
特草定　621
特草灵　622
特丁津　627
特丁净　628
特丁硫磷　623
特丁硫磷砜　625
特丁通　626
2,4,5-涕丙酸　275
2,4,5-涕丙酸甲酯　276
酮麝香　448
土菌灵　258
脱甲基抗蚜威　529
脱硫丙硫菌唑　562
脱叶磷　659
脱叶亚磷　418
脱乙基阿特拉津　26
脱异丙基莠去津　27

W

威菌磷　656
威杀灵　2
萎锈灵　85
肟菌酯　669
肟醚菌胺　473
五氯苯　491
五氯苯胺　489

五氯苯甲腈　492
五氯苯甲醚　490
五氯酚　493
五氯硝基苯　582
戊菌唑　487
戊唑醇　611

X

西藏麝香　450
西草净　601
西玛津　598
西玛通　600
烯丙苯噻唑　536
烯丙菊酯　12
烯草胺　501
烯虫丙酯　430
烯虫炔酯　394
烯肟菌酯　241
烯酰吗啉　208
烯效唑　678
烯唑醇　213
消草醚　317
4-硝基氯苯　109
辛噻酮　470
辛酰溴苯腈　65
新燕灵　46
溴苯磷　399
溴丁酰草胺　60
4-溴-3,5-二甲苯基-*N*-甲基氨基甲酸酯　59
溴芬松　57
溴谷隆　434
溴硫磷　63
溴螨酯　64
溴氰菊酯　165
溴西克林　61

Y

亚胺硫磷　515
烟碱　458
燕麦敌　172
燕麦灵　34
燕麦酯　99
氧倍硫磷　290
氧毒死蜱　117
氧丰索磷　287
氧化氯丹　478
氧化萎锈灵　477
氧环唑　28
氧甲拌磷　512
氧甲拌磷砜　509
氧特丁硫磷　624
氧异柳磷　382
野麦畏　655
叶菌唑　422

乙拌磷	226
乙拌磷砜	227
乙草胺	3
乙滴涕	500
乙丁氟灵	39
乙环唑	247
乙基嘧啶磷	530
乙基溴硫磷	62
乙菌利	123
乙硫苯威	249
乙硫磷	251
乙螨唑	257
乙霉威	196
乙嘧酚磺酸酯	67
乙嘧硫磷	259
乙氰菊酯	139
乙羧氟草醚	318
乙烯菌核利	681
乙酰甲草胺	195
乙氧呋草黄	252
乙氧氟草醚	479
乙氧喹啉	254
乙酯杀螨醇	107
异艾氏剂	378
异丙草胺	557
异丙甲草胺	436
异丙净	224
异丙乐灵	385
异丙隆	387
异丙威	384
异丙氧磷	554
异稻瘟净	370
异狄氏剂	238
异狄氏剂醛	239
异狄氏剂酮	240
异丁香酚	379
异噁草松	127
异噁草松甲酯	128
异噁氟草	390
异菌脲	371
异柳磷	380
异氯磷	176
异戊乙净	204
抑草磷	71
抑草蓬	245
抑菌灵	179
抑霉唑	361
抑芽唑	657
益棉磷	29
吲哚酮草酯	124
吲熟酯	255
吲唑磺菌胺	16
茚草酮	364
茚虫威	366
蝇毒磷-氧磷	131
蝇毒磷	130
莠灭净	14
育畜磷	134

Z

增效胺	441
增效醚	526
整形素	103
酯菌胺	152
治草醚	48
治螟磷	607
种菌唑	368
仲草丹	647
仲丁灵	72
仲丁威	274
兹克威	440
唑草胺	77
唑虫酰胺	649
唑酮酯	86

分子式索引

Index of Molecular Formula

$C_2H_8NO_2PS$ 425
$C_4H_7Br_2Cl_2O_4P$ 454
$C_4H_7Cl_2O_4P$ 186
$C_4H_8N_2S$ 559
$C_5H_5Cl_3N_2OS$ 258
$C_5H_8ClN_5$ 27
$C_5H_{10}N_2S_2$ 157
$C_5H_{11}NS_3$ 643
$C_5H_{12}ClO_2PS_2$ 105
$C_5H_{12}NO_3PS_2$ 207

$C_6Cl_5NO_2$ 582
C_6Cl_6 354
$C_6H_2Cl_5N$ 489
$C_6H_3Cl_3O$ 663
$C_6H_3Cl_4N$ 460, 629, 630
$C_6H_4ClNO_2$ 109
$C_6H_4Cl_2$ 183
$C_6H_4Cl_2N_2O_2$ 190
$C_6H_5Cl_2N$ 181
$C_6H_6Cl_6$ 347, 348, 349, 350, 400

$C_6H_6Cl_8O$ 588
$C_6H_7F_3N_4OS$ 640
$C_6H_{10}ClN_5$ 26
$C_6H_{10}N_6$ 153
$C_6H_{10}O_4S_2$ 206
$C_6H_{11}Cl_4O_3PS$ 96
$C_6H_{11}N_2O_4PS_3$ 427
$C_6H_{12}NO_4PS_2$ 333
$C_6H_{15}O_2PS_3$ 645
$C_6H_{15}O_3PS_2$ 168
$C_6HCl_4NO_2$ 616
C_6HCl_5 491
C_6HCl_5O 493
C_7Cl_5N 492
$C_7H_3Cl_2N$ 177
$C_7H_3Cl_5O$ 490
$C_7H_4Cl_3NO_3$ 664
$C_7H_4Cl_4O$ 631
$C_7H_5ClNS_2O_2F_3$ 310
$C_7H_5Cl_2FN_2O_3$ 323
$C_7H_5Cl_2NO$ 182
$C_7H_5Cl_2NO_2$ 128
$C_7H_5Cl_2NS$ 120
$C_7H_7Cl_3NO_3PS$ 116
C_7H_8ClN 106
$C_7H_{10}ClN_3$ 132
$C_7H_{11}N_7S$ 31
$C_7H_{12}ClN_5$ 169, 591, 598
$C_7H_{13}O_5PS$ 424
$C_7H_{13}O_6P$ 439
$C_7H_{14}NO_3PS_2$ 514
$C_7H_{15}NOS$ 250
$C_7H_{17}O_2PS_3$ 508
$C_7H_{17}O_3PS_2$ 512
$C_7H_{17}O_3PS_3$ 511
$C_7H_{17}O_4PS_3$ 510
$C_7H_{17}O_5PS_2$ 509
$C_8Cl_4N_2$ 112
C_8Cl_8 469
$C_8H_2Cl_4O_2$ 521
$C_8H_5BrCl_6$ 61
$C_8H_5NO_2$ 522
$C_8H_6N_2OS_2$ 4
$C_8H_8BrCl_2O_3PS$ 63
$C_8H_8Cl_2IO_3PS$ 367
$C_8H_8Cl_2O_2$ 108
$C_8H_8Cl_3O_3PS$ 269
$C_8H_8Cl_3O_4P$ 270
$C_8H_9ClNO_5PS$ 121, 176
$C_8H_9NO_2$ 635
$C_8H_9O_3PS$ 219
$C_8H_{10}NO_5PS$ 485
$C_8H_{10}NO_6P$ 483
$C_8H_{11}Cl_2NO$ 180

$C_8H_{12}ClNO$ 13
$C_8H_{13}N_2O_3PS$ 646
$C_8H_{14}ClN_5$ 25
$C_8H_{14}ClNS_2$ 606
$C_8H_{14}N_4OS$ 438
$C_8H_{15}N_3O_2$ 376
$C_8H_{15}N_5O$ 600
$C_8H_{15}N_5S$ 170, 601
$C_8H_{16}NO_3PS_2$ 416
$C_8H_{16}NO_5P$ 193
$C_8H_{19}O_2PS_2$ 253
$C_8H_{19}O_2PS_3$ 226
$C_8H_{19}O_3PS_2$ 166, 167
$C_8H_{19}O_3PS_3$ 228
$C_8H_{19}O_4PS_3$ 227
$C_8H_{20}O_5P_2S_2$ 607
$C_8H_{24}N_4O_3P_2$ 589
$C_9H_4Cl_3NO_2S$ 331
$C_9H_4Cl_8O$ 374
$C_9H_6Cl_6O_3S$ 235, 236
$C_9H_6Cl_6O_4S$ 237
$C_9H_6N_2S_3$ 610
$C_9H_7Cl_3O_3$ 275
C_9H_7NO 359
$C_9H_7N_3S$ 665
$C_9H_8Cl_3NO_2S$ 79
$C_9H_9ClO_3$ 110
$C_9H_9Cl_2NO$ 550
$C_9H_{10}BrClN_2O_2$ 90
$C_9H_{10}Cl_2N_2O_2$ 401
$C_9H_{10}NO_3PS$ 137
$C_9H_{11}BrN_2O_2$ 434
$C_9H_{11}ClN_2O$ 446
$C_9H_{11}ClN_2O_2$ 445
$C_9H_{11}Cl_2FN_2O_2S_2$ 179
$C_9H_{11}Cl_2O_3PS$ 648
$C_9H_{11}Cl_3NO_3PS$ 115
$C_9H_{11}Cl_3NO_4P$ 117
$C_9H_{11}NO_2$ 437
$C_9H_{12}ClO_4P$ 353
$C_9H_{12}NO_5PS$ 273
$C_9H_{12}N_2O$ 294
$C_9H_{13}BrN_2O_2$ 56
$C_9H_{13}ClN_2O_2$ 621
$C_9H_{13}ClN_6$ 135
$C_9H_{14}ClN_5$ 149
$C_9H_{16}ClN_5$ 553, 590, 627, 667
$C_9H_{16}N_3O_3PS$ 532
$C_9H_{16}N_4OS$ 615
$C_9H_{17}ClN_3O_3PS$ 373
$C_9H_{17}NOS$ 443
$C_9H_{17}N_5O$ 24
$C_9H_{17}N_5S$ 14
$C_9H_{18}NO_3PS_2$ 334

$C_9H_{18}N_2O_2S$ 644
$C_9H_{19}NOS$ 244
$C_9H_{20}N_2O_2$ 549
$C_9H_{21}O_2PS_3$ 623
$C_9H_{21}O_3PS_2$ 624
$C_9H_{21}O_4PS_3$ 625
$C_9H_{22}O_4P_2S_4$ 251
$C_{10}Cl_{10}O$ 129
$C_{10}Cl_{12}$ 442
$C_{10}H_4Cl_2FNO_2$ 319
$C_{10}H_4Cl_8O$ 478
$C_{10}H_5Cl_7$ 351
$C_{10}H_5Cl_7O$ 352
$C_{10}H_5Cl_9$ 463
$C_{10}H_6Cl_4O_4$ 119
$C_{10}H_6Cl_8$ 92, 93, 94
$C_{10}H_6ClNO_2$ 580
$C_{10}H_6N_2OS_2$ 87
$C_{10}H_7Cl_5O$ 666
$C_{10}H_7Cl_5O_2$ 533
$C_{10}H_7N_3S$ 639
$C_{10}H_8ClN_3O$ 104
$C_{10}H_8ClN_3O_2$ 232
$C_{10}H_9Cl_3O_3$ 276
$C_{10}H_9Cl_4NO_2S$ 78
$C_{10}H_9Cl_4O_4P$ 632
$C_{10}H_9NO_3S$ 536
$C_{10}H_{10}BrCl_2O_4P$ 58
$C_{10}H_{10}Cl_2O_2$ 99
$C_{10}H_{10}Cl_2O_3$ 185
$C_{10}H_{10}Cl_3O_4P$ 211
$C_{10}H_{10}N_4O$ 420
$C_{10}H_{10}O_4$ 209
$C_{10}H_{11}N_3OS$ 423
$C_{10}H_{12}BrCl_2O_3PS$ 62
$C_{10}H_{12}BrNO_2$ 59
$C_{10}H_{12}ClNO_2$ 114
$C_{10}H_{12}Cl_3O_2PS$ 662
$C_{10}H_{12}N_2O_5$ 216, 217
$C_{10}H_{12}N_3O_3PS_2$ 30
$C_{10}H_{12}O_2$ 260, 379
$C_{10}H_{13}Cl_2FN_2O_2S_2$ 650
$C_{10}H_{13}Cl_2O_3PS$ 178
$C_{10}H_{13}ClN_2$ 95
$C_{10}H_{13}ClN_2O$ 113
$C_{10}H_{13}ClN_6$ 538
$C_{10}H_{13}NO_2$ 555, 683
$C_{10}H_{14}N_2$ 458, 594
$C_{10}H_{14}NO_5PS$ 484
$C_{10}H_{14}NO_6P$ 482
$C_{10}H_{15}O_3PS_2$ 289
$C_{10}H_{15}O_4PS$ 290
$C_{10}H_{15}O_4PS_2$ 292
$C_{10}H_{15}OPS_2$ 332

$C_{10}H_{15}O_5PS_2$ 291
$C_{10}H_{16}Cl_3NOS$ 655
$C_{10}H_{16}NO_5PS_2$ 262
$C_{10}H_{16}N_4O_2$ 529
$C_{10}H_{16}N_4O_3$ 212
$C_{10}H_{17}Cl_2NOS$ 172
$C_{10}H_{17}N_2O_4PS$ 259
$C_{10}H_{19}ClNO_5P$ 516
$C_{10}H_{19}N_5O$ 546, 592, 626
$C_{10}H_{19}N_5S$ 547, 628
$C_{10}H_{19}O_6PS_2$ 405
$C_{10}H_{19}O_7PS$ 404
$C_{10}H_{20}NO_4PS$ 554
$C_{10}H_{20}NO_5PS_2$ 410
$C_{10}H_{21}NOS$ 486, 680
$C_{10}H_{23}O_2PS_2$ 76
$C_{11}H_6Cl_2N_2$ 281
$C_{11}H_8N_2O$ 335
$C_{11}H_9Cl_2NO_2$ 34
$C_{11}H_9Cl_5O_3$ 245
$C_{11}H_{10}ClNO_2$ 91
$C_{11}H_{10}ClNO_3S$ 37
$C_{11}H_{11}ClN_2O_2$ 255
$C_{11}H_{11}Cl_2NO_2$ 43
$C_{11}H_{11}NO$ 577
$C_{11}H_{12}Cl_2O_3$ 158
$C_{11}H_{12}NO_4PS_2$ 515
$C_{11}H_{13}ClO_3$ 411
$C_{11}H_{13}Cl_2NO_3$ 339
$C_{11}H_{13}F_3N_2O_3S$ 414
$C_{11}H_{13}F_3N_4O_4$ 214
$C_{11}H_{13}NO_4$ 38, 220
$C_{11}H_{14}ClNO$ 548
$C_{11}H_{15}BrClO_3PS$ 541
$C_{11}H_{15}Cl_2O_2PS_2$ 563
$C_{11}H_{15}Cl_2O_3PS_2$ 122
$C_{11}H_{15}NO_2$ 384, 672, 673
$C_{11}H_{15}NO_2S$ 249, 428
$C_{11}H_{15}NO_3$ 558
$C_{11}H_{15}NO_3S$ 429
$C_{11}H_{16}ClO_2PS_3$ 83
$C_{11}H_{16}NO_4PS$ 377
$C_{11}H_{16}N_2O_2$ 15
$C_{11}H_{16}O_2$ 358
$C_{11}H_{17}O_4PS_2$ 286
$C_{11}H_{17}O_5PS$ 287
$C_{11}H_{17}O_5PS_2$ 288
$C_{11}H_{18}N_4O_2$ 528
$C_{11}H_{19}NOS$ 470
$C_{11}H_{20}N_3O_3PS$ 531
$C_{11}H_{21}N_5OS$ 431
$C_{11}H_{21}N_5S$ 204, 224
$C_{11}H_{21}NOS$ 138
$C_{11}H_{22}N_2O$ 140

$C_{11}H_{23}NOS$ 74
$C_{12}H_4Cl_2F_6N_4$ 298
$C_{12}H_4Cl_2F_6N_4OS$ 297
$C_{12}H_4Cl_2F_6N_4O_2S$ 300
$C_{12}H_4Cl_2F_6N_4S$ 299
$C_{12}H_6Cl_4O_2S$ 634
$C_{12}H_6Cl_4S$ 637
$C_{12}H_6F_2N_2O_2$ 309
$C_{12}H_7Cl_2NO_3$ 461
$C_{12}H_7Cl_3$ 661
$C_{12}H_8Cl_2O_3S$ 100
$C_{12}H_8Cl_6$ 11, 378
$C_{12}H_8Cl_6O$ 194, 238, 239, 240
$C_{12}H_9ClF_3N_3O$ 464
$C_{12}H_9ClN_2O_3$ 5
$C_{12}H_9ClO_3S$ 285
$C_{12}H_9Cl_2NO_3$ 681
$C_{12}H_{10}$ 2, 52
$C_{12}H_{10}Cl_2F_3NO$ 322
$C_{12}H_{10}O$ 506, 507
$C_{12}H_{11}Cl_2NO$ 560
$C_{12}H_{11}Cl_2N_3O_2$ 28
$C_{12}H_{11}N$ 223
$C_{12}H_{11}NO$ 456
$C_{12}H_{11}NO_2$ 80, 271
$C_{12}H_{12}$ 210
$C_{12}H_{12}ClN_5O_4S$ 118
$C_{12}H_{12}N_2O_2$ 502
$C_{12}H_{12}N_2O_3$ 474
$C_{12}H_{12}N_4$ 585
$C_{12}H_{13}ClF_3N_3O_4$ 307
$C_{12}H_{13}ClN_2O$ 73
$C_{12}H_{13}NO_2S$ 85
$C_{12}H_{13}NO_4S$ 477
$C_{12}H_{13}N_3$ 575
$C_{12}H_{14}BrCl_2O_4P$ 57
$C_{12}H_{14}ClNO_2$ 127
$C_{12}H_{14}Cl_2O_3$ 155
$C_{12}H_{14}Cl_3O_3PS$ 7
$C_{12}H_{14}Cl_3O_4P$ 101
$C_{12}H_{14}NO_4PS$ 229
$C_{12}H_{14}N_2S$ 146
$C_{12}H_{15}ClNO_4PS_2$ 513
$C_{12}H_{15}NO_3$ 81
$C_{12}H_{15}NO_4$ 82
$C_{12}H_{15}N_2O_3PS$ 579
$C_{12}H_{15}N_3O_6$ 451
$C_{12}H_{16}ClNOS$ 472, 642
$C_{12}H_{16}N_2O_5$ 447
$C_{12}H_{16}N_3O_3PS$ 658
$C_{12}H_{16}N_3O_3PS_2$ 29
$C_{12}H_{16}O_4S$ 41
$C_{12}H_{17}NO$ 197
$C_{12}H_{17}NO_2$ 274, 545

$C_{12}H_{17}O_4PS_2$ 505
$C_{12}H_{18}ClNO_2S$ 205
$C_{12}H_{18}N_2O$ 387
$C_{12}H_{18}N_2O_2$ 440
$C_{12}H_{18}O_4S_2$ 386
$C_{12}H_{19}ClNO_3P$ 134
$C_{12}H_{19}N_6OP$ 656
$C_{12}H_{19}O_2PS_3$ 608
$C_{12}H_{20}N_4OS$ 383
$C_{12}H_{20}N_4O_2$ 357
$C_{12}H_{21}N_2O_3PS$ 173
$C_{12}H_{22}O_4$ 175
$C_{12}H_{26}O_6P_2S_4$ 221
$C_{12}H_{27}O_4P$ 375, 660
$C_{12}H_{27}OPS_3$ 659
$C_{12}H_{27}PS_3$ 418
$C_{12}H_{28}O_5P_2S_2$ 23
$C_{13}H_4Cl_2F_6N_4O_4$ 305
$C_{13}H_7F_3N_2O_5$ 317
$C_{13}H_8Br_2O$ 174
$C_{13}H_8Cl_2O$ 184
$C_{13}H_{10}BrCl_2O_2PS$ 399
$C_{13}H_{10}Cl_2O_2S$ 89
$C_{13}H_{10}Cl_2S$ 88
$C_{13}H_{10}INO$ 42
$C_{13}H_{11}Cl_2F_4N_3O$ 633
$C_{13}H_{11}Cl_2NO_2$ 539
$C_{13}H_{11}Cl_2NO_5$ 123
$C_{13}H_{12}BrCl_2N_3O$ 66
$C_{13}H_{12}O_2$ 455
$C_{13}H_{13}BrFN_5O_4S_2$ 16
$C_{13}H_{13}Cl_2N_3O_3$ 371
$C_{13}H_{14}F_3N_3O_4$ 248
$C_{13}H_{15}Cl_2N_3$ 487
$C_{13}H_{15}NO_2$ 564
$C_{13}H_{16}F_3N_3O_4$ 39, 671
$C_{13}H_{16}NO_4PS$ 391
$C_{13}H_{16}O_5$ 674
$C_{13}H_{17}F_3N_4O_4$ 540
$C_{13}H_{17}NO_4$ 225
$C_{13}H_{18}ClNO$ 444, 494
$C_{13}H_{18}ClNO_2$ 203
$C_{13}H_{18}N_2O_2$ 398
$C_{13}H_{18}N_2O_4$ 450
$C_{13}H_{18}O_5S$ 252
$C_{13}H_{19}ClNO_3PS_2$ 19
$C_{13}H_{19}NO_2S$ 277
$C_{13}H_{19}N_3O_4$ 488
$C_{13}H_{19}N_3O_6S$ 459
$C_{13}H_{21}NOSSi$ 597
$C_{13}H_{21}N_2O_4PS$ 71
$C_{13}H_{21}O_3PS$ 370
$C_{13}H_{21}O_4PS$ 551
$C_{13}H_{22}NO_3PS$ 264

$C_{13}H_{22}N_2O$ 465
$C_{13}H_{23}N_2O_3PS$ 613
$C_{13}H_{24}N_3O_3PS$ 530
$C_{13}H_{24}N_4O_3S$ 67
$C_{14}D_{10}$ 20
$C_{14}H_6Cl_2F_4N_2O_2$ 617
$C_{14}H_7ClF_2N_4$ 312
$C_{14}H_8Cl_4$ 161, 162
$C_{14}H_8O_2$ 21
$C_{14}H_9Cl_2NO_5$ 48
$C_{14}H_9Cl_5$ 163, 164
$C_{14}H_9Cl_5O$ 191, 192
$C_{14}H_{10}$ 503
$C_{14}H_{10}Cl_4$ 159, 160
$C_{14}H_{11}ClFNO_4$ 125
$C_{14}H_{12}Cl_2N_2O$ 573
$C_{14}H_{12}Cl_2O$ 98
$C_{14}H_{13}F_4N_3O_2S$ 311
$C_{14}H_{13}N_3$ 415
$C_{14}H_{14}ClNO_3$ 152
$C_{14}H_{14}Cl_2N_2O$ 361
$C_{14}H_{14}NO_4PS$ 242
$C_{14}H_{15}Cl_2N_3O$ 562
$C_{14}H_{15}Cl_2N_3O_2$ 247
$C_{14}H_{15}NO_2$ 426
$C_{14}H_{15}N_3$ 151
$C_{14}H_{15}O_2PS_2$ 234
$C_{14}H_{16}ClNO_3$ 471
$C_{14}H_{16}ClN_3O$ 421
$C_{14}H_{16}ClN_3O_2$ 653
$C_{14}H_{16}ClO_5PS$ 130
$C_{14}H_{16}ClO_6P$ 131
$C_{14}H_{16}Cl_3NO_2$ 685
$C_{14}H_{16}F_3N_3O_4$ 542
$C_{14}H_{17}ClNO_4PS_2$ 171
$C_{14}H_{17}Cl_2NO_2$ 272
$C_{14}H_{17}Cl_2NO_4S$ 279
$C_{14}H_{17}Cl_2N_3O$ 355
$C_{14}H_{17}NO_6$ 462
$C_{14}H_{17}N_2O_4PS$ 572
$C_{14}H_{18}ClN_3O_2$ 654
$C_{14}H_{18}N_2O_4$ 449, 476
$C_{14}H_{18}N_2O_5$ 448
$C_{14}H_{18}N_2O_7$ 215
$C_{14}H_{19}NO$ 254
$C_{14}H_{19}O_6P$ 133
$C_{14}H_{20}ClNO_2$ 3, 8
$C_{14}H_{20}FN_3OSi$ 599
$C_{14}H_{20}N_2O$ 595
$C_{14}H_{20}N_3O_5PS$ 566
$C_{14}H_{21}NO_3$ 340
$C_{14}H_{21}NO_4$ 196
$C_{14}H_{21}NOS$ 561
$C_{14}H_{21}N_3O_4$ 72

$C_{14}H_{22}NO_4PS$ 381
$C_{14}H_{28}NO_3PS_2$ 527
$C_{15}H_7Cl_2F_3N_2O_2$ 266
$C_{15}H_8Cl_2FNO$ 581
$C_{15}H_{11}BrClF_3N_2O$ 97
$C_{15}H_{11}ClF_3NO_4$ 479
$C_{15}H_{11}ClO_3$ 103
$C_{15}H_{12}Cl_2F_4O_2$ 652
$C_{15}H_{12}F_2N_4O_3$ 201
$C_{15}H_{12}F_3NO_4S$ 390
$C_{15}H_{14}Cl_2F_3N_3O_3$ 86
$C_{15}H_{14}NO_2PS$ 136
$C_{15}H_{14}N_2O_4S$ 574
$C_{15}H_{15}ClF_3N_3O$ 670
$C_{15}H_{15}F_3N_2O_2$ 325
$C_{15}H_{16}Cl_3N_3O_2$ 537
$C_{15}H_{16}F_5NO_2S_2$ 230
$C_{15}H_{16}N_2O_2$ 18
$C_{15}H_{17}Br_2NO_2$ 65
$C_{15}H_{17}Cl_2N_3O$ 213
$C_{15}H_{17}Cl_2N_3O_2$ 556
$C_{15}H_{17}ClN_4$ 452
$C_{15}H_{18}ClN_3O$ 150, 678
$C_{15}H_{18}Cl_2N_2O$ 188
$C_{15}H_{18}Cl_2N_2O_3$ 475
$C_{15}H_{18}N_2O_6$ 50
$C_{15}H_{18}N_4$ 296
$C_{15}H_{19}Cl_2N_3O$ 187
$C_{15}H_{20}ClN_3O$ 481
$C_{15}H_{21}ClO_4$ 407
$C_{15}H_{21}Cl_2FN_2O_3$ 324
$C_{15}H_{21}NOS$ 202
$C_{15}H_{21}NO_4$ 419
$C_{15}H_{22}BrNO$ 60
$C_{15}H_{22}ClNO_2$ 436, 557
$C_{15}H_{23}ClO_4S$ 22
$C_{15}H_{23}NO$ 614
$C_{15}H_{23}NOS$ 246
$C_{15}H_{23}N_3O_4$ 385
$C_{15}H_{24}NO_4PS$ 380
$C_{15}H_{24}NO_5P$ 382
$C_{15}H_{24}N_2O$ 406
$C_{15}H_{25}N_3O$ 657
$C_{15}H_{26}O_3$ 544
$C_{16}H_8Cl_2F_6N_2O_3$ 356
$C_{16}H_{10}Cl_2F_6N_4OS$ 313
$C_{16}H_{11}ClF_6N_2O$ 316
$C_{16}H_{12}ClF_4N_3O_4$ 314
$C_{16}H_{13}ClF_3NO_4$ 346
$C_{16}H_{13}F_2N_3O$ 328
$C_{16}H_{14}Cl_2O_3$ 107
$C_{16}H_{14}Cl_2O_4$ 189
$C_{16}H_{14}N_2O_2S$ 412
$C_{16}H_{15}Cl_3O_2$ 433

$C_{16}H_{15}F_2N_3Si$ 326
$C_{16}H_{17}F_5N_2O_2S$ 641
$C_{16}H_{17}NO$ 222
$C_{16}H_{18}ClNO_2S$ 638
$C_{16}H_{18}Cl_2N_2O_4$ 413
$C_{16}H_{18}N_2O_3$ 199
$C_{16}H_{20}FN_5$ 365
$C_{16}H_{20}F_3N_3OS$ 495
$C_{16}H_{20}N_2O_3$ 362
$C_{16}H_{20}O_6P_2S_3$ 619
$C_{16}H_{21}Cl_2NO_2$ 525
$C_{16}H_{22}ClNO_2$ 501
$C_{16}H_{22}ClNO_3$ 195
$C_{16}H_{22}ClN_3O$ 611
$C_{16}H_{22}Cl_2O_3$ 156
$C_{16}H_{22}N_4O_3S$ 77
$C_{16}H_{22}O_4$ 517
$C_{16}H_{23}N_3OS$ 68
$C_{16}H_{25}NOS$ 647
$C_{17}H_7Cl_2F_9N_2O_3$ 466
$C_{17}H_8Cl_2F_8N_2O_3$ 402
$C_{17}H_{10}F_6N_4S$ 306
$C_{17}H_{12}ClFN_2O$ 467
$C_{17}H_{12}Cl_2N_2O$ 265
$C_{17}H_{13}ClFNO_4$ 126
$C_{17}H_{13}ClFN_3O$ 243
$C_{17}H_{14}ClF_7O_2$ 618
$C_{17}H_{15}ClFNO_3$ 302
$C_{17}H_{16}Br_2O_3$ 64
$C_{17}H_{16}Cl_2O_3$ 111
$C_{17}H_{16}F_3NO_2$ 327
$C_{17}H_{17}ClFNO_4$ 496
$C_{17}H_{17}ClO_6$ 342
$C_{17}H_{17}N_3OS$ 263
$C_{17}H_{19}NO_2$ 417
$C_{17}H_{19}NO_4$ 280, 336
$C_{17}H_{20}ClN_3O$ 676
$C_{17}H_{20}ClN_3O_2$ 337
$C_{17}H_{20}N_2O_3$ 47
$C_{17}H_{21}NO_2$ 457
$C_{17}H_{22}ClN_3O$ 422
$C_{17}H_{22}N_2O_4$ 363
$C_{17}H_{24}ClNO_4$ 620
$C_{17}H_{25}ClO_3$ 408, 409
$C_{17}H_{25}NO_2$ 441
$C_{17}H_{25}N_3O_4S_2$ 9
$C_{17}H_{26}ClNO_2$ 69, 535
$C_{17}H_{27}NO_2$ 622
$C_{18}H_{12}Cl_2F_3N_3O$ 54
$C_{18}H_{12}Cl_2N_2O$ 55
$C_{18}H_{12}F_5N_3O$ 330
$C_{18}H_{13}ClF_3NO_7$ 318
$C_{18}H_{14}Cl_2F_2N_4O_2$ 369
$C_{18}H_{14}Cl_4F_3NO_3$ 571

$C_{18}H_{15}Cl_2F_2N_3O$ 44
$C_{18}H_{15}O_4P$ 675
$C_{18}H_{16}ClNO_5$ 278
$C_{18}H_{16}F_3NO_4$ 524
$C_{18}H_{16}OSn$ 293
$C_{18}H_{17}Cl_2NO_3$ 46
$C_{18}H_{17}F_4NO_2$ 35
$C_{18}H_{17}NO_3$ 389
$C_{18}H_{18}ClNO_5$ 45
$C_{18}H_{19}F_2N_3O$ 593
$C_{18}H_{19}NO_4$ 395
$C_{18}H_{20}Cl_2$ 500
$C_{18}H_{20}F_4O_3$ 435
$C_{18}H_{20}O_4$ 218
$C_{18}H_{22}N_2O_2S$ 569
$C_{18}H_{24}ClN_3O$ 368, 612
$C_{18}H_{25}NO_3$ 604
$C_{18}H_{25}N_5O_5$ 473
$C_{18}H_{26}N_2O_2S$ 338
$C_{18}H_{28}N_2O_3$ 372
$C_{18}H_{28}O_2$ 394
$C_{18}H_{35}NO$ 231
$C_{18}H_{35}NO_2$ 605
$C_{18}H_{37}NO$ 10
$C_{19}H_{11}F_5N_2O_2$ 200
$C_{19}H_{12}F_4N_2O_2$ 523
$C_{19}H_{14}F_3NO$ 321
$C_{19}H_{15}ClF_3NO_7$ 397
$C_{19}H_{15}FN_2O_4$ 315
$C_{19}H_{17}ClN_2O_4$ 583
$C_{19}H_{17}ClN_4$ 268
$C_{19}H_{17}Cl_2NO_4$ 124
$C_{19}H_{17}Cl_2N_3O_3$ 198
$C_{19}H_{18}ClN_3O_4$ 565
$C_{19}H_{19}ClFNO_3$ 301
$C_{19}H_{19}ClF_3NO_5$ 345
$C_{19}H_{20}F_3NO_4$ 304
$C_{19}H_{20}O_4$ 518
$C_{19}H_{23}N_3$ 17
$C_{19}H_{24}O_3$ 534
$C_{19}H_{25}ClN_2OS$ 570
$C_{19}H_{25}NO_4$ 636
$C_{19}H_{26}O_3$ 12, 432
$C_{19}H_{26}O_4S$ 552
$C_{19}H_{30}O_5$ 526
$C_{19}H_{31}N$ 283
$C_{19}H_{34}O_3$ 430
$C_{20}H_9Cl_3F_5N_3O_3$ 102
$C_{20}H_{17}ClO_3$ 364
$C_{20}H_{17}F_5N_2O_2$ 142
$C_{20}H_{18}ClF_3N_2O_6$ 70
$C_{20}H_{19}F_3N_2O_4$ 669
$C_{20}H_{19}NO_3$ 576
$C_{20}H_{20}FNO_4$ 144

$C_{20}H_{21}F_3N_2O_5$	303	$C_{22}H_{22}ClNO_4$	241
$C_{20}H_{22}N_2O$	267	$C_{22}H_{23}NO_3$	282
$C_{20}H_{23}NO_3$	36	$C_{22}H_{26}O_3$	51, 586
$C_{20}H_{23}N_3O_2$	53	$C_{22}H_{28}O_5$	568
$C_{20}H_{24}F_2N_3O$	388	$C_{23}H_{19}ClF_3NO_3$	145
$C_{20}H_{26}O_4$	520	$C_{23}H_{22}ClF_3O_2$	49
$C_{20}H_{27}NO_3$	651	$C_{23}H_{23}NO$	668
$C_{20}H_{30}N_2O_5S$	40	$C_{23}H_{24}O_4S$	393
$C_{20}H_{32}N_2O_3S$	84	$C_{23}H_{26}O_3$	504
$C_{20}H_{33}NO$	284	$C_{23}H_{30}O_4$	603
$C_{21}H_{20}Cl_2O_3$	497, 498, 499	$C_{24}H_{23}BrF_2O_3$	344
$C_{21}H_{22}ClNO_4$	208	$C_{24}H_{25}NO_3$	148
$C_{21}H_{22}ClN_3O_2$	649	$C_{24}H_{31}N_3O_2$	141
$C_{21}H_{23}F_2NO_2$	257	$C_{24}H_{32}ClNO_4S$	543
$C_{21}H_{24}Cl_2O_4$	602	$C_{24}H_{38}O_4$	519
$C_{21}H_{28}O_3$	567	$C_{25}H_{22}ClNO_3$	295
$C_{22}H_{16}F_3N_3$	320	$C_{25}H_{28}O_3$	256
$C_{22}H_{17}ClF_3N_3O_7$	366	$C_{25}H_{29}FO_2Si$	596
$C_{22}H_{17}N_3O_5$	32	$C_{26}H_{21}Cl_2NO_4$	139
$C_{22}H_{18}Cl_2FNO_3$	143	$C_{26}H_{21}F_6NO_5$	6
$C_{22}H_{19}Br_2NO_3$	165	$C_{26}H_{22}ClF_3N_2O_3$	329
$C_{22}H_{19}Cl_2NO_3$	147	$C_{26}H_{23}F_2NO_4$	308

CAS 登录号索引
Index of CAS Number

50-29-3	164	80-38-6	285
51-03-6	526	81-14-1	448
52-85-7	262	81-15-2	451
53-19-0	159	82-68-8	582
54-11-5	458	83-32-9	2
55-38-9	289	83-66-9	447
56-72-4	130	84-61-7	520
56-38-2	484	84-65-1	21
57-74-9	92	84-74-2	517
58-89-9	400	85-01-8	503
60-51-5	207	85-41-6	522
60-57-1	194	85-68-7	518
62-73-7	186	86-50-0	30
63-25-2	80	86-86-2	456
72-54-8	160	87-86-5	493
72-55-9	162	88-06-2	663
72-20-8	238	88-85-7	216
72-43-5	433	90-43-7	506
72-56-0	500	90-98-2	184
76-44-8	351	91-53-2	254
76-87-9	293	92-52-4	52
78-34-2	221	93-71-0	13
78-48-8	659	93-72-1	275
80-06-8	98	94-80-4	155
80-33-1	100	95-06-7	606

CAS	Page	CAS	Page
95-50-1	183	298-02-2	508
95-74-9	106	298-03-3	166
97-17-6	178	298-04-4	226
97-53-0	260	299-84-3	269
97-54-1	379	299-86-5	134
99-30-9	190	300-76-5	454
100-00-5	109	309-00-2	11
101-21-3	114	311-45-5	482
101-27-9	34	314-40-9	56
101-42-8	294	315-18-4	440
103-17-3	88	319-84-6	347
113-48-4	441	319-85-7	348
114-26-1	558	319-86-8	349
115-32-2	191	321-54-0	131
115-86-6	675	327-98-0	662
115-90-2	286	330-55-2	401
116-29-0	634	333-41-5	173
116-66-5	449	465-73-6	378
117-18-0	616	470-90-6	101
117-81-7	519	485-31-4	50
118-74-1	354	500-28-7	121
119-12-0	572	510-15-6	107
121-21-1	567	519-02-8	406
121-29-9	568	527-20-8	489
121-75-5	405	533-74-4	157
122-14-5	273	535-89-7	132
122-34-9	598	563-12-2	251
122-39-4	223	571-58-4	210
122-42-9	555	580-51-8	507
126-07-8	342	584-79-2	12
126-71-6	375	608-93-5	491
126-73-8	660	626-43-7	181
126-75-0	167	634-83-3	629
127-90-2	588	640-15-3	645
131-11-3	209	644-64-4	212
133-06-2	79	672-99-1	59
133-07-3	331	673-04-1	600
134-62-3	197	709-98-8	550
136-25-4	245	731-27-1	650
136-45-8	225	732-11-6	515
139-40-2	553	759-94-4	244
140-57-8	22	786-19-6	83
141-03-7	175	789-02-6	163
141-66-2	193	834-12-8	14
143-50-0	129	841-06-5	431
145-39-1	450	886-50-0	628
148-24-3	359	919-86-8	168
148-79-8	639	938-86-3	631
150-50-5	418	944-22-9	332
150-68-5	446	947-02-4	514
152-16-9	589	950-10-7	416
297-78-9	374	950-35-6	483
297-97-2	646	950-37-8	427
298-00-0	485	957-51-7	222

959-98-8	235		2227-13-6	637
973-21-7	215		2303-16-4	172
1007-28-9	27		2303-17-5	655
1014-69-3	170		2307-68-8	494
1014-70-6	601		2310-17-0	513
1024-57-3	352		2312-35-8	552
1031-07-8	237		2385-85-5	442
1031-47-6	656		2425-06-1	78
1085-98-9	179		2439-01-2	87
1114-71-2	486		2463-84-5	176
1129-41-5	437		2497-06-5	227
1134-23-2	138		2497-07-6	228
1194-65-6	177		2536-31-4	103
1420-06-0	668		2540-82-1	333
1420-07-1	217		2588-03-6	511
1469-48-3	635		2588-04-7	510
1532-24-7	128		2588-06-9	509
1563-66-2	81		2593-15-9	258
1582-09-8	671		2595-54-2	410
1593-77-7	231		2597-03-7	505
1610-17-9	24		2600-69-3	512
1610-18-0	546		2631-37-0	545
1634-78-2	404		2631-40-5	384
1689-99-2	65		2635-10-1	429
1698-60-8	104		2636-26-2	137
1715-40-8	61		2642-71-9	29
1719-06-8	20		2655-14-3	683
1746-81-2	445		2655-15-4	672
1757-18-2	7		2675-77-6	108
1825-21-4	490		2686-99-9	673
1836-75-5	461		2797-51-5	580
1861-32-1	119		2876-78-0	455
1861-40-1	39		2921-88-2	115
1897-45-6	112		2941-55-1	250
1912-24-9	25		3060-89-7	434
1912-26-1	667		3244-90-4	23
1918-11-2	622		3383-96-8	619
1918-13-4	120		3424-82-6	161
1918-16-7	548		3478-94-2	525
1928-43-4	156		3481-20-7	630
1929-77-7	680		3689-24-5	607
1929-82-4	460		3761-41-9	292
1967-16-4	91		3761-42-0	291
1982-49-6	595		3766-60-7	73
2008-41-5	74		3766-81-2	274
2008-58-4	182		3811-49-2	219
2032-59-9	15		3878-19-1	335
2032-65-7	428		3983-45-7	270
2104-64-5	242		3988-03-2	174
2104-96-3	63		4147-51-7	224
2122-19-2	559		4658-28-0	31
2163-69-1	140		4726-14-1	459
2164-08-1	398		4824-78-6	62
2212-67-1	443		4841-20-7	276

CAS Number	Page	CAS Number	Page
4841-22-9	110	18181-80-1	64
5103-71-9	93	18530-56-8	465
5103-74-2	94	18625-12-2	158
5131-24-8	229	18691-97-9	423
5234-68-4	85	18854-01-8	391
5259-88-1	477	19480-43-4	407
5598-13-0	116	19666-30-9	475
5598-15-2	117	20925-85-3	492
5707-69-7	232	21087-64-9	438
5836-10-2	111	21564-17-0	610
5902-51-2	621	21609-90-5	399
5915-41-3	627	21725-46-2	135
6108-10-7	350	21757-82-4	533
6164-98-3	95	22212-55-1	46
6190-65-4	26	22224-92-6	264
6552-12-1	290	22248-79-9	632
6552-21-2	287	22781-23-3	38
6988-21-2	220	22936-75-0	204
7082-99-7	89	22936-86-3	149
7286-69-3	590	23031-36-9	534
7287-19-6	547	23103-98-2	528
7287-36-7	444	23184-66-9	69
7292-16-2	551	23505-41-1	530
7421-93-4	239	23560-59-0	353
7696-12-0	636	23844-56-6	411
7700-17-6	133	23950-58-5	560
7786-34-7	439	24017-47-8	658
10265-92-6	425	24151-93-7	527
10311-84-9	171	24353-61-5	377
10453-86-8	586	24579-73-5	549
10552-74-6	462	24691-76-7	564
10606-46-9	192	24691-80-3	271
12771-68-5	18	24934-91-6	105
13067-93-1	136	25013-16-5	358
13071-79-9	623	25059-80-7	37
13104-21-7	58	25311-71-1	380
13171-21-6	516	25366-23-8	640
13194-48-4	253	26002-80-2	504
13360-45-7	90	26087-47-8	370
13457-18-6	566	26225-79-6	252
13593-03-8	579	26259-45-0	592
14214-32-5	199	26399-36-0	542
14255-72-2	288	26530-20-1	470
14255-88-0	266	26544-20-7	409
14437-17-3	99	27304-13-8	478
15299-99-7	457	27314-13-2	464
15310-01-7	42	27355-22-2	521
15457-05-3	317	27512-72-7	255
15545-48-9	113	27605-76-1	536
15972-60-8	8	28249-77-6	642
16606-02-3	661	28434-01-7	51
16655-82-6	82	28730-17-8	426
17109-49-8	234	29082-74-4	469
18181-70-9	367	29091-05-2	214

29091-21-2	540		42588-37-4	394
29104-30-1	45		42874-03-3	479
29232-93-7	531		43121-43-3	653
29450-45-1	408		50471-44-8	681
29973-13-5	249		50512-35-1	386
30125-63-4	169		50563-36-5	203
30614-22-3	529		51218-45-2	436
30979-48-7	376		51218-49-6	535
31120-85-1	382		51235-04-2	357
31218-83-4	554		51338-27-3	189
31251-03-3	320		51630-58-1	295
31895-21-3	643		52315-07-8	147
32809-16-8	539		52645-53-1	498
32889-48-8	538		52756-22-6	301
33089-61-1	17		52756-25-9	302
33089-74-6	594		52888-80-9	561
33213-65-9	236		52918-63-5	165
33245-39-5	307		53112-28-0	575
33399-00-7	57		53494-70-5	240
33629-47-9	72		53780-34-0	414
33693-04-8	626		54593-83-8	96
33820-53-0	385		55179-31-2	53
34014-18-1	615		55219-65-3	654
34123-59-6	387		55283-68-6	248
34256-82-1	3		55285-14-8	84
34388-29-9	432		55290-64-7	206
34622-58-7	472		55335-06-3	664
34643-46-4	563		55814-41-0	417
35256-85-0	614		56070-14-5	624
35400-43-2	608		56070-16-7	625
35554-44-0	361		56425-91-3	325
36335-67-8	71		57018-04-9	648
36734-19-7	371		57052-04-7	383
36756-79-3	647		57153-17-0	185
37019-18-4	591		57369-32-1	577
37764-25-3	180		57646-30-7	336
37893-02-0	306		57837-19-1	419
38260-54-7	259		58138-08-2	666
38727-55-8	195		58769-20-3	393
39196-18-4	644		58810-48-3	471
39491-78-6	502		59756-60-4	321
39515-40-7	148		60168-88-9	265
39515-41-8	282		60207-31-0	28
39765-80-5	463		60207-90-1	556
40341-04-6	585		60207-93-4	247
40487-42-1	488		60238-56-4	122
40596-69-8	430		60568-05-0	340
41198-08-7	541		61213-25-0	322
41205-21-4	319		61432-55-1	202
41394-05-2	420		61676-87-7	146
41483-43-6	67		61949-76-6	497
41814-78-2	665		61949-77-7	499
42509-80-8	373		62610-77-9	424
42576-02-3	48		62850-32-2	277

62924-70-3	314		83164-33-4	200
63284-71-9	467		83657-22-1	678
63837-33-2	218		83657-24-3	213
63935-38-6	139		84332-86-5	123
64249-01-0	19		85509-19-9	326
64902-72-3	118		85785-20-2	246
65907-30-4	338		86479-06-3	356
66215-27-8	153		86763-47-5	557
66246-88-6	487		87130-20-9	196
66332-96-5	327		87237-48-7	345
66441-23-4	278		87674-68-8	205
67018-59-1	532		87820-88-0	651
67129-08-2	421		88283-41-4	573
67306-00-7	283		88671-89-0	452
67564-91-4	284		88678-67-5	569
67747-09-5	537		89269-64-7	296
68085-85-8	145		91315-15-0	10
68359-37-5	143		94361-06-5	150
68505-69-1	41		95266-40-3	674
69327-76-0	68		95465-99-9	76
69377-81-7	323		95737-68-1	576
69581-33-5	152		96182-53-5	613
69806-40-2	346		96489-71-3	570
69806-50-4	304		96491-05-3	638
70124-77-5	308		97886-45-8	230
71363-52-5	211		98730-04-2	43
71422-67-8	102		98886-44-3	334
71626-11-4	36		99387-89-0	670
72963-72-5	363		99675-03-3	381
73250-68-7	412		101007-06-1	6
74070-46-5	5		102851-06-9	329
74712-19-9	60		103055-07-8	402
74738-17-3	281		103361-09-7	315
74782-23-3	474		105024-66-6	596
75736-33-3	187		105512-06-9	126
76578-14-8	583		106700-29-2	501
76608-88-3	657		107534-96-3	611
76674-21-0	328		109293-97-2	201
76738-62-0	481		110235-47-7	415
77501-63-4	397		110488-70-5	208
77501-90-7	318		110956-75-7	496
77732-09-3	476		111872-58-3	344
79127-80-3	280		112281-77-3	633
79538-32-2	618		113614-08-7	35
79622-59-6	305		114369-43-6	268
79983-71-4	355		114420-56-3	125
80844-07-1	256		116255-48-2	66
81405-85-8	362		117428-22-5	524
81406-37-3	324		117718-60-2	641
81777-89-1	127		118134-30-8	605
82560-54-1	40		118712-89-3	652
82657-04-3	49		119168-77-3	612
83121-18-0	617		119446-68-3	198
83130-01-2	9		120067-83-6	299

120068-36-2	300	149508-90-7	599
120068-37-3	297	149877-41-8	47
120928-09-8	267	149979-41-9	620
120983-64-4	562	153233-91-1	257
121451-02-3	466	156052-68-5	685
121552-61-2	151	158474-72-7	544
121776-33-8	339	161326-34-7	263
122008-85-9	144	162320-67-4	312
122453-73-0	97	163520-33-0	389
123572-88-3	337	173584-44-6	366
124495-18-7	581	175013-18-0	565
125116-23-6	422	175217-20-6	597
125225-28-7	368	179101-81-6	571
125306-83-4	77	180409-60-3	142
126833-17-8	272	183675-82-3	495
128639-02-1	86	188425-85-6	55
129558-76-5	649	205650-65-3	298
131341-86-1	309	212201-70-2	369
131860-33-8	32	229977-93-9	303
131983-72-7	676	238410-11-2	241
133220-30-1	364	240494-70-6	435
133855-98-8	243	248593-16-0	473
134605-64-4	70	283594-90-1	603
135158-54-2	4	318290-98-1	310
135186-78-6	574	348635-87-0	16
135590-91-9	413	560121-52-0	141
137641-05-5	523	581809-46-3	54
139001-49-3	543	639826-16-7	279
139920-32-4	188	658066-35-4	316
140923-17-7	372	704886-18-0	313
141112-29-0	390	874967-67-6	593
141517-21-7	669	881685-58-1	388
142459-58-3	311	907204-31-3	330
142891-20-1	124	950782-86-2	365
143390-89-0	395	1072957-71-1	44
148477-71-8	602	1172134-12-1	604